방호기술공학

원용안 · 김국주 · 김양우 · 권구성 공저

Principles of Protection Technology & Engineering

도서출판 구미서관

머리말 Preface

인류 역사는 전쟁의 역사라고 할 수 있을 정도로 끊임없는 충돌과 분쟁의 연속이다. 이 과정에서 인류는 자연스럽게 방호시설(Shelter)을 구축하여, 인원, 장비, 물자, 탄약 등을 보호하였다. 오늘날 과학기술의 발전으로 과거 칼과 창에서 기관총, 폭탄, 미사일, 핵무기에 이르기까지 위협요소는 다양해지고 있다. 또한, 현대전은 사이버, 우주 영역까지 전장이 확대되면서 전자기스펙트럼에 대한 방호 역시 요구되고 있다. 이에 따라 과거의 방패와 갑옷 같은 개인보호 장구에서 장갑을 활용한 이동수단의 방호와 대규모 시설을 통한 방호시설(방폭/방탄, 화생방, EMP 방호) 구축까지 생존성 확보를 위한 노력은 계속 이루어지고 있다.

저자가 속한 국방시설본부는 국방·군사시설에 대한 기획, 계획, 설계, 시공 및 준공을 담당하는 국내 유일의 군사시설 전문기관으로 방호시설에 대한 기준 제·개정은 물론 다양한 형태의 방호시설 구축사업을 추진하고 있다. 특히, 방호시설에 대한 설계기준과 지침을 제·개정하고 설계 및 시공, 유지관리 간 현장에서의 다양한 피드백(Feedback)을 받아 실질적인 방호분야 기술력을 축적하고 있다.

이러한 연구와 실무를 수행하면서 방폭/방탄, 화생방, EMP 분야를 망라한 종합서의 부재를 실감하게 되어 「방호기술공학」을 집필하게 되었다. 방폭/방탄 분야는 다양한 실증실험 데이터를 담고 있는 UFC 3-340-02를 바탕으로 작성되었으며, 화생방 및 EMP 분야는 국내 방호시설 시공 및 유지관리 경험을 바탕으로 실제적인 적용실태를 소개하여 실무에서 활용할 수 있도록 기술하였다.

방호기술공학은 건축, 토목, 기계, 전기 등 다양한 학문이 융합된 응용공학의 한 분야로 본 책에서 기술하고 있는 내용은 방호기술에 대한 공학적 이론을 제공하여 방호시설 사업 경험이 없는 자도 손쉽게 이해할 수 있도록 기술하였다. 아울러 방호기술 분야에 관심이 있는 독자들이 스스로 학습할 수 있도록 다양한 예제를 포함하고 있어 향후 방호분야 국가 자격인 방호기술관리사의 참고도서로 활용할 수 있게 하였다.

끝으로 이 책이 출판될 수 있도록 아낌없는 지원을 해주신 출판사 구미서관에 진심으로 감사의 말씀을 드리며, 우리 군의 방호분야 기술발전을 위해 앞으로도 끊임없이 노력할 수 있도록 다시 한번 다짐을 한다.

목멱산 자락에서

대표 저자 **원용안**

목차 Contents

▶ 제4장 화생방 방호시설

▶ 제5장 EMP 방호시설

▶ 부 록

제1장 방호시설 개요

Principles of Protection Technology & Engineering

제1장 방호시설 개요

1.1 개요

방호시설물은 적의 공격으로부터 아군의 전력을 보호할 수 있도록 설계 시공된 군사 시설물을 말한다. 여기서 전력을 보호한다는 것은 아군의 병력, 장비 또는 물자가 적의 공격으로부터 보호되거나 또는 그 피해를 최소화하는 것은 물론 작전 지휘능력이 지속 될 수 있어야 함을 의미한다. 우리나라의 경우 언제든지 전쟁이 일어 날 수 있는 개연성이 상존하는 휴전 상태인 만큼 아군의 전력을 보호하기 위한 방호시설물은 매우 중요하다 하겠다. 따라서 방호시설물의 설계 및 시공에 관하여 각 군의 최신 교리를 고려하고 국내·외 각종 기준을 분석하여 국내 실정에 맞는 방호시설 기술을 재정립할 필요성이 있다.

현 우리 군의 방호시설(방폭/방탄)은 전반적으로 시간이 지남에 따라 노후화 되어 가고 있으며 북한의 재래식 무기에 대한 공격 위협은 점점 증대 되어 가고 있다. 이에 따라 북한의 재래식 무기로부터 보다 효율적으로 인명과 시설물의 피해를 막을 수 있는 방호구조물 설계 및 시공기준 정립 필요성이 대두 되었다. 현재 재래식 무기에 대한 방호설계기준은 1998년에 국방부에서 발간된 〈방호구조물 설계기준〉과 2012년 발간된 〈주요군사설의 방호설계기준〉에 근거하고 있다.

현재 방호시설은 폭발에 의한 폭풍압을 동적하중으로 산정하여 구조물의 거동을 예측하여 적정 부재를 설계하고 있으며, 그 근간은 미국의 UFC 3-340-02의 기준을 따르고 있다. 이러한 이유로 방호시설 설계를 방폭설계와 동일시 하는 경우가 있으나 이는 방호시설에 대한 잘못된 이해로부터 발생하였다. 방호시설은 적의 위협에 따라 방폭/방탄, 화생방, EMP 위협에 대해 적절한 방호력을 갖추도록 하여야 하며 특정 폭발하중으로 설계시 적절한 방폭 및 방탄 성능 뿐만 아니라 화염과 파편에 대한 충분한 방호력을 갖춘다는 암묵적인 합의가 내재되어 있다. 이러한 함축적 의미을 파악하지 못하고 방폭설계와 방호시설 설계를 동일시하여 연성도비를 늘려 부재 단면을 과도하게 축소한다면 방탄 성능을 만족하지 못하는 시설이 될 우려가 있다. 이러한 문제점을 인식하여 국방·군사시설은 물론 민간 대피시설 설계 및 유지관리에 활용할 수 있도록 종합서 형태의 방호기술공학을 집필하게 되었다.

1.2 방호분야 주요연구 결과

국내 최초 방호설계기준은 미 육군의 TM 5-855-1(Fundamentals of Protective Design for Conventional Weapons)를 근간으로 하고 있고 많은 공식이나 도표가 미국에서 수행된 실험을 근거로 하고 있다. 종합적으로 통상적인 무기체계에 대응할 수 있는 방호구조 설계에 필요한 설계내용과 설명들을 다루고 있다. 총론, 무기특성, 폭풍효과, 충격효과, 관입효과, 파편효과, 지반충격과 폭발구, 방호구조물의 설계하중, 방호구조물의 부재해석, 방호구조물의 동적응답, 설계기준, 방호구조물 설계 예, 방폭문으로 구성되어 있다. 여기서 다루고 있는 설계기준은 아래 표와 같은 내용으로 이루어져 있다.

표 1.2.1 방호구조물 설계기준, 1998의 주요 내용

구성	내용
1. 적용 범위 및 일반사항	적용범위, 방호구조물의 분류, 방호도 결정 고려요소, 방호설계의 절차, 적용 설계법
2. 방호구조물 부재의 특성	콘크리트, 철근의 특성
3. 하중	사하중, 충격, 폭발하중, 지하방호구조물, 지상방호구조물, 지표 방호구조물
4. 방호구조 부재의 설계	설계개념, 설계하중조합, 개략설계, 부재접합
5. 파쇄방지판과 방폭슬래브	파쇄방지판, 방폭슬래브, 방폭 쇄석층

이 기준은 방폭 및 방탄 설계에 대한 종합적인 내용을 담고 있어 방호구조물 설계기준의 구성체계에 참고할 만하고 간략한 초기 단면 설정을 위한 경험적 설계 등에는 유용한 내용을 담고 있다.

이후 국방부에서 주관하여 자체 방호기준을 제정하기 위하여 주요 군사시설의 방호설계기준(2012)을 정립하였다. 이는 방호설계를 위한 기본 매뉴얼로 참고할 수 있도록 UFC 3-340-02의 4장 철근 콘크리트 방호구조물 편을 주로 포함하여 공학적 설계절차와 경험적 설계방법을 다루고 있다. 설계 예제와 함께 부록으로 폭발에 대한 방호두께 산출 결과를 표로 제공하고 있다. 또한, 방호벽에 대한 폭발 시험의 결과와 신자재에 대한 방호력 실험을 수행하고 그 결과를 제시하고 있다. UFC 3-340-02를 참고하여 대표적인 철근 콘크리트 구조물의 방호 설계에 대해 설계 절차와 예제를 제시하고 있다. UFC 기준이 방대한 데이터에 근거해서 작성된 것이라 이를 포함하기 어렵기 때문에 설계를 위해서는 UFC 기

준의 그래프와 관련 규정을 직접 활용하도록 하고 있다. 1998년의 방호구조물 설계기준과 비교해서 가장 큰 변화는 안전계수의 적용이라고 할 수 있다. 방호설계에서 충격파 반사, 시공방법, 품질 관리의 불확실성 등의 요인으로 인해 구조물의 방호능력이 과대 평가될 수 있기 때문에 이를 고려하여 방호 설계시에 TNT 등가당량을 20% 증가시킨 유효 폭약량을 사용하도록 하고 있다.

미 육군 교범인 Structures to Resist the Effect of Accidental Explosions (TM5-1300)은 폭발하중에 대한 구조설계를 위해 가장 광범위한 내용을 담고 있는 설계지침이다. 이 설계지침은 폭발 및 폭발물에 관련된 모든 구조물이나 구조시설의 전반적인 방호설계 방법을 제안하는 것으로 폭발, 파편하중, 충격파 하중, 동적구조해석의 원리, 철근콘크리트 설계, 강재구조 설계, 폭발관련 시설 설계 등의 내용을 포함하고 있다. TM5-1300에서는 지점의 변형에 대한 제한으로 구조부재의 허용 설계값을 제시하고 있으며, 지점 변형값은 3점 힌지 원리를 이용하여 단순하게 계산된다. 더불어 Fundamentals of Protective Design for Conventional Weapons (TM5-855-1)은 철근콘크리트 부재에 대하여 최대변위에 대한 항복변위의 비인 설계 연성도비를 5~10 범위로 적용하여 보 및 슬래브의 휨설계 기준을 제안하고 있으며, 지점 변형에 대한 설계 한계값은 제안하지 않았었다. 그러나 최근에 개정된 TM5-855-1에서는 지점 변형에 대한 설계 한계값을 적용하도록 수정 제안되었다.

ASCE manual 42라고 불리는 Design of Structures to Resist Nuclear Weapons Effect (ASCE)에서는 핵무기의 공격에 대비한 구조물의 설계를 위해 정립되었다. 이 지침은 비공개 자료들로부터 공개가능한 범위의 정보들을 추출하여 작성된 것으로, 좀 더 보편적이고 일반적인 설계방법을 제시하고 있다. 따라서, 설계자들에게 방폭설계의 개념을 효과적으로 제공할 수 있지만, 구조상세나 세부설계를 위한 지침으로서는 다소 부족하다고 할 수 있다. ASCE manual 42에서 설계 한계값들은 제안하고 있으며, 휨 설계에 대한 설계 연성도비는 다소 보수적인 값으로 제안하고 있다. Design of Blasts Resistant Buildings in Petrochemical Facilities (ASCE) 설계지침은 주로 석유화학 산업에서 사용되는 시설물에 대한 방호설계 및 시공방법을 위해 제안된 것으로 구조물의 손상 정도를 낮은 손상도, 중간 손상도, 그리고 높은 손상도 3가지로 구분하여 각각에 대한 설계 한계값을 제안하고 있다. 여기서 낮은 손상도는 구조물이나 구조부재에 제한적인 국부손상이 발생되어 단순 보수를 통해 구조물을 재사용할 수 있는 경우로 정의된다. 중간 손상도는 구조물이나 구조부재에 전반적인 손상이 발생하여 구조물의 재사용을 위해서는 심각한 수준의 보수 및 보강이 필요한 경우를 의미한다. 마지막으로 높은 손상도는 구조물이나 구조부재가 구조적 기능을 상실하거나 붕괴에 이르는 상태를 나타낸다.

UFC 3-340-01/UFC 3-340-02는 2002년 육/해/공군 통합시설기준으로 UFC (Unified Facilities Criteria) 3-340-01 "Design and Analysis of Hardened Structures to Conventional Weapons Effects"를 제시하였다. 이 기준은 MIL-STD 3007에 연계되어 무기 체계에 대한 구조물 설계를 다루고 있어 방호구조 설계에 유용한 내용을 담고 있음에도 불구하고 FOUO (For Official Use Only)로 분류되어 국내에서 그 내용 확인이 제한되고 있다. 이후 2008년에 발간되어 공개된 UFC 3-340-02 "Structures to Resist the Effects of Accidental Explosions"는 일반적인 방호 설계를 위한 기준 항목들을 다루고 있다.

UFC 3-340-02는 일반적인 폭발 및 관통 방지에 관한 설계기준을 다루고 있고 폭넓은 범위에서 방대한 분량의 데이터를 그래프로 제시하고 있어 방호 설계에 유용한 자료이다.

UFC 4-420-01 Ammunition and Explosives Storage Magazines는 탄약 및 폭발물 저장을 위한 시설물 계획, 설계 고려사항 및 요구조건이 제시되어 있다. 7-Bar와 3-Bar를 만족하는 토피를 갖는 탄약고에 대한 예시를 구조 형태별로 제시하고 있고 이러한 구조에 대한 도면을 공개하였기 때문에 검증된 구조물에 대한 상세 및 연결 구조를 방호 설계 기준에 고려할 수 있다. 구조물의 지지구조, 전기적 위험성 분류, 온도 및 습도 조절, 환기, 물리적 보안 등에 대한 사항을 다루고 있다.

추가적으로 UL752/ASTM/EN 1063/STANAG (NATO)는 방탄 성능에 대한 검증 사양을 제시하고 있는데 UL752에서는 Level 1 ~ Level 8까지 제시하고 있다. 유사하게 ASTM에서도 시험에 대한 규정을 두고 있고 EN 1063에서는 위험 수준을 두 가지로 정의해서 제시하고 있다. 방탄 창호의 설계기준 정립시 아래에 관련 사양을 참고할 수 있다. NATO Standardization Agreement (STANAG) 2920은 ballistic test method for personal armour materials and combat clothing에 대한 것으로 방탄 시험에 대한 자세한 규정을 제시하고 있다.

1.3 방호등급 및 방호수준

방호설계는 피해유발요소(Donor System), 방호대상요소(Acceptor System), 방호시스템(Protection System)에 따라 결정된다. 피해유발요소는 폭압, 파편, 열 등으로 구성된다. 방호대상요소는 인원, 장비, 폭발물 등으로 구성되며, 방호시스템은 방호구조물 또는 방호구조부재로 구성된다. 잠재적 위험을 갖는 폭발물의 양, 종류, 위치 등과 같은 피해유발 요소는 압력, 파편, 충격 등 피해의 결과물을 유발하며 인원, 장비, 폭발물 등의 방호대상 요소는 폭발 사고에 대하여 특정 수준의 방호성능으로 보호되어야 한다.

설계의 하중조건에 해당하는 폭발의 형태와 양은 이로 인해 유발되는 피해 요인들로 정량화되고 폭압, 1차 파편 및 2차 파편으로 구성된다. 폭발로 인한 영향으로 지면 충격, 화재, 열, 먼지, 전자기 펄스 등이 있다. 폭발물의 화학적 및 물리적 특성에 따라 폭압의 크기가 달라지고 폭발물과 대상 방호시설물의 상대적인 위치에 따라 폭압 형태의 분포가 달라진다. 1차 파편에 대한 방호를 위해서는 충분한 구조물 규모를 통해서 완전 관통을 방지하고 시설물의 배치를 활용하여 방호 영역으로 파편이 튀어서 영향을 미치지 않도록 한다. 2차 파편은 주로 파편의 크기는 크고 속도는 낮은 경우이고 인명, 장비, 폭발물에 피해를 유발할 수 있다.

방호대상요소는 방호를 필요로 하는 인명, 장비 및 폭발물로 구성된다. 허용 가능한 인명 피해, 장비 손상, 폭발물의 민감도는 방호구조물이 제공해야 하는 방호등급과 방호수준에 따라서 결정한다.

방호구조물의 형태와 강도는 방호대상요소에 의해 요구되는 방호수준과 피해유발 요소에 의한 피해 결과를 균형있게 설정함으로써 결정된다. 폭발효과에 대해 인명, 장비, 폭발물을 방호하는 방법은 (1) 충분한 이격거리를 확보하는 방법, (2) 구조물이 직접 방호하는 방법, (3) 피해유발 요소를 구조물이 완전히 포함하고 엄폐하는 방법, (4) 이들의 조합이 있을 수 있다. 이격거리를 확보하는 방법이 공간의 제약이 없는 경우에는 가장 경제적인 방안이 될 수 있다. 방호구조물의 종류는 대피소(Shelter), 방벽(Barrier), 차폐구조물(Containment Structure)로 구분될 수 있다.

직사화기를 대상으로 하는 방탄설계에서의 고려 요소는 방폭설계와 동일하다(피해유발 요소, 방호대상 요소 및 방호 시스템). 방탄설계 대상 무기는 관통을 목적으로 목표물을 타격하는 무기로 운동에너지가 원리이다. 대상무기를 설계하중 측면에서 본다면, 방탄설계를 위한 충돌하중(Impactive Load)은 운동에너지에 의한 무기의 질량과 속도로 발생된 운동량(Momentum)이다. 방탄설계는 주로 구조물의 국부적인 관통 여부로 안전성을 평가하기 때문에 하중을 받는 면의 면적에 크게 영향받지 않는다.

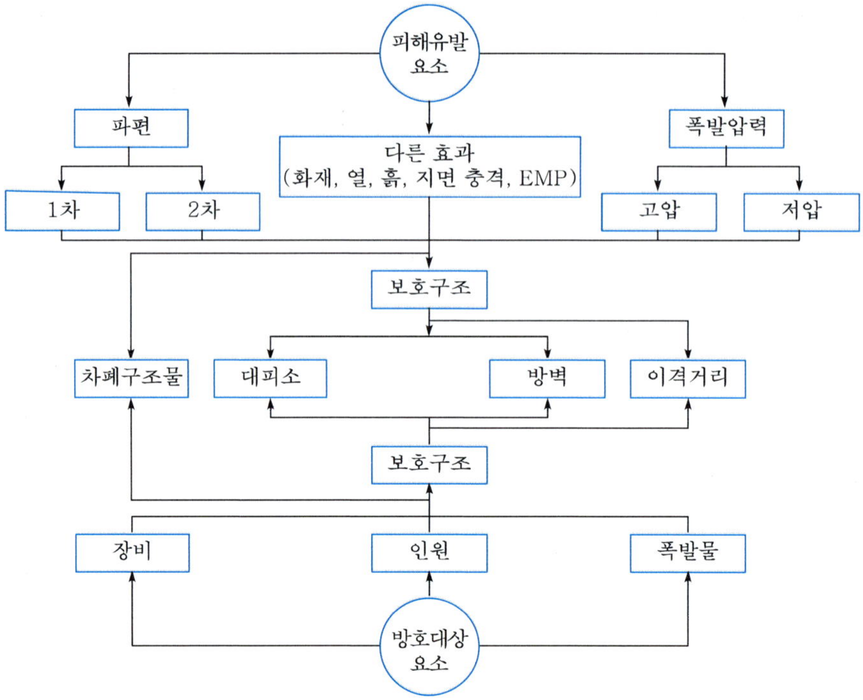

그림 1.3.1 방호시스템의 개요

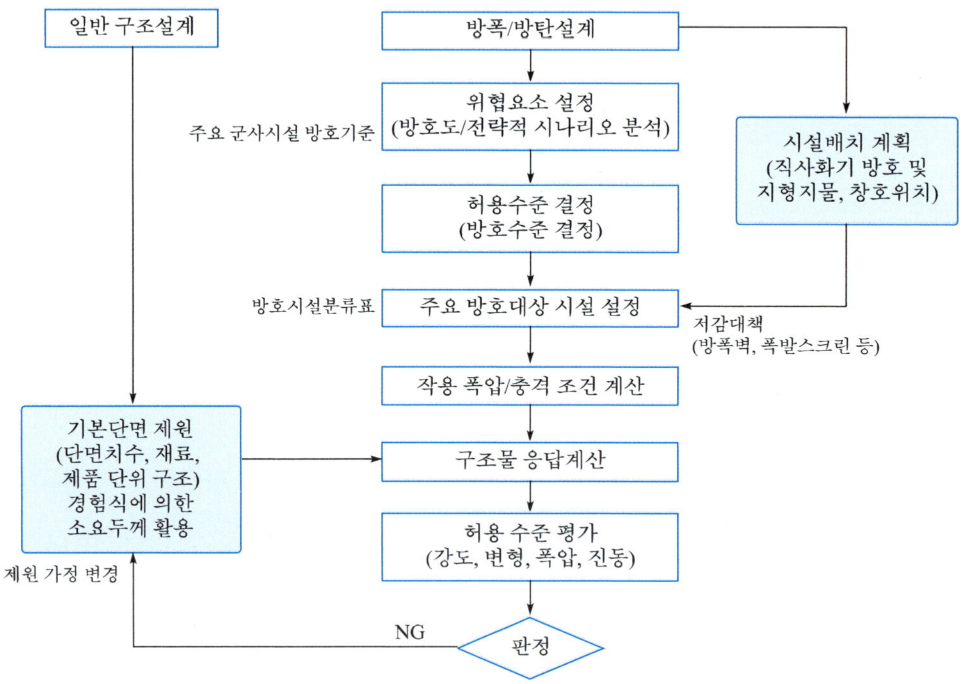

그림 1.3.2 방호시스템의 설계절차

방호등급은 적 위협과 함께 방호능력 및 시설의 사용목적 등을 종합적으로 고려하여 부여한 방호구조물의 방호목표이다. 방호등급은 주요군사시설 방호설계기준에 따르며, 방호등급에 따라 규정된 하중조건을 사용하여 설계한다. 방호등급은 구조물의 상대적인 중요도 및 방호의 우선순위에 따라 부여된다. 방호능력은 예상되는 적의 위협에 대한 구조물의 방호수준을 구조적, 경제적, 전술적 측면을 종합적으로 고려하여 선정해야 한다. 재래식 무기의 충격 및 파편효과, 화생방 무기, 핵무기, 전자기파 방호여부를 판단해야 하며, 부대 및 구조물의 기능 및 사용목적을 전략적, 작전적, 전술적 측면에 따라 판단하여 방호등급을 결정해야 한다.

방호수준은 작전의 지속성과 기술적인 측면을 충족하도록 방호등급에 따라 규정된 하중조건에 대해서 방호구조물이 확보해야하는 성능수준이다. 방폭설계를 위한 방호수준은 A, B, C로 구분되며, 방호수준별로 요구되는 성능은 표 1.3.1에 따른다. 시설물별 방호등급과 방호수준에 따라 이 기준에서 제시한 방법에 의한 설계를 수행한다.

동일한 방호등급과 방호수준을 요구하는 시설물이라 하더라도 발생 가능성에 근거한 위험도 평가와 허용 가능한 피해수준을 효율성과 안전 측면에서 판단하여, 방호대상요소(인명, 장비, 폭발물)별 허용수준을 제시할 수 있다. 예를 들어 폭발에 의한 압력에 따른 인명 허용수준(Human Tolerance)은 사람의 자세와 압력 선단의 형태에 의해 영향을 받는다. 실험적 연구에 따라 설정된 값을 근거로 허용수준을 설정할 수 있다.

표 1.3.1 방호수준

방호수준	요구 성능	비고
방호수준 A	• 구조물의 일부에 미세 손상 • 균열폭이 작은 (0.3 mm 이하) 다수의 미세 균열 발생 • 육안으로 구조체의 처짐이나 변형을 식별할 수 없음 • 지속적인 임무 수행 가능 상태 유지 • 방폭문은 완전작동 기능을 발휘하여야 하고 전체적으로 장비 교체가 필요 없음 • 방폭창의 가장내측 표면에 균열(손상)이 발생하지 않고 창틀에서의 영구변형도 없음	UFC 4-010-01의 High (Minimal Damage)
방호수준 B	• 구조물의 많은 개소에 손상 • 균열폭이 큰 (0.3 mm 초과) 균열이 다수 발생 • 콘크리트의 국부적인 탈락과 철근이 외부에 노출 • 육안 관찰이 가능할 정도의 부재 처짐 및 영구 변형이 발생하였으나 급격한 붕괴조짐은 없음 • 당장은 임무 수행이 가능하나 지속적인 임무수행을 위해서는 보강이 필요 • 방폭문에 영구변형이 발생하나 방폭문 개폐가 가능하여야 함. • 방폭창에 균열은 발생하지만 창틀에 고정되어 있고 미세한 파편이 근처에 발생하는 수준	UFC 4-010-01의 Medium (Minor Damage)
방호수준 C	• 주요한 구조부재들이 구조성능을 상실하고 바람, 비, 눈 등과 같은 환경요인들에 의해 구조물의 붕괴가 일어날 수 있는 상태 • 작은 충격에도 콘크리트 덩어리가 탈락하거나 강재 접합부가 느슨하여 부재가 이탈할 우려가 있는 상태 • 육안으로 구조재가 크게 처져있거나 변형이 관찰되어 급격한 붕괴가 우려되는 상태 • 임무수행이 불가하며 생존성 보장을 위해 이탈이 필요한 상태 • 방폭문에 치명적인 파괴는 없으나 영구변형으로 인해 작동이 불가할 수 있음. 내부 인명이나 장비의 손상을 보호하는 것이 목표임. • 방폭창에 파손이 발생하고 파편이 내부로 비산하지만 창으로부터 1미터 이내로 머무는 수준	UFC 4-010-01의 Low (Moderate Damage)

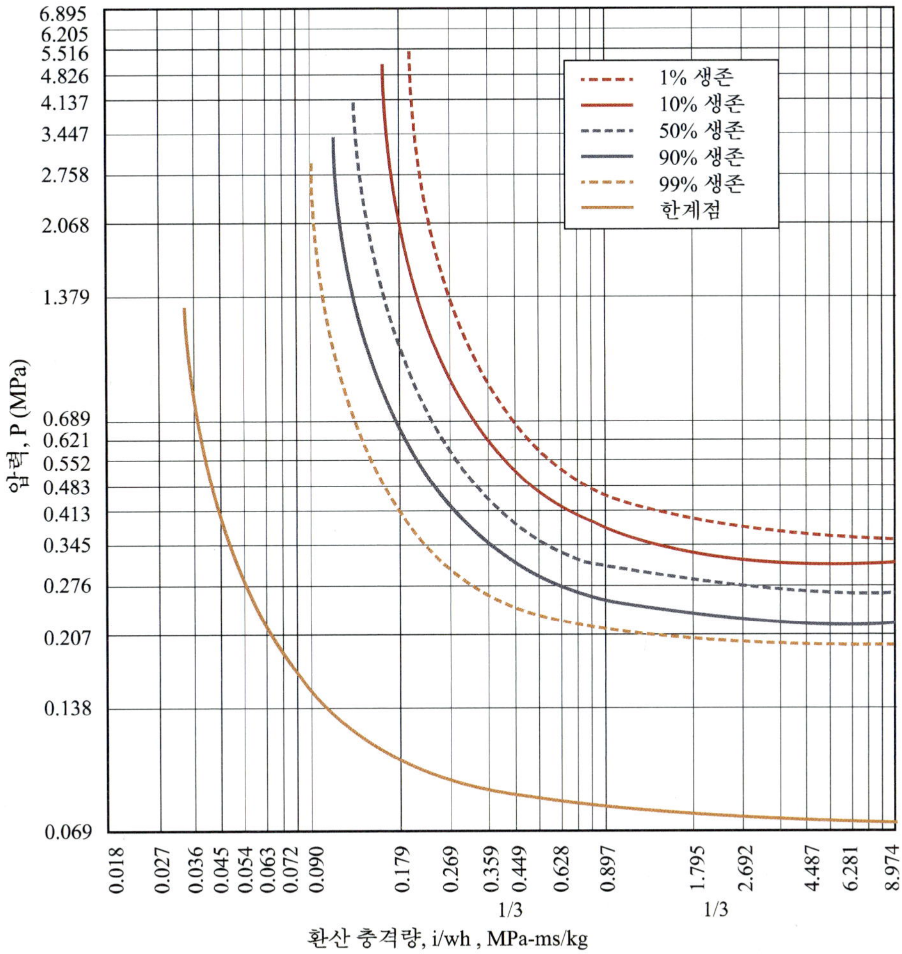

그림 1.3.3 폐 손상의 생존곡선

1

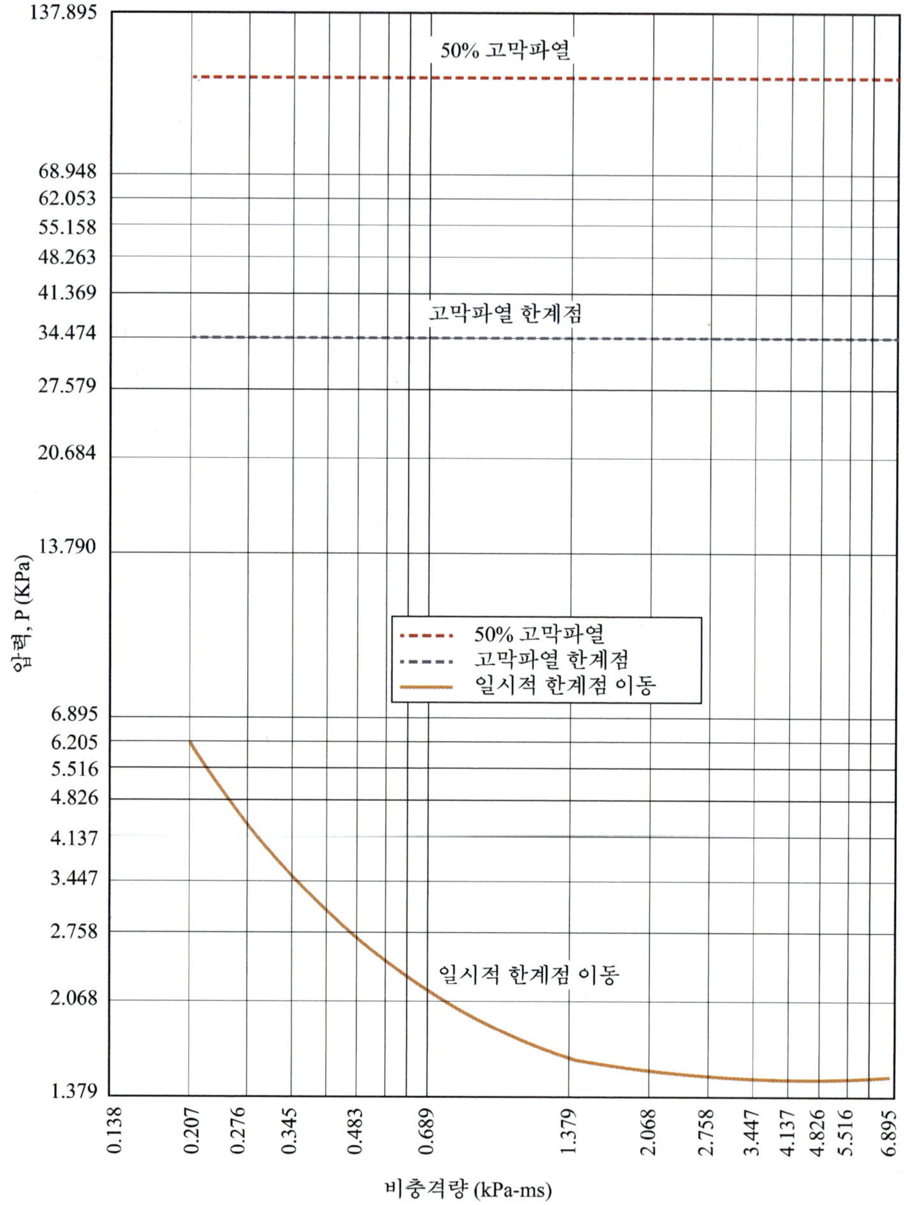

그림 1.3.4 폭발 압력으로 인한 귀 손상

표 1.3.2 3~5ms의 지속시간을 갖는 빠른 속도의 폭압에 대한 신체의 반응 (허용압력)

주요한 장기 또는 이벤트	최대 유효압력 (MPa)*
고막 파열	
한계값	0.034
50%	0.103
폐손상	
한계값	0.207 ~ 0.276
50%	0.552 이상
치사	
한계값	0.689 ~ 0.827
50%	0.896 ~ 1.241
약 100%	1.379 ~ 1.724

* 최대 유효압력은 입사압력, 입사압력과 동압력의 합, 반사압력 중 최댓값으로 한다.

표 1.3.3 인간의 피부 관통의 50% 확률

파편면적/질량의 비율(m^2/kg)	15 g 파편질량의 파편면적(mm^2)	파편 비산속도 (m/s)	한계에너지 (N·m)
0.006	91.97	30	6.78
0.02	306.58	50	18.98
0.04	613.16	76	43.39
0.06	919.74	102	78.64
0.08	1226.32	130	126.09

표 1.3.4 파편의 충격에 의한 부상의 한계값

중요한 장기	질량 (kg)	파편속도 (m/s)	에너지 (N·m)
흉부	> 1.134	3.048	5.42
	0.045	24.38	13.56
	0.00045	121.92	3.39
복부 및 사지	> 2.72	3.05	12.20
	0.045	22.86	12.20
	0.00045	167.64	6.78
머리	> 3.63	3.05	16.27
	0.045	30.48	21.69
	0.00045	137.16	4.07

장비는 모터, 발전기, 공기조절기와 같이 무거운 형태가 아닌 한 폭압으로부터 방호가 가능한 구조체내에 위치해야 한다. 이러한 상황하에서 작은 개구부를 통해 누설되는 폭압에 노출될 것이다. 장비는 구조물의 개구부로부터 이격된 곳에 위치하도록 해야 한다. 장비가 충격파에 견디는 정도는 일반적으로 장비가 운영 가능한 수준으로 견디는 충격의 가속도의 크기로 표현된다.

표 1.3.5 장비충격 허용오차의 예

장비	최고 가속도
형광등 조명기구 (램프포함)	20 ~ 30 g
중장비 (모터, 발전기, 변압기 등 > 1,814 kg)	10 ~ 30 g
중간 무게의 기계 (펌프, 콘덴서, AC장비, 453 ~ 1,814 kg)	15 ~ 45 g
가벼운 기계 (소형모터 < 453 kg)	30 ~ 70 g

폭발물 허용수준(Explosive Tolerance)은 폭발물의 폭압, 구조적 운동, 파편에 의한 충격 등 폭발물 종류에 따라 다르다. 일반적으로 파편 충격이 연쇄 폭발의 주요 원인이다. 매우 높은 폭압 영역인 경우를 제외하고는 대부분의 폭발물은 폭압의 영향에는 민감하지 않다.

1.4 방호설계시 고려사항

폭발하중에 대한 방호구조물의 응답은 압력의 정도에 따른 설계범위로 표현되며, 압력설계범위는 고압영역, 저압영역, 초저압영역으로 구분될 수 있다. 압력설계범위에 따라 구조물 응답을 결정하는 설계하중은 충격량, 압력-시간 또는 압력이 될 수 있다.

방호구조물의 설계에 사용되는 동적응답한계는 폭발물의 특성인 종류, 무게, 형태, 케이싱과 위치, 방호대상 요소의 민감도 혹은 허용수준, 방호구조물의 물리적 특성 및 배치에 따라 달라진다. 폭발에 대한 압력설계 범위는 환산거리 1.190m/kg$^{1/3}$을 기준으로 (1)고압(High Pressure), (2)저압(Low Pressure)으로 구분한다. 구조물에 작용하는 최대압력이 작고 폭발물의 작약량이 수십만 킬로그램 이상의 대규모라면, 폭발압력 지속시간은 매우 길다. 이러한 경우는 종종 "초저압 설계 영역"으로 구분한다. 그림 1.4.1은 압력설계범위를 결정하는 주요 변수와 폭발에 대한 구조요소의 상대적 위치를 보여준다.

	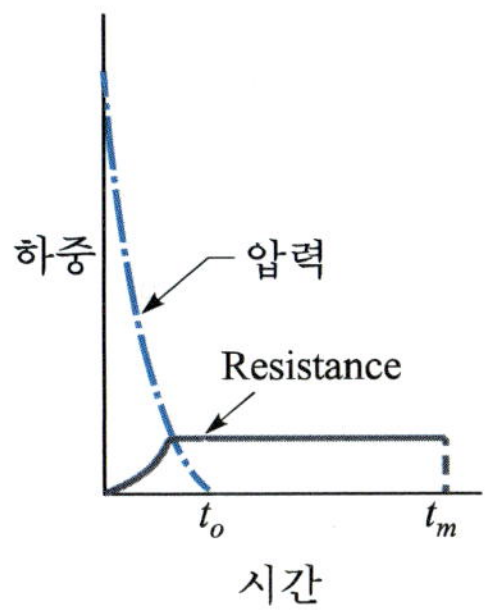	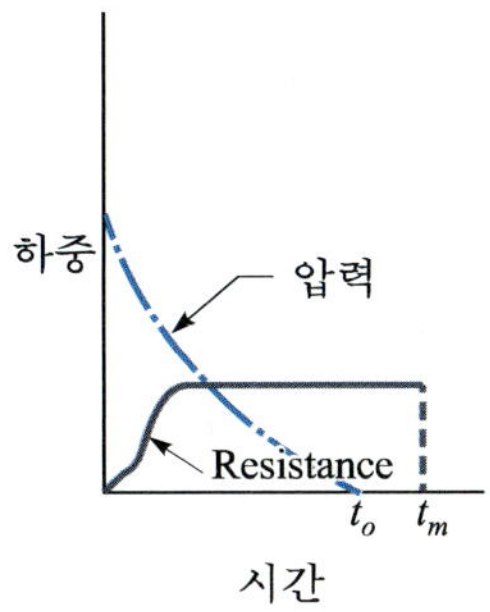	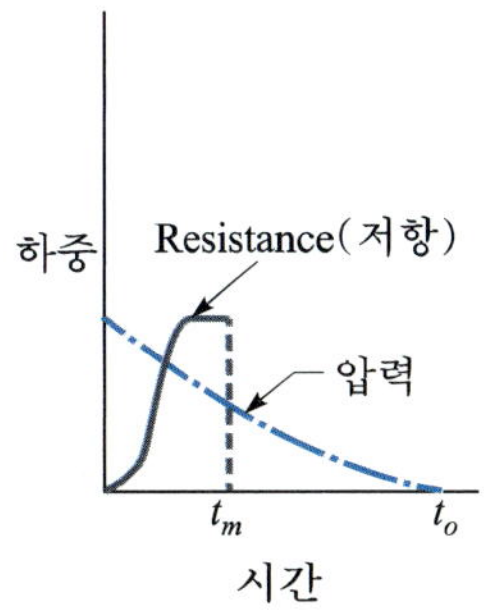
압력설계범위	고압영역	저압영역	초저압영역
설계하중	충격량	압력-시간	압력
작용압력수준	$\gg$6.895bar	$<$6.895bar	$<$6.895bar
압력지속시간	단기	중간	장기
응답시간	장기	중간	단기
t_m/t_o	$t_m/t_o>3$	$3>t_m/t_o>0.1$	$t_m/t_o<0.1$

그림 1.4.1 압력설계범위를 결정하는 변수

제2장

방폭시설

제2장 방폭시설

2.1 하중

방호구조물의 방폭설계를 위하여 주로 폭발물에 의한 영향만을 다루며, 유사한 폭발 환경에 관한 것은 직접적으로 다루지 않는다. 폭약량(등가TNT질량) 역시 제한적으로 근접폭발의 경우 폭약량(등가TNT질량)이 11,340kg 이하이어야 하며 중간 혹은 원거리 폭발의 경우에는 폭약량(등가TNT질량)이 226,800kg 이하에 적용한다. 그러나 폭발 시험의 사례에 근거해서 이 보다 많은 양의 폭발물에 대해서도 확장해서 적용할 수 있다.

방호구조물에 대한 외부 폭발하중의 크기와 분포는 폭발물의 종류, 무게, 방호구조물에 대한 폭발물의 상대적인 위치(이격거리 및 입사각 효과), 충격파와 지면 또는 구조물과의 상호 작용 등 다양한 요인을 고려하여 결정하여야 한다.

폭발로부터 방출되는 에너지는 매우 높은 온도의 고압기체로 변환되어 매우 밀도가 높은 충격 선단이 강한 충격파로 주변 대기중으로 전파된다. 충격 선단은 폭풍파(Blast Wave)라 하고 대기압이 급작스럽게 그림 2.1.1과 같이 최대입사압력(Peak Incident Pressure) P_{SO}으로 증가하게 되는 특징을 갖는다. 폭발에 의한 압력 시간곡선은 전형적으로 그림 2.1.1(a)의 형태를 보인다. 이러한 폭풍파는 공기중으로 전파되면서 멀어질수록 압력이 감소하고 지속시간은 늘고 속도는 감소한다. 폭발하중에 영향을 미치는 주요 요인은 폭발물의 종류와 무게, 폭발 중심으로부터 구조물까지의 이격거리, 폭발 충격파와 구조물과의 상호작용 등이다.

폭풍파가 전파되는 중에 구조물을 만나면 폭압이 증가하게 된다. 즉, 최초 폭발에 의해 대기 중으로 전파된 '입사압력'은 구조물과의 상호작용에 의해 '반사압력'으로 증폭된다(그림 2.1.1(b) 참조). 반사압력의 최대 압력은 입사압력의 동적효과에 의해 그림 2.1.2에서 보는 바와 같이 2배 이상으로 증폭될 수 있다

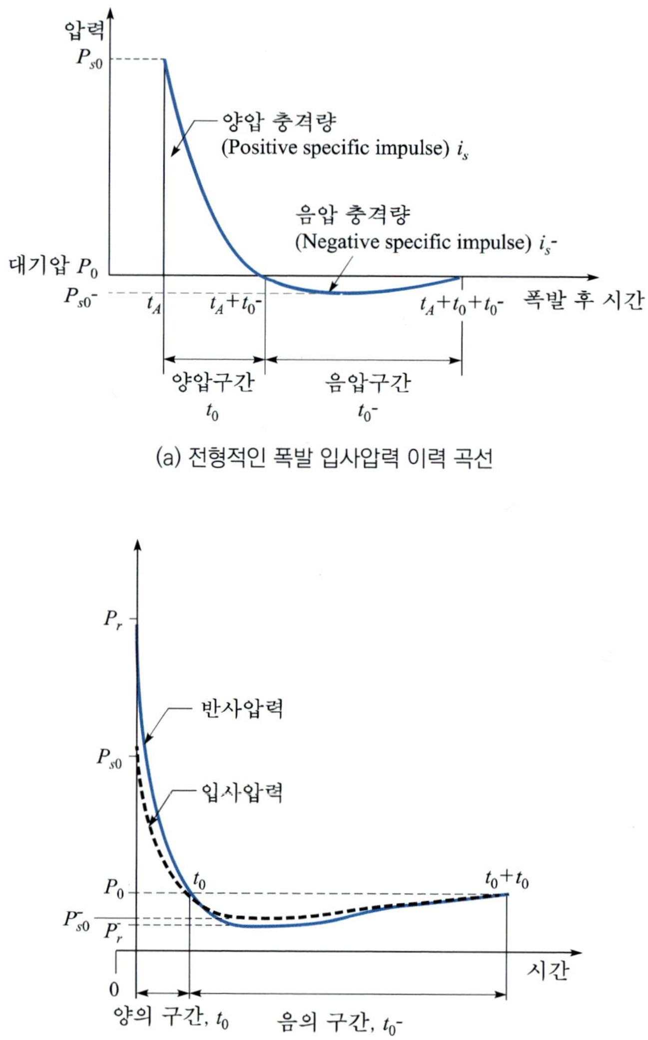

(a) 전형적인 폭발 입사압력 이력 곡선

(b) 입사압력과 반사압력 이력 곡선 비교

그림 2.1.1 비구속 폭발에 따른 압력-시간 변화

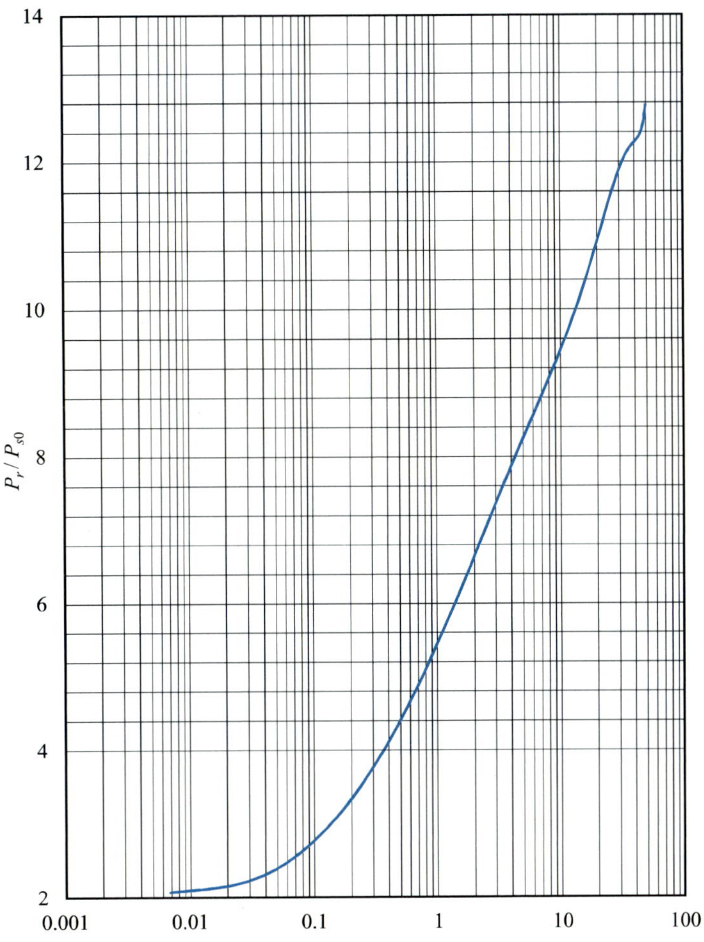

그림 2.1.2 입사압력과 반사압력의 비 (UFC 3-340-02)

폭발물의 종류에 따라 폭발효과가 다르며, 일반적으로 동등한 TNT 질량에 해당하는 "유효 폭발물 질량"에 해당하는 폭발 에너지에 의해 표현된다. 그러므로 대상 폭발물을 압력 또는 충격량에 기반하여 등가의 TNT 질량으로 환산하여 폭발하중을 산정해야 한다. 등가 TNT질량으로 환산하는 방법은 표 2.1.1을 참고한다.

표 2.1.1 폭발물의 폭발효과 비교

폭발물	압력기반 환산계수	충격량기반 환산계수	적용가능 압력범위(kPa)
ANFO (9416)	0.82		6.9~689
콤포지션 A-3	1.09	1.07	34~345
콤포지션 B	1.11	0.98	34~345
콤포지션 C-4	1.37	1.19	34~345
Cyclotol (70/30)	1.14	1.09	69~689
HBX-1	1.17	1.16	34~138
HBX-3	1.14	0.97	34~172
H-6	1.38	1.10	34~689
Octol 75/25	1.06	–	–
MINOL-Ⅱ	1.20	1.11	21~138
PETN	1.27	–	34~689
Tetryl 75/25	1.07	–	21~138
Tetrytol	1.06	–	–
Pentolite	1.42	1.0	34~689
Tritonal	1.07	0.96	34~689

(설계용의 환산계수로 Department of thc Army, 1986 출처)

폭발하중은 그림 2.1.3과 같이 폭발량, 입사각도 및 이격거리에 의한 반사압력으로 정의되며, 이격거리는 폭발 중심으로부터 구조물까지의 수직거리를 의미한다. 폭발위력에 결정적인 영향을 미치는 것은 이격거리와 폭약량이다. 실제 실험결과로부터 폭발의 위력은 이격거리에 반비례하고 폭약량의 삼승근에 비례하는 것으로 밝혀졌다. 이에 폭약량의 삼승근을 고려한 이격거리 개념인 환산거리(Scaled Distance)를 식 (2.1.1)과 같이 정의한다.

$$Z = \frac{R}{W^{1/3}} \quad \text{(식 2.1.1)}$$

여기서, Z : 환산거리

R : 어떤 지점과 폭발물사이의 거리(m)

W : 폭발물의 등가TNT 질량(kg)

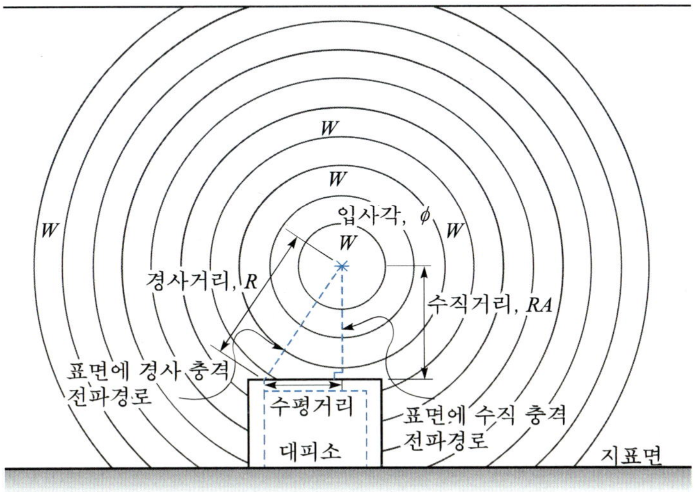

그림 2.1.3 폭파조건 정의 (UFC 3-340-02)

방호시설물의 방폭설계에 적용하는 폭발은 반구형 TNT 지표면 폭발을 기본으로 하며, 폭발에 의한 충격파를 형성하는 주요 변수들을 합리적으로 산정하여야 한다. 설계목적으로 폭발압력을 정의할 때 양압의 작용 시간은 식 (2.1.2)에 의해 구하고 이는 전체 충격량을 최대압력으로 나눈 값이다.

$$t_{of} = 2i/P \quad \text{(식 2.1.2)}$$

폭발에 의한 충격파가 구조물과 이루는 입사각에 따라 반사압력과 반사충격량의 크기가 다르다. 해수면에서의 구형 TNT 대기중 공중폭발 및 반구형 TNT 지표면폭발에 의한 충격파를 형성하는 주요 변수들인 입사압력(P_{so}), 반사압력(P_r), 입사충격량(i_s), 반사충격량(i_r), 폭발 충격파의 도달시간(t_a), 양압지속시간(t_o) 등은 그림 2.1.4의 차트를 이용하여 산정할 수 있다. 그림 2.1.5에 폭발하중의 주요 설계 변수를 정의하였다.

안전측의 설계를 위하여 충격파가 대상 구조 부재 표면에 90° 각도로 등분포로 작용하는 것을 가정한다. 그러나 정교한 해석을 위하여 입사각 효과를 고려할 수 있다. 입사각은 충격파가 구조부재 표면 법선과 이루는 각도로 정의한다. 충격파가 구조부재 표면과 90° 각도를 이루면, 입사각은 0°이다. 입사각에 따른 반사압력은 그림 2.1.6로부터 산정할 수 있고, 입사각에 따른 환산 충격량은 그림 2.1.7로부터 산정할 수 있다.

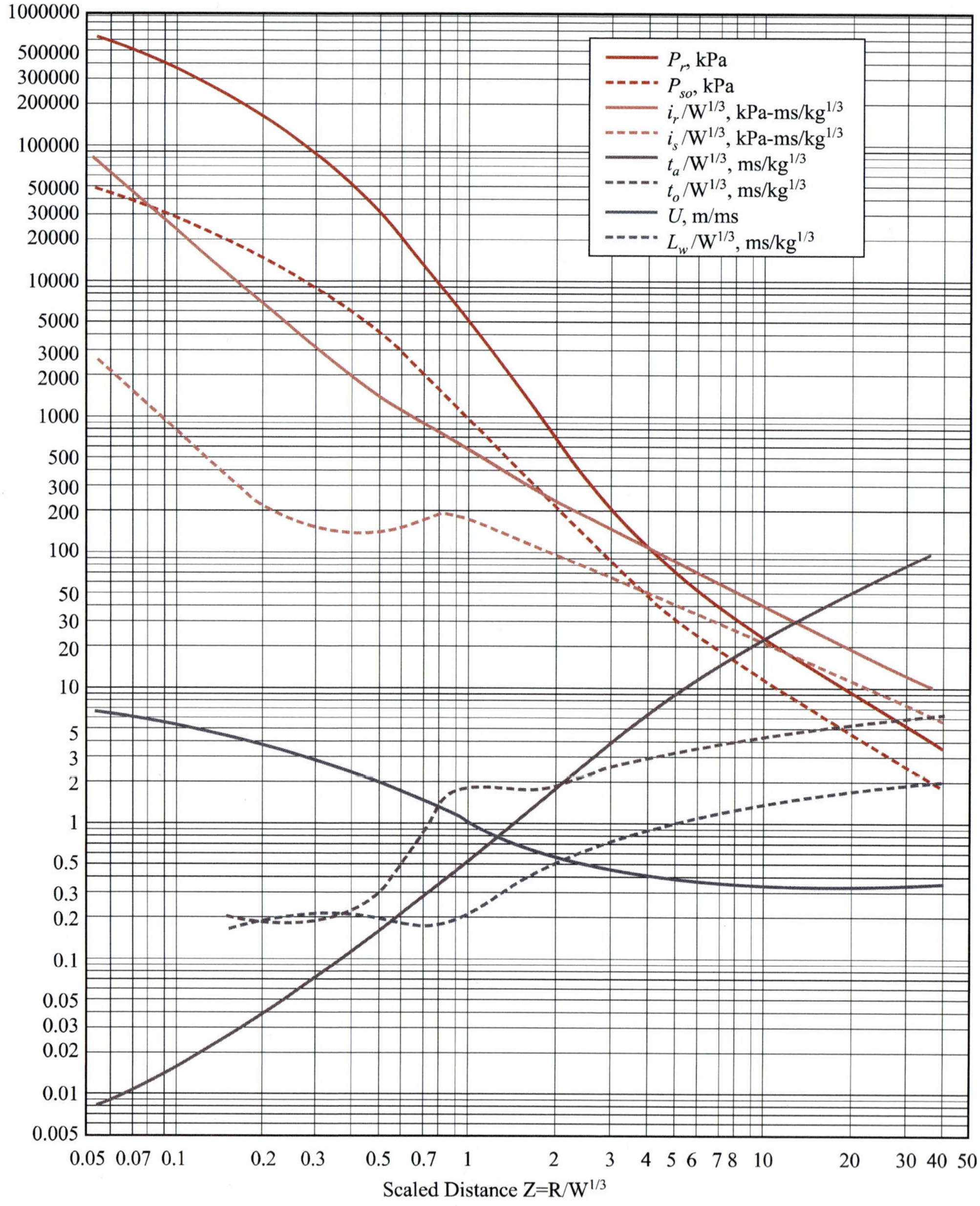

(a) 해수면에서의 구형 TNT 대기중 공중폭발

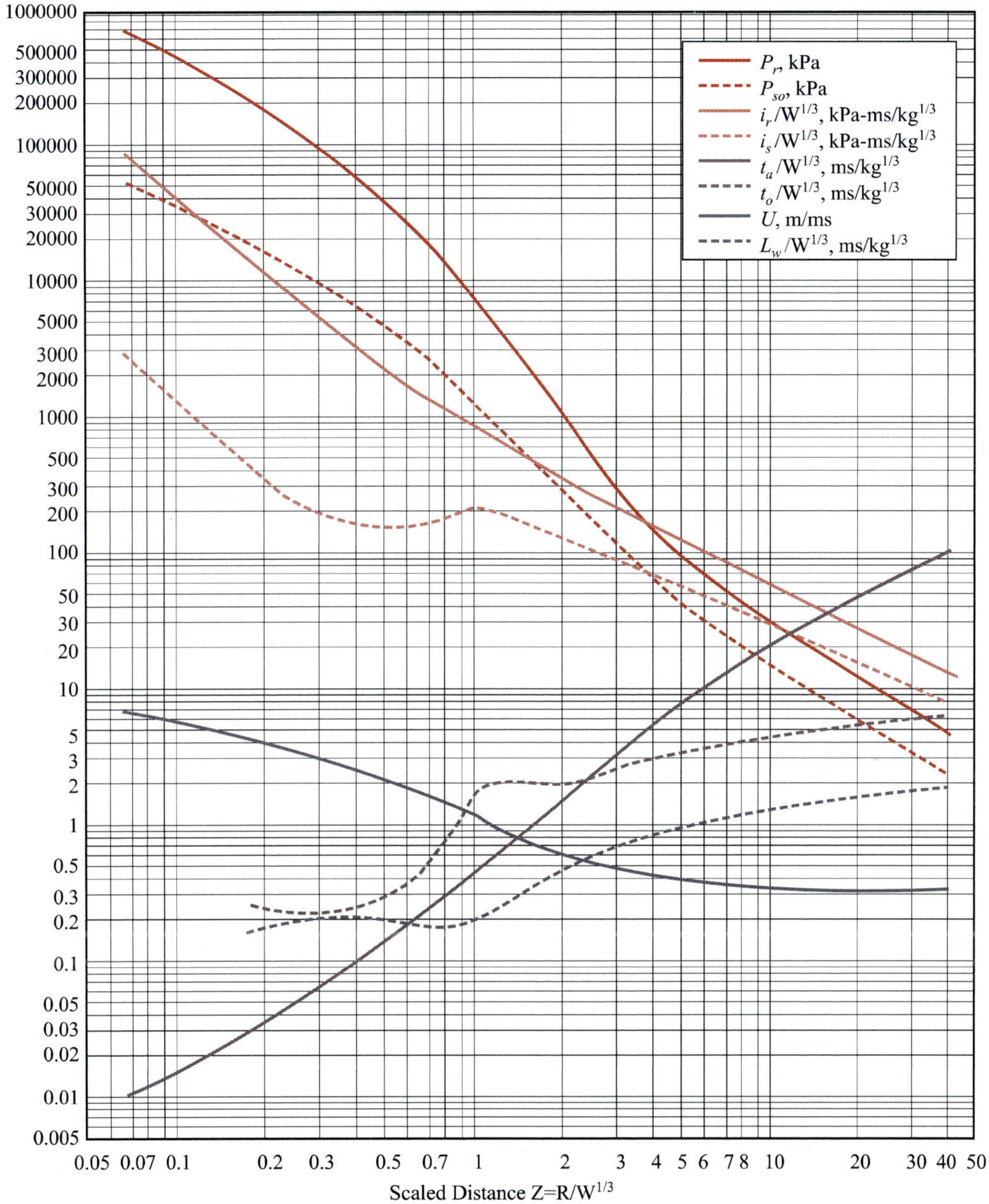

(b) 해수면에서의 반구형 TNT 지표면폭발

그림 2.1.4 폭발하중 주요 변수 산정 도표 (UFC 3-340-02)

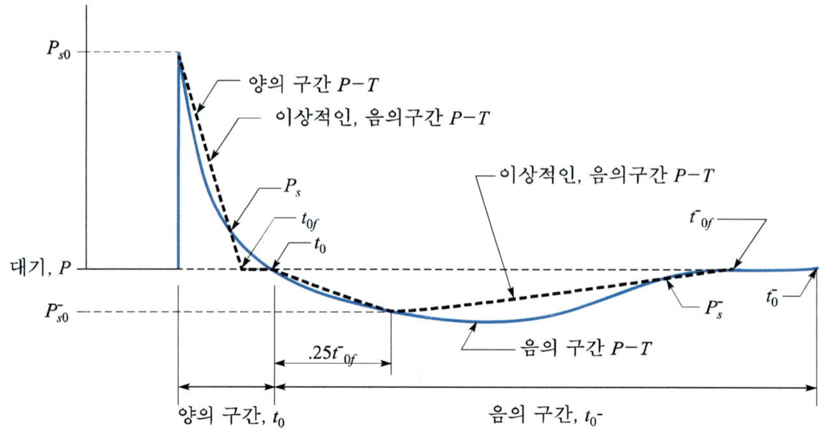

그림 2.1.5 이상화된 압력 시간 이력 곡선

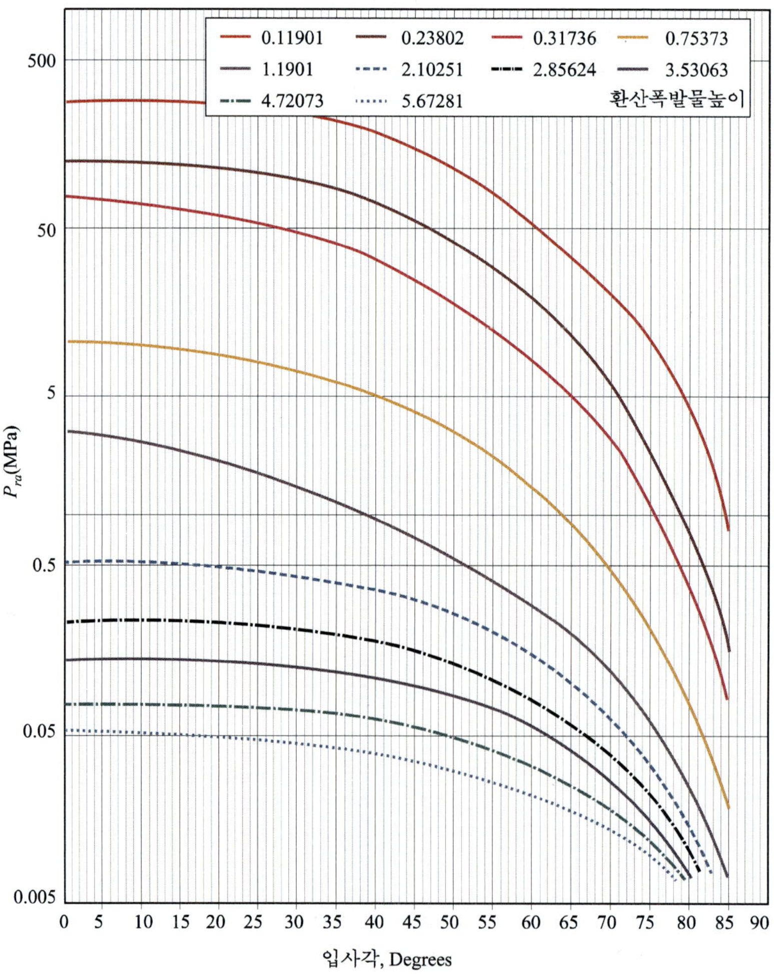

그림 2.1.6 입사각에 따른 반사압력의 변화 (UFC 3-340-02)

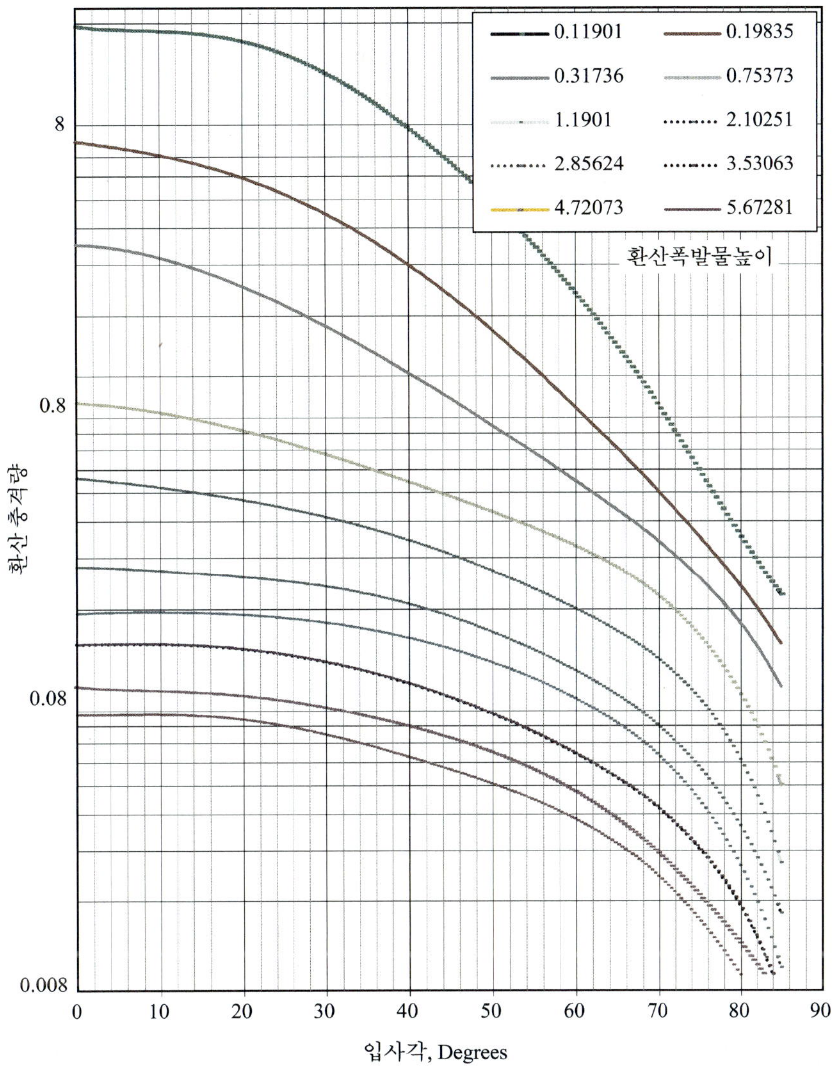

그림 2.1.7 입사각에 따른 충격량의 변화 (UFC 3-340-02)

일반적으로 폭발하중은 폭발작약의 구속여부에 따라 구속 폭발(Confined Explosion)과 비구속 폭발(Unconfined Explosion)로 구분되고 폭발 위치, 방호구조물의 형태 등에 의해 더욱 세분화 될 수 있다. 표 2.1.2는 폭발하중의 분류 사례를 보여준다.

표 2.1.2 폭발하중의 분류

폭발하중 분류			
폭발물 구속	분류	압력하중	방호구조
비구속 폭발	1. 대기 중 폭발 2. 공중폭발 3. 지면폭발	a. 비반사 b. 반사 b. 반사	대피소
구속 폭발	4. 완전 배출폭발	c. 내부충격 d. 누설	칸막이
	5. 부분 구속폭발	c. 내부충격 e. 내부가스 d. 누설	격납구조물 또는 억제방호
	6. 완전 구속폭발	c. 내부충격 e. 내부가스	완전 격납구조물

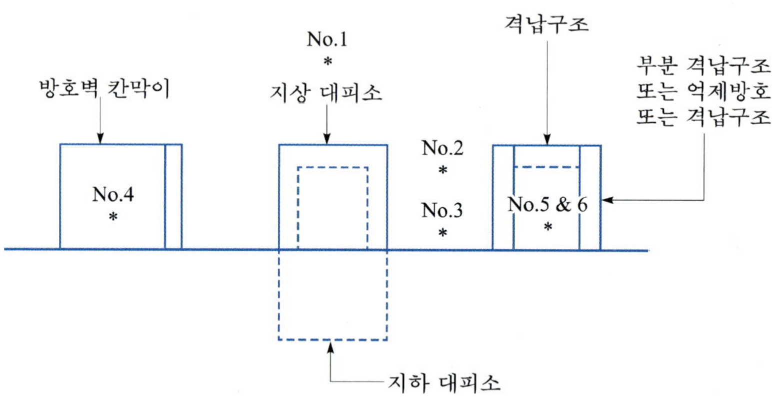

2.2 폭발하중을 받는 구조물의 동적 특성

폭발하중을 받는 구조부재는 정적 하중을 받는 유사한 부재에 비해 높은 강도를 보인다. 콘크리트와 철근의 이러한 강도증가 현상은 동적 하중을 받는 부재의 변형률 속도(Strain Rate)가 빠르기 때문이다. 따라서 폭발하중을 받는 부재의 동적 극한강도(Ultimate Dynamic Resistance)는 정적 극한강도에 비해 크다. 콘크리트와 철근 모두 빠른 변형률 속도에서 더 높은 강도를 보인다. 변형률 속도가 빨라질수록 콘크리트의 압축강도는 증가하고, 철근(강재)의 항복강도 및 극한강도 역시 증가한다. 이 현상은 폭발하중을 받는 방호구조물의 설계 시 철근콘크리트 부재의 동적 극한강도를 계산할 때 동적 강도를 활용하는 근거가 된다.

콘크리트와 철근의 전형적인 응력-변형률 곡선은 그림 2.2.1과 같다. 실선은 일반적인 하중 범위에서 구한 재료의 응력-변형률 곡선을 나타내고 점선은 높은 변형률 속도하에서의 강도 증진을 보여주고 있다. 재료의 동적강도에 대한 새로운 기호 정의는 다음과 같다. f_{dc}'은 콘크리트의 동적최대압축강도, f_{dy}는 철근의 동적항복강도, f_{du}는 철근의 동적인장강도를 나타낸다. ε_u는 파단시의 변형률을 나타낸다.

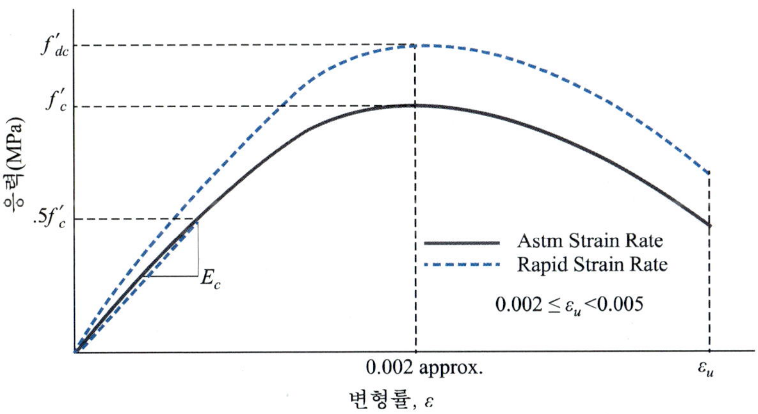

(a) 콘크리트의 응력-변형률 곡선

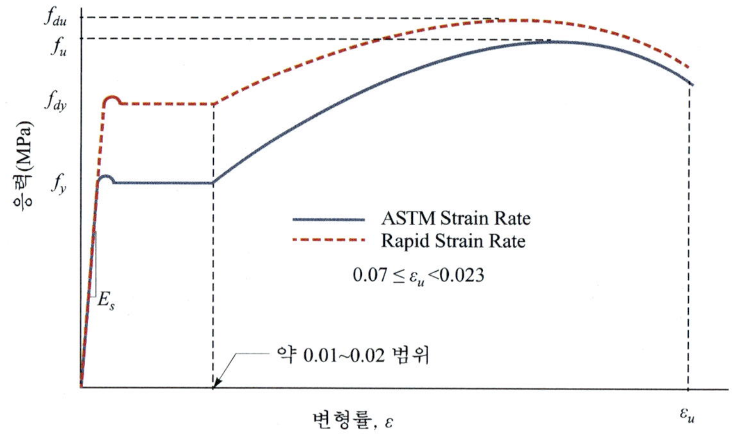

(b) 철근의 응력-변형률 곡선

그림 2.2.1 콘크리트와 철근의 대표적인 응력-변형률 곡선

콘크리트의 강도는 지점회전각이 2° 이하인 부재의 극한강도 계산에서만 중요하지만 지점회전이 작거나 클 때도 부재 거동에 미치는 영향은 동일하게 중요하다. 부재의 전단강도는 콘크리트 강도에 의존한다. 지점회전각이 2° 이하인 부재에서 고강도 콘크리트의 사용은 전단철근이 필요없게 할 수 있다. 반면에 전단철근이 필요한 부재에 대해서는 고강도 콘크리트의 사용으로 철근의 필요량을 줄일 수 있다. 2°에서 12°의 지점회전각을 갖는 변형이 큰 부재의 설계에서는 큰 회전에 따른 콘크리트의 균열이나 파쇄는 고강도 콘크리트가 사용되면 덜 심각할 수 있다. 그러므로 콘크리트의 강도는 방폭 설계에서 특별한 설계 목적에 맞도록 선택되어야 한다. 어떤 경우에도 콘크리트의 압축강도는 20 MPa를 넘어야 하고 모든 방폭 대상 구조물의 콘크리트 강도는 27 MPa 이상을 사용하여야 한다. 또한, 해풍, 해수, 제빙화학제, 황산염 및 기타 유해물질에 노출된 콘크리트는 탄산화, 해양환경, 동결융해, 황산염 등에 대한 노출정도를 고려하여 KDS 14 20 40에서 제시하는 노출등급에 따른 최소 설계기준압축강도도 만족하여야 한다.

철근은 D35 규격까지는 적절한 연성을 가진다고 볼 수 있고 이 이상의 철근 사용은 간격과 정착에 특별한 검토를 수행해야 사용할 수 있다. 철근에서 연성은 절곡부위, 겹침이음, 기계적 이음 등에서 저하되기 때문에 최대 응력이 발생하는 근처에서 정착을 하는 것은 바람직하지 않다.

최소 항복강도 500 MPa 이상을 갖는 철근을 사용할 수 있지만 직선 형상에 주로 사용하는 것이 바람직하고 부재의 설계가 탄성거동이거나 X_m/X_E가 3보다 작거나 동일한 정도의 낮은 수준의 소성거동을 보일 때 사용하는 것이 바람직하다.

일반적으로 제시된 철근의 설계 강도는 최소값이기 때문에 실제 시험에서 나타나는 결과가 이보다 높은 것을 고려해서 설계는 최소 항복강도를 10% 증가시켜 사용할 수 있다. 이는 미국에서 시험결과로 제시된 것이고 국내에서는 아직 이에 대한 검증이 이루어지지 않았다. 그러나 고강도 철근이 아닌 경우에는 역학적 특성이 유사할 것으로 판단되어 이를 준용한다.

철근 콘크리트 부재에서 연성 부재는 최대 모멘트 단면에서 인장철근의 항복에 이은 콘크리트 파쇄에 의해 소성 힌지를 형성하는 부재이다. 과소보강 철근 콘크리트보가 여기에 해당하는데 압축철근을 배근하고 압축철근의 좌굴을 막기 위해 레이스철근을 추가하면 상당한 수준의 연성을 추가로 확보할 수 있다. 레이스철근으로 설계된 단면은 철근이 변형경화 구간까지 응력을 받을 수 있어서 철근이 극한강도인 f_{du}에 도달하고 파단 변형률인 ϵ_u에서 파괴된다.

동적설계강도는 정적강도에 동적증가계수(DIF)를 곱하여 산정한다. 동적증가계수는 변형률속도가 증가할수록 커지며, 재료의 정적강도에 따라 다르다. 동적증가계수인 DIF는 정적응력 대비 동적응력의 비로 정의되는데 f_{dy}/f_y, f_{du}/f_u, f_{dc}'/f_c'가 그 예들이다. 이 동적증가계수는 변형률 속도에 의존하고 변형률 속도가 증가할수록 커진다.

콘크리트와 철근에 대한 평균 변형률 속도는 항복시점의 변형률과 항복에 도달하는 시간으로 구할 수 있다. 동적해석에서 항복에 도달하는 시간 t_E를 구하면 재료의 평균 변형률 속도는 식 (2.2.1)과 (2.2.2)에 의해 구할 수 있다. 여기서, 콘크리트는 변형률이 0.002일 때로 가정한다.

$$\varepsilon_c' = 0.002/t_E \qquad \text{(식 2.2.1)}$$

$$\varepsilon_s' = f_{dy}/(E_s t_E) \qquad \text{(식 2.2.2)}$$

여기서, ε_c'는 콘크리트의 평균변형률 속도이고 ε_s'는 철근의 평균변형률 속도를 나타낸다.

비구속 콘크리트의 압축강도에 대한 동적증가계수는 17 MPa $< f_{ck} <$ 35 MPa 구간과 f_{ck} = 40 MPa에 대하여 그림 2.2.2에 제시되어 있다. 콘크리트 압축강도가 35 MPa 이상이고 40 MPa 미만인 경우는 직선보간하여 동적증가계수를 구할 수 있다. 콘크리트 압축강도 40 MPa을 초과하는 경우 실험적 검증이 필요하다. 그림 2.2.3에 철근에 대한 DIF 값을 나타내었다. 이는 미국에서 평가된 결과값이기 때문에 국내 재료에 대해서는 일반 강도의 수준에서 동일 항복강도를 갖는 경우에 대해서만 사용할 수 있다. DIF의 설계값은 설계범위, 재료의 형태, 응력 상태(휨, 사인장, 직접전단, 부착, 압축)에 따라 달라지는데 표 2.2.1에 정리하여 제시한다. 여기서, 보 설계시는 원거리 설계 영역에서는 변형률 속도를

0.0001 $1/ms$로 가정하고 근접 설계 영역에서는 0.0003 $1/ms$로 가정한다. 압축부재에 대해서는 각각 0.00002 $1/ms$와 0.00005 $1/ms$를 가정하여 구한 값이다. 이 값들은 설계 측면에서 안전측의 값들로 고려된 것이다.

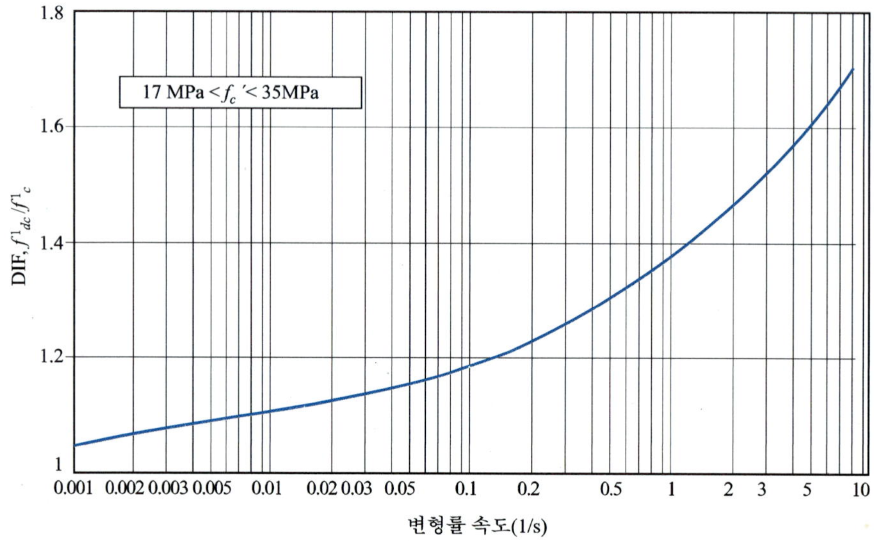

(a) 압축강도 17MPa~35MPa 콘크리트의 압축강도 설계 DIF

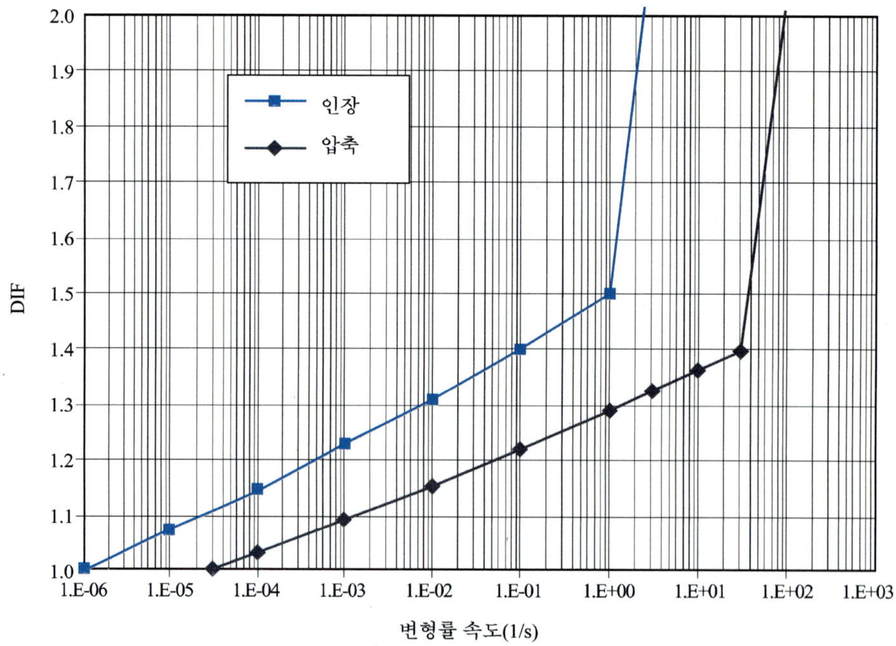

(b) 압축강도 40 MPa 콘크리트의 설계 DIF

그림 2.2.2 콘크리트의 DIF 곡선

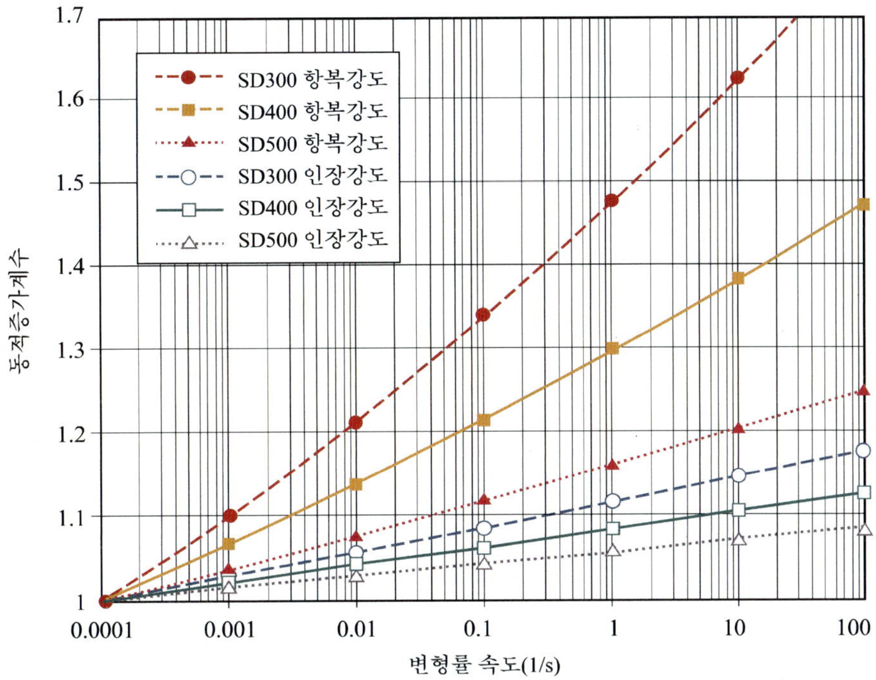

그림 2.2.3 철근의 DIF 곡선

표 2.2.1 철근콘크리트 설계를 위한 DIF 값

응력상태	원거리 설계영역			근접 설계 영역		
	철근		콘크리트	철근		콘크리트
	f_{dy}/f_y	f_{du}/f_u	f_{dc}'/f_c'	f_{dy}/f_y	f_{du}/f_u	f_{dc}'/f_c'
휨	1.17	1.05	1.19	1.23	1.05	1.25
사인장	1.00	–	1.00	1.10	1.00	1.00
직접 전단	1.10	1.00	1.10	1.10	1.00	1.10
부착	1.17	1.05	1.00	1.23	1.05	1.00
압축	1.10	–	1.12	1.13	–	1.16

연성 철근 콘크리트 보의 소성 설계에 사용되는 동적강도의 한계는 표 2.2.2에 나타내었다. 동적 설계 강도는 f_{dy}, f_{du}, f_{dc}'로 나타낸다. 이 값들은 표 2.2.1에 나타낸 DIF 값들을 이용해서 다음 식으로 계산한다.

$$f_{(dynamic)} = DIF \times f_{(static)} \tag{식 2.2.3}$$

탄성범위에서는 철근의 응력이 변형률에 비례하지만 소성 영역에서는 응력이 비례하지 않는다. 소성 영역에 걸친 평균 응력의 산정은 부재의 처짐에 대한 평균 영역에 연관해서 평가될 수 있다. 지점에서의 각 회전으로 처짐이 정의되며, 평균 동적강도는 동적항복강도 f_{dy}와 동적 극한강도 f_{du}로 표현된다.

표 2.2.2 철근 콘크리트 부재의 설계를 위한 동적 설계 강도

응력 상태	철근 형태	최대 지점회전각 θ_m (Degrees)	동적 설계 강도	
			철근 f_{ds}	콘크리트 f_{dc}
휨	인장 및 압축철근	$0 < \theta_m \leq 2$	f_{dy} (1)	f_{dc}'
		$2 < \theta_m \leq 6$	$f_{dy} + (f_{du} - f_{dy})/4$	(2)
		$6 < \theta_m \leq 12$	$(f_{dy} + f_{du})/2$	(2)
사인장	스터럽	$0 < \theta_m \leq 2$	f_{dy}	f_{dc}'
		$2 < \theta_m \leq 6$	f_{dy}	f_{dc}'
		$6 < \theta_m \leq 12$	f_{dy}	f_{dc}'
사인장	레이스	$0 < \theta_m \leq 2$	f_{dy}	f_{dc}'
		$2 < \theta_m \leq 6$	$f_{dy} + (f_{du} - f_{dy})/4$	f_{dc}'
		$6 < \theta_m \leq 12$	$(f_{dy} + f_{du})/2$	f_{dc}'
직접전단	경사철근	$0 < \theta_m \leq 2$	f_{dy}	f_{dc}'
		$2 < \theta_m \leq 6$	$f_{dy} + (f_{du} - f_{dy})/4$	(3)
		$6 < \theta_m \leq 12$	$(f_{dy} + f_{du})/2$	(3)
압축	기둥	(4)	f_{dy}	f_{dc}'

(1) 인장철근에 대해서만
(2) 콘크리트 파쇄로 모멘트 저항에 기여 못함
(3) 콘크리트는 유효하지 않고 전단은 철근에 의해서만 저항
(4) 저항이 지점회전의 함수가 아님

2.3 등가단자유도계

설계 실무에서는 1개의 모드만을 고려한 등가단자유도계(Equivalent Single-Degree-of-Freedom(SDOF)) 시스템을 사용하여 구조물의 응답을 근사적으로 계산한다. 그림 2.3.1에 이러한 단자유도계 시스템을 나타내었다.

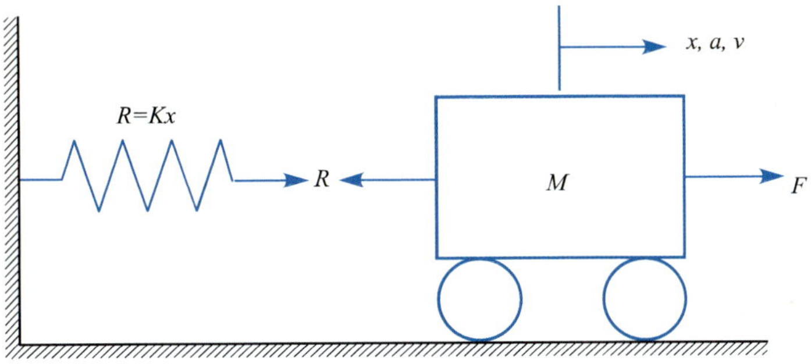

그림 2.3.1 단자유도계 시스템

단자유도계 등가시스템을 구성하기 위해서는 이를 이루고 있는 등가질량 M_E, 등가 스프링강성 K_E 및 등가 하중 F_E를 구한다. 등가시스템은 집중질량의 변위가 실제 부재의 중요한 지점의 변위와 같게 되도록 구성한다. 단자유도계 시스템은 부재의 변형형상을 가정하여 얻어지게 되는데, 일반적으로 동적하중을 정적으로 재하하였을 때의 변형형상을 사용한다. 이러한 변형형상의 가정을 통하여 부재 내 모든 지점의 상대변위에 관한 수식이 얻어진다.

하중계수는 등가 단자유도계에 작용하는 하중을 얻기 위해 실제 하중에 곱해지는 계수이다. 실제 구조물에 작용하는 하중의 총 합이 F이고, 등가하중이 F_E, 하중계수가 K_L이라면, 관계식은 다음과 같이 된다.

$$K_L = \frac{F_E}{F} \quad \text{(식 2.3.1)}$$

일반적으로 탄성구간과 소성구간에서 하중계수 K_L은 서로 다르지만, 1개의 집중하중이 최대변위 지점에 재하되는 경우에는 탄성구간과 소성구간의 K_L이 같게 된다.

질량계수는 등가 단자유도계의 집중질량을 계산하기 위해 실제 부재의 총 질량에 곱해지는 계수이다. 실제 부재의 총 질량이 M, 등가 단자유도계의 집중질량이 M_E이면, 질량계수 K_M은 다음과 같이 정의된다.

$$K_M = \frac{M_E}{M} \tag{식 2.3.2}$$

K_M 역시 탄성구간의 경우와 소성구간인 경우에 서로 달라진다.

저항계수는 등가 단자유도계의 저항을 구하기 위해 실제 부재의 저항에 곱해지는 계수이다. 저항계수를 구하기 위해, 등가 단자유도계의 변형에너지와 실제 부재의 변형에너지가 같다는 조건을 이용한다. 실제 부재의 총 저항이 R이고 등가 시스템의 등가 총 저항이 R_E이면, 저항계수는 다음 식과 같이 정의된다.

$$K_R = \frac{R_E}{R} \tag{식 2.3.3}$$

부재의 저항은 외부하중에 의해 발생된 변형을 하중 재하 전 상태로 복원하려는 내부적 힘(내력)이므로, 저항계수 K_R과 하중계수 K_L은 항상 같아야 한다.

하중-질량계수는 두 계수 K_L과 K_M로부터 얻어지는 계수이며, 단순한 두 계수의 비를 뜻한다. 하중-질량계수를 사용하면 운동방정식을 1개의 계수만으로 나타낼 수 있기 때문에 편리하다.

$$K_{LM} = \text{하중} - \text{질량계수} = K_M / K_L \tag{식 2.3.4}$$

시스템의 최대 응답을 구하기 위하여 진동의 유효 고유주기를 알아야 한다. 이 유효 고유주기는 폭발하중의 지속시간과 강도, 부재의 저항과 함께 최대 변위 X_m을 구하는데 사용된다. 유효 고유주기는 다음과 같이 계산된다.

$$T_n = 2\pi\left(\frac{m_e}{K_E}\right)^{\frac{1}{2}} = 2\pi\left(\frac{K_{LM}m}{K_E}\right)^{\frac{1}{2}} \tag{식 2.3.5}$$

여기서, m_e = 유효 단위질량, m = 단위질량, K_E = 시스템의 등가 단위 강성이다.

해당 부재의 등가질량과 강성을 계산하는데 사용되는 값들은 허용최대변위에 따라 결정된다. 완전 탄성거동을 하도록 설계하는 경우에는 탄성강성이 사용되며, 이외의 다른 모든 경우에는 등가 탄소성 강성 K_E가 사용된다. 탄성구간에서는 유효질량의 탄성값이 사용되며, 탄소성구간에서의 유효질량은 탄성값과 탄소성값의 평균을 사용한다. 또한, 미소 소성변위($\Theta \leq 2^o$)의 경우는 소성값과 등가탄성값의 평균을 사용하고, 대변형 설계 시에는 소성 유효질량을 사용한다.

구조물의 동적해석은 힘의 뉴튼의 2법칙에 따른 동적 평형과 에너지 보존의 원리에 따라 수행된다.

구조물의 동적해석에는 정적해석과 마찬가지로 평형의 원리와 일과 에너지 저장의 원리의 동일한 두 가지 방법이 기본적으로 적용된다. 하지만 하중이 매우 빠른 속도로 변화하기 때문에 관성력과 운동에너지가 함께 포함되어야 한다. 따라서, 평형조건에는 외력과 내력 외에 관성력이 포함되며, 결과적으로 동적 평형방정식은 뉴튼의 운동방정식의 형태를 갖게 된다.

$$F - R = Ma \quad \text{(식 2.3.6)}$$

여기서, F = 시간의 함수로 주어지는 외력의 총합,
R = 시간의 함수로 주어지는 내력의 총합,
M = 총 질량,
a = 질량의 가속도이다.

에너지 보존의 원리에 따라, 외력이 한 일은 구조물의 운동에너지와 변형에너지의 합과 같아야 한다.

$$WD = KE + SE \quad \text{(식 2.3.7)}$$

여기서, WD = 외력이 한 일 (Work Done),
KE = 운동에너지 (Kinetic Energy),
SE = 변형에너지 (Strain Energy)이다.

또한, 변형에너지는 복원 가능한 탄성에너지와 복원되지 않는 소성에너지를 모두 포함한다. 따라서, 동적해석이 정적해석과 다른 점은 관성력(Ma)이 평형방정식에, 운동에너지가 에너지보존에 포함되어야 한다는 것이다. 이들 관성력과 운동에너지는 모두 구조물의 질량과 관련되어 있으며, 따라서 동적해석에서는 구조물의 질량이 매우 중요하다.

구조부재는 설계 기준에 규정된 한계변형을 만족시키기 위해 내부적으로 충분한 저항을 발휘해야 한다. 부재의 내하력은 부재에 의해 발현되는 최대 강도와, 저항을 어느 정도의 짧은 시간동안 유지할 수 있는 능력에 의해 결정된다. 여기서 부재는 다음과 같은 세 그룹으로 나뉜다.

(1) 압력하중을 받는 부재 (저압영역)

(2) 시간에 따라 변화하는 압력을 받는 부재 (중간 압력 영역)

(3) 충격하중 (Impulse)을 받는 부재 (고압영역)

압력하중을 받는 부재의 해석을 위해서는 재하되는 폭발하중의 압력-시간 함수의 실제 값을 알아야 한다. 부재의 동적응답은 수치해석 기법(평균 가속도법, 가속도-충격량 외삽법 등) 이나 설계 차트를 사용하여 구하게 되는데, 이 설계 차트는 부재의 동적특성(고유주기, 저항, 변위)과 폭발압력 사이의 관계를 나타내는 것이다.

UFC 3-340-02에서 제공하는 설계 차트는 단순화된 폭발하중에 대한 단자유도계의 응답을 무차원 함수의 형태로 제시하고 있다. 이들 설계차트를 활용하기 위하여 폭발하중(압력-시간함수)과 저항-변위 함수를 선형 또는 이선형(Bi-Linear) 함수로 단순화하였다.

동적하중을 받는 구조계의 응답은 최대변위 X_m과 최대변위의 발생시간 t_m으로 정의되며, 동적 하중은 최대하중 P, 지속시간 T, 그리고 하중함수의 형태로 정의된다. 탄성거동을 하는 단자유도계의 응답은 동적하중계수(Dynamic Load Factor, DLF)를 사용하여 정의되며, 탄소성 거동을 하는 경우는 극한저항 r_u와 항복변위 X_E, 그리고 고유주기 T_N을 사용하여 정의된다. 응답차트는 폭발하중의 동적특성(P와 T)과 구조물의 동적특성(r, X, T_N) 사이의 관계를 나타내며, 다시 말해, X_m/X_E와 t_m/T를 r_u/P와 T/T_N의 함수로 나타낸 것이다.

선형 탄성계의 응답을 구할 때에는 동적하중계수의 개념을 활용하는 것이 편리하다. 이 계수는 최대 동적변위와 동적 하중의 최댓값 P를 정적으로 재하하였을 때 발생하는 정적 변위 사이의 비를 나타내는 것으로, 다음 식과 같이 정의된다.

$$DLF = \frac{X_m}{X_s} \quad \text{(식 2.3.8)}$$

여기서, X_s = 정적변위. 즉, 동적하중의 최댓값을 정적으로 재하하였을 때 발생되는 변위,

X_m = 동적 최대변위이다.

탄성계에서 발생되는 변위, 스프링력, 및 응력은 모두 서로 비례하므로 동적하중계수는 이들 동적응답과 정적응답 사이의 비율을 구하는 데에 일반적으로 사용될 수 있다. 따라서, 동적하중계수는 최대 하중에 의해 발생된 최대 저항의 비율로 간주할 수 있다.

$$DLF = r/p \quad \text{(식 2.3.9)}$$

여기서, r = 동적최대저항,

p = 하중-시간 함수에서 하중의 최댓값이다.

단순화된 동적하중을 받는 선형탄성계에서, 최대응답은 동적하중계수 DLF와 최대 응답 발생시간 t_m을 사용하여 정의된다.

탄소성계는 폭발하중의 크기에 따라 탄성응답 또는 소성응답을 나타낼 수 있다. 응답이 탄성이라면, 즉 부재에 의해 발현되는 저항 r이 극한저항 r_u보다 작다면, 응답차트를 사용하면 된다. 응답차트는 극한저항 r_u가 발현되었을 때의 소성응답을 구하기 위한 것이다. 추가적으로 압력하중을 받는 부재 또는 시간에 따라 변화하는 압력을 받는 부재를 설계할 때, 부재는 압력작용의 반대방향의 변위(Negative Deflection) 즉 되튐하중에 저항할 수 있도록 설계되어야 한다. 되튐하중이 발생할 때 구조물이 탄성상태에 있기 위해 요구되는 저항을 소요 단위 되튐하중저항이라고 하며, 삼각형 하중을 받는 부재에서 극한단위저항과 소요 단위 되튐하중저항의 비 r^-/r_u를 이용한다.

2.4 방폭구조 시스템

방폭설계에서는 기본적으로 부재단위로 단면과 상세의 적절성, 방호수준별 허용한계를 검토한다. 부재단위 동적해석으로 등가 단자유도 해석법이 대표적이다. 이 해석법은 폭발하중을 받는 구조부재를 등가의 단자유도시스템으로 환산하여 구조부재의 동적응답을 근사적으로 계산하는 방법이다. 방폭설계에서 부재단위의 거동 규명으로 불충분하거나 하중이 명확하게 설정되기 힘든 경우, 기존 시설물의 방호성능을 평가하는 경우 등에는 수치해석 프로그램을 이용한 유한요소해석(시뮬레이션)을 통하여 검토할 수 있다.

등가단자유도해석은 1개의 자유도만을 고려한 등가단자유도계(Equivalent Single-Degree-of-Freedom(SDOF)) 시스템을 이용하여 동적평형방정식의 해를 도출하는 방법이다. 구조부재를 등가단자유도계 시스템으로 환산하기 위하여 우선 저항력-변위 관계를 도출하여야 한다.

등가단자유도해석을 위하여 구조부재의 저항력-변위 관계를 이선형으로 표현되는 탄성-완전소성 함수 또는 다선형으로 표현되는 탄소성-완전소성 함수로 나타낸다. 이 두 함수 관계는 소성거동에 기반하여 부재가 극한저항력에 도달하기까지 소성힌지가 발생하는 개수에 의해 결정된다.

등가단자유도계시스템을 구성하기 위해서는 이를 이루고 있는 등가질량 M_E, 등가강성 K_E 및 등가하중 F_E를 산정하여야 한다. 이는 하중계수 K_L, 저항계수 K_R, 질량계수 K_M을 부재의 질량, 강성, 하중에 각각 곱하여 산정한다.

등가단자유도계시스템의 최대 응답을 구하기 위하여 동적 수치해석을 수행할 수 있다. 이 수치해석을 통해 시스템의 변위-시간 관계를 도출할 수 있다. 한편, 등가질량과 등가강성을 사용하여 시스템의 유효 고유주기를 산정한 후, 고유주기, 극한저항, 항복변위의 함수인 응답차트를 활용하여 최대 변위를 도출하는 방법도 가능하다.

구조물에 외부 하중이 작용하게 되면 부재의 변형 및 내력이 발생된다. 이러한 내력의 합은 구조물을 하중이 작용하기 이전의 위치로 복원시키려는 경향이 있는데, 이를 저항(Resistance)으로 정의한다. 구조 요소의 저항은 외부 하중에 의해 발생되는 변형과 관련된 반발력(Reactive Force)이므로, 저항을 하중과 크기가 같고 방향이 반대인 힘으로 생각하면 편리하다. 변위에 따른 저항의 변화를 "저항-변위 함수"로 표현하며, 그래프로 나타내기도 한다. 2방향 요소의 이상화된 저항-변위 함수를 다음 그림 2.4.1에 나타내었다.

구조요소에 하중이 재하되면 구조요소에 변형이 발생되고, 구조 요소는 추가의 변형에 대하여 저항하게 된다. 이 저항력은 해당 구조요소의 단위 강성 K의 기울기를 갖는 함수이며, 변위가 X_p에 도달할 때 r_u의 극한저항력을 나타낸다. 저항-변위 그래프의 시작부분은 탄성구간(Elastic Range)과 탄소성구간(Elasto-Plastic Range)으로 이루어지며, 각 구간은 각각에 해당되는 강성을 갖는다. 최대응력 발생지점(항복선)에 소성힌지가 발생됨에 따라 탄성구간에서 탄소성구간으로의 전환이 일어나며, 극한저항력에 이르기까지 필요한 탄소성구간의 수는 지점의 종류 및 수에 따라 달라지고, 철근콘크리트 부재의 경우에는 철근 배근의 영향을 함께 받는다. 예를 들어, 등분포 하중을 받는 단순지지된 보 부재의 경우는 극한저항력에 도달하기까지 한 개의 소성힌지가 발생되지만, 양단이 고정단인 경우는 1개 이상의 소성힌지가 필요하게 된다.

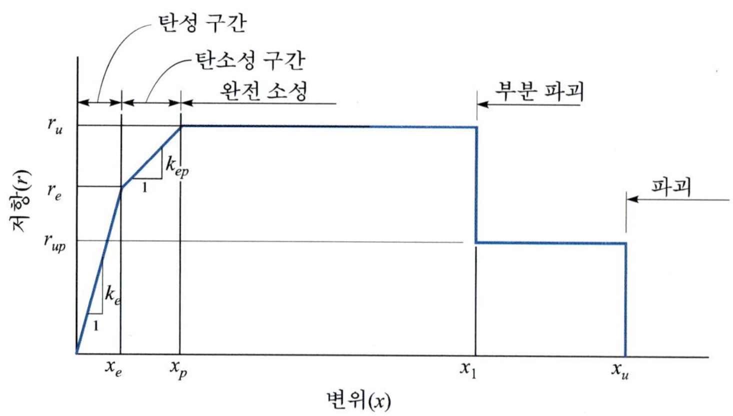

그림 2.4.1 2방향 요소의 전형적인 저항-변위 함수

부재의 극한강도는 ① 재하되는 하중의 분포, ② 부재의 형상(길이와 폭), ③ 지점의 종류 및 수, ④ 부재 내 모멘트 강도(Moment Capacity)의 분포 조건에 따라 달라진다.

하중의 분포는 일반적으로 등분포인 것으로 가정한다. 부재의 설계 범위(Design Range)가 고압 영역에 속하는 경우에는 부재 표면에 작용하는 압력이 일정하지 않지만, 강 부재나 레이스철근(Laced Reinforcement)이 배근된 철근콘크리트 부재 및 전단철근이 배근되고 상대적으로 변위가 크지 않은 철근콘크리트 부재에 대해서는 등분포하중으로 가정하여 얻어진 저항함수를 사용하여도 변위예측이 가능하다. 하중의 분포 이외에 극한저항에 영향을 미치는 다른 조건들은 방호구조물의 설계조건 및 폭발의 규모에 의해 정해진다.

2방향 부재는 그림 2.4.1에 표시된 바와 같이, 일반적으로 부재의 부분파괴 이후에 나타나는 후극한 강도를 갖는다. 부분파괴가 일어나기 전까지 부재는 극한강도 r_u와 같은 저항력으로 2방향으로 하중에 저항하며, 일정한 변위 X_1에 도달하면 부재의 한쪽 변 또는 마주보고 있는 두 개의 변에서 파괴가 발생한다. 부분파괴가 발생한 이후에는 감소된 후극한 강도 r_{up}로 1방향으로만 저항하게 되며 극한변위 X_u에 도달하면 부재는 완전히 파괴된다. 1방향 부재에서는 이러한 거동이 발생하지 않는다. 2방향 부재의 부분파괴변위(Partial Failure Deflection) X_1과 1방향 및 2방향 부재의 극한변위(Ultimate Deflectino) X_u는 부재의 지점부에서 발생되는 회전각(지점회전각) 및 정항복선으로 둘러싸인 영역의 형상으로부터 결정된다.

강도함수의 시작 부분은 일반적으로 탄성구간과 1개 이상의 탄소성구간으로 이루어진다. 탄성단위강도 r_e는 최초로 항복이 발생할 때의 강도를 뜻하며, 마찬가지로 탄소성단위강도 r_{ep}는 그 이후로 순차적 항복이 발생할 때의 강도를 의미한다. 부재 내의 모든 힌지가 동시에 발생되는 경우에는 r_e와 극한단위강도 r_u가 같게 되며, 2 이상의 힌지가 순차적으로 발생되는 경우에는 r_{ep}의 최댓값이 r_u가 된다.

저항함수의 탄성 및 탄소성 구간에서의 기울기는 부재의 강성 K에 의해 정의된다.

$$K = r/X \quad \text{(식 2.4.1)}$$

여기서, r은 단위강도, X는 r값에 대응되는 변위이다.

탄성구간의 강성은 K_e로 표시하며, 탄소성 구간의 강성은 K_{ep}로 표시한다. 또한 완전 소성구간에서의 강성은 영이 된다. 설계에 사용되는 전형적인 저항-변위 함수는 그림 2.4.2와 같다. 1방향 부재의 설계에는 일반적으로 1단계 및 2단계 시스템이 사용되며, 2방향 부재에는 일반적으로 2단계 및 3단계 시스템이 사용된다. 네 변이 모두 고정지지 되어있는 2방향 부재의 경우는 4단계 시스템이 된다. 그림에 나타난 바와 같이 탄성구간의 강성은

$$K_e = r_e / X_e \qquad \text{(식 2.4.2)}$$

이 되며, 2단계 시스템의 탄소성 강성은

$$K_{ep} = (r_u - r_e)/(X_p - X_e) \qquad \text{(식 2.4.3)}$$

이 된다. 또한 3단계 시스템의 탄소성 강성은 식 (2.6) 및 (2.7)과 같다.

$$K_{ep} = (r_{ep} - r_e)/(X_{ep} - X_e) \qquad \text{(식 2.4.4)}$$

$$K_{ep}' = (r_u - r_{ep})/(X_p - X_{ep}) \qquad \text{(식 2.4.5)}$$

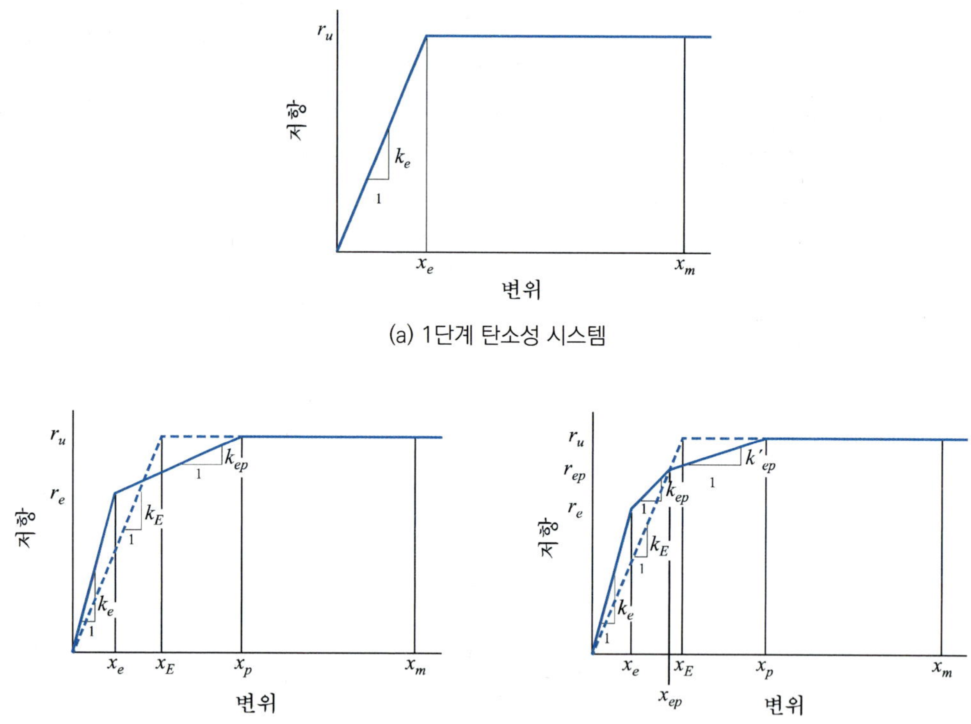

(a) 1단계 탄소성 시스템

(b) 2단계 탄소성 시스템

(c) 3단계 탄소성 시스템

그림 2.4.2 저항-변위 함수

설계에 사용되는 저항-변위 함수는 설계 기준에 따른 대상부재의 최대 허용변위에 따라 정해지며, 이 최대 변위 X_m은 제한변위(Limited Deflection)와 대변위(Large Deflection)의 두 종류로 나뉜다. 제한변위 구간에서는 구조계의 최대 변위가 탄성, 탄소성 또는 소성

구간에 속하게 되며, 대변위 구간에서의 변위는 주로 소성구간에 속하게 된다. 대변위 설계를 수행할 때 탄성 및 탄소성 구간은 고려할 필요가 없으며, 이에 따르는 오차는 무시할 수 있다.

제한변위에 해당되는 지점회전각은 사용 재료에 따라 달라지며, 각 부재의 변위 기준은 표 2.4.1과 같다.

표 2.4.1 변형한계

부재	가장 높은 방호수준	추가 규정	변형 형태	최대 변형
보, 중도리, 스팬드럴, 거트	A		θ μ	2° 10
	B		θ μ	12° 20
골조 구조	A		δ μ	H/25 2
냉연강재 바닥과 벽 패널	A	인장 막 거동 없음	θ μ	1.25^o 1.75
		인장 막 거동 있음	θ μ	4° 6
복부개방형 장선 (Open-Web Joist)	A		θ μ	2° 4
		최대 단부 회전으로 조절되는 장선	θ μ	1° 1
판	A		θ μ	2° 10
	B		θ μ	12° 20

지점 전단력 또는 반력은 부재에 재하된 하중, 부재에 의해 발현된 최대 저항, 부재의 형상 및 항복선 위치의 함수이다. 하지만, 주기가 짧은 폭발하중의 경우는 하중의 영향을 무시하여도 지점반력을 합리적으로 근사할 수 있다. 따라서, 극한 지점 전단력은 저항이 극한값 r_u에 도달할 때 발생되는 것으로 가정할 수 있다.

2.5 방호구조물 방폭설계 절차

콘크리트 방호구조물은 대피소(Shelter) 혹은 방호벽(Barrier)으로 사용될 수 있다. 먼저 대피소는 방호대상 요소를 둘러싸고 있는 구조물로 정의된다. 대피소는 완전히 밀폐된 구조물로서 내부 인원 등이 폭발로 인한 압력이나 파편에 노출되어 직접적인 영향을 받지 않도록 설계된다. 반면, 방벽은 일반적으로 피해유발 요소를 둘러싸고 있으며 완전한 차폐구조물(Containment Structure) 형태 이거나, 바리케이드(Barricade) 형태로 폭발에 저항하거나 그 영향력을 감소시키기 위해 설계된다. 방벽의 목적은 방호대상 요소가 직접적인 파편 효과를 받지 않도록 보호하거나 구조적 배치에 따라 폭발 압력을 저감시킨다.

방호구조물은 피해유발 요소인 폭발하중으로부터 방호대상 요소인 내부의 인원 및 장비의 안전을 보장하기 위해 충분한 강도를 발휘하도록 설계되어야 한다. 방호구조물을 효과적으로 설계하기 위해서는 예상되는 위협의 크기 등 설계에 필요한 변수들이 미리 결정된 상태에서 적절한 공학적 해석절차가 적용되어야 한다.

폭발의 위력은 기본적으로 안전계수가 고려된 폭약량(Charge Weight)과 폭발원점으로부터 하중 작용점까지의 거리인 이격거리(Distance)로부터 결정된다. 추가적으로 지면폭발(Surface Blast), 대기 중 폭발(Air Blast), 공중폭발(Free-Air Blast)중 어떤 형태의 폭발 위치냐에 따라 폭발의 위력은 달라진다.

방호대상(Acceptor)의 방호수준과 허용 극한단면에 대해 구조물 내부의 방호대상을 고려하여 부여된 방호수준 A ~ C에 따라 구조 부재의 최대 허용응답(하중에 의한 처짐, 지점회전각)이 결정된다. 이는 부재의 단면을 어느 정도의 극한 단면까지 허용할 것인지 여부와도 밀접하게 관련된다.

동일한 위력의 폭발이더라도 길이, 폭, 높이 등 방호구조물의 규격(Dimension)에 따라 구조물에 발생하는 응답은 달라진다. 추가적으로 슬래브, 보, 기둥 등 구조물에 사용된 부재의 종류(Type), 벽체 두께, 철근 배근정보 등 단면의 설계형태, 개별 부재의 지지조건(Support Condition) 등에 따라 폭발하중이 구조물에 발생시키는 응답은 달라질 수 있다.

방호설계를 위한 기본 변수들이 모두 결정되었다면, 먼저 구조물의 각 부분에 작용하는 폭발하중을 계산할 수 있다. 하중은 구조물이 고압 설계영역에 속하는 경우 충격량 및 삼각형 펄스하중으로 계산되고, 저압 설계영역의 경우 부재별 압력-시간관계 곡선으로 계산된다. 그 후 설계된 부재의 단면정보로부터 극한 저항강도와 같은 동해석 변수를 도출하고, 이를 활용하여 폭발하중을 받는 각 부재가 요구 방호수준을 만족시키는지 판단한다. 동해석 변수와 폭발하중 간의 관계에서 하중을 받는 부재의 동적응답이 계산되며, 이는 부재의 최대 허용응답(처짐, 지점회전각)으로 주어지는 방호요구수준과 비교된다. 부재의 동적응답은 수치적 방법(Numerical Method), 또는 UFC 3-340-02에 제시된 응답도표(Response Chart)를 활용하여 계산할 수 있다.

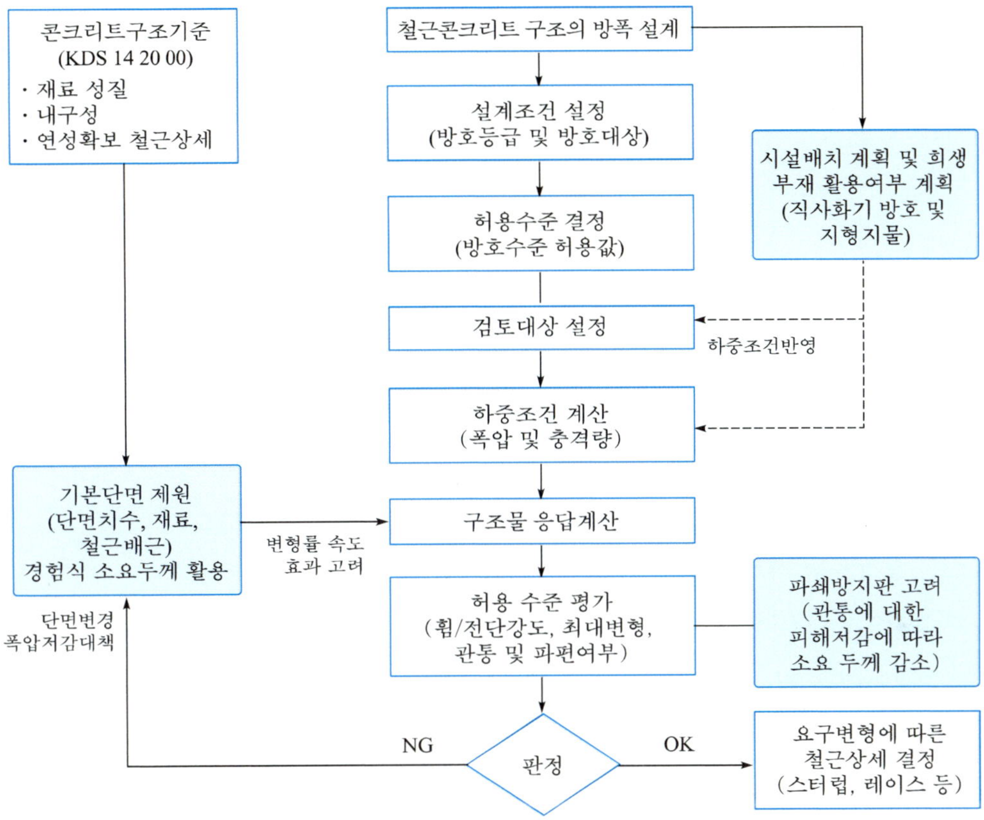

그림 2.5.1 철근콘크리트구조의 방폭 및 방탄설계 절차

철근콘크리트(RC) 부재의 응답은 연성 또는 취성의 구조 거동으로 구분된다. 구조 부재의 연성거동 단계에서는 폭발에 대한 응답으로 발생한 큰 비탄성 처짐(Inelastic Deflection)이 구조물의 전체적인 붕괴로 이어지지 않는 경우이다. 하지만 취성거동 단계에서는 부재에서 발생하는 큰 처짐이 구조물의 부분적인 탈락 및 전체적인 붕괴와 관련되어 있다. 개별 구조부재의 설계를 위해 고려되어야 하는 특정 거동(휨, 전단 거동 등)은 폭발의 크기(Magnitude)와 지속시간(Duration)에 의해 좌우된다.

철근콘크리트 부재가 동적 하중에 놓일 경우 부재의 변형 에너지는 폭발하중에 의해 발생한 운동 에너지와 평형을 이룰 때까지 증가한다. 이후 부재는 콘크리트에 폭열이 발생해서 부분적 혹은 전체적 붕괴가 일어날 때 까지 변형된다. 부재에서 발생하는 최대처짐은 설계에 사용된 부재의 경간(Span), 유효깊이(Depth) 그리고 철근 종류, 철근 배근량 등의 변수로 결정된다. 그림 2.5.2의 저항-처짐곡선(Resistance Deflection Curve)은 일반적인 철근콘크리트 부재의 휨거동을 보여준다.

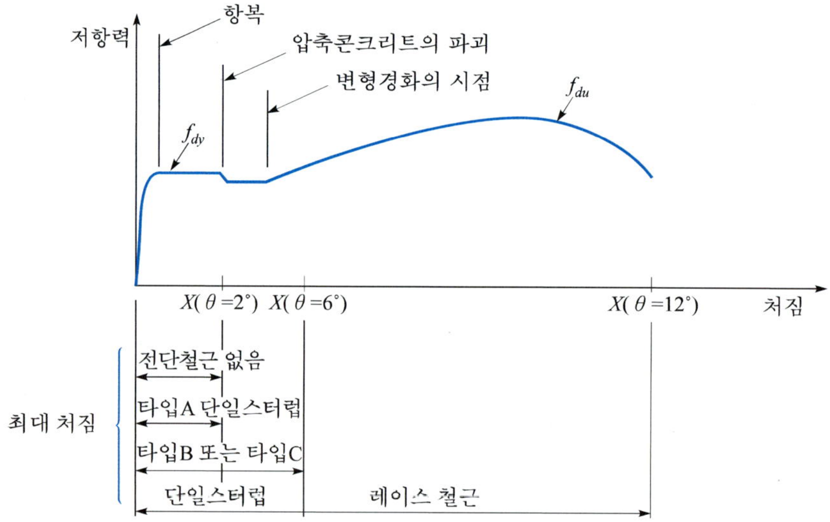

그림 2.5.2 RC 부재의 일반적인 휨거동

폭압은 매우 짧은 시간에 작용하는 압력하중이기 때문에 전단에 의한 연결부 파괴가 주로 발생한다. 따라서, 전단철근의 배근이 매우 중요하다. 방호대상 구조물이 폭발에 의한 붕괴방지 혹은 높은 변형 능력을 요구할 경우에는 Single-leg 스터럽 또는 레이스철근으로 전단보강된 부재의 경우에는 「UFC 3-340-02」에서 규정하는 대로 적절하게 휨철근에 전단철근이 고정되게 설계 할 수 있다.

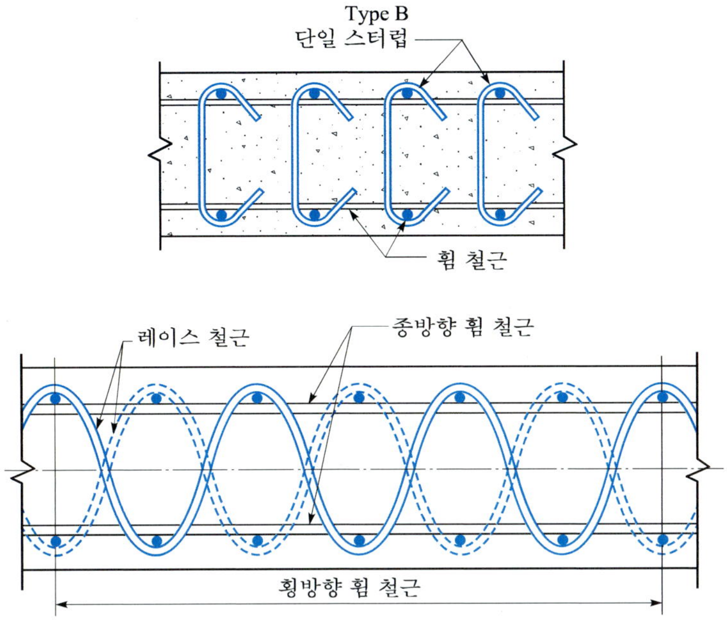

그림 2.5.3 RC부재의 전단보강 형태

폭발지점으로부터 충분한 거리가 이격된 경우 폭발하중은 부재 전체에 균일하게 재하되고 하중을 흡수하여 발생하는 처짐의 크기도 비교적 작다. 통상적으로 레이스철근 없이 설계된 RC 부재(슬래브 벽체)는 이러한 하중에 충분히 저항할 수 있다. 따라서 저압 설계영역 (Far Design Range)에서 레이스철근 보강은 비경제적이다.

전단보강되지 않은 부재의 경우 발생 가능한 최대 처짐은 지점회전각 2°에 해당하는 처짐인 반면 전단보강된 부재는 지점회전각 6°까지 충분히 지지할 수 있다. 시공의 편의를 위해 Single-leg 스터럽이 슬래브와 벽체의 전단보강으로 사용될 수 있다. 이러한 전단보강은 그 자체로 충분한 전단 성능을 발휘할 뿐만 아니라 큰 처짐에서도 슬래브가 휨철근을 충분히 구속할 수 있도록 해준다.

통상적으로 철근콘크리트 슬래브는 지점회전각 6°에 해당하는 처짐보다 훨씬 큰 처짐에 도달할 수 있다. 하지만 이는 부재가 면내 인장력 (In-Plane Tensile Force)을 발휘하기에 충분한 수평방향 구속 (Lateral Restraint)을 받는 경우에만 유효하다.

근접폭발 (Close-in Detonation)은 비균일하고 매우 강한 폭발하중을 발생시킨다. 폭발로 인해 극도로 높은 압력이 집중되면 구조부재의 국부적인 파괴나 손상을 유발할 수 있다. 이러한 하중을 받는 부재가 구조적 일체성을 유지하고 또 폭발에서 기인한 운동 에너지를 흡수하여 큰 처짐이 허용되기 위해서는 레이스철근 보강이 필요하다. 그림 2.5.4는 레이스 철근으로 보강된 부재와 벽체와 휨철근 이음 상세의 예를 나타내고 있다.

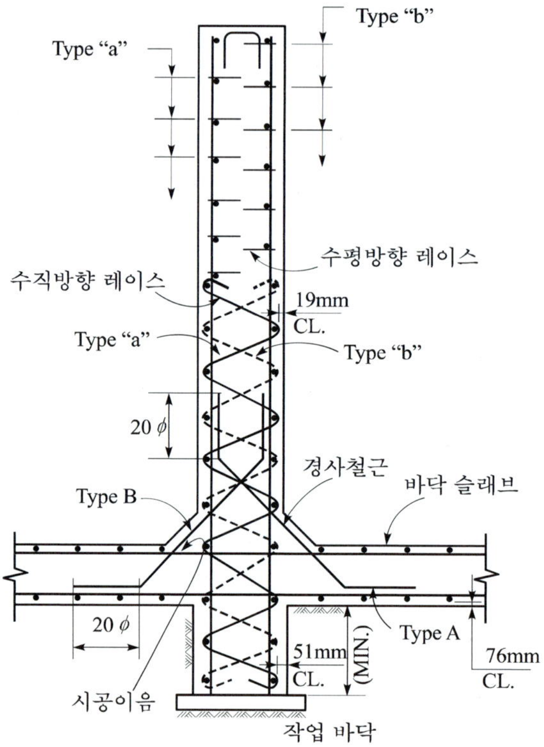

(a) 레이스철근으로 보강된 부재와 벽체

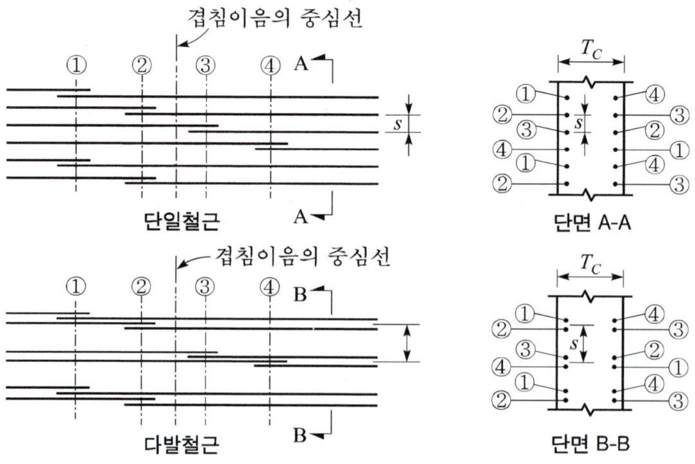

(b) 휨철근의 이음 형태

그림 2.5.4 근접폭발에 대한 철근 상세 예 (UFC 3-340-02)

RC부재의 취성 거동은 파쇄(Spalling)와 파괴 후 파편(Post-Failure Fragment)으로 분류된다. 추가적으로 파쇄는 배면파쇄(Scabbing)와 탈락(Direct Spalling)의 2가지 형태로 구분된다.

배면파쇄(Direct Spalling 또는 Spalling)는 연성거동 단계에서 충격압력(Shock Pressure)의 전달에 기인하여 나타나는 형상이며, 배면파쇄 시 발생하는 파편은 폭발로 인한 충격압력이 벽을 때리자마자 즉시 발생한다. 높은 충격압력이 부재 일부분에 집중적으로 작용하면서 배면의 휨 인장철근과 그 위의 피복콘크리트는 동적으로 분리된다.

파괴 후 파편은 부재의 붕괴 후 생겨나는 결과물이다. 파괴 후 발생하는 파편은 보통 배면파쇄나 탈락에 비해 파편의 수가 많고 질량도 크기 때문에 방호대상에게 심각한 피해를 입힐 수 있다. 파편의 예상 비산속도는 폭발의 규모나 전파형태에 따라 달라질 수 있으며, 배면파쇄와 탈락은 방호구조물이 인원, 장비 혹은 민감한 폭발물을 보호하는 경우 고려대상이 된다. 파괴 후 파편은 일반적으로 방호구조물에서 허용되어서는 안 되며, 다만 방호대상 요소가 상대적으로 둔감한 폭발물류인 경우에만 제한적으로 허용된다.

2.5.1 폭발하중을 받는 구조부재의 특성

철근콘크리트 부재에서 탄성영역과 탄소성영역에서 처짐을 계산하는 것은 균열의 진전에 따라 단면의 유효단면 2차모멘트의 값이 바뀌기 때문에 복잡하다. 콘크리트의 탄성계수는 압축강도의 함수로 콘크리트구조 설계기준(KDS 14 20 00)을 따른다. 철근의 탄성계수는 콘크리트 구조기준(KDS 14 20 10)을 따르며, 탄성계수비는 식 (2.5.1)에 따라 산정한다.

$$n = E_s / E_c \quad \text{(식 2.5.1)}$$

또한, 콘크리트의 응력이 증가하면서 탄성계수가 변경되게 된다. 이 기준에서 처짐의 계산을 위해 제시하는 것은 실험데이터로부터 구한 경험적 관계식에 근거한다. 모든 처짐의 계산에서 평균단면 2차모멘트 I_a는 식 (2.5.2)에 의해 계산한다.

$$I_a = \frac{I_g + I_{cr}}{2} \quad \text{(식 2.5.2)}$$

보의 설계에서는 전단면이 고려되기 때문에 식 (2.5.3)에 의해 계산한다.

$$I_g = \frac{bT_c^3}{12} \quad \text{(식 2.5.3a)}$$

$$I_{cr} = Fbd^3 \quad \text{(식 2.5.3b)}$$

2

슬래브의 설계에서는 단면의 단위 폭을 고려하여 계산한다.

$$I_g = \frac{T_c^3}{12} \tag{식 2.5.4a}$$

$$I_{cr} = Fd^3 \tag{식 2.5.4b}$$

여기서, I_g는 철근을 무시한 콘크리트 전체 단면의 중심축에 대한 단면2차모멘트이고 I_{cr}는 균열 단면의 단면2차모멘트이다. b는 보의 폭을 나타내고 T_c는 전체 단면의 두께, F는 균열 단면의 단면2차모멘트 산정을 위해 주어진 계수, d는 인장철근의 중심에서 압축연단까지의 거리를 나타낸다.

슬래브의 극한단면 형태는 폭발 효과의 규모와 허용 처짐의 크기에 따라 그림 2.5.5와 같이 분류된다. Type Ⅰ은 콘크리트는 모멘트에 저항하는데 유효하며, 양쪽 철근 위로 놓인 피복콘크리트는 온전하게 남아있다. Type Ⅱ는 콘크리트는 압축손상(Crushing)되어 모멘트에 저항하기에 유효하지 않다. 모멘트에 저항하기 위해서 압축철근과 인장철근은 동일하게 배근되어야 하며, 철근 위로 놓인 피복 콘크리트는 온전하게 남아있다. Type Ⅲ는 부재의 양쪽 철근 위로 놓인 피복 콘크리트는 완전히 분리된다. 모멘트에 저항하기 위해서 압축철근과 인장철근은 동일하게 배근되어야 할 뿐만 아니라 스터럽이나 레이스철근으로 서로 적절하게 고정되어야 한다.

폭발하중을 받는 슬래브의 경우 어떤 경우에도 인장측만 보강된 콘크리트 단면은 허용되지 않는다. 단면 형태 Type I의 철근콘크리트 부재에 대해서 인장철근만 있고 폭이 b인 사각형 단면의 계수휨모멘트 강도 M_u는 식 (2.5.5)에 따라 산정하고, 인장철근비와 압축철근비의 차이는 균형철근비의 0.75배를 넘지 않아야 한다.

$$M_u = (A_s f_{ds}/b)[d-(a/2)] \tag{식 2.5.5}$$

여기서, $a = A_s f_{ds}/(0.85 b f_{dc}')$, A_s는 폭 b내의 인장철근량, f_{ds}는 철근의 동적설계강도, d는 압축연단에서 인장철근 중심간 거리, a는 등가사각형 응력블록의 깊이, b는 압축면의 폭, f_{dc}'는 콘크리트의 동적극한압축강도를 나타낸다. 철근비 ρ는 다음과 같이 정의된다.

$$\rho = A_s/bd \tag{식 2.5.6}$$

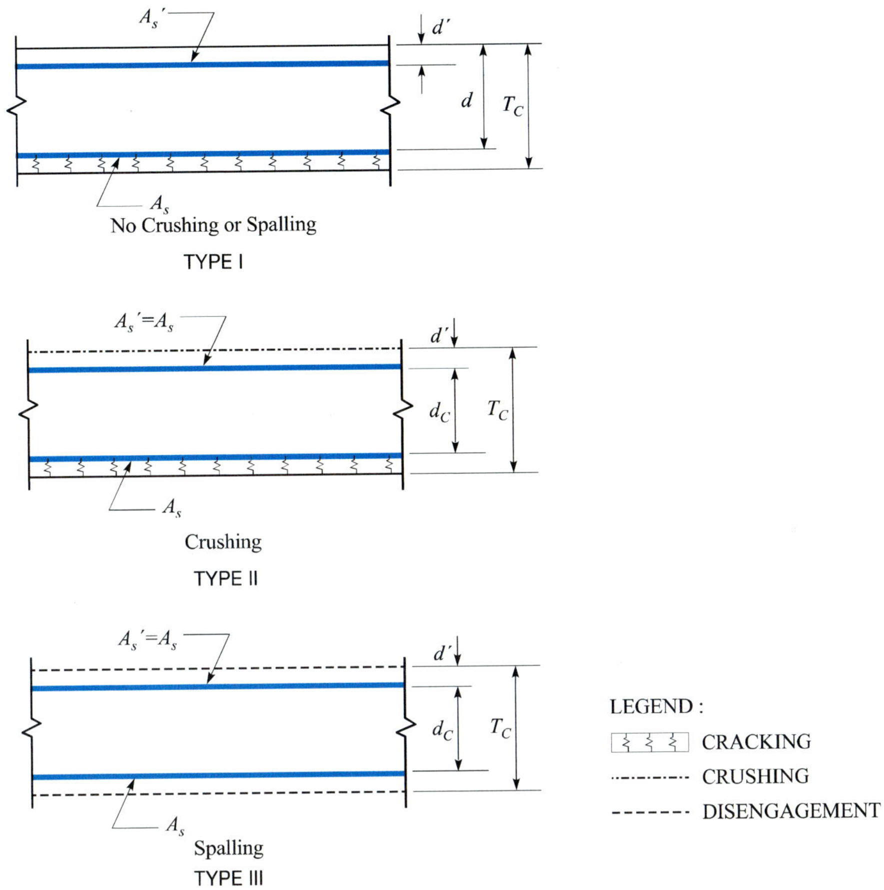

그림 2.5.5 일반적인 RC부재의 극한단면 (UFC 3-340-02)

갑작스러운 압축측 파괴를 방지하기 위해서 철근비 ρ는 다음 식에 의해 구해지는 균형철근비 ρ_b의 0.75배를 넘지 않아야 한다.

$$\rho_b = (0.85K_1 f_{dc}'/f_{ds})[600/(600 + f_{ds})] \quad \text{(식 2.5.7)}$$

여기서, $f_{dc}' = 27\,MPa$까지는 K_1=0.85를 사용하고 $7MPa$ 초과할 때마다 0.05씩 감소시킨다. 폭 b를 갖는 사각형 단면에서 압축철근이 있는 경우의 계수휨모멘트는 다음과 같다.

$$M_u = [(A_s - A_s')f_{ds}/b)][d - (a/2)] + (A_s' f_{ds}/b)(d - d') \quad \text{(식 2.5.8)}$$

여기서, $a = (A_s - A_s')f_{ds}/(0.85bf_{dc}')$이고, A_s'는 폭 b내의 압축철근량 d'은 압축연단에서 압축철근 중심까지의 거리이다. 철근비 ρ'은 다음과 같이 정의된다.

$$\rho' = A_s'/bd' \quad \text{(식 2.5.9)}$$

식 (2.5.8)은 압축철근이 극한강도에서 f_{ds}에 도달할 때만 유효하고 이 조건은 다음 식을 만족할 때 가능하다.

$$\rho - \rho' \geq 0.85K_1(f_{dc}'d'/f_{ds}d)[600/(600+f_{ds})] \quad \text{(식 2.5.10)}$$

여기서, $\rho - \rho'$는 식 (2.5.8)의 ρ_b의 0.75배 이내여야 한다.

폭 b를 갖는 단면 형태 Type II와 Type III의 계수휨모멘트 강도는 다음 식에 의해 산정한다.

$$M_u = A_s f_{ds} d_c / b \quad \text{(식 2.5.11)}$$

여기서, A_s는 폭 b내의 인장 혹은 압축철근의 단면적, d_c는 압축과 인장철근의 중심 거리를 나타낸다. 압축 및 인장철근비는 동일하다.

$$\rho_s = \rho_c' = A/bd \quad \text{(식 2.5.12)}$$

폭발하중에 대하여 적절한 구조적 거동을 보장하기 위해서는 휨철근량에 대한 최소규정이 필요하다. 최소 철근량 이상이 확보된 RC부재의 경우 보강단면의 극한모멘트성능은 무근콘크리트 단면의 파괴계수(Modulus of Rupture)보다 커지기 때문에 RC 부재의 연성거동이 보장된다. 또한 최소 철근량은 통상적인 정적 하중 상태에서의 변형과 발생 균열을 감소시키는데 기여한다.

2방향으로 거동하는 슬래브에서 초과 하중(Overload)은 수평적으로 분산되고 갑작스런 파괴가 1방향 부재에 비해 덜 일어나는 경향이 있기 때문에 슬래브에 요구되는 최소 철근량은 보에 요구되는 값보다는 작다. 슬래브 설계 시의 단면 Type별 최소 철근비는 표 2.5.1에 주어져 있다.

표 2.5.1 휨철근의 최소단면적 (mm^2)

단면	철근	일방향과 이방향 슬래브
Type Ⅰ	주철근 방향	$A_s = 0.25\frac{\sqrt{f_c}}{f_y}bd$ $A_s' = 0.20\frac{\sqrt{f_c}}{f_y}bd$
	배력철근 방향	$A_s = 0.20\frac{\sqrt{f_c}}{f_y}bd$ $A_s' = 0.20\frac{\sqrt{f_c}}{f_y}bd$
Type Ⅱ, Ⅲ	주철근 방향	$A_s = A_s' = 0.25\frac{\sqrt{f_c'}}{f_y}bd_c$
	배력철근 방향	$A_s = A_s' = 0.25\frac{\sqrt{f_c}}{f_y}bd_c^*$

* 주철근 방향에 사용된 $A_s/4$ 보다 클 것

폭발하중을 받는 슬래브의 경우 어떤 경우에도 인장 측만 보강된 콘크리트 단면은 허용되지 않는다. Type Ⅰ 단면에서 압축철근의 최소값은 요구되는 인장철근량의 1/2이다. 이 기준은 폭발하중을 받을 때 항상 발생하는 되튐하중(Rebound Force)에 저항하기 위해 필요하다. 요구되는 압축철근량은 되튐하중의 크기에 따라 달라지기 때문에 결과적으로 표 2.5.1에 제시된 값보다 상당히 큰 값이 될 수도 있다. 일반적으로 되튐하중에 충분한 강도를 발휘하기 위해 압축철근량과 인장철근량을 동일하게 설계하는 것이 권장된다. Type Ⅱ, Ⅲ 단면의 경우 압축철근은 반드시 인장철근과 동일하게 배근되어야 한다.

폭발하중에 저항하는 부재 설계 시에는 사인장강도(Diagonal Tension Capacity) 및 직접전단강도(Direct Shear Capacity)에 대한 추가적인 검토과정이 필요하다. 슬래브의 휨강도가 충분히 발휘되기 위해 초기 전단 파괴는 반드시 예방되어야 한다. 따라서 전단 강도는 항상 휨 성능을 초과해야 하며, 휨철근의 완전한 성능발휘 및 슬래브의 큰 처짐 및 연성거동을 보장하기 위해 최소한의 전단철근은 필수적이다.

Type Ⅰ단면의 극한 전단(사인장) 강도(Ultimate Shear (Diagonal Tension) Capacity) 계산에서 극한전단응력 v_u는 다음과 같다.

$$v_u = V_u/bd \quad \text{(식 2.5.13)}$$

Type II, III에 대해서는

$$v_u = V_u/bd_c \quad \text{(식 2.5.14)}$$

여기서, V_u는 지점부 면 혹은 지점부에서 단면형태 I에서는 d만큼, 단면형태 II, III에서는 d_c만큼 떨어진 위치에서의 폭 b내의 전체 전단력이다.

레이스철근을 갖는 부재에 대해서는 전단응력을 언제나 지점에서 d_c만큼 떨어진 위치에서 계산해야 한다. 이는 레이스철근과 경사철근이 모서리부 보강철근의 역할을 충분히 제공하기 때문이다. 극한 전단응력 v_u는 스터럽을 사용한 단면들에서 $10(f_{dc}')^{1/2}$를 초과하지 않아야 한다. 그렇지 않으면 단면의 두께는 증가되어야 하거나 휨철근이 v_u 값이 한계값 이내에 오도록 감소시켜야 한다. 레이스철근을 사용한 단면의 경우에는 이러한 형태의 전단철근이 제공하는 연속성으로 인해 v_u에 대한 제한이 없다. 그러나 전단응력이 큰 영역에서는 레이스철근이 유효하지 않을 수 있다.

휨을 받는 단면의 복부에 철근이 없는 경우의 전단강도는 다음 식들에 의해 계산될 수 있다.

$$v_c = (f_{dc}')^{1/2}/6 \quad \text{(식 2.5.15)}$$

$$v_c = (\sqrt{f_{dc}'} + 120p)/7 \le 0.3\sqrt{f_{dc}'} \quad \text{(식 2.5.16)}$$

여기서, ρ는 지점에서 요구되는 인장철근의 비이다.

철근비 계산에서 Type I에서는 d를 사용하고 Type II, III에서는 d_c를 사용한다. 상당한 수준의 인장을 받는 부재에 대해서는 복부에 철근이 없는 경우 전단강도는 다음과 같다.

$$v_c = (1 + N_u/14A_g)(f_{dc}')^{1/2}/6 \quad \text{(식 2.5.17)}$$

반면에 상당한 수준의 압축이 작용하는 경우에는,

$$v_c = (10 + 0.3N_u/A_g)(f_{dc}')^{1/2}/6 \quad \text{(식 2.5.18)}$$

여기서, N_u는 단면의 축력, A_g는 전체 단면적을 나타낸다. 축력의 부호는 압축이 양, 인장이 음의 값을 갖는다.

극한 전단응력 v_u가 콘크리트의 극한전단강도 v_c를 초과하는 경우, 전단철근이 반드시 추가되어 초과분을 수용해 주어야 한다. 전단철근은 스터럽이나 레이스철근 중에서 선택할 수 있다. 스터럽철근의 굽힘에 관한 시공 측면 요구사항이 환산거리 그리고 허용되는 지점 회전각 별로 제시될 수 있다.

스터럽 요구 단면적은 다음 식에 의해 계산된다.

$$A_v = [(v_u - v_c)b_s s_s]/\phi f_{ds} \quad \text{(식 2.5.19)}$$

레이스철근의 요구 단면적은

$$A_v = \frac{[(v_u - v_c)b_l s_l]}{\phi f_{ds}(\sin\alpha + \cos\alpha)} \quad \text{(식 2.5.20)}$$

여기서, A_v는 폭 b_s 혹은 b_l과 거리 s_s, s_l내의 인장을 받는 스터럽 혹은 레이스철근의 전체 면적을 나타내고 ϕ는 강도감소계수로 0.85를 사용하고 α는 종방향 철근과 레이스철근의 평면에 의한 각을 나타낸다.

슬래브가 최대인장성능을 발휘하기 위해서는 전단에 의한 조기 파괴가 절대 발생하면 안 된다. 따라서 전단저항성능은 항상 휨 성능을 초과해야 한다. 전단보강철근은 콘크리트가 담당하는 전단저항성능을 초과하는 전단응력에 대응해야 한다. Type I의 형태의 슬래브를 제외하고, 충분한 휨거동 성능의 발현과 슬래브가 큰 처짐에 저항하기 위해서는 최소 전단철근은 항상 배근되어야 한다.

스터럽 또는 레이스철근은 부재에 적절한 배근을 가능하게 하고 또한 특별한 경우, 최소 전단보강 철근량을 위하여 반드시 다음의 기준을 만족해야 한다.

(1) 전단보강철근량을 계산하기 위한 초과전단응력($v_u - v_c$보다 큰)에 대한 최소설계전단응력은 표2.5.2의 최소값을 만족해야 한다.

(2) 스터럽이나 레이스철근이 요구될 때에는, 전단보강 철근량 A_v는 스터럽에 대하여는 $0.0015b_s s_s$, 그리고 레이스철근에 대하여는 $0.0015b_l s_l$보다 커야한다.

(3) 스터럽이나 레이스철근이 사용될 경우, 요구되는 전단보강 철근량 A_v는 임계단면(Critical section)에 대하여 계산되어야 하며 이러한 보강근의 양은 부재의 전단면에 대하여 균등하게 배근되어야 한다.

(4) 슬래브에는 Single-leg 스터럽을 사용해야 한다. 보강철근이 교차하는 위치에는 최소 1개 이상의 스터럽을 배근해야 한다.

(5) 레이스철근은 단일 보강철근을 굽혀 사용한다. 슬래브의 한 방향에 대하여는 연속적인 레이스철근이 반대편 지지점까지 연속적으로 사용되어야한다. 모든 경우에, 레이스철

근은 지지점의 전면을 통과하도록 배근하고 지지점에서 확실하게 연결되도록 한다.

(6) 스터럽의 최대간격 s_s는 Type I 단면에 대하여는 $d/2$ 이하가 되어야 하며 Type II 및 III단면 에는 $d_c/2$ 이하가 되어야 한다. 하지만 어떤 경우에도 중심간격이 610 mm 보다 클 수는 없다.

(7) 레이스철근의 최대간격 s_l, d_c 또는 610 mm 중 작은 크기 이하가 되어야 한다.

표 2.5.2 슬래브의 최소설계 전단응력

설계 범위	단면 형태	하중 형태	전단철근 형태	초과 전단응력 $v_u - v_c$		
				$v_u \le v_c$	$v_c < v_u \le 1.85v_c$	$v_u > 1.85v_c$
$Z \ge 1.190\ m/kg^{1/3}$	Type Ⅰ	휨	스터럽	0	$v_u - v_c$	$v_u - v_c$
	Type Ⅱ	휨	스터럽	$0.85v_c$	$0.85v_c$	$v_u - v_c$
	Type Ⅱ, Ⅲ	인장부재	스터럽	$0.85v_c$	$0.85v_c$	$v_u - v_c$
$Z < 1.190\ m/kg^{1/3}$	Type Ⅰ	휨	스터럽 또는 레이스	$0.85v_c$	$0.85v_c$	$v_u - v_c$
	Type Ⅱ, Ⅲ	휨 또는 인장부재	스터럽 또는 레이스	$0.85v_c$	$0.85v_c$	$v_u - v_c$

설계 지점회전각이 2° 이상일 때와 단면이 순수 인장상태에 있을 때 콘크리트의 극한 직접 전단강도 V_d는 0이 되고 사인장철근이 모든 전단력을 부담해야 한다. 만일 지점회전각이 2°보다 작거나 같은 경우와 어떤 회전각에서도 부재가 단순 지지조건일 때는 콘크리트에 의한 극한직접전단강도는 식 (2.5.21)에 의해 계산될 수 있다.

$$V_d = 0.16 f_{dc}' bd \tag{식 2.5.21}$$

사인장철근의 소요단면적은 식 (2.5.22)에 의해 구한다.

$$A_d = (V_s b - V_d)/(f_{ds} \sin\alpha) \tag{식 2.5.22}$$

여기서, A_d는 폭 b내에 지점부에서의 사인장철근의 총면적이고 V_s는 폭 b에서 전단력, α는 종방향철근과 사인장철근의 각을 나타낸다.

폭압의 작용 방향에 따라서 그림 2.5.6에 나타낸 Single-leg 스터럽의 상세가 달라야 한다. 전단철근의 갈고리 상세는 지점회전각과 환산거리에 따라 적절한 회전 능력을 확보하도록 결정되어야 한다.

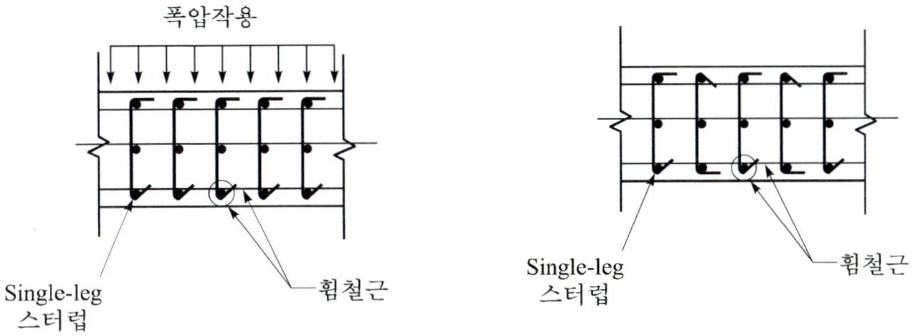

(a) 폭압 작용면이 1개일 때 (b) 폭압 작용면이 양면일 때

그림 2.5.6 Type A Single-leg 스터럽의 배치 상세

추가적으로 얇은 슬래브(Flat Slab)가 기둥에 의해 지지되거나 혹은 기둥이 2방향 슬래브에 놓인 경우, 슬래브의 전단 파괴가 집중하중에 대해 기둥 주변(피라미드 형태의 콘크리트)에서 발생한다. 이러한 뚫림 전단(Punching Shear)에 대한 검토절차에서 극한전단응력은 다음 식에 의해 산정한다.

$$v_u = N_u / b_0 d_e \qquad \text{(식 2.5.23)}$$

여기서, N_u는 집중된 축하중 혹은 반력의 총합, b_0는 집중하중 혹은 반력작용 면적으로부터 $d/2$ 떨어진 곳의 파괴면 둘레, d_e는 단면 종류에 따라서 d 혹은 d_c를 나타낸다.

펀칭전단에 대한 허용 전단강도는 다음과 같다.

$$v_c = (f_{dc}{}')^{1/2} / 3 \qquad \text{(식 2.5.24)}$$

휨응력, 전단응력에 저항하기 위한 철근 이외에도 부재 중심선(Centerline)을 따라 분포하는 인장 보강철근(Tension Reinforcement)에 대한 검토도 필요하다. 예를 들어 부재간의 교차선(Intersection, 벽과 바닥에서의 연결부분)에서 발생하는 불평형력(Unbalanced Force, 지점반력)은 구조물의 기초에 전달되고, 구조물의 규모, 크기 및 구성형태에 따라 구조물은 병진운동(Translation) 또는 회전운동(Rotational) 상태에 놓일 수 있으므로 구조물의 안정성에 대한 검토가 반드시 필요하다.

2.5.2 철근콘크리트 슬래브 설계

철근콘크리트 슬래브는 원거리 폭발 또는 근접폭발에 저항하도록 설계되어야 한다. 슬래브가 최대인장성능을 발휘하기 위해서는 전단에 의한 조기 파괴가 발생하지 않도록 전단저항성능은 휨 성능을 초과해야 한다. 이를 위해 구조물의 방호수준에 따라 필요시 Single-leg 스터럽을 배근하거나, 근접폭발의 경우에는 환산거리에 따라 Single-leg 스터럽 또는 갈고리를 반드시 배근해야 한다. 통상적인(Conventional) 철근콘크리트(RC) 부재란 레이스철근(Lacing)이 없는 부재를 말한다. 이러한 RC부재는 콘크리트 방호구조물 중 대부분을 차지한다. 이들은 원거리 폭발(Far Design)에 의한 폭발 및 파편 효과에 저항하도록 설계되는 것이 일반적이지만, 근접폭발(Close-in Range)에 저항하도록 설계될 수도 있다. 통상적인 RC부재는 방호대상 요소의 방호수준(Protection Category)에 의거하여 작은 처짐(Small Deflection) 또는 큰 처짐(Large Deflection)을 허용하도록 설계된다.

원거리 폭발을 받는 RC부재는 폭발하중 재하시 휨 거동에 의해 지점회전각 2° 이하에 해당하는 처짐을 받도록 설계될 수 있다. 위 처짐을 수용하기 위해서 Single-leg 스터럽이 필수적으로 요구되지는 않는다. 하지만 콘크리트의 전단 성능이 충분하지 않은 경우 극한 휨 강도를 보장할 수 없기 때문에, 적절한 전단철근의 배근이 필요하다.

부재가 근접폭발에 저항하도록 설계될 때에는 아래에 정의된 Type A, B, C Single-leg 스터럽 중 하나가 반드시 사용되어야 한다. 전단철근의 배근은 국부적인 뚫림전단(Local Punching Shear) 파괴를 예방하기 위해 필요하다. 특히 폭발물이 환산거리($Z = R/W^{1/3}$) 0.397 m/kg$^{1/3}$ 미만인 곳에 위치하는 경우, Type C Single-leg 스터럽이나 레이스철근 보강이 반드시 필요하다. 환산거리가 0.397 m/kg$^{1/3}$ 이상 1.190 m/kg$^{1/3}$ 미만인 경우에는 Single-leg 스터럽이 사용될 수 있고, 1.190 m/kg$^{1/3}$ 이상인 경우 해석에 의해 전단철근이 요구되는 경우에만 전단철근을 배치한다.

(1) Type A : Single-leg 스터럽으로 한쪽에는 90° 갈고리 상세를 갖고 다른 한 쪽은 135° 갈고리 상세를 갖는 스터럽

(2) Type B : 양쪽 끝단 상세가 모두 135° 갈고리 상세를 갖는 스터럽

(3) Type C : 양쪽 끝단에 180° 갈고리 상세를 갖는 스터럽

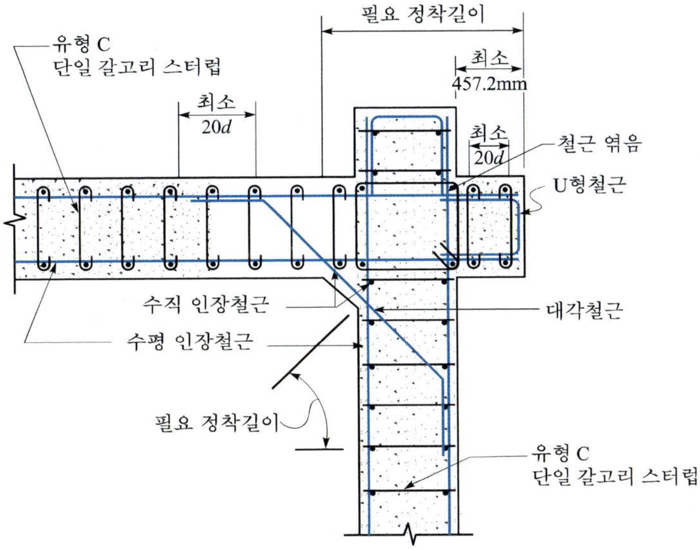

(a) 벽체 모서리에서의 철근상세

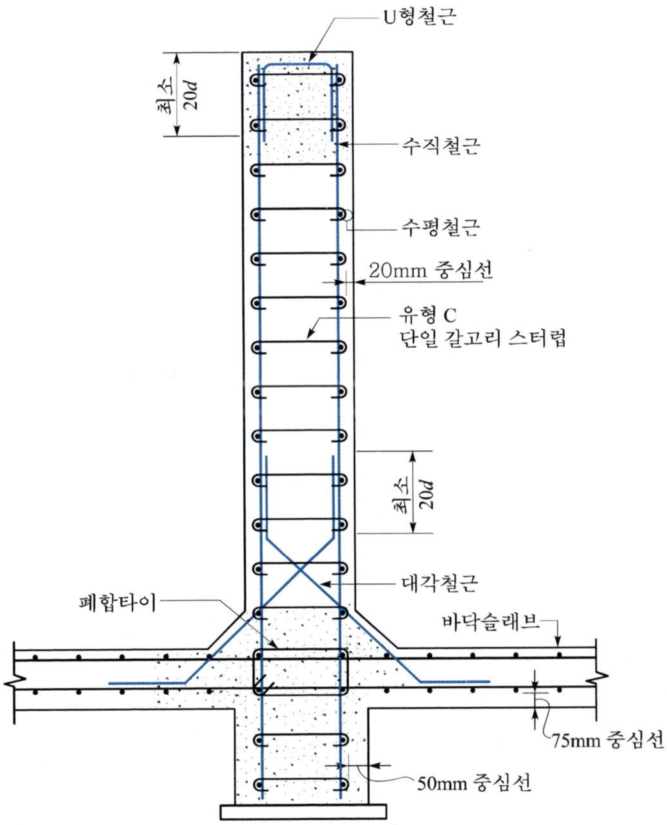

(b) 벽체의 단일스터럽 상세

그림 2.5.7 Type C 스터럽 배근의 예

2

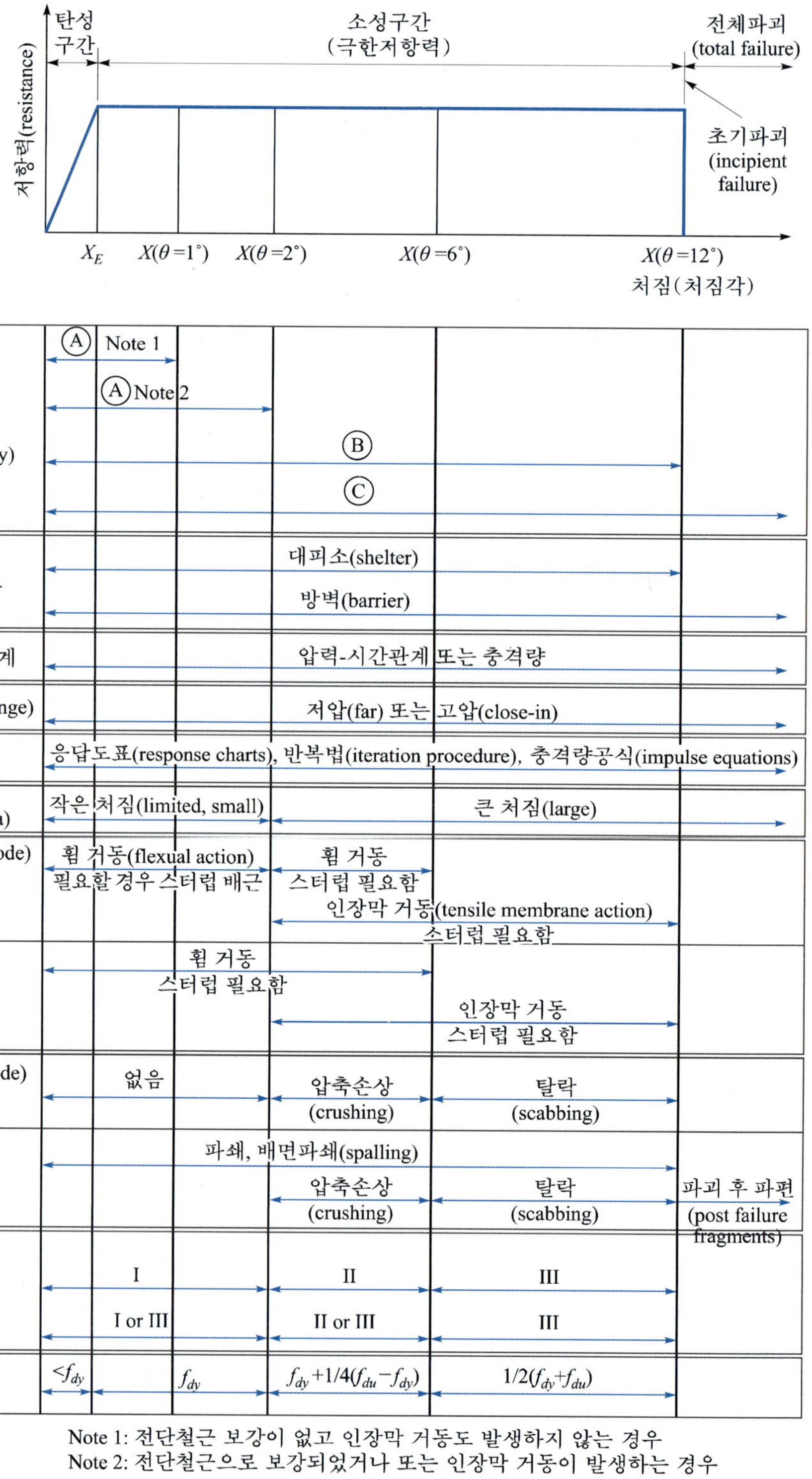

그림 2.5.8 통상적인 RC부재의 설계 변수 간 관계

방호구조물의 설계에서 경제성은 중요한 고려 요소이다. 구조적인 강도를 증가시키고 동시에 건설 재료를 절감시키기 위해서 콘크리트 두께와 철근의 적절한 선정이 중요하다. 방호 구조물 방호능력 선정을 통해 전체 휨철근량과 콘크리트 두께는 정해지지만, 부재의 동적 성능(Dynamic Capacity)은 수직방향 및 수평방향으로 각각 배근된 철근량에 따라 달라진다. 또한 부재의 지지 조건(Support Condition)과 종횡비(Aspect Ratio, L/H)를 참고하여 이상적으로 철근을 배치한다면 방폭 성능(Blast Capacity)이 극대화되어 철근을 효율적으로 활용할 수 있을 것이다. 슬래브와 같은 2방향 부재(Two-Way Element)에서 철근의 최적 배치안은 슬래브의 모멘트 성능(Moment Capacity)을 극대화하는 것이다. 하지만 최대 모멘트 성능은 수직/수평 철근비 외에도 슬래브 모서리의 지지조건, 부재의 종횡비 (L/H) 등에 영향을 받는 슬래브 항복 거동과 관련되어 있기 때문에 간단하게 계산되지 않는다. 철근량과 콘크리트량 간의 관계는 부재의 최소 비용으로 귀결되고 철근의 전체 백분율(Total Percentage of Reinforcement)로 표현할 수 있다. ρ_V와 ρ_H를 부재의 한쪽 면(인장측 또는 압축측)에 각각 수직방향, 수평방향으로 배근된 철근의 평균 백분율이라 할 때, 철근의 전체 백분율 ρ_T는 식 (2.5.25)로 정의된다.

$$\rho_T = \rho_V + \rho_H \qquad \text{(식 2.5.25)}$$

콘크리트와 철근용 강재의 평균적인 비용을 고려할 때, Single-leg 스터럽을 사용한 통상적인 RC부재의 최적 백분율은 0.6~0.8%의 범위이다(UFC 3-340-02). 전단철근을 포함하지 않는 부재의 경우 최적 백분율은 어느 정도 증가할 수 있다. 하지만 대형 방호구조물 프로젝트를 수행할 때에는 단순히 이 값을 신뢰하기 보다는 더욱 경제적인 설계안을 얻기 위해 상세한 비용 분석이 수행되어야만 한다.

예를 들어, 작은 처짐(Small Deflection) 범위에 대한 휨 설계는 부재의 지점회전각을 기준으로, 2° 미만인 경우(제한된 처짐 : Limited Deflection)와 2~6°의 범위를 갖는 경우 등 두 가지로 나눌 수 있다. 휨모멘트를 저항하기 위해 적용할 수 있는 스터럽 요구조건 및 단면의 종류를 제외한다면, 전체적인 설계 절차는 동일 하다.

전단보강(Single-leg 스터럽)이 없고 지점회전각이 2° 이상이거나, Single-leg 스터럽으로 보강되어 지점회전각 6° 이상인 비구속된 철근콘크리트 부재는 인장막(Tensile Membrane)으로 거동하는 단면 성능을 갖는다. 부재가 이와 같이 거동하려면 반드시 횡방향으로 구속(Lateral Restraint)되어야 한다. 즉 횡방향 구속이 없다면 인장막 거동은 일어날 수 없고, 지점회전각 2°의 처짐에서 부재의 초기 파괴(Incipient Failure)가 발생하며, 만약 적절한 Single-leg 스터럽이 배근되었다면 지점회전각 6°에서 초기 파괴된다. 하지만 횡방향 구속이 있는 경우에는 부재의 처짐은 인장막 거동을 유발하고, 이에 의해 생성된 면내력

(In−Plane Force)은 부재가 최대 지점회전각 약 12°에 도달할 때까지 충분한 강도를 갖도록 해준다. 부재가 변형을 충분히 발현하도록 하기 위해서는 인장막 거동에 의해 발생하는 횡력에 저항할 수 있도록 철근이 적절하게 인접 경간 부재에 정착되어야 한다. 부재의 인장막 거동을 위한 구속조건은 표 2.5.3에서 보는 바와 같다.

표 2.5.3 인장막 거동을 위한 구속조건

Edge Support Conditions	Extenal Lateral Restraint Requirements
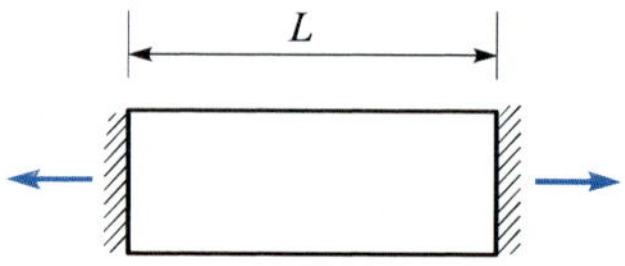	Opposite Edges
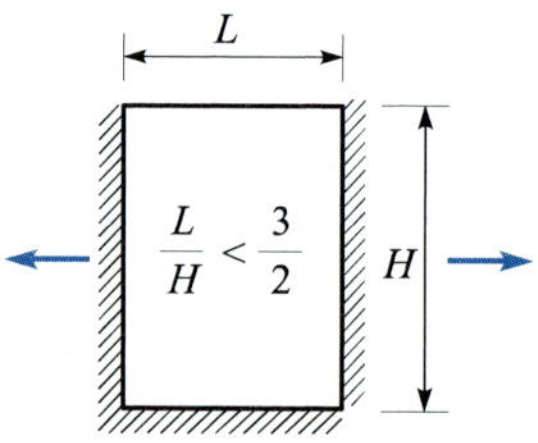	Opposite Edges
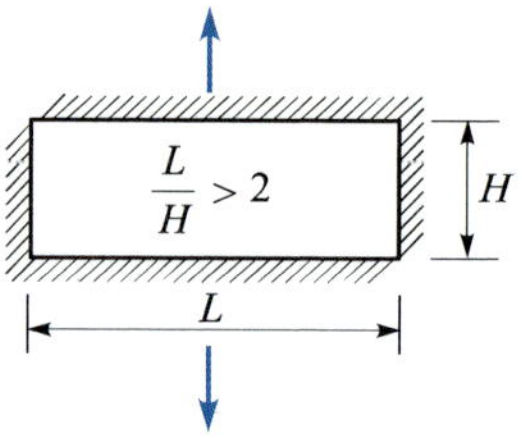	Opposite Edges Short Direction
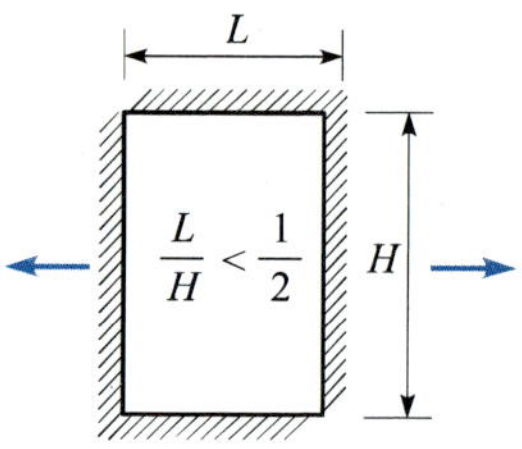	Opposite Edges Short Direction
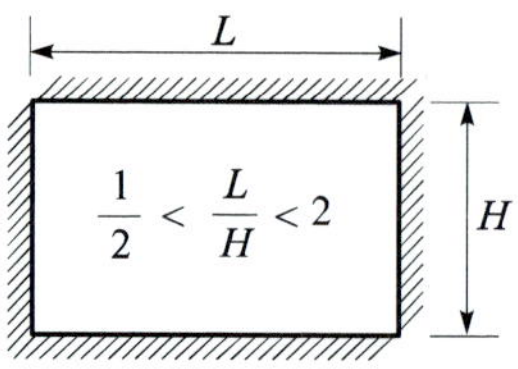	None Required

← Indicates direction of external lateral restraint which must be resisted by adjacent member

2.5.3 철근콘크리트 보 설계

이 장에서 폭압을 받는 철근콘크리트 보의 설계는 라멘구조 형태보다는 전단벽에 연결된 보에 적용한다. 설계 절차는 횡하중만을 받는 보에 대한 것으로 축력은 고려되지 않는다. 휨 모멘트를 받을 때 보는 계수휨모멘트를 제공할 수 있는 Type I 단면을 가지고 지점회전각 2°에 해당하는 처짐을 가질 수 있다. 만일 인장과 압축측 철근이 동일하게 배근되면 지점회전이 4°까지 확장될 수 있다. Type II와 Type III 단면은 계수휨모멘트 강도를 가질 수 있고 폐합 스터럽이 압축철근을 구속하게 된다. 만일, 충분한 횡방향 구속이 제공된다면 보는 인장막 거동에서 지점회전각 8°까지 견딜 수 있다. 보의 휨 설계는 슬래브의 휨 설계와 매우 유사하다. 보는 주부재로 일반적으로 큰 소성 변형을 허용하지 않는다. 인명 보호를 목적으로 하는 방호 설계에서는 보의 최대 처짐은 지점회전각 2°로 제한된다. 방호대상이 장비나 폭발물인 경우에는 파괴 초기 단계까지 처짐을 허용할 수도 있다.

단면 형태 Type I의 계수휨모멘트 강도는 인장철근만 있는 경우 식 (2.5.26)에 따라 산정하고, 압축철근이 있는 경우 식 (2.5.28)에 따라 산정한다. 인장철근비는 균형철근비의 0.75배를 초과하지 않아야 한다.

인장철근만 있는 Type I 단면에서 폭이 b인 사각형 보 단면의 계수휨모멘트 M_u는 식 (2.5.26)로 구할 수 있다. 연성파괴를 보장하기 위해서 철근비는 균형철근비의 75%를 초과하지 않아야 한다.

$$M_u = A_s f_{ds} (d - a/2) \quad \text{(식 2.5.26)}$$

$$a = A_s f_{ds} / (0.85 b f_{dc}') \quad \text{(식 2.5.27)}$$

여기서, A_s는 보의 인장철근량, f_{ds}는 철근의 동적설계강도, d는 인장철근의 중심선에서 압축 연단까지의 거리, a는 등가 압축응력 블록의 높이, b는 보의 폭, f_{dc}'는 콘크리트의 동적극한압축강도를 나타낸다.

압축철근이 있는 사각형 보 단면의 계수휨모멘트 M_u는 식 (2.5.28)으로 구할 수 있다.

$$M_u = (A_s - A_s') f_{ds} (d - a/2) + A_s' f_{ds} (d - d') \quad \text{(식 2.5.28)}$$

$$a = (A_s - A_s') f_{ds} / (0.85 b f_{dc}') \quad \text{(식 2.5.29)}$$

여기서, A_s'는 보의 압축철근량이고 d'는 압축철근의 중심선에서 압축연단까지의 거리를 나타낸다.

원거리 폭발하중을 받는 콘크리트 보의 설계에서 되튐하중에 저항하기 위한 압축철근이 있는 경우에도 식 (2.5.26)에 의해 계수휨모멘트를 계산할 것을 추천한다. 이는 압축철근의 상당부분이 항복하지 않아서 휨강도에 기여하는 바가 무시할 만하기 때문이다.

단면 형태 Type II와 III의 대해서 사각형 단면의 계수휨모멘트 M_u는 식 (2.5.30)에 따라 산정한다.

$$M_u = A_s f_{ds} d_c \quad \text{(식 2.5.30)}$$

여기서, A_s는 보의 인장철근 혹은 압축철근의 총 면적, d_c는 압축철근과 인장철근의 중심선 사이의 거리를 나타낸다.

보에서 최소 휨철근은 슬래브에서 요구되는 것보다 많은데 이는 슬래브에서는 하중의 횡분배로 인해 급작스러운 파괴가 일어날 가능성이 적기 때문이다. 최소 휨철근은 식 (2.5.31)과 (2.5.32) 두 값에서 큰 값을 가져야 한다.

$$\rho = 1.4/f_y \quad \text{(식 2.5.31)}$$

$$\rho = \frac{0.25\sqrt{f_{ck}}}{f_y} \quad \text{(식 2.5.32)}$$

여기서, f_y는 철근의 항복강도, f_{ck}은 콘크리트의 압축강도를 나타낸다.

2.5.4 철근콘크리트 기둥 설계

방호시설의 기둥은 물성값을 동적 재료 강도를 사용하는 것을 제외하고는 일반적인 철근콘크리트의 기둥 설계와 동일하다. 짧은 철근콘크리트 기둥(단주)이 순수 압축상태에 있을 때의 동적 압축극한강도는 식 (2.5.33)에 따라 산정한다.

$$P_o = 0.85 f_{dc}'(A_g - A_{st}) + A_{st} f_{dy} \quad \text{(식 2.5.33)}$$

여기서, P_o는 최대축하중, A_g는 전체 단면적, A_{st}는 종방향 철근의 전체 단면적을 나타낸다.

모든 기둥은 실제 하중 조건에서 휨 모멘트가 발생하기 때문에 최소한의 편심 하중을 고려해야 한다.

휨과 압축을 받는 경우에는 상호작용을 고려한 P-M 상관도로 기둥의 강도를 검토한다. 순수 휨을 받는 경우의 휨 설계는 보 설계와 동일하다.

띠철근 혹은 나선철근을 갖는 기둥의 상세는 연성 거동을 하도록 고려되어야 한다. 종방향 철근은 전체 단면적의 0.01배 이상이고 0.04배 보다 작아야 하며 최소한 4개의 철근이 배치되어야 한다. 일반적인 철근 콘크리트 기둥 설계에서 요구하는 시공성을 고려하여야 한다. 그림 2.5.9는 대표적인 상세를 보여주고 있다.

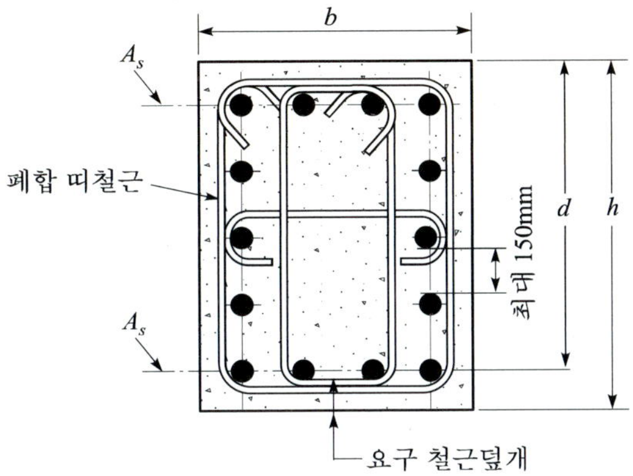

(a) 인장과 압축철근이 동일하게 배근된 사각형 단면

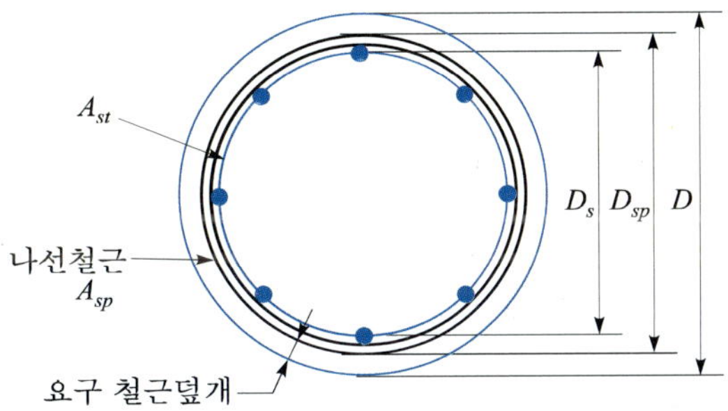

(b) 등분포로 철근이 배근된 원형 단면

그림 2.5.9 내부기둥 단면의 대표적인 상세

방호수준에 따른 철근콘크리트 부재별 변형한계를 허용 회전각 등 정량적 수치로 제시하기는 어렵다. 일반적으로 정밀한 해석을 통해 방호대상별 철근콘크리트 부재가 표 1.3.1에서 요구하는 성능을 만족하는지를 판단하여야 한다. 즉 요구하는 성능에는 콘크리트의 균열 발생과 탈락 여부 등의 국부적 손상을 포함하고 있으므로, 방폭해석 결과로 나타난 콘크리트와 철근의 응력 및 변형률 등을 고려하여 간접적으로 국부적 손상을 판단하여야 한다. 강재 부재와 달리 철근콘크리트 부재의 방호성능을 판단할 때, 변형한계로 회전각을 검토하고, 연성도비(변위연성도)에 대한 변형한계는 검토하지 않아도 된다.

2.5.5 강구조물의 방폭설계

구조용 강재는 연성이 좋은 재료로 알려져 있고 항복응력, 극한인장강도, 파단시 신장률과 연성으로 표현하고 탄성계수값을 사용한다. 폭발하중을 받는 강구조물 역시 동적 효과를 고려하여야 하며, 구조용 강재의 항복강도 f_y 및 인장강도 f_u는 관련 KS 규격과 「강구조설계기준(KDS 14 31 00)」을 따른다. 구조용 강재의 정적하중과 동적하중에 대한 역학적 성질은 변형률 속도 효과를 고려하는 휨과 전단에 대한 동적 설계 응력을 고려하여야 한다. 변형률 속도가 증가함에 따라 구조용 강재의 역학적 거동에 영향을 미치게 되는데, 그림 2.5.10과 같이 항복강도가 동적 항복강도값으로 증가하고 이 효과를 항복강도의 동적증가계수(Dynamic Increase Factor)라고 한다.

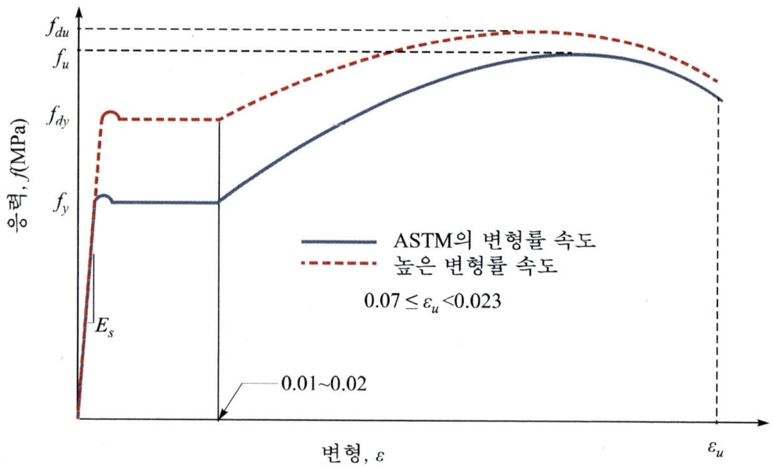

그림 2.5.10 강재의 응력-변형률 곡선

그림 2.5.11은 강재의 동적 항복강도를 위한 동적증가계수(c)보여주며, 표 2.5.4에 따라 산정도 가능하다. 또한, 강재의 인장강도에 대한 동적증가계수는 압력 범위에 무관하며, 동적 인장강도를 위한 동적증가계수(c)는 표 2.5.5에 따라 산정 가능하다.

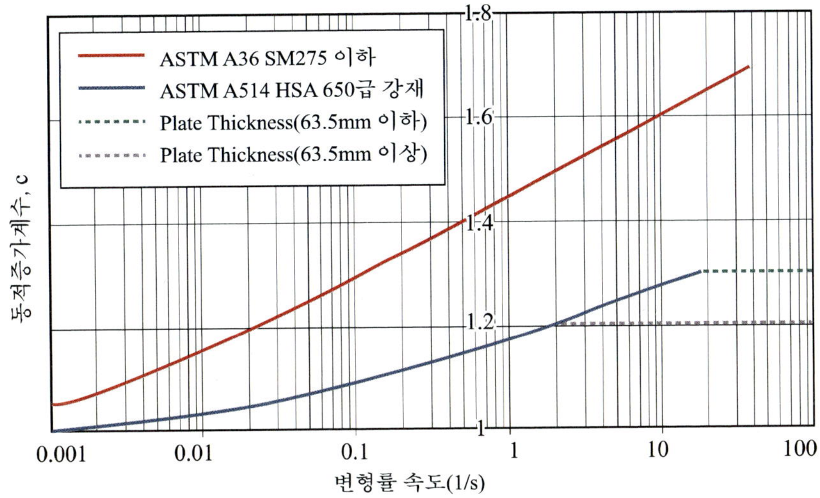

그림 2.5.11 강재의 동적증가계수

표 2.5.4 구조용 강재의 항복응력에 대한 동적증가계수, c

강종	휨		인장 혹은 압축	
	저압 영역 ($\dot{\varepsilon}=0.1$ /sec)	고압 영역 ($\dot{\varepsilon}=0.30$)	저압 영역 ($\dot{\varepsilon}=0.02$)	고압 영역 ($\dot{\varepsilon}=0.05$)
SM275 이하 일반구조용 강재 (ASTM A36)	1.29	1.36	1.19	1.24
SM355 ~SM460 급 강재 (ASTM A588)	1.19	1.24	1.12	1.15
HSA650 급 고강도 강재 (ASTM A514)	1.09	1.12	1.05	1.07

표 2.5.5 구조용 강재의 인장강도에 대한 동적증가계수, c

강종	c
SM275 이하 일반구조용 강재 (ASTM A36)	1.10
SM355~SM460 급 강재 (ASTM A588)	1.05
HSA650 급 고강도 강재 (ASTM A514)	1.00

변형률 속도는 변형률이 0에서 항복까지 변할 때 일정하다고 가정하면 식 (4.36)에 의해 계산될 수 있다.

$$\dot{\varepsilon} = f_{ds}/E_s t_E \quad \text{(식 2.5.34)}$$

여기서, $\dot{\varepsilon}$는 강재의 탄성영역에서의 평균 변형률 속도 $(1/s)$, t_E는 항복 시간 (s), f_{ds}는 동적설계강도 (MPa)이다.

휨, 인장, 압축 상태에서 다양한 압력수준하에서의 항복응력에 대한 동적 증가 계수는 표 2.5.4에 제시되어 있다. 휨에 대한 값은 변형률 속도를 저압 설계영역에서는 0.10 $1/s$로 가정하고 고압 설계영역에서는 0.30 $1/s$로 가정하여 구한 값이다. 인장 및 압축부재에 대해서는 DIF값이 낮은 압력범위에서는 0.02 $1/s$로 가정하고 높은 압력 범위에서는 0.05 $1/s$로 가정하여 구한 값이다. 이러한 값들에 기반을 두어 동적 설계에서 사용할 추천값을 제시하고 있다.

동적응력은 정적응력에 증가계수(a)와 동적증가계수(c)를 곱하여 산정하며, 1축 인장응력 하에서의 강재의 항복점은 휨, 전단, 압축, 인장의 하중 상태에서의 항복응력을 결정하는데 근거로 사용된다. 설계 강도는 평균적인 응력증가계수 a와 동적증가계수 c의 함수로 표현된다.

동적하중을 받는 단면의 소성강도를 결정하기 위해서는 적절한 동적항복응력 f_{dy}가 사용되어야 한다. 연성도비 $\mu \le 10$인 경우의 동적설계강도 f_{ds}는 동적항복응력 f_{dy}와 같다. 동적항복응력은 휨, 인장, 압축에 대해서 식 (2.5.35)과 같이 구할 수 있다.

$$f_{ds} = f_{dy} = c \times a \times f_y \quad \text{(식 2.5.35)}$$

여기서, f_{dy}는 동적항복응력, c 는 항복응력에 대한 동적증가계수, a는 평균 강도 증가계수 (=1.1 규정된 최소 항복응력이 345 MPa이거나 이보다 작을 때, 나머지 경우는 1.0 사용), f_y는 정적항복응력을 나타낸다.

상당한 수준의 변형 혹은 연성도비가 확보되는 경우(연성도비 $\mu > 10$인 경우)의 동적설계강도에는 동적설계강도가 변형률 경화 구간에서의 변형을 고려할 정도로 증가될 수 있다. 이 경우에 동적설계강도 f_{ds}는 식 (2.5.36)에 의해 구할 수 있다.

$$f_{ds} = f_{dy} + (f_{du} - f_{dy})/4 \quad \text{(식 2.5.36)}$$

여기서, f_{du}는 동적인장강도를 나타내고 표 2.5.5을 활용하여 구할 수 있다. 평균 강도 증가계수인 a는 인장강도에 대해서는 적용하지 않는다.

전단을 받는 경우의 동적설계강도는 식 (2.5.37)에 의해 구한다.

$$f_{dv} = 0.55 f_{ds} \quad \text{(식 2.5.37)}$$

폭발하중에 대한 강구조의 동적설계는 재료의 에너지 소산 능력을 충분히 활용하여 설계하여야 한다. 일반적인 사용하중을 고려한 강구조물 설계에서는 소성 거동은 허용되지 않으나, 폭발하중과 같은 경우에는 소성 거동을 허용하는 것이 경제적이다. 폭압에 대해서 탄성설계를 하는 것은 상당히 비경제적이며 방폭 구조의 에너지 소산 능력을 최대한 활용하기 위해 소성 거동을 허용하는 것이 일반적이다. 휨에 대한 소성 설계는 가장 큰 응력을 받는 위치에서 전단면이 거의 소성화되는 것에 기반을 둔다. 경제적인 설계를 위해서는 구조 혹은 구조 부재들이 각각의 완전 소성 강도를 발현할 수 있도록 취성파괴 혹은 좌굴과 같은 이차적인 효과에 의해 사전에 파괴가 발생하지 않도록 해야 한다. 강구조의 동적거동은 표 2.4.1에서 보는 바와 같이 주어진 방호수준에 따른 부재별 변형한계(지점회전각 및 연성도비)에 따라 평가한다.

변형한계 설정은 낮은 압력 범위와 높은 압력 범위로 나누어 설정이 가능하다. 예를 들어, 낮은 압력 범위에서의 방호구조물에 대한 최대 변형은 소성 영역에서 구조적 일체성을 유지하도록 하여 인명과 장비의 안전을 제공하도록 하기 위해 제시된다. 이 설계 영역의 구조물 형태는 일반적으로 1층 혹은 2층의 브레이싱 혹은 강결 골조로 이루어진 것들이다. 기둥과 보로 구성된 주 부재들은 열연강재로 제작되어야 하고 골조 부재를 가로지르는 중도리 (Purlin), 거트 (Girts)와 같은 부재들은 열연 I 형 혹은 채널형태, 냉연 Z형 혹은 채널일 수 있다. 구조물의 외피는 벽체의 거트 혹은 지붕의 중도리를 가로지르는 냉연 사이딩 혹은 데크가 될 수 있다.

높은 압력 범위에서의 방호 구조물의 변형 한계는 폭압에 근접한 구조물에 관한 가혹한 조건에 대해 규정된다. 설계 목적인 폭파를 내재하기 위한 것이라면 변형이 제한되어야 한다. 폭발의 전파나 폭압에 의한 높은 속도의 비산물 생성을 막기 위한 경우라면 구조물은 초기 파괴를 허용할 수도 있고 변형도 에너지 흡수를 위해 변형경화 구간에까지 허용될 수 있다. 일반적으로 판 요소와 곡선 판 형태의 구조물이 이 영역에 속한다.

변형 한계는 한 번의 폭발하중에 대한 구조물 설계에 관한 것이다. 그러나 만일 구조물이 두 번 혹은 세 번의 폭발하중을 생애주기 동안 고려하는 것이 필요하다면 설계자는 설계 변형을 폭압 작용 이후에도 수리와 재사용에 적합하도록 제한해야 한다. 보의 변형 한계(중도리, 스팬드럴, 거트를 포함)나 횡변위를 포함한 골조의 변형 한계, 판 부재의 변형한계는 표 2.4.1을 참조한다.

폭발의 효과로 인해 구조물 혹은 구조 요소에 발생하는 손상을 제한하기 위해서는 제한

값이 적절하게 제시되어야 한다. 일반적으로 두 가지 형태의 값이 있는데 비탄성 동적응답의 수준에 대한 제한과 최대 처짐 혹은 회전에 대한 제한값이 있다.

단자유도계 시스템으로 모사될 수 있는 보, 바닥, 벽체판, Open-web joist 판에 대해서는 적절한 값이 최대 연성도비와 단부에서의 최대 지점회전각이다. 골조 구조와 같이 다자유도계 시스템에 대해서는 횡방향 변위와 개별적인 골조 요소의 회전을 제시할 수 있다.

연성도비 μ는 구조요소의 이선형 저항 강도 다이아그램에서 한계 저항을 발현하는 등가 탄성처짐(X_E)에 대한 최대처짐(X_m)의 비를 나타낸다($\mu = X_m/X_E$). 즉, 연성도비가 3이라는 것은 최대 동적응답이 등가 탄성 응답의 3배라는 뜻이다. 개별적인 보 부재의 경우에는 충분한 브레이싱이 존재한다면 연성도비가 20까지 확보될 수 있다. 판 부재의 경우에는 높은 연성도비는 높은 설계 응력을 사용할 수 있다는 의미이기 때문에 매우 중요하다.

지점회전은 보와 판 설계의 근간을 제공한다. 보 요소에 대해서는 규정된 회전이 부재의 조기 좌굴이 없이 확보될 수 있는지를 결정하기 위해 연성도비가 반드시 검토되어야 한다. 판 부재는 조기 좌굴이 없이 높은 연성도비를 발현할 수 있음에도 유사한 규정이 적용될 수 있다. 보의 지점회전각 θ와 관련된 최대 처짐 X_m은 그림 2.5.12에 나타내었다. θ는 핀 연결 지점과 최대 처짐이 발생하는 부재 위치 사이의 각을 나타낸다. ($\theta = \tan^{-1}\left(\frac{2X_m}{L_{\min}}\right)$).

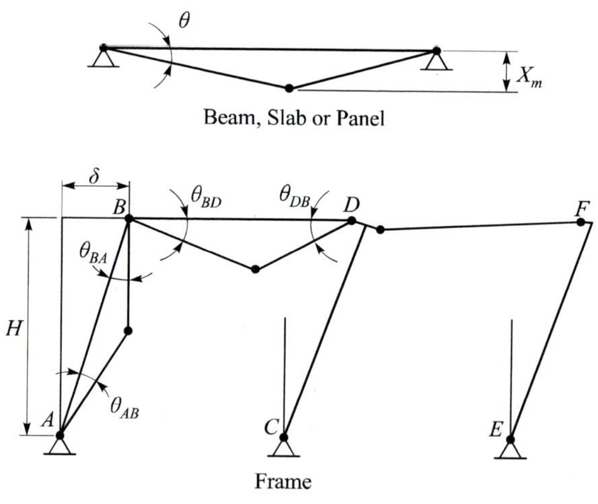

그림 2.5.12 보와 골조의 부재 끝단 회전

강재 보 요소는 단부 회전각이 12°가 되도록 큰 처짐을 갖도록 설계할 수 있다. 보 요소의 일체성을 보장하기 위해 이러한 높은 수준의 연성 거동을 허용하도록 적절한 브레이싱이 설치되어야 한다. 어떤 경우에는 연성도비가 20을 넘을 수 없다.

인명이나 장비의 안전이 요구되는 경우에는 보의 처짐에 대한 단부 회전각은 2°, 연성도비는 10으로 제한하는 것이 합리적이다. 이러한 변형들은 소성 영역에서 구조적 일체성을 확보하는 수준이다. 적절한 브레이싱이 연성거동의 수준을 확보하기 위해 있어야 한다.

보의 설계에서 다양한 변수들 사이의 상호 연관성은 그림 2.5.13의 이상화된 저항-처짐 곡선에 나타내었다. 이 그림에서 연성도비 μ와 지점회전각 θ는 임의의 값이다. 예를 들어 2°의 지점회전각에 해당하는 처짐은 연성도비 10에 해당하는 것보다 클 수 있다. 방호수준 C에 해당하는 구조물은 해석에 의해 변형량을 평가하여 성능 만족여부를 검토할 수 없고 높은 연성도를 확보하도록 연결부 상세 등을 고려해야 한다.

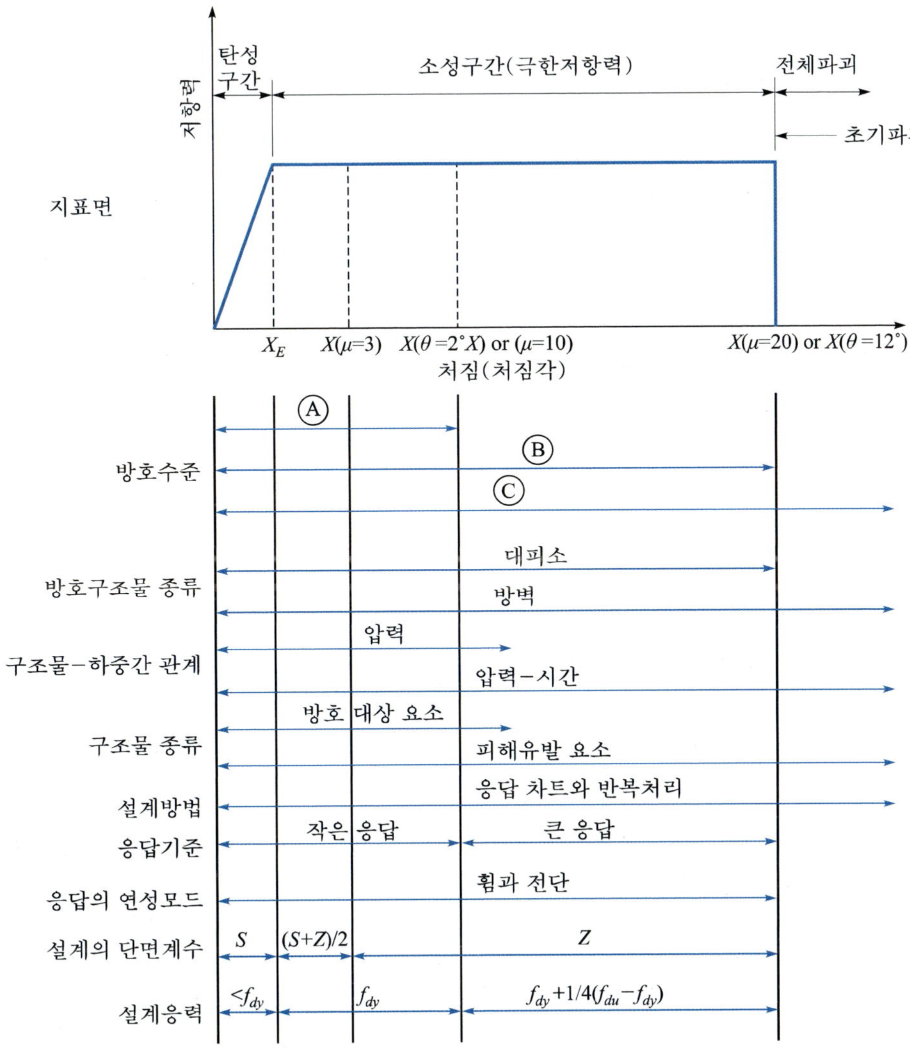

그림 2.5.13 보의 설계 변수사이의 관계

골조구조의 상세 해석에서 단일 물리량으로 응답을 표현하기는 불가능하다. 또한 개별적인 골조의 부재들의 단부 경계조건이 넓은 범위이고 시간에 따라 변하는 특성을 갖기 때문에 연성도비의 개념을 다루기가 힘들어진다. 이 경우에는 그림 2.5.13에 나타낸 바와 같이 각 층에서의 횡변위와 현재에 연결되는 각 부재의 단부 회전각 θ로 한계내에서의 응답량을 사용해야 한다. 추가적으로 연성도비 한계 대신에 비탄성 변형의 양이 개별 부재 회전의 한계에 의해 제한된다. 내부 기둥과 같이 양끝단 사이에 하중이 작용하지 않는 부재에 대해서는 회전은 없고 횡변위 한계만 고려된다. 이때 최대 부재 단부 회전은 2°이고 최대 횡변위는 층고의 1/25로 제한된다. 이러한 횡변위나 단부 회전은 골조 구조의 비탄성 다자유도계 해석에서 도출되는 결과물의 일부이다. 설계자는 이러한 프로그램의 해석 결과를 사용하여 횡변위와 각 부재의 최대 회전을 검토할 수 있다.

반면에 판이나 판 형태의 구조는 지점회전이나 연성도비 측면에서 큰 변형을 견딜 수 있다. 극한 내하력에 관한 전체 혹은 국부적인 불안정성은 판 보다는 구조 강재 단면에서 좀 더 중요하게 고려된다. 판의 기능적 요구사항에 따라서 다음의 변형 한계가 판의 설계에서 고려되어야 한다. ① 초기 파괴 혹은 근처에서 큰 처짐, ② 사용 불가능해지기 전에 2 혹은 3개의 폭발하중을 견뎌야 하는 구조에 대해서는 중간정도의 처짐, ③ 방폭문에서 압력이나 화재의 누출을 막아야 하는 경우처럼 폭발 동안에 구조물의 성능이 매우 중요한 경우에는 제한된 처짐, ④ 폭발 시험 챔버와 같이 영구 변형을 일으키기 않아야 하는 경우에는 탄성 처짐 등 설계자는 판 혹은 판 시스템의 기능에 기반해서 변형 한계를 수립해야 한다.

지점부 회전을 2°로 제한하는 것은 방호대상 요소에서 인명이나 장비의 안전이 요구될 때 판의 지점회전각으로 적절한 값이다. 보의 변형 한계에서와 같이 연성도비는 10을 초과하지 않아야 한다.

소성 영역에서는 양 단부의 조건이 판의 변형을 좌우한다. 첫 번째는 반대편 모서리들이 조립단면이 아닐 경우에 발생한다. 이 경우에는 탄성 판 처짐 이론과 항복선 이론이 적용가능하다. 두 번째는 두 개의 마주보는 모서리들이 고정될 때 인장 막 거동(Tensile Membrane Action)이 발생할 수 있다. 이 경우에는 판 요소가 지점회전각 12°에 도달하기 전에 인장 막 거동이 발생할 수 있다.

판의 설계에 포함된 다양한 변수들의 상호 관계는 그림 2.5.14의 이상화된 저항강도-처짐 곡선에 나타내었다. 이 그림에서 연성도비 μ와 지점회전각 θ는 임의의 값이다. 예를 들어 2°의 지점회전각에 해당하는 처짐은 연성도비 10에 해당하는 것보다 클 수 있다. 방호수준 C에 해당하는 구조물은 해석에 의해 변형량을 평가하여 성능 만족여부를 검토할 수 없고 높은 연성도를 확보하도록 연결부 상세 등을 고려해야 한다.

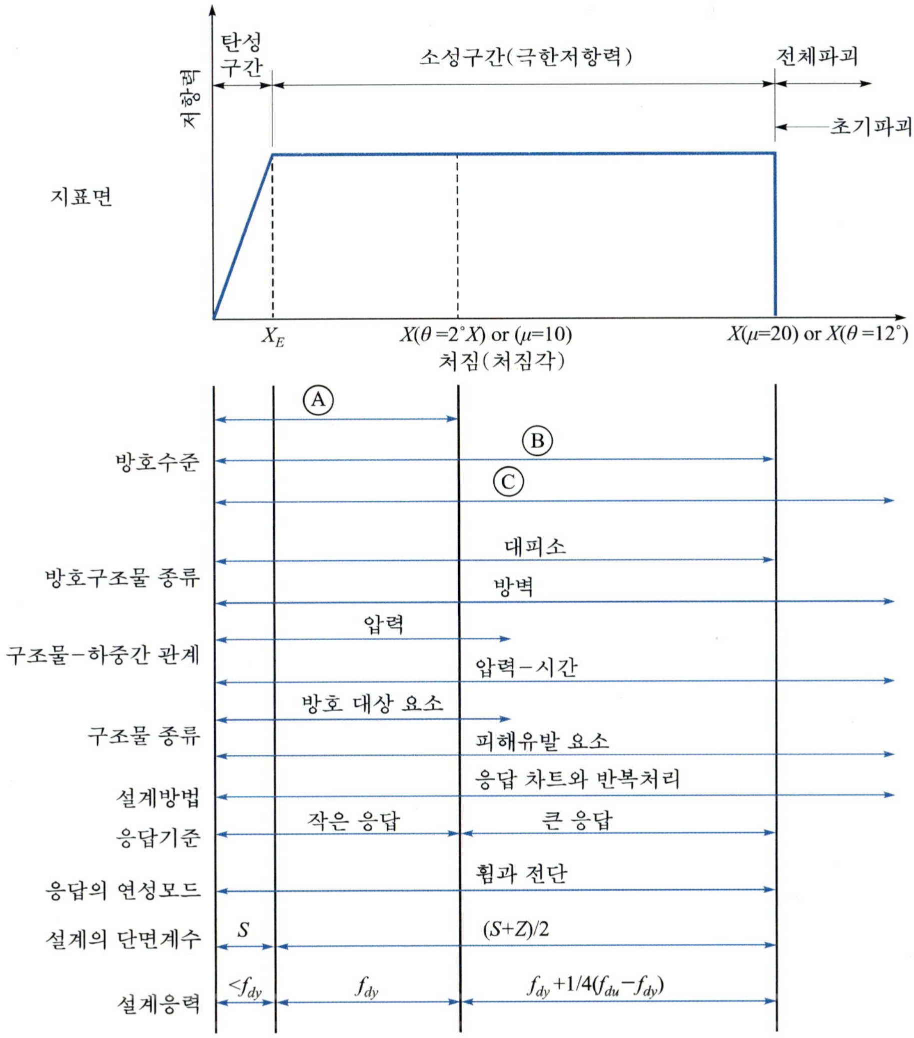

그림 2.5.14 판의 설계 변수사이의 관계

소성 혹은 연성 파괴 모드에 대한 설계에서 구조물의 조기 파괴를 방지하기 위한 대책이 요구된다. 완전 소성 강도를 발현하도록 해야 한다는 뜻이다. 2개의 파괴의 2차 모드가 고려될 수 있는데 파괴의 불안정성 모드, 파괴의 취성 모드가 있다. 구조적 불안정성은 두 가지 수준에서 볼 수 있는데 구조 시스템의 전체 좌굴(Overall Buckling)과 각 구조요소의 좌굴이 있다. 동적 하중하에서는 취성 파괴의 가능성이 높아질 수 있으며, 다음과 같은 여건들의 조합에 의해 취성 파괴가 발생할 수 있다.

① 국부적인 응력집중과 잔류 응력

② 불량한 용접

③ 노치에 민감한 강재의 사용
④ 충격하중 혹은 높은 변형률 속도
⑤ 낮은 온도
⑥ strain aging에 따른 연성 감소
⑦ 3축 인장응력 상태를 일으키는 평면 변형률 조건
⑧ 부적절한 연결 형태의 사용

방폭문을 포함한 판형태의 강구조 동적설계에서는 되튐하중에 대한 추가 검토가 요구된다. 철근콘크리트 구조에서는 이러한 고려가 주된 관심이 아닐 수 있지만 되튐하중에 의해 상대적으로 높은 수준의 응력 반전을 겪는 강구조에서는 원래 인장을 받던 압축 플랜지에 횡 브레이싱이 필요할 수 있다. 되튐하중은 가벼운 자중을 지지하는 구조요소에서 짧은 주기로 폭압이 작용할 때 좀 더 중요하다. 방폭문에서 되튐하중에 대한 볼트 설계에서 중요한 고려사항이 되며, 방폭문 설계 예제를 통해 보다 구체적으로 알아보도록 하자.

구조용 강재보는 동적소성설계에 기반한다. 보의 기본적인 휨 응답의 평가를 위해서는 이선형 강도-처짐 함수를 이용한다. 또한, 힌지 형성, 모멘트 재분배와 완전 붕괴 기구를 발현하기 위한 비탄성 힌지 회전의 과정에 필요한 적절한 전단 강도와 국부 혹은 전체 좌굴에 대한 정의가 요구된다. 이를 위한 소성휨강도는 연성도비에 따라 식 (2.5.38) 또는 (2.5.39)에 따라 산정한다.

연성도비가 3보다 같거나 작은 보에 대해서는

$$M_P = f_{ds}(S + Z)/2 \qquad \text{(식 2.5.38)}$$

여기서, S, Z는 탄성 및 소성단면계수를 나타낸다. 연성도비가 3보다 큰 보와 보-기둥에 대해서는

$$M_P = f_{ds}Z \qquad \text{(식 2.5.39)}$$

이 식들은 보가 좌굴에 대해서 충분히 지지되어 있다는 가정하에서 사용 가능하다. 소성변형 동안에 보의 국부 및 전체 좌굴에 대한 고려를 해야 한다. 휨 설계에서 폭발에 대한 저항을 할 수 있도록 구조물을 설계하는 것은 계산된 처짐을 주어진 최댓값 내로 제한하도록 구조 강도를 결정하는 것이다. 낮은 압력 범위에서 보의 초기 휨 설계를 위해 최대 폭압과 동일한 등가 정적 극한 강도는 지점회전각이 2°에 대해 보를 설계할 때 사용된다. 큰 지점회전에 대해서 초기 동적하중계수는 0.5가 추천된다. 낮은 압력 범위에서 하중의 지속시간이 일반적으로 구조물의 진동주기 보다 같거나 크기 때문에 초기 설계와 동적 해석의 차이가 크지 않을 것이다.

강구조물 보의 극한 동적휨강도는 다음 식에 의해 계산된다.

$$M_{pu} = f_{ds} Z \qquad \text{(식 2.5.40)}$$

여기서, f_{ds}는 재료의 동적설계강도를 나타내고 Z는 소성단면계수이다.

소성단면계수는 중립축의 위와 아래에 있는 동일 단면적의 완전히 항복된 요소들의 정적 모멘트의 합으로 계산될 수 있다.

$$Z = A_c m_1 + A_t m_2 \qquad \text{(식 2.5.41)}$$

여기서, A_c는 압축을 받는 단면적, A_t는 인장을 받는 단면적, m_1은 중립축에서 압축을 받는 단면의 중심까지의 거리, m_2는 중립축에서 인장을 받는 단면의 중심까지의 거리를 나타낸다. 표준 I 형태의 단면(S, W, M 형 단면)에서 소성 단면계수는 휨의 강축에 대한 탄성계수의 약 1.15배이고 구조 강재 설계의 표준 매뉴얼에서 얻을 수 있다.

그림 2.5.15는 소성 힌지 단면의 변형의 각 단계별 응력 분포를 나타내고 있다. 이론적으로 보는 최외측 응력이 f_{ds}에 도달하고 M_y 항복휨강도에 도달할 때까지는 탄성적으로 휜다. 모멘트가 M_y를 넘어서면 항복응력이 단면의 최외측에서 중립축 방향으로 진전하게 된다. 모멘트가 완전 소성 모멘트에 도달하면 사각형 응력 분포가 된다. 완전 소성 모멘트와 항복 모멘트의 비가 형상계수(Shape Factor) f가 되며, 소성과 탄성 단면 계수의 비이다.

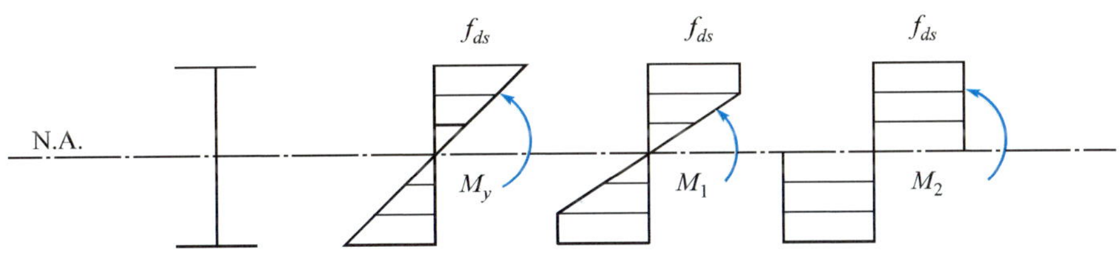

그림 2.5.15 보의 동적 하중에서 각 단계별 이상적인 응력 분포

그림 2.5.16에 단순지지 강재 보의 대표적인 모멘트-곡률 관계 곡선이 나타나있다. 항복모멘트 M_y에 도달할 때까지는 탄성 거동을 하고 하중이 더 증가하면 곡률이 크게 증가하여 완전 소성모멘트 M_2에 도달한다. 이 후에는 곡률이 아주 작은 모멘트 강도 증가에도 매우 크게 증가하게 된다.

설계를 위해서 그림 2.5.16에 점선으로 나타낸 것과 같이 이선형 모멘트-곡률 관계를 사용한다. 중간정도의 설계 연성도비($\mu \leq 3$)를 갖는 보에 대해서는 설계 모멘트는 $M_p = M_1$이고 좀 더 큰 연성도비($\mu > 3$)인 경우에는 설계 모멘트는 $M_p = M_2$를 사용한다.

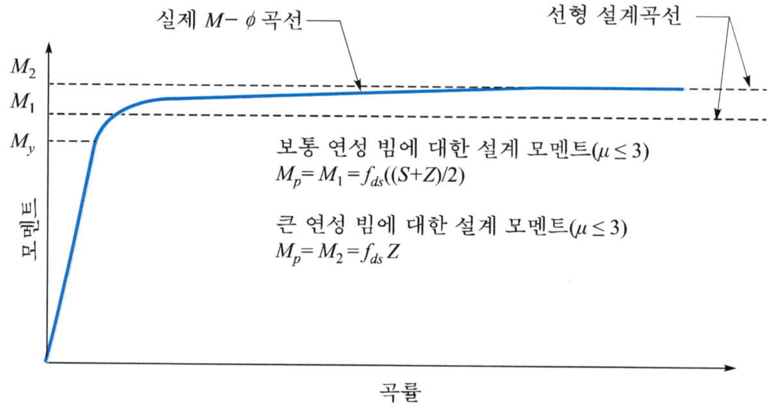

그림 2.5.16 단순지지 I형 보 단면이 동적하중을 받을 때 모멘트-회전 곡선

전단력은 소성 설계에서 매우 중요한데 이는 강재 부재의 소성 모멘트 강도에 영향을 미칠 수 있기 때문이다. 큰 휨 모멘트와 전단력이 작용하는 점에서 이상적인 탄소성 응력-변형률 관계는 소성 힌지의 형성 단계에서 전단에 저항하는 복부 단면의 감소가 있다. 이 감소된 단면적이 전단 항복을 유발할 수 있고 모멘트 강도를 감소시킬 가능성이 있다.

I 형 단면의 실험적 연구에서 완전 소성 모멘트 강도는 완전 복부 단면에서 평균 전단 응력이 전단에서 항복응력보다 작으면 발현될 수 있다.

전단에서 강재 보의 항복강도는 다음과 같다.

$$V_P = f_{dv} A_w \quad \text{(식 2.5.42)}$$

여기서, V_P는 소성전단강도, f_{dv}는 강재의 전단하에서의 동적 항복응력, A_w는 웨브의 단면적이다.

강재 보가 완전 소성 거동을 확보하고 요구되는 연성도를 소성 힌지 위치에서 확보하기 위해서는 조밀단면이어야 하며, 이를 위해 강구조 설계기준(KDS 14 31 00)에 따라 최소 폭두께비 한계조건을 만족해야 한다.

2.6 지하 RC 구조물의 설계

지하 RC구조물의 방폭설계를 위하여 폭발하중이 지반을 통하여 전파되는 지면충격을 고려하여야 한다. 지하 RC 구조물의 설계 절차는 지상 RC 구조물의 설계 절차와 매우 유사하다. 설계 절차는 주어진 피격조건에 대하여 구조물이 받는 하중을 결정하고, 결정된 하중에 대한 부재의 동적 거동을 해석한다. 해석 결과의 방호요구수준의 만족 여부에 따라 초기설계단면의 채택 여부를 결정한다.

지하 RC 구조물의 설계 과정에서 나타나는 지상 구조물 설계와의 가장 큰 차이는 설계하중의 결정 방법이다. 지상 폭발과는 다르게 지하 폭발 시 구조물과 폭발물 사이에는 흙, 되메움재, 암반 등의 물질이 존재하기 때문에 하중은 지면충격의 형태로 구조물에 영향을 미치게 된다. 지하 폭발은 동일한 양과 이격거리를 가지는 지상 폭발과 비교하였을 때 전색효과로 인한 응력의 크기가 크고 응력의 지속시간이 매우 길기 때문에 반드시 별개의 방식으로 고려되어야 한다.

압력과 입자 속도 펄스는 폭발원점으로부터 거리가 멀어짐에 따라 크기가 급격히 감소하는 지수함수 형태의 시간이력을 보인다. 지면충격이 폭발시점으로부터 특정 위치까지 도달하는데 걸리는 경과시간 (t_a)은 아래와 같이 표현된다.

$$t_a = \frac{R}{c} \qquad \text{(식 2.6.1)}$$

여기서, R : 폭발 원점에서의 이격거리

c : 거리 R을 통과하는 동안의 평균 충격전파속도

전형적으로, 응력파는 파장의 도달 후 그 값이 빠르게 상승하여 최대치가 되며 응력의 증가시간 (t_r)은 아래와 같이 표현된다.

$$t_r = 0.1 t_a \qquad \text{(식 2.6.2)}$$

응력 펄스는 최대응력으로부터 서서히 감소하여 t_a의 1-3배의 시간동안 거의 "0"에 근접하게 되며, 아래의 식으로 주어진다. 시간 t에서의 충격응력 P(t)와 입자속도 V(t)는 다음과 같이 표현된다.

$$P(t) = P_o e^{-\alpha t/t_a}, \quad t \geq 0 \qquad \text{(식 2.6.3a)}$$

$$V(t) = V_o (1 - \beta t/t_a) e^{-\beta t/t_a}, \quad t \geq 0 \qquad \text{(식 2.6.3b)}$$

여기서, $P(t)$: 충격응력 (Shock Stress)

P_o : 최대응력 (Peak Value of the Shock Stress)

V_o : 최대 입자속도 (Peak Particle Velocity)

α, β : 시간상수 (Time Constants), 통상 $\alpha = 1.0, \beta = 1/8.5$

폭발물이 보호층(Burst Layer) 내부 또는 위에서, 또는 구조물 부근의 흙 속에서 폭발할 때, 자유장(Free-Field)에서의 최대 응력 (P_o)과 충격량 (i_o)은 아래와 같이 주어진다. 일반적으로 폭발 중심과 벽체 또는 슬래브 사이의 최단거리에 있는 부분이 가장 높은 초과압력(Peak Pressure)을 나타낸다. 특히 이 식은 결합계수를 도입함으로써 땅으로 떨어진 폭탄이 지표면에 놓은 버스트 콘크리트 슬래브(희생 슬래브) 및 흙에 걸쳐 관입한 다음에 폭발하는 것과 같은 상황에도 적용할 수 있다. 설계에 적용할 압력은 등가정압력으로서 먼저 설계압력펄스(Design Pressure Pulse)를 결정해야 하며, 이를 위해서는 반사압력(Reflected Pressure), 등가균일압력(Equivalent Uniform Pressure), 또는 최고입사압력(Incident Peak Pressure)을 먼저 알아야 한다.

$$P_o = (\rho c) V_o = 48.8 f (\rho c)(0.3967)^n \left(\frac{R}{W^{1/3}}\right)^{-n} \quad \text{(식 2.6.4)}$$

$$i_o = P_o t_a \quad \text{(식 2.6.5)}$$

여기서, f = 결합계수(Coupling Factor)

c = 지진속도(Seismic Velocity), m/s

ρ = 단위중량($\text{kg} \cdot \text{s}^2/\text{m}^4$)

ρc = 음향 임피던스(Acoustic Impedance), MPa/(m/s)

R = 폭탄의 중심에서 슬래브 또는 벽체까지의 거리, m

W = 폭약 질량, kg

n = 흙의 종류에 따른 감쇠계수(Attenuation Coefficient)

예비설계를 위하여 각종 흙에 대한 충격전파속도, 질량밀도 및 감쇠계수는 표 2.6.1에서 보는 바와 같다.

표 2.6.1 지면충격과 관련된 흙의 특성

토질 종류	지진속도 c(m/s)	질량밀도 $\rho\left(\frac{kg \cdot sec^2}{m^4}\right)$	감쇠계수 n
상대밀도가 낮은 느슨하고 건조한 모래와 자갈	183	147	3~3.25
사질양토, 황토, 건조한 모래 및 되메운 흙	305	167	2.75
상대밀도가 높은 조밀한 모래	488	208	2.5
간극(4% 이상)이 있는 젖은 사질점토	549	203	2.5
약간의 간극(1% 이하)이 있는 포화 사질점토와 모래	1,520	196	2.25~2.5
완전포화 점토 및 점토셰일	> 1,520	230~273	1.5

포탄이나 폭탄이 지표면에서 폭발하는 것보다 땅 속으로 깊이 관입한 다음 폭발한다면 폭발효과는 더 커진다. 바꾸어 말하면 폭발로 인해 지반에 발생하는 압력(Stress)과 지반 운동(Ground Motion)의 크기가 더 증대된다. 즉, 같은 양의 폭약이 폭발하여도 폭발 위치에 따라 폭발 효과가 달라진다. 일반적으로 폭발효과를 평가하는 계수로서 환산거리 (Z)의 개념을 사용하는데 그림 2.6.1에 보인 경우와 같이 폭발물이 공기-콘크리트-지반에 걸쳐서 폭발하는 상황에서는 환산거리만으로 폭발효과를 평가하기가 곤란하기 때문에 또 다른 계수의 도입이 필요하다.

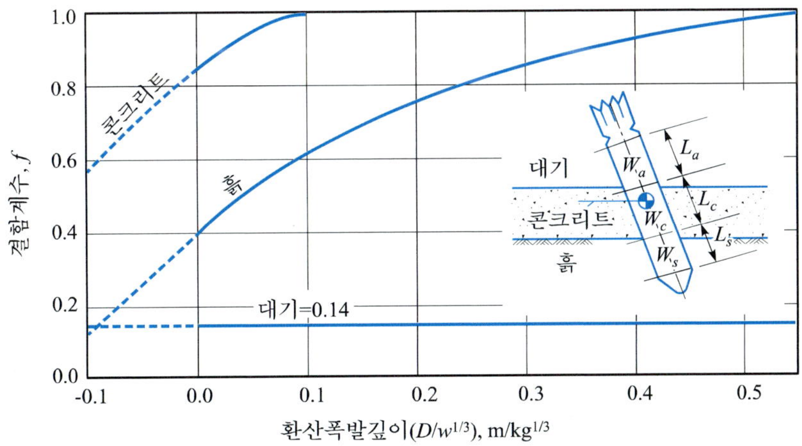

그림 2.6.1 환산 폭발 깊이에 따른 공기, 흙, 콘크리트의 결합계수

결합계수(Coupling Factor)의 개념은 폭약이 폭발될 때 그 주변이 어떤 매질로 되어 있느냐에 따라 폭약이 발휘할 수 있는 폭발효과가 달라지는 효과를 밝히기 위하여 도입되었으며 결합계수는 환산폭발깊이에 따라 달라지며, 일반적으로 공기 → 흙 → 콘크리트의 순서로 폭약에 대한 주변 매질의 구속 정도가 크고 강할수록 그 값이 커지게 된다.

결합계수 (Coupling Factor, f)는 폭탄 또는 포탄이 지면에 완전히 묻힌 후 폭발했을 때의 지면 충격의 크기에 대한 지면 근처에서의 폭발로 인한 지면충격의 크기의 비로 정의된다. 모든 지면 충격의 변수에 대하여 동일한 감쇠계수가 적용되며, 이 값은 폭발물의 중심부를 기준으로 한 폭발의 깊이와 폭발물 주변의 매질 (공기, 콘크리트, 흙 등)에 따라 달라진다.

$$f = \frac{(P,i)_{\text{near surface}}}{(P,i)_{\text{contained}}} \quad \text{(식 2.6.6)}$$

결합계수는 공기, 콘크리트 및 흙 등 폭발이 일어나는 매질에 따라 다르며 무기의 환산 폭발 깊이 ($D/w^{1/3}$)와 연관된다. 공기 중 폭발에 대한 결합 계수는 무기의 위치에 따라 변하지 않고 일정한 값 $f = 0.14$를 갖는다. 이 계수는 폭발 원점 아래의 매질에 관계없이 모든 지면접촉폭발에 대하여 사용할 수 있다. 무기가 한 가지 이상의 재료를 관입한 상태에서 폭발 할 때 (예를 들어, 긴 포탄이 콘크리트 희생 슬래브와 그 아래의 흙에 부분적으로 관입하였을 때), 결합 계수는 각 매질 내에 있는 작약의 무게에 비례하는 가중치를 각 재료의 결합계수에 곱한 후 이들을 합하여 계산한다. 이를 수식으로 표현하면 결합계수 f는 아래와 같다.

$$f = \sum f_i \left(\frac{w_i}{w} \right) \quad \text{(식 2.6.7)}$$

여기서, f : 총 결합계수

f_i : 각 구성 재료 (공기, 콘크리트, 흙)에 대한 결합계수

w_i : 각 구성 재료에 둘러싸여 있는 작약의 질량

w : 총 작약 질량

대부분의 폭탄은 원통형이므로 결합계수는 다음과 같이 정의할 수도 있다.

$$f = \sum f_i \left(\frac{L_i}{L} \right) \quad \text{(식 2.6.8)}$$

여기서, L_i : 각 구성 재료에 접촉되어 있는 무기의 길이

L : 총 무기의 길이

구조물 부근의 지하에서 폭발이 일어날 때, 폭발원점으로부터 직접 전파되어 도달한 압력파(직접파)에 덧붙여 벽체는 상부의 지표면 또는 희생 슬래브에서 반사되는 응력파와 하부의 바위층 또는 지하수층에서 반사되는 응력파(층반사파)를 받을 수 있다. 이렇게 상부층 또는 하부층에 반사되어 되돌아오는 층반사파는 직접파와 결합하여 구조물에 작용하는 하중의 크기 및 지속기간에 변화를 일으킨다. 예를 들어, 지표면으로부터의 반사는 인장파를 발생시켜 압축파인 직접파와 합쳐져 충격 하중을 감소시킨다. 이와 반대로 희생 슬래브로부터의 반사는 압축파를 발생시켜 직접파와 충첩될 경우, 충격 하중을 증가시키게 된다.

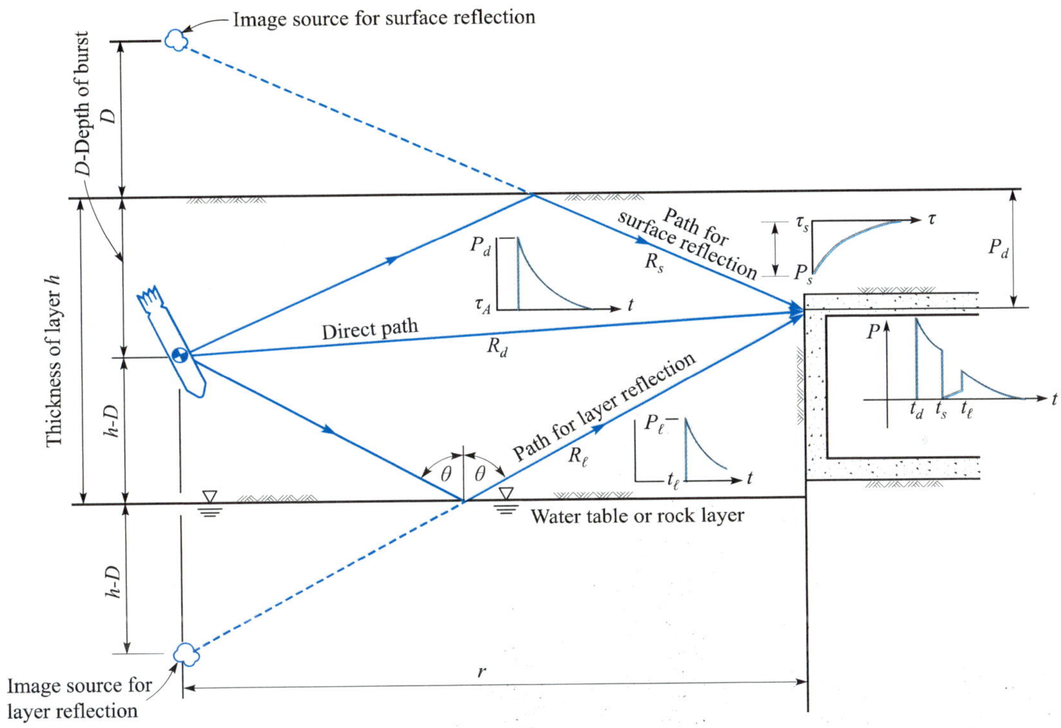

그림 2.6.2 직접파와 층반사파의 전달 경로

그림 2.6.2는 층이 있는 매질에서 응력파의 전파경로를 보여준다. 직접파가 폭발원점으로부터 벽체의 특정 위치까지 진행한 경로의 길이(Path Length, R_d)는 폭발중심(Detonation Center)으로부터 그 점까지의 직선거리로서 다음과 같이 계산된다.

$$R_d = \sqrt{(D-z)^2 + r^2} \qquad \text{(식 2.6.9a)}$$

상부층(지표면 또는 희생 슬래브)으로부터 반사된 충격파의 진행경로의 총 길이(R_s)는 다음과 같이 계산된다.

$$R_s = \sqrt{(D+z)^2 + r^2} \qquad \text{(식 2.6.9b)}$$

폭발원점 하부의 깊은 층으로부터 반사된 충격파의 진행경로의 총 길이 (R_l)는 다음과 같이 계산된다.

$$R_l = \sqrt{(2h-D-z)^2 + r^2} \qquad \text{(식 2.6.9c)}$$

여기서, h : 폭발원점이 속한 층의 두께 (Thickness of Layer)
D : 지표면에서 폭발원점까지의 깊이
z : 지표면으로부터 구조물의 고려 위치까지의 깊이
r : 폭발원점과 구조물의 고려 위치 사이의 수평거리

각 경로를 거쳐 전파되는 충격파가 유발하는 압력은 식 (2.6.10)을 이용하여 계산할 수 있다. 이 때 이격 거리 R은 식 (2.6.9)에서 계산한 값을 사용한다. 직접파의 경우 식 (2.6.10a)를 통하여 계산된 압력을 그대로 사용하며 층반사파의 경우 계산된 압력에 반사계수 (Reflection Factor)를 곱하여 실제 압력의 세기 (Actual Reflected Wave Magnitude)를 얻을 수 있다. 따라서 각 경로를 따라 전해지는 충격파가 유발하는 압력함수는 다음과 같다.

$$P_d = P_{o,d} \cdot e^{-\alpha t/t_{a,d}}, \qquad t \geq t_{a,d} \qquad \text{(식 2.6.10a)}$$

$$P_s = K_s \cdot P_{o,s} \cdot e^{-\alpha t/t_{a,s}}, \qquad t \geq t_{a,s} \qquad \text{(식 2.6.10b)}$$

$$P_l = K_l \cdot P_{o,l} \cdot e^{-\alpha t/t_{a,l}}, \qquad t \geq t_{a,l} \qquad \text{(식 2.6.10c)}$$

여기서, P_d : 직접파가 유발하는 압력
P_s : 지표면 반사파가 유발하는 압력
P_l : 하부층 반사파가 유발하는 압력
$P_{o,i}$: 각 충격파의 최대압력(식 (2.6.4))
K_i : 각 층의 반사계수
$t_{a,i}$: 각 압력파의 도달시간, $t_{a,d} = R_d/c_1$, $t_{a,s} = R_s/c_1$, $t_{a,l} = R_l/c_1$

지표면 반사계수 (K_s)는 −1이며, 하부층 반사계수 (K_l)는 다음으로부터 계산된다.

$$(1)\ 1-\left[\left(\frac{c_2}{c_1}\right)^2\sin^2\theta\right]>0 \text{인 경우},\ K_l=\frac{\cos\theta-K_o}{\cos\theta+K_o}$$ (식 2.6.11a)

$$(2)\ 1-\left[\left(\frac{c_2}{c_1}\right)^2\sin^2\theta\right]\le 0 \text{인 경우},\ K_l=1$$ (식 2.6.11b)

$$K_o=\frac{\rho_1 c_1}{\rho_2 c_2}\sqrt{1-\left[\left(\frac{c_2}{c_1}\right)^2\sin^2\theta\right]}$$ (식 2.6.11c)

여기서, ρ_1 : 폭발 원점이 속한 층의 질량밀도

c_1 : 폭발 원점이 속한 층의 충격전파속도

ρ_2 : 충격파의 반사를 유발하는 층의 질량밀도

c_2 : 충격파의 반사를 유발하는 층의 충격전파속도

θ : 충격파의 경계층 입사각도 (그림 2.6.2 참고)

하부층 반사파의 입사각도 (θ_l)는 아래와 같이 나타낼 수 있다.

$$\sin\theta_l=\frac{r}{R_d}$$ (식 2.6.12)

$$\cos\theta_l=\frac{2h-D-z}{R_d}$$ (식 2.6.13)

구조물 벽체의 한 점에 작용하는 충격하중의 총 압력(Total Pressure)은 직접파와 반사파의 도달시간 함수로 된 식 (2.6.14)로 세가지 압력을 중첩하여 얻을 수 있다.

$$P(t)=P_d+P_s+P_l$$ (식 2.6.14)

만일, 정밀설계를 위한 필수자료 획득이 제한될 경우에는 다음과 같은 약식으로 지하폭발에 대한 최고압력 P_b와 이 압력의 지속시간 t_b를 구할 수 있다.

$$P_b=\frac{30}{z^3}\left(\frac{K}{4060}\right)^{1/3}\ [kg/cm^2]$$ (식 2.6.15)

$$t_b=0.0033\,w^{0.1}r^{1/3}K^{1/6}\ [s]$$ (식 2.6.16)

여기서, z : $r/w^{1/3}$

r : 폭발 지점까지의 거리(m)

w : 작약무게(kg)

K : 토질상수

지붕과 외벽에 대한 압력-시간 관계식(Pressure-Time Relationship)은 독립적으로 결정된다. 외벽의 경우 측면 폭발이 가장 위협적인 상황인 반면, 지붕 패널의 경우 상부 폭발이 가장 위험하다.

'폭발하중에 대해 구조물은 어떤 거동을 보이는가?'를 알기 위한 해석은 폭발지점과 구조물 사이의 거리에 따라 그 방식이 달라질 수 있는데, 일반적으로 폭발은 이격거리에 따라 다음과 같이 구분된다.

① 이격폭발(Detonation Away from the Structure)

② 근접폭발(Detonation Near the Structure)

③ 접촉폭발(Detonation in Contact with the Structure)

폭발지점으로부터 구조물을 향하여 전파되는 자유장 압력(Free-Field Pressure)인 입사압력은 구조물에서 반사되면서 증폭된다. 반사압력(Reflected Pressure)은 자유장 압력파가 구조물에 도달한 순간 발생된다. 압력의 증가량은 자유장 압력과 입사각의 함수이며, TM 5-855-1은 평균 반사계수로 1.5를 제안하고 있다. 따라서 반사압력 P_r의 크기는 아래와 같이 추정이 가능하다.

$$P_r = 1.5P_o \quad \text{(식 2.6.17)}$$

반사압력의 지속시간(Duration)은 다음 두 값 중 작은 값을 택한다. ① '부재 두께'의 측면(반사압력파가 철근콘크리트 슬래브의 두께를 왕복하는 시간의 6배), ② '가장 가까운 자유단까지의 거리'의 측면(압력파의 가장 가까운 자유단에 대한 도달시간 - 압력파의 고려지점에 대한 도달시간 + 자유단에서 고려지점까지의 이동시간)

여기서, 도달시간(Arrival Time)은 지반의 하중파 속도(Loading Wave Velocity in the Soil)를 사용하여 계산하고, 이동시간(Travel Time)은 지반 하중파 속도의 2배의 속도를 취하여 계산한다.

전형적인 지붕하중은 자유장 압력(Free-Field Pressure, P_o)과 반사압력(Reflected Pressure, P_r)으로 구성(그림 2.6.3)되어 있다. 지붕 패널에 작용하는 압력은 패널 전체에 걸쳐 균일하지 않고, 특히 폭발 위치가 지붕 패널과 가까울수록 더욱 그렇다. 그러나 단자유도 해석을 하기 위해서는 등분포 하중으로 해석해야 하므로, 실제 하중은 등가균일하중(Equivalent Uniform Load)으로 근사되어야 한다. 근사된 자유장 압력을 평균 자유장 압력(Average Free Field Pressure)이라 하고, 근사된 반사압력을 평균 반사압력(Average Reflected Pressure)이라 한다.

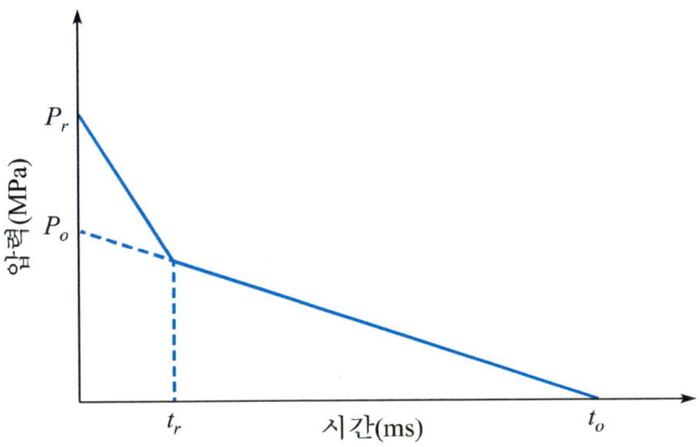

그림 2.6.3 전형적인 지붕 하중

그림 2.6.4는 일반적인 지하 벽체가 받는 하중을 나타내고 있다. 외벽체는 폭발원점으로부터 직접 전파되는 직접파에 덧붙여 상부층 및 하부층으로부터 반사되는 층반사파를 추가로 받기 때문에, 응력-시간 곡선이 지붕 하중과는 다른 형태를 띠며, 벽체가 받는 하중은 이들 각 충격파를 중첩한 것과 같다. 직접파와 층반사파는 각각의 평균 자유장 압력, 평균 반사압력, 도달시간, 지속시간의 변수들을 가지고 있으며 그 값은 서로 다르다. 이들 충격파의 변수는 지붕 하중을 결정하는 방법과 동일한 방법을 각각의 충격파에 독립적으로 적용하여 얻을 수 있다.

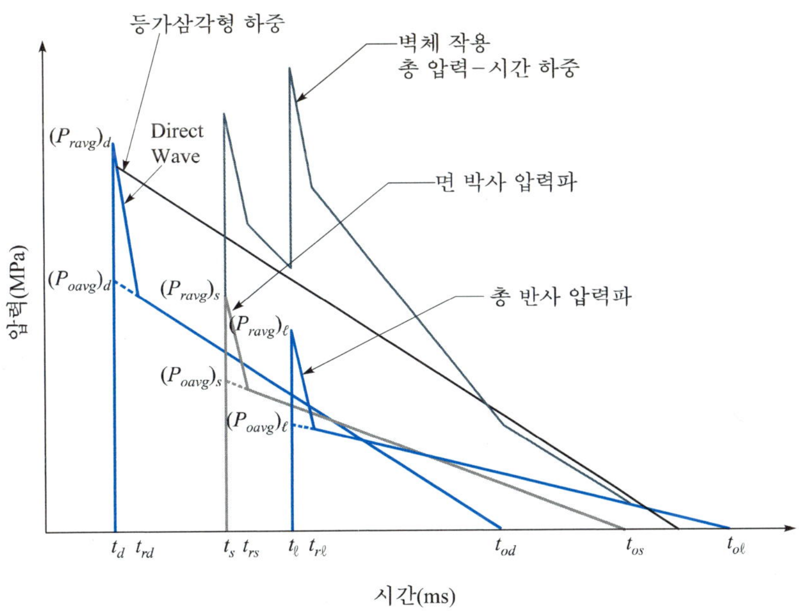

그림 2.6.4 지하 벽체에 대한 직접파와 층반사파의 작용

TM 5-855-1는 재래식 무기의 공격을 받는 지하 방호 구조물을 설계할 때, 연성도비(Ductility Ratio)가 5 이내로 제한되도록 설계하는 것을 추천하고 있다. 급작스러운 폭발(Accidental Explosions)을 받는 지하구조물은 1°의 지점회전각 또는 연성도비 10에 해당하는 최대 처짐이 허용된다. 지하 구조물의 해석에서도 지상 구조물과 마찬가지로 단자유도 해석을 위하여 슬래브의 고유주기(Natural Period of Vibration)를 계산해야 한다. 흙의 영향은 구조 부재의 응답을 다르게 만들기 때문에 지하 구조물의 고유주기 또한 달라진다. 벽체의 경우, 610 mm의 흙이 벽체의 질량과 함께 거동하는 것으로 간주하여 해당 흙의 질량을 벽체의 질량에 더한다. 지붕의 경우, 지붕에 의해 떠받쳐져 있는 전체 흙 또는 지붕 패널의 단면의 사분의 일에 해당하는 흙 중 더 작은 양을 지붕의 질량에 더한다.

흙의 고정하중(Dead Load)은 부재의 폭발하중에 대한 강도를 감소시킨다. 특히 지붕 슬래브의 경우 위에 있는 희생 슬래브와 토피층, 그리고 지붕 슬래브의 고정하중은 그 크기가 상당하기 때문에 반드시 고려해야 한다. 고정하중의 영향을 고려한 부재의 잔여 동적강도(Dynamic Resistance Available, r_{avail})는 아래와 같다.

$$r_{avail} = r_u - r_{DL}\left[\frac{f_{ds}}{f_{dy}}\right] \quad \text{(식 2.6.18)}$$

여기서, r_u : 슬래브의 강도(Resistance)

r_{DL} : 등분포 고정하중(Uniform Dead Load)

f_{ds} : 철근의 동적 설계 강도(Dynamic Design Stress for Reinforcement)

f_{dy} : 철근의 동적항복강도(Dynamic Yield Stress of Reinforcement)

재래식 무기의 방호에 사용되는 전형적인 지하구조물의 형태는 그림 2.6.5와 같다. 희생 슬래브(Burster Slab)는 무기가 흙 속으로 관입되어 구조물 인근에서 폭발하는 것을 방지한다. 희생 슬래브의 설치는 의무적인 사항이 아니지만, 만약 설치하지 않는다면 구조물의 매설깊이를 증가시켜야 한다. 희생 슬래브의 폭은 희생 슬래브의 모서리와 구조물 바닥 모서리의 연결선이 벽체와 최소 45°를 이루는 범위에서 정한다. 만약 포탄이 지면에 매우 얕은 각도로 관입되어 희생 슬래브 아래, 구조물 가까이에서 폭발할 가능성이 있다면, 희생 슬래브를 더 길게 연장해야 한다.

슬래브의 길이와 두께는 주어진 피격조건에 대하여 구조물이 받는 압력을 적절히 감소시키기 위하여, 최소규정을 만족시키는 범위 내에서 시행착오의 과정(Trial and Error Procedure)를 거쳐 결정되어야 한다. 단, 최소철근비는 슬래브의 각 면(압축측과 인장측)과 각 방향(장변과 단변)에 대하여 각각 0.1%이다.

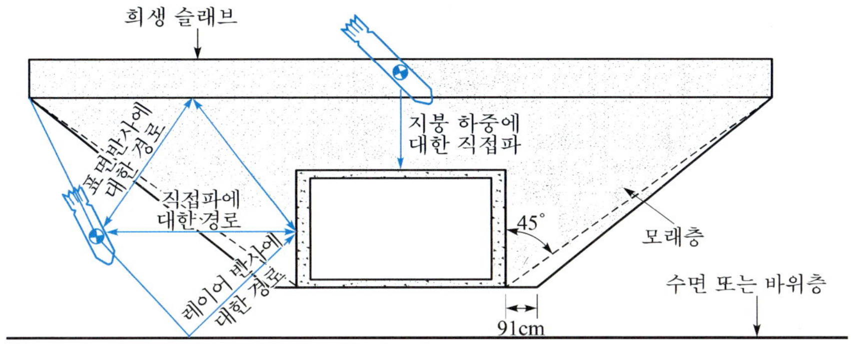

그림 2.6.5 일반적인 형태의 지하구조물

구조물 주변을 되메울(Backfill) 때는 공극이 크고 지면충격을 잘 전달하지 않는, 상대적으로 낮은 밀도를 지닌 모래를 사용한다. 지면충격 전달의 측면과 더불어 모래는 흙보다 관입 저항성이 높기도 하다. 그림 2.6.5와 같이 적어도 구조물 바닥 모서리에서 수평방향으로 910mm 떨어진 지점과 희생 슬래브의 모서리와의 연결선의 상부 영역은 되메움재로 채워져야 한다.

설계를 위한 각종 무기의 제원이나 벽체의 순 높이 등이 결정되지 않은 상황에서 작약의 무게(w)를 아는 경우 식 (2.6.19)를 이용하여 약식으로 방호두께를 구할 수 있다.

$$\text{지상벽체}: t_{wu} = 31.74w^{1/3}(cm) \quad \text{(식 2.6.19a)}$$

$$\text{지하벽체}: t_{wl} = 55.54w^{1/3}(cm) \quad \text{(식 2.6.19b)}$$

$$\text{지하바닥}: t_{f} = 31.74w^{1/3}(cm) \quad \text{(식 2.6.19c)}$$

철근콘크리트 구조물 내부에 강판 혹은 다른 구조재료로 이루어진 파편 방호판을 설치할 경우 콘크리트 파편들로부터 인원과 장비의 피해를 방지할 수 있다. 파쇄 방지판과 같이 용접 또는 볼트에 의해 콘크리트에 견고히 부착되는 대신 벽체에 근접해서 설치하는 관계로 파쇄 파편의 형성을 감소시키지 못하는 대신에 방호대상요소를 보호하는 역할을 한다. 반면, 아주 견고하게 부착된 강철 파쇄방지판은 콘크리트의 저항력을 10%정도 증가시킨다. 방벽의 최대 허용 처짐이 상대적으로 작다면 강판, 방폭매트 혹은 유사한 재료가 방벽에 직접 부착되어 콘크리트 파편을 구속해서 방벽으로부터 파편이 나가지 못하도록 한다. 이 경우에는 방호판의 파괴를 방지하기 위해서 지점회전각이 6° 이내가 되도록 제한하는 것을 추천한다.

공기중 폭발의 전달에 의한 파쇄 파편의 속도는 작다. 그러나 부재의 초기 응답에서 파쇄가 발생할 수 있다. 파쇄가 발생할 때 부재가 운동 중에 있기 때문에 파쇄된 파편은 콘크리트 부재에 의해서 밀리게 된다. 부재가 최대 속도에 도달한 후에 부재와 부착된 방호판은 감속된다. 그러므로 부착된 판은 판과 파쇄되지 않은 콘크리트의 구속으로 인해 파쇄된 파편을 감속시킨다. 결과적으로 구속된 파쇄 파편과 부재의 최대 감속은 다음에 의해 평가될 수 있다.

$$a = r_u / m_u \qquad \text{(식 2.6.20)}$$

여기서, a : 구조부재의 감속

r_u : 콘크리트 부재의 최대 단위 강도

m_u : 소성영역에서 콘크리트 부재의 유효단위질량

방호판에 작용하는 힘은 파편의 관성력에 의한 것이다. 따라서, 파편 방호판의 요구 저항은 이 관성력과 동일해야 한다.

$$r_{fs} = m_{sp} a \qquad \text{(식 2.6.21)}$$

여기서, r_{fs} : 파편 방호판의 극한 단위 강도

m_{sp}: 파쇄 파편의 질량

파쇄된 파편의 질량을 계산할 때 콘크리트로부터 실제 떨어져 나온 실제 질량을 사용한다. 부재의 후면에서 모든 콘크리트는 후면 철근의 중심으로부터 떨어진다고 가정한다. 따라서 레이스콘크리트 단면의 파쇄 두께는 다음과 같다.

$$d_{sp} = (T_c - d_c)/2 \qquad \text{(식 2.6.22)}$$

여기서, d_{sp} : 파쇄 콘크리트의 깊이

T_c : 콘크리트 부재의 두께

d_c : 압축과 인장철근의 평균 거리

부착된 파편 방호판은 평평한 강판이나 파형 강판으로 구성된다. 앵글이나 채널이 앵커 볼트 사이에서 보의 역할을 수행하게 된다. 앵커 볼트는 판과 보를 파쇄되지 않은 콘크리트에 연결한다. 콘크리트 뽑힘에 의해 파괴되지 않도록 앵커 볼트는 휨철근 둘레로 후크 처리되어야 한다. 만일 파편 방호판의 요구 강도가 작으면 지지보가 없는 이방향 부재로 고려될 수 있다. 이 경우에는 판이 휨철근과 만나는 여러 지점에서 앵커 볼트에 의해 지지되는 얇은 슬래브로 설계된다. 높은 저항이 요구될 때는 판의 두께가 지나쳐서 비경제적일

수 있다.

만일 방벽이 큰 변위를 받을 수 있으면(지점회전각이 6° 이상) 방호판은 부재에서 이격되어야 한다. 이 이격거리는 처짐을 갖는 방벽과 방호판이 서로 충격을 받지 않도록 충분해야 한다. 파편 방호판이 주 방호구조에서 이격되어 벽체나 지붕에서 떨어지는 파편으로부터 방호를 제공한다. 이 방호판은 구조용 강재, 철근 콘크리트, 목재 등으로 설계될 수 있고 파쇄된 파편의 충격과 관통에 저항하도록 설계되어야 한다.

이격된 방호판을 설계하기 위해 파쇄된 파편의 질량과 속도가 결정되어야 한다. 모든 파쇄된 파편은 평균 속도가 가정될 수 있다. 파쇄된 파편의 평균속도는 다음 식에 의해 산정될 수 있다.

$$v = i_b / m_u \qquad \text{(식 2.6.23)}$$

여기서, v : 파쇄된 파편의 평균속도

i_b : 폭발 충격량

m_u : 소성영역에서 콘크리트 부재의 유효단위질량

파편 방호판으로 충격되는 파쇄 파편의 충격량은 모멘텀의 양과 같다.

$$i_{fs} = m_{sp} v \qquad \text{(식 2.6.24)}$$

여기서, i_{fs} : 파쇄 방호판의 요구 충격량 저항강도

m_{sp}: 파쇄 파편의 질량

방호판은 이 충격량 i_{fs}에 저항하도록 설계되어야 한다.

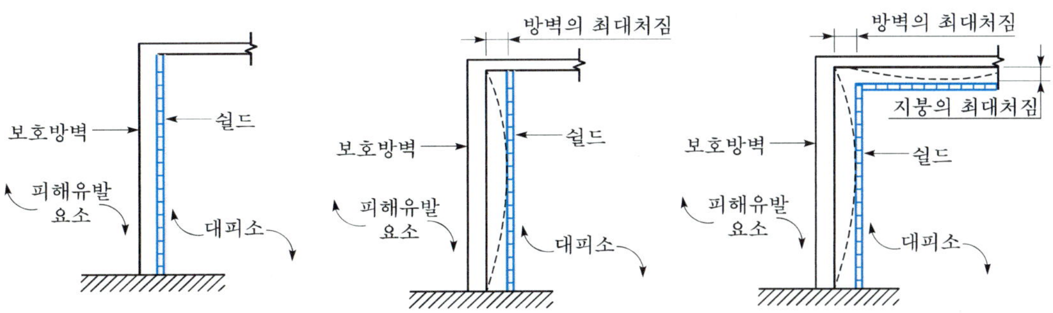

(a) 제한된 처짐 (b) 큰 처짐

그림 2.6.6 콘크리트 파편에 대해 보호하기 위한 방호 시스템

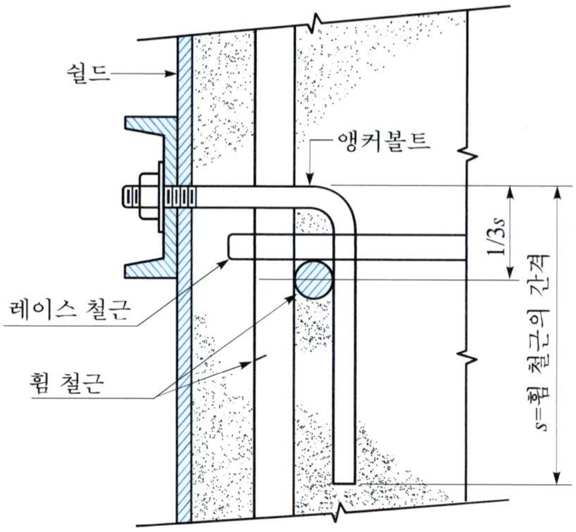

그림 2.6.7 방벽에 부착된 파편 방호의 상세

2.7 합성구조 방폭 설계

합성구조는 일반적으로 이종의 재료를 함께 사용하여 더 높은 강성과 강도를 확보하기 위한 개념이다. 합성구조는 강재와 콘크리트의 합성, 강재와 모래의 합성, 콘크리트와 모래의 합성 등의 형태가 존재하며, 이번 장에서는 두 개의 콘크리트 벽체 사이에 모래를 채운 형태의 설계 절차를 제시하고 있다. 이 구조는 근접폭발에 대한 방폭 구조 설계에 유용한 특성을 갖는다. 높은 수준의 폭발에 대해서 단일 콘크리트 벽체로 설계하는 것에 비해 합성구조로 설계하는 것이 매우 경제적이다. 단일 콘크리트 벽체의 두께가 0.9m 이내에 해당하는 작은 규모의 폭발에 대해서는 경제적이지 않다. 단일 콘크리트 벽체두께가 0.9~1.52 m 범위에 해당하면 상세한 경제성 분석을 해서 합성구조의 사용여부를 결정해야 한다.

합성구조는 직접 파쇄로 인한 피해를 저감시키는 데 유용하다. 외부 폭압을 받는 벽체로부터 파쇄된 파편이 채움모래에 의해 방지된다. 내부 벽체의 파쇄는 채움모래의 요구되는 최대 밀도와 최소 두께에 의해 방지될 수 있다.

합성구조의 충격저항성능의 계산 방법은 모래에 의한 폭발 감쇠능력을 계산에 포함해야 하는 것을 제외하고는 단일 레이스 콘크리트 부재와 동일하다. 폭풍파의 감쇠는 부분적으로 증가된 슬래브의 질량에 의한 것이다. 각 콘크리트 패널의 충격저항성능을 계산할 때 전체 유효질량은 콘크리트의 질량과 모래의 절반에 해당하는 질량을 포함한다. 이 증가된 질량은 다음 식들에 의해 충격계수를 곱하여 고려된다.

파쇄 단면에 대해서는

$$\left[\frac{(T_c+d_c)}{2}+\left(\frac{w_s}{w_c}\right)\left(\frac{T_s}{2}\right)\right]/d_c \tag{식 2.7.1}$$

비파쇄 단면에 대해서는

$$\left[T_c+\frac{w_s}{w_c}\left(\frac{T_s}{2}\right)\right]/T_c \tag{식 2.7.2}$$

여기서, w_s : 모래의 밀도

w_c : 콘크리트의 밀도

T_s : 채움모래의 두께

T_c : Donor & Acceptor 콘크리트 패널 두께

d_c : 콘크리트 패널 인장철근과 압축철근의 중심간 거리

폭풍파의 분산과 에너지 흡수로 인한 모래의 감쇠 성능은 모래의 두께와 밀도, 콘크리트 패널의 충격저항성능, 그리고 폭발물의 규모의 함수이다. 모래 밀도가 각각 1,362kg/m^3, 1,602kg/m^{3}일 때 콘크리트 부재의 충격저항성능을 예측하기 위한 그래프는 OFC 3-340-02의 4.36절을 참고한다. 폭발물 규모의 영향은 다음에 나타낸 환산 변수들을 사용하여 고려된다.

$$\overline{T_c}=\frac{T_c}{12W^{1/3}} \tag{식 2.7.3}$$

$$\overline{T_s}=\frac{T_s}{12W^{1/3}} \tag{식 2.7.4}$$

$$\overline{i_{ba}}=\frac{i_{ba}}{W^{1/3}} \tag{식 2.7.5}$$

$$\overline{i_a}=\frac{i_a}{W^{1/3}} \tag{식 2.7.6}$$

여기서, $\overline{T_c}$: 콘크리트 패널의 환산두께

W : 폭발물의 질량

$\overline{T_s}$: 모래의 환산두께

$\overline{i_{ba}}$: 패널에 의해 저항될 수 있는 환산폭발충격

i_{ba} : 패널의 폭발충격저항성능

$\overline{i_a}$: 콘크리트 패널과 모래에 의해 흡수되는 환산폭발충격의 합

i_a : 패널의 충격저항성능과 모래에 의해 흡수되는 폭발충격의 합

슬래브에 대한 폭발 시험에서 채움 모래의 밀도는 모래 변위에 의해 흡수되는 폭발 에너지의 양에 영향을 미치는 것으로 나타났다. 즉, 초기 모래 밀도가 높을수록 흡수되는 폭발 에너지는 작다. 또한, 모래의 단위 중량이 1,602kg/m^{3}와 동일할 때 폭압을 받는 외부 패널의 처짐이 내부 패널의 처짐과 동일하게 나타났다. 반면에 채움모래의 단위중량이 1,362kg/m^{3}일 때는 외부 패널의 처짐이 내부 패널에 비해 매우 크게 나타났다. 이러한 현상은 낮은 모래 밀도는 공극이 많고 이에 따라 모래 입자가 움직일 공간이 많기 때문이다. 모래의 움직임은 모래가 고체 상태와 유사하게 되기 전에 외부 패널의 더 큰 변위를 허용하게 된다.

합성구조의 설계는 반복 계산이 필요하다. 외부와 내부 벽체는 오직 하나의 벽체를 설계하기 위해 동일하게 고려된다. 채움 모래의 두께는 일반적으로 두 개의 콘크리트 패널 두께의 합과 동일하다. 설계 절차에 따라서 각 패널은 필요한 것의 절반보다 약간 작은 수준의 폭발 충격저항성능을 갖도록 설계된다. 이는 추가된 모래 질량으로 인해 저항성능이 증가되는 것을 포함한다. 설계는 2개의 패널이 동일한 처짐을 갖는다는 가정하에서 이루어진다. 만일 모래의 밀도가 1,362kg/m^{3}이라면 성립하지 않는다. 따라서, 각 패널의 실제 처짐이 평가될 수 없기 때문에 설계 처짐은 두 값의 평균으로 가정되어야 한다.

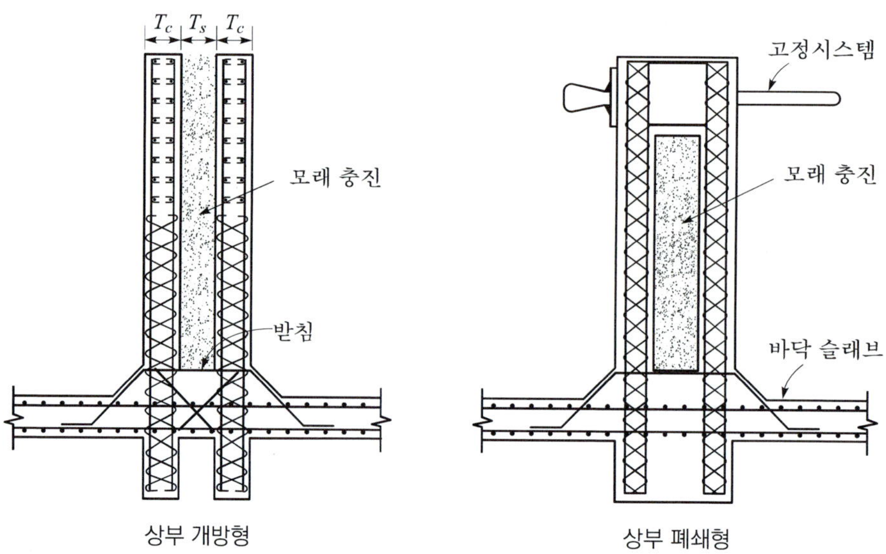

그림 2.7.1 합성구조의 예

직접 파쇄와 탈락은 두 개의 콘크리트 부재가 채움 모래에 의해 나눠지는 합성부재를 사용하여 제거할 수 있다. 폭압을 받는 외부 패널의 파쇄는 파편을 모래가 막아주기 때문에 문제가 되지 않는다. 반면에 내부 패널의 파쇄는 방호대상 요소에 위험을 주기 때문에 적절한 설계 변수 조절을 통해서 방지해야 한다.

직접 파쇄의 발생을 방지하기 위해 합성구조의 외부 패널에 작용하는 높은 최대 폭압은 채움 모래에 의해 완화되어야 한다. 이 모래의 감쇠 작용은 ① 작용하중에 저항할 수 있는 요구 강도에 기반을 두어 결정된 패널 두께를 가진 외부 패널 두께의 최소 2배의 모래층 두께, ② 1방향 부재에 대해서는 경간 길이에 대한 공동의 두께비가 캔틸레버는 0.25, 두 개의 반대면이 고정된 부재에 대해서는 0.05, 2방향 부재에 대해서는 각각에 대해서 위와 같이 계산하여 큰 값을 사용, ③ 모래의 밀도는 1,362 kg/m^3 보다 작지 않아야 한다. 탈락은 요소의 처짐을 제한하여 방지할 수 있기 때문에 합성부재의 탈락은 패널의 지점회전을 제한하여 방지한다.

파쇄를 방지하기 위한 목적으로만 합성 벽체를 사용하는 것은 일반적으로 경제적이지 않다. 그러나, 작용하는 폭압 수준이 합성부재의 사용을 요구할 때는 파쇄 방지는 적은 비용으로 확보 가능하게 된다.

2.8 방폭설비 설계

이 장에서는 방폭 설비에 대한 구조적 설계 고려사항에 대해서 다루고자 한다. 부재 단위의 설계는 강재와 콘크리트 부재에 대한 설계 방법을 이용하여 수행하고 그 외의 정착구, 리버설 볼트, 캐스킷 등을 다룬다. 방폭문은 기능적 요구사항과 개폐 방법에 따라 구분하여 설계하고 방폭 창호는 요구폭압에 따른 성능을 만족시키도록 설계한다.

계산이나 해석에 의한 검토가 어려운 부분은 요구되는 하중조건과 성능요구사항을 만족하는지를 성능시험을 통해 검증하는 것을 원칙으로 하고 설계에 반영하여야 한다.

방폭문은 폭발시 발생하는 높은 폭풍하중(Blast Load)에 저항하여 폭압이 구조물 안으로 영향을 미치는 것을 차단함으로써 내부의 인원과 장비를 보호하는 기능을 가지고 있다. 방폭문은 입사하는 높은 정압력에도 견뎌야 하지만 정압에 이어 나타나는 부압에 의해 문이 외부로 이탈하는 일이 없도록 부압에 의해 발생하는 되튐하중에 대해서도 견고하게 설계되어야 한다. 외부폭발에 의해 발생한 폭압이 내부의 인원이나 장비 또는 폭발물에 피해를 끼치지 않도록 한다.

2.8.1. 방폭문 설계

방호시설에 사용되는 방폭문과 방탄문을 통칭하여 '방호문'이라 하며, 방호문은 폭발하중에 대하여 설계된 '방폭문'과 직사화기의 충돌하중에 대하여 설계된 '방탄문'으로 구분된다. 방폭문은 기밀성 요구조건을 만족하는 '밀폐형 방폭문'과 기밀성을 갖지 않는 '일반형 방폭문'으로 나뉜다.

일반적으로 미닫이 형태의 문은 되튐하중 저항구조가 미비하고 폭압누설 방지를 하기 힘들다. 미닫이 형태의 문이 되튐하중에 저항하기 위하여 벽체와의 연결부와 지지구조를 면밀히 검토하여야 한다. 방폭문은 통철판(Solid Steel Plate), 조립문(Built-Up) 또는 방식으로 제작될 수 있다. 통철판 형태의 방폭문은 파편에 대한 저항이 매우 중요한 경우에 사용될 수 있다.

전형적인 조립문 형태의 방폭문은 내외부 강판을 지지하도록 구성된 테두리 및 내부 격자 형태의 강재 단면으로 구성된다. 폭압은 강판을 통해 프레임 구조에 전달된다. 방폭문에 중량을 추가하고 파편 저항성을 높이기 위해 강판 내부에 콘크리트 혹은 다른 재료를 채울 수 있다.

방폭문 설계는 본질적으로 폭발이 일어나는 동안 그리고 폭발이 일어난 후 방폭문이 어떠한 기능을 발휘해야 하는가에 대한 것이다. 설계 고려사항은 영구 변형, 폭발시 되튐하중(Rebound) 장치 혹은 비산 파편에 대한 보호 수단의 필요성, 그리고 폭압의 내부 혹은 외부로 유입되는 것의 정도에 있다.

최외곽 방호문의 방호등급은 해당 방호시설의 방호등급 이상으로 적용하여야 하며, 그렇지 못할 경우 적절히 폭압을 저감시킬 수 있도록 방호벽 등 구조체를 설치하거나 방폭문을 2중으로 설치하여야 한다. 방폭문의 방호수준은 방폭문의 완전작동을 요구하는 경우에는 방호수준 A, 방폭문의 개폐만 요구되는 경우에는 방호수준 B로 할 수 있다. 방호수준 C는 방폭문이 파괴되지 않는 최소의 성능수준이다.

일반적으로 판구조는 지점회전각이 12°까지는 파괴 없이 지탱할 수 있다. 이는 폭압에 의한 판의 변형이 개구부를 밀고 파괴되지 않을 정도라면 방폭문에도 적용 가능하다. 그러나 폭발하중이 작용한 후에도 방폭문의 개폐장치가 이상없이 제 기능을 발휘할 수 있어야 하는 요구사항이 있다면 설계시 적용될 처짐의 한계값은 제한되어야 한다.

만약 방폭문에 개스킷이 설치되어 폭발압력이나 화염이 누출되는 것이 허용되지 않는다면 변형은 개스킷의 성능을 보장할 수 있는 수준으로 제한되어야 한다.

표 2.8.1 방폭문의 방호수준별 최소 요구 성능

방호수준	최소 요구 성능	
방호수준 A	• 폭발하중이 작용한 후에도 방폭문은 완전작동 기능을 발휘하여야 하고, 전체적으로 장비 교체가 필요 없음. • 밀폐형 방폭문의 경우, 폭발하중이 작용한 후에도 기밀성을 확보해야 함	
	• 통철판 또는 강재조립문	• 회전각 1° 이하 • 연성도비 3 이하
	• 강판콘크리트 합성문	• 회전각 1° 이하
방호수준 B	• 폭발하중이 작용한 후에 방폭문에 영구변형이 발생하나 방폭문 개폐가 가능하여야 함.	
	• 통철판 또는 강재조립문	• 회전각 2° 이하 • 연성도비 10 이하
	• 강판콘크리트 합성문	• 회전각 2° 이하
방호수준 C	• 폭발하중이 작용한 후에 방폭문에 치명적인 파괴는 없으나 영구변형이 크게 발생하여 작동이 불가할 수 있음. 내부 인명이나 장비의 손상을 보호하는 것이 목표임.	
	• 통철판 또는 강재조립문	• 회전각 12° 이하 • 연성도비 20 이하
	• 강판콘크리트 합성문	• 회전각 6° 이하

표 2.8.1에서 제시한 방호수준별 회전각과 연성도비 요구성능은 국외 방폭관련 지침에서 제시하는 한계값을 참고하여 결정하였다. PDC TR-06-08에서는 통철판 또는 강재조립된 방폭문을 위한 응답한계를 다음과 같이 제시하고 있다.

- 수준 B1 (미세손상, 작동가능) : 회전각 1°, 연성도비 3
- 수준 B2 (중간손상, 영구변형) : 회전각 6°, 연성도비 10
- 수준 B3 (심한손상, 파괴는 아니지만 복구불능) : 회전각 12°, 연성도비 20

이를 근거로 통철판 또는 강재조립문의 방호수준 A와 방호수준 C를 위한 최소요구 회전각과 연성도비를 결정하고 있다. 다만, PDC TR-06-08의 수준 B2에서는 방폭문의 개폐에 대한 내용을 포함하고 있지 않다. 이에 UFGS 08 39 54 (2009)에서 강재조립문(콘크리트 미충전)에 대하여 폭발 후 방폭문의 개폐가 요구되는 경우 회전각 2° 이하와 연성도비 10 이하를 권장하므로, 방호수준 B를 위한 최소요구 성능을 회전각 2°와 연성도비 10으로 결정하는 것을 권장한다.

한편, 콘크리트가 강판 사이에 충진된 강판콘크리트 합성문의 경우, UFGS 08 39 54 (2009)에서 표면강판을 가진 철근콘크리트 방폭문을 위한 응답한계를 다음과 같이 제시한다.

- 수준 1 : 회전각 1° (스터럽이 없는 1방향 방폭문)
  회전각 2° (스터럽이 있거나 2방향 방폭문)
- 수준 2 : 회전각 2° (스터럽이 없는 1방향 방폭문)
  회전각 4° (스터럽이 있는 1방향 방폭문)
  회전각 8° (2방향 방폭문)

또한, UFGS 08 39 54 (2009)에서도 표면강판을 가진 철근콘크리트 방폭문에 대하여 폭발 후 방폭문의 개폐가 요구되는 경우 회전각 2° 이하를 권장한다. 이를 근거로 강판콘크리트 합성문의 경우, 방호수준 A을 위하여 회전각 1도 이하(안전측), 방호수준 B를 위하여 회전각 2° 이하(개폐 여부 고려)를 권장한다. 방호수준 C를 위해서는 회전각 4°와 8°의 중간인 회전각 6° 이하로 적용하고 있는 실정이다.

밀폐형 방폭문은 외부 폭발에 의해 발생한 압력이나 화염이 구조물 내부로 들어오지 않도록 하며, 폭압 이후에도 내부 양압이 유지될 수 있도록 기밀성을 확보해야 한다. 이를 위해 방폭문의 씰링이 매우 중요하며, 그림 2.8.1은 방폭문과 프레임 사이의 틈을 밀폐시켜주는 개스킷의 한 예를 보여주고 있다. 개스킷의 성능이 제대로 발휘되기 위해서는 그림 2.8.1에 보인 바와 같이 개스킷의 압착이 중요한데 이를 위하여 유압기기(Hydraulic Operator)가 이용될 수 있다. 유압기기는 21.9 N/mm 이상의 압축력을 개스킷에 가할수 있는 것이어야 한다. 개스킷의 재료로는 합성고무의 일종인 네오프렌 또는 부틸고무가 사용될 수 있다.

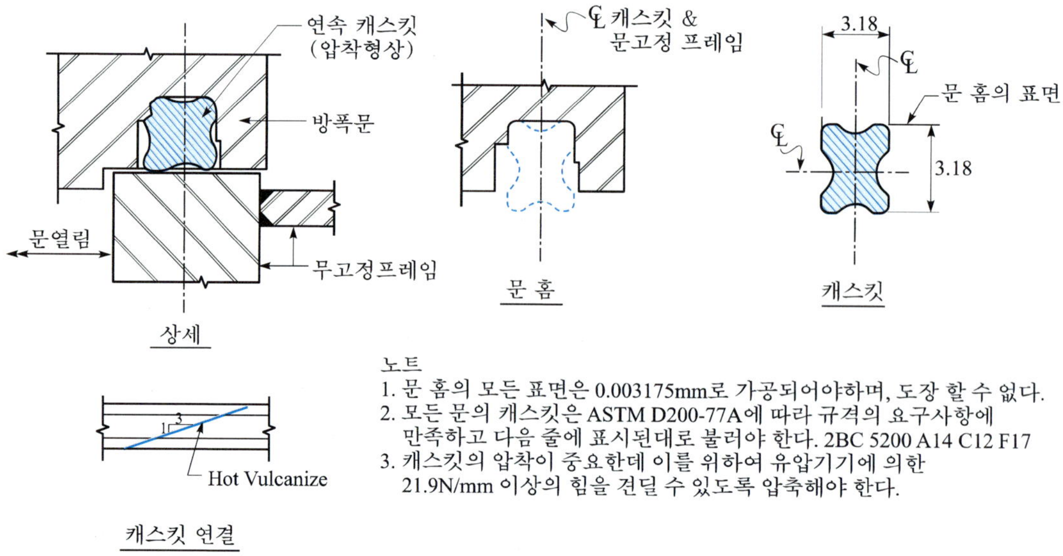

그림 2.8.1 방폭문의 개스킷 상세 예시

강재 방폭문의 경우 폭발하중에 의해 최초에는 양압을 받지만 곧이어 나타나는 흡입(Suction) 현상과 방폭문의 동적 진동에 의해 부방향으로 되튐(Rebound) 현상이 발생한다. 폭압의 최초 작용방향으로 방폭문이 이탈되지 않고 문틀에 지지될 수 있도록 하는 고정장치가 보통은 마련되어 있으나 반대방향으로 작용하는 하중 또는 거동에 대해서는 별도의 장치가 필요하며 이를 되튐하중에 대한 저항구조라고 한다. 이러한 되튐하중은 핀이나 볼트 구조로 저항되도록 할 수 있고 방폭문의 측면이나 상하면에 설치될 수 있다. 만약 변단면 형태에서 리버살(Reversal) 볼트를 이용한다면 이들이 잠길 때 개스킷을 압착시켜줌으로써 밀폐효과를 증대시킬 수 있다.

그림 2.8.2의 단자유도계 또는 유한요소해석과 같이 시스템이 폭발에 의한 압력-시간의 충격하중을 받으면 단계별 동해석이 되튐하중의 응답을 계산하게 된다. 이때의 반력 응답을 통해 되튐하중에 대한 장치(롤러, 래치 등)에 요구되는 하중을 산정할 수 있다. 최소한 요구되는 되튐하중 저항력(Required Rebound Resistance)은 방폭문의 최대 정방향 응답의 50% 이상을 권장한다.

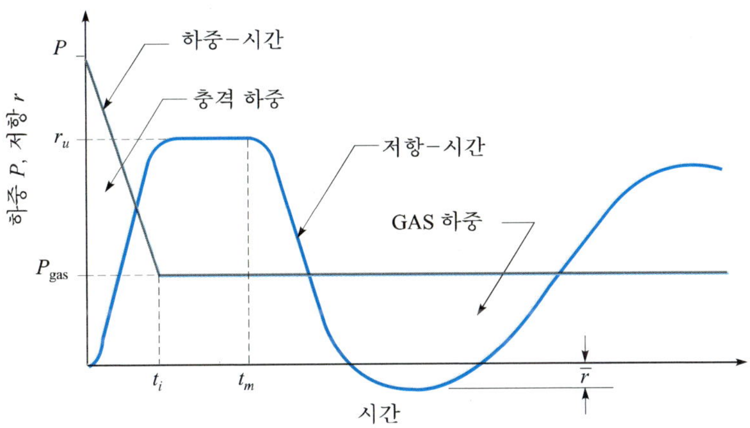

P : 최대 하중
r_u : 최대 정방향 저항
t_i : 충격과 GAS 부하가 교차하는 시간
P_{gas} : GAS 압력
$\bar{r}$: 필요 리바운드 저항
t_m : 최대 반응에 도달하는 시간

그림 2.8.2 되튐하중 저항을 결정하기 위한 폭발하중과 단자유도계 응답

방폭문의 성능시험은 「화생방 방호설비 성능·인증 시험방법서」를 따르며 국내외 공인인증기관서 제품인증을 받아야 한다.

2.8.2 방폭창호 설계

방폭창호의 설계는 방폭성능 인증된 제품에 한하여 수행될 수 있다. 방폭창호 설계를 위해 사용하는 설계정수 및 추천값은 미국의 실험결과에 의한 것을 주로 차용하여 사용하고 있으며, 향후 국내 검증실험을 통해 보다 발전 및 보완시켜 나가야 한다.

표 2.8.2 방폭창호의 설계절차

단계 1	단계 2	단계 3	단계 4	단계 5
설계 변수 설정 • 압력시간곡선 :폭압조건 고려 • 창의 치수 • 창의 고정 형태	창의 가로/세로 비 계산	설계변수에 따라 최대 압력, 치수를 통해 최소 두께 결정	주어진 가로/세로 비에 따라 정적 극한 강도 계산	창틀 하중을 위한 설계 계수 C 결정 후 각 코너에서의 상향력 계산, 설계하중 계산 후 되튐하중에 대한 검토

방폭창호 설계시에 추가로 고려해야 하는 사항은 보호대상의 위치 설정이다. 그림 2.8.3에서 보는 바와 같이 폭압에 의해 파괴되는 창문 파편의 위협을 고려하여 보호 대상의 위치 선정 시 활용해야 한다. 또한, 설계 폭압보다 높은 압력이 작용하여 방폭창 전체가 파괴되어 비산할 경우를 대비해서 창호 내부에 고강도 케이블을 병렬로 아래 위 벽체에 고정 설치하여 비산하는 방폭창의 피해를 방지하는 2차 방호 설계를 고려할 수 있다.

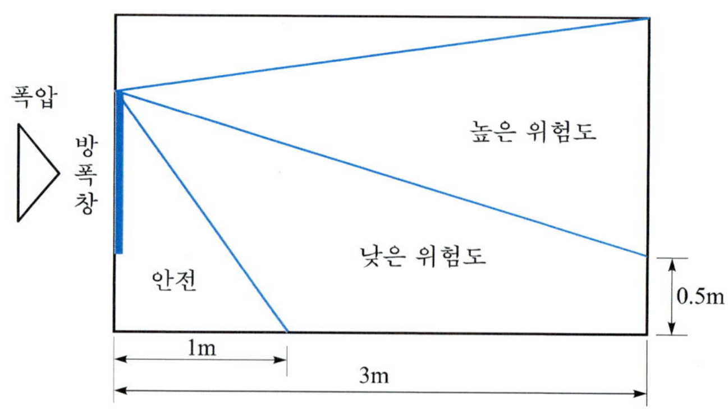

그림 2.8.3 방폭창호 설치시 위험도 구역 설정 (ASTM 1642)

방폭창호에 사용하는 유리창 설계를 위해 고려하는 최대 주인장 응력인 설계응력은 110.32 MPa로 정해져 있다. 이것의 파괴확률은 0.001 이하로 방폭창호를 위한 설계응력은 순간 풍하중 설계에 사용되는 응력보다 약간 높지만, 예상되는 하중 지속시간이 상당히 짧기 때문이다. 이때 사용하는 설계하중은 폭발 압력 수준이 0.6895MPa (6.9 bar) 이하인 경우로 열 강화 단일 유리가 종횡비 $1.00 \le a/b \le 4.00$, 면적 0.0929~2.3226m^2, 공칭 유리 두께 6.35~19.05 mm의 범위에 있을 때 적용할 수 있다.

해석적 모델은 서냉유리와 강화유리의 폭발하중 주응력을 예상하는데 사용되었다. 그림 2.8.4에 이 모델의 특성 매개변수를 나타냈다. 유리는 직사각형의 완전 강화유리판이고, 장변 a, 단변 b, 두께 t, 포아송 비, $\nu = 0.22$, 탄성계수 E=6894.73 MPa이다. 판은 사변 단순지지이고, 각 변에서 회전 구속한다. 지지요소의 휨 강성은 판유리에 대하여 무한대로 가정된다. 최근 정적 및 폭발하중 시험에서 무한강성 프레임으로부터 예측된 결과는 너비 1/264배의 프레임부재의 허용 처짐은 유리판 저항이 무한 휨 강성으로 가정한 것에 비해 크게 감소하지 않을 것이라는 것을 보여주었다.

폭발 압력하중은 그림 2.8.4(b)에서처럼 뾰족한 삼각형모양의 압력-시간 곡선으로 묘사된다. 폭발압력은 순간적으로 최대폭발압력 B로 증가하고, 폭발압력 지속시간 T에 따라 선형으로 감소한다. 폭발압력은 판유리의 표면에 균일하게 분포되고 판유리에 적용된다.

판에 대한 저항함수, $r(X)$ (정적분포하중 r, 중심변위 X)은 휨 및 막 응력을 표현한다 (그림 2.8.4(c)). 막응력의 효과는 저항-변위함수의 비선형강성을 발생시킨다. 설계변위, X_u는 설계응력 110.32MPa에 처음 도달한 유리의 어느 위치의 최대주인장응력이 발생하는 곳의 중심변위로 정의한다. 일반적으로 판의 변형은 판 두께의 1/3배를 넘지만, 최대응력 지점은 판의 중심에서 모서리로 이동한다.

그림 2.8.4(d)는 동적응답을 모사하기 위해 단자유도계를 사용한 것이다. 보수적으로 표현하기 위해, 창유리의 감쇠는 없다고 가정한다. 단자유도계 모델은 규정된 파괴확률을 초과하는데 필요한 폭발압력을 계산하고, 최대변위가 유리 두께의 열 배가 넘을 때 파괴가 일어난다고 가정한다. 판의 가장자리 이탈을 방지하는 반면에 Von Karmen 판 방정식의 유효 범위내의 값으로 제한한다.

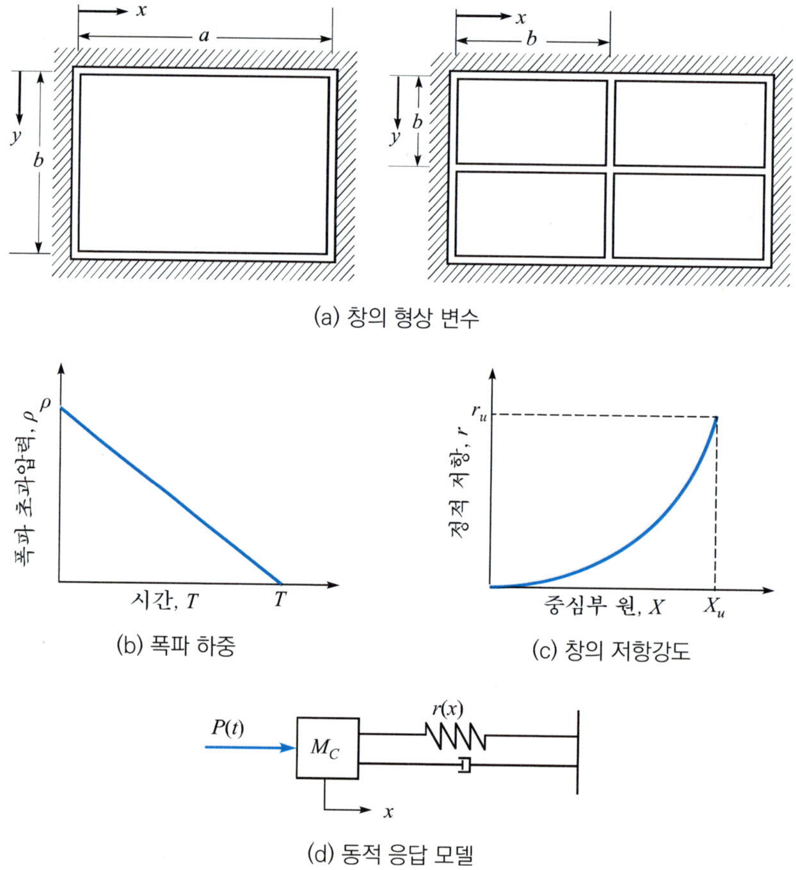

그림 2.8.4 방폭창의 설계 변수

설계도표는 확률 0.001 이하로 규정된 폭발하중을 견디기 위한 유리창의 설계와 평가를 위한 설계는 설계차트를 활용한다. 이 설계차트는 다음의 설계변수들의 모든 조합에 대한 열강화유리창의 최대폭발 초과압력 수용력과 관련이 있다 : a/b = 1.00, 1.25, 1.50, 1.75, 2.00, 3.00, 4.00; 0.0929≤ab≤2.3226 m^2: 304.8≤b≤1524 mm; 2≤T≤1,000 msec; t = 6.35, 7.9375, 9.525, 12.7, 15.875, 19.05 mm. 두께 19.05 mm 이하의 열강화유리는 쉽게 구매할 수 있다. 두께 19.05 mm 이상인 유리는 적층해서 얻을 수 있지만, 접합된 유리의 설계를 허가하기 위해 연구와 폭발하중 시험이 요구된다. 위 그래프들은 미국 연방시방서 DD-G-451d에서 허용하는 가공유리의 최소 두께에 근거해서 단자유도시스템의 운동방정식을 적분해서 나타낸다. Wilson-Theta 기술은 저항함수를 모델하기 위해 사용된 5개의 증가 선형 강도의 각각의 1/25배에 해당하는 시간 단계를 사용하였다. 보다 자세한 사항은 지면 관계상 UFC 3-340-2를 참조하도록 한다.

방폭창에 사용하는 모든 개스킷 또는 누름대의 최소 폭은 9.525 mm, 경도 50 (Shore A 경도계)이고, ASTM 시방서 C509-84 (셀룰라 탄성중합체로 성형된 개스킷 실링재)를 따른다. 누름대와 실런트는 반드시 내후성 씰(Seal) 기능을 해야 한다.

그림 2.8.5에서의 최소 창틀 연단거리, 최소 연단 거리, 면 클리어런스(판형 재료의 내외면과 그것을 고정하는 틀이나 누름대 안쪽과의 사이의 틈), 바이트는 표 2.8.3에 명시되어 있다.

창틀은 창유리의 정적설계 강도, r_u를 발휘해야 한다. 그렇지 않으면 예상되는 창유리의 폭발하중 수용력 이하에서 파손이 발생할 것이다. 이것은 판유리의 높은 주인장응력을 일으키는 창틀의 변위가 원인이다. 따라서 변형률 에너지양을 줄이는 것은 폭발하중에 저항하는 것을 가능하게 한다.

또한 하중은 유리에서 창틀로 전달되며, 창틀 부재들은 반드시 정적설계하중 r_u에 견뎌야하며, 이것은 노출된 모든 부재에 적용된다. 창틀 부재의 설계에 대한 최대허용범위는 다음과 같다.

(1) **변위** : 창틀부재들의 상대 처짐은 너비의 1/264배 또는 3.175mm 중 작은 값으로 한다.

(2) **응력** : 어떤 부재에서도 최대응력은 $f_m/1.65$를 넘으면 안 된다. 여기서 f_m은 부재 재료의 항복응력이다.

(3) **잠금장치** : 어떤 잠금장치의 최대응력이 $f_m/2.00$을 넘으면 안 된다.

창유리의 설계하중은 대변형이론에 근거하고 있지만, 창틀에 전달된 설계하중은 소변형이론에 근거하고 있다. 해석은 이러한 접근법이 대변형판거동과 창유리의 특성에 근거한 창틀 하중을 사용하는 것보다 간단하고 보수적임을 나타낸다. 또한, 노출된 창틀부재의 폭 (w)이 적용된 정적설계하중 (r_u)의 영향이 고려되어야 한다.

설계하중 (r_u)는 장변 (a)이 적용된 선 전단(Line Shear, V_x)를 발생시키며, 다음과 같이 나타낸다.

$$V_x = C_x r_u b \sin(\pi x/a) + r_u w \qquad \text{(식 2.8.1)}$$

설계하중(r_u)는 단변 (b)이 적용된 선 전단 (V_y)를 발생시키며, 다음과 같이 나타낸다.

$$V_y = C_y r_u b \sin(\pi y/a) + r_u w \qquad \text{(식 2.8.2)}$$

또한, 설계하중은 창유리의 모서리를 들어 올리는 경향을 보이는 모서리에 집중된 하중(R)을 발생시키며, 다음과 같이 나타낸다.

$$R = C_R r_u b^2 \qquad \text{(식 2.8.3)}$$

이러한 하중의 분포는 그림 2.8.6에서 볼 수 있다. 표 2.8.5는 실제 형상비에 대한 설계계수 C_x, C_y, C_R 을 나타낸다. 직선보간법은 종횡비가 나타나지 않았을 때 사용될 수 있다.

동적하중에 대한 응답은 초기 유리 내측 처짐 후에 창문 되튐하중(외측 처짐)의 원인이 된다. 부 방향 처짐에 의해 발생한 외측 판유리 변위와 응력은 창문에 정압이 작용하는 동안 안전하게 견뎌야 한다. 그렇지 않으면 내측 변위에 의한 응력에 안전하게 견디는 창문이 정압이 계속 작용하는 동안 되튐하중에 의해 파괴될 수 있다. 이것은 파편이 구조물 방향으로 작용하게 할 수 있다. 그러나 창문이 폭발하중의 부압이 작용하는 동안 되튐하중에 파괴되면, 유리 파편은 구조물로부터 멀어질 수 있다. 만약, 유효폭발 지속시간이 판유리 고유진동주기 (T_N)의 1/2배 보다 크지 않으면, 부압이 작용하는 동안 되튐하중이 발생할 것이다. $T \geq 10T_N$ 일 때, 정(+) 폭발하중 단계에서 심각한 되튐하중은 발생하지 않으며, 이때 되튐하중 설계는 요구되지 않는다. $0.5 \leq T/T_N \leq 10$일 때, 정(+) 초과압력 단계에서 최대 부압 작용에 대한 창틀 설계를 해야 한다.

창문 설계가 설계기준과 일치하는 것을 해석으로 입증하지 않는 한 전체 조립된 창문의 성능인증시험은 요구된다. 중간 문설주를 사용한 모든 창문 조립체 설계는 성능인증시험을 해야 한다. 유리나 창틀에 파손이 발생할 때까지, 적어도 2개 이상의 견본 창 조립체에 정적 등분포 하중을 적용해서 시험을 진행한다. 적어도 2개 이상의 정적 등분포 하중 파손 시험이 요구될지라도, 아래 제시된 합격기준은 더 많은 수의 시험 견본을 권장한다. 모든 시험은 발주자의 허가를 받은 독립적인 시험기관에 의해 수행되어야 한다.

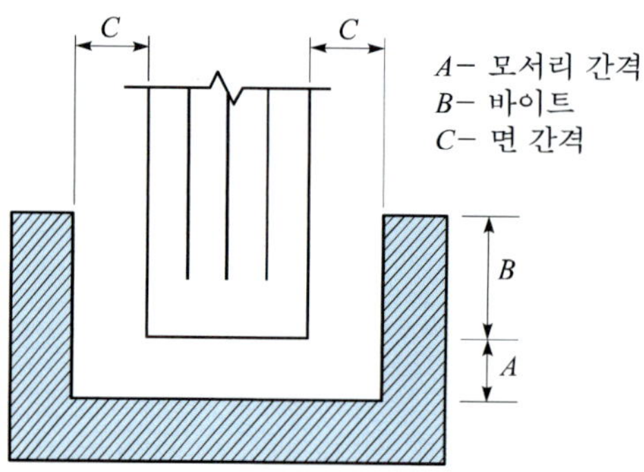

그림 2.8.5 모서리, 면, 바이트 요구사항

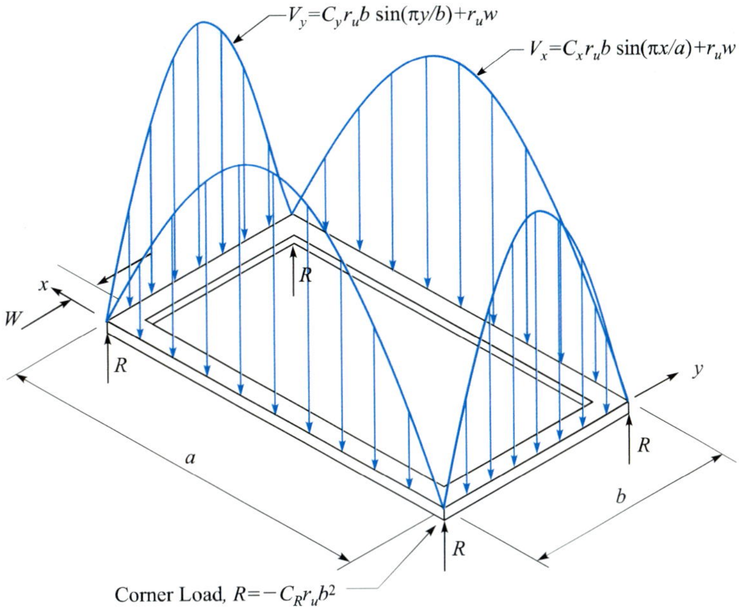

그림 2.8.6 유리패널에 의해 창틀로 전달되는 횡하중 분포

표 2.8.3 최소 설계 두께, 간격, 바이트 요구사항

유리두께 (mm)	설계를 위한 실제 유리두께, t (mm)	"A" 최소 모서리 간격 (mm)	"B" 공칭 바이트 (mm)	"C" 최소 면 간격 (mm)
4	3.78	4.76	12.70	3.18
5	4.57	4.76	12.70	3.18
6	5.56	6.35	12.70	3.18
10	9.02	7.94	12.70	4.76
12	11.91	9.53	12.70	6.35
16	15.09	9.53	12.70	6.35
19	18.26	9.53	12.70	7.94

표 2.8.4 폭발하중에 대한 선형 판 거동을 위한 최대비 (b/t)와 소변형이론에 기초한 단순 지지된 유리판의 강도, 변위, 기본주기에 대한 계수 (인장 부재 거동 없음)

종횡비, a/b	최대비, b/t	설계 계수		
		설계 강도, C_r (MPa)	설계 변위, C_D (mm)	진동 기본 주기, C_T
1.0	53.6	3.99E+02	6.55E−03	5.21×10^{-3}
1.2	59.0	3.05E+02	6.91E−03	6.30×10^{-3}
1.4	63.9	2.54E+02	7.19E−03	7.21×10^{-3}
1.5	66.2	2.32E+02	7.32E−03	7.60×10^{-3}
1.6	67.9	2.22E+02	7.39E−03	7.99×10^{-3}
1.8	71.3	2.01E+02	7.57E−03	8.65×10^{-3}
2.0	74.7	1.88E+02	7.67E−03	9.23×10^{-3}
3.0	84.3	1.60E+02	7.92E−03	10.12×10^{-3}
4.0	89.4	1.54E+02	8.00E−03	10.36×10^{-3}
∞	89.4	1.54E+02	8.00E−03	10.44×10^{-3}

표 2.8.5 프레임 하중의 계수

a/b	C_R	C_X	C_y
1.00	0.065	0.495	0.495
1.10	0.070	0.516	0.516
1.20	0.074	0.535	0.533
1.30	0.079	0.554	0.551
1.40	0.083	0.570	0.562
1.50	0.085	0.581	0.574
1.60	0.086	0.590	0.583
1.70	0.088	0.600	0.591
1.80	0.090	0.609	0.600
1.90	0.091	0.616	0.607
2.00	0.092	0.623	0.614
3.00	0.093	0.644	0.655
4.00	0.094	0.687	0.685

2.9 철근콘크리트 구조물의 방폭설계 예제

철근콘크리트 구조물의 방폭 및 방탄 설계는 방폭 및 방탄시설 설계기준(2014)의 설계 원칙에 따라 설계하여야 한다. 설계의 절차는 다음과 같이 정리할 수 있다.

Step 1. 설계에 앞서 결정되어야 하는 변수

가. 예상되는 폭발 위력

- 폭약량, 이격거리 및 폭발 형태 (지면폭발, 대기 중 폭발 또는 공중폭발)

나. 방호수준

- 방호도 수준
- 방호구조물의 종류, 구조거동 하중특성
- 설계 범위, 설계 방법, 처짐 수준, 거동의 인성범위
- 단면종류 (Type I, II 또는 III) 및 지지조건

다. 방호구조물의 개략적인 설계 안

Step 2. 방호설계 전반적 절차

다음의 그림에서는 이러한 철근콘크리트 구조물의 방폭 및 방탄설계 절차를 도식적으로 나타내고 있다.

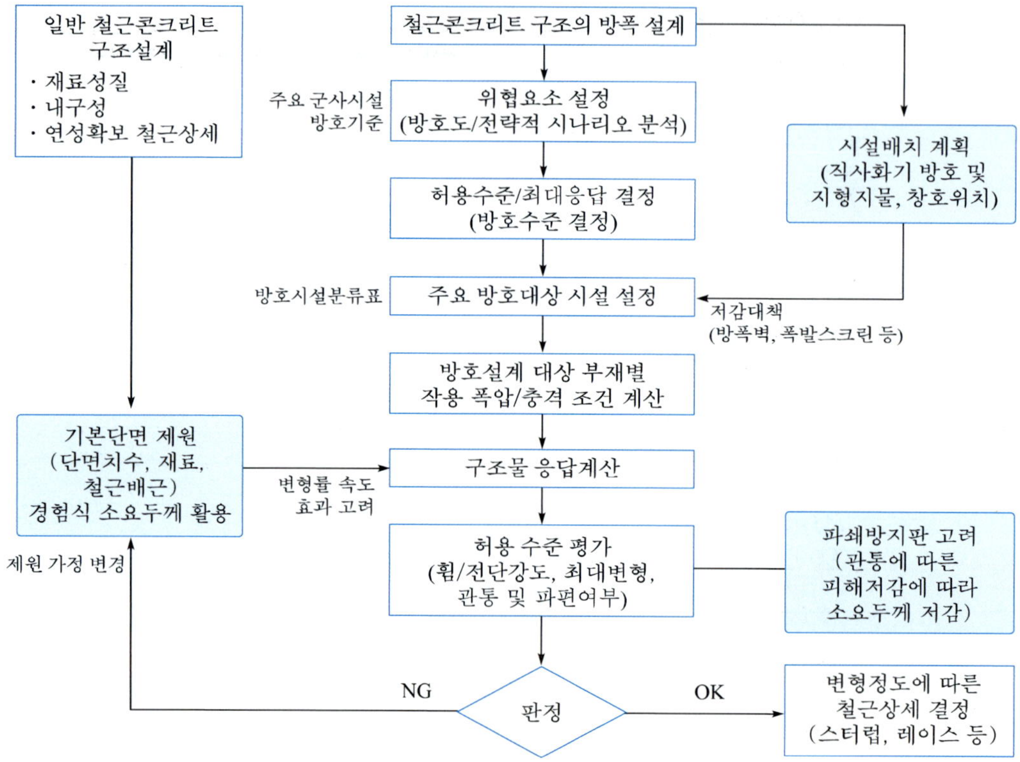

그림 2.9.1 철근콘크리트 구조물의 방폭 및 방탄설계 절차

예제 1

폭발시 입사압, 하중작용시간, 충격량 계산

Step 1. 설계하중의 계산

설계하중:

$(W) = 1.2 \times 500lb(2.21kN) = 600lb(2.65kN)$

$(R) = 40ft = 12m$

Step 2. 자유장 폭압파동계수의 결정

자유장 폭압파동계수 결정:

P_{SO}, $t_A/W^{1/3}$, $t_o/W^{1/3}$, $i_s/W^{1/3}$

$Z = R/W^{1/3} = 4.74ft/lb^{1/3}$

여기서, $W^{1/3} = 8.43$

Step 3. 설계하중의 상세 결정

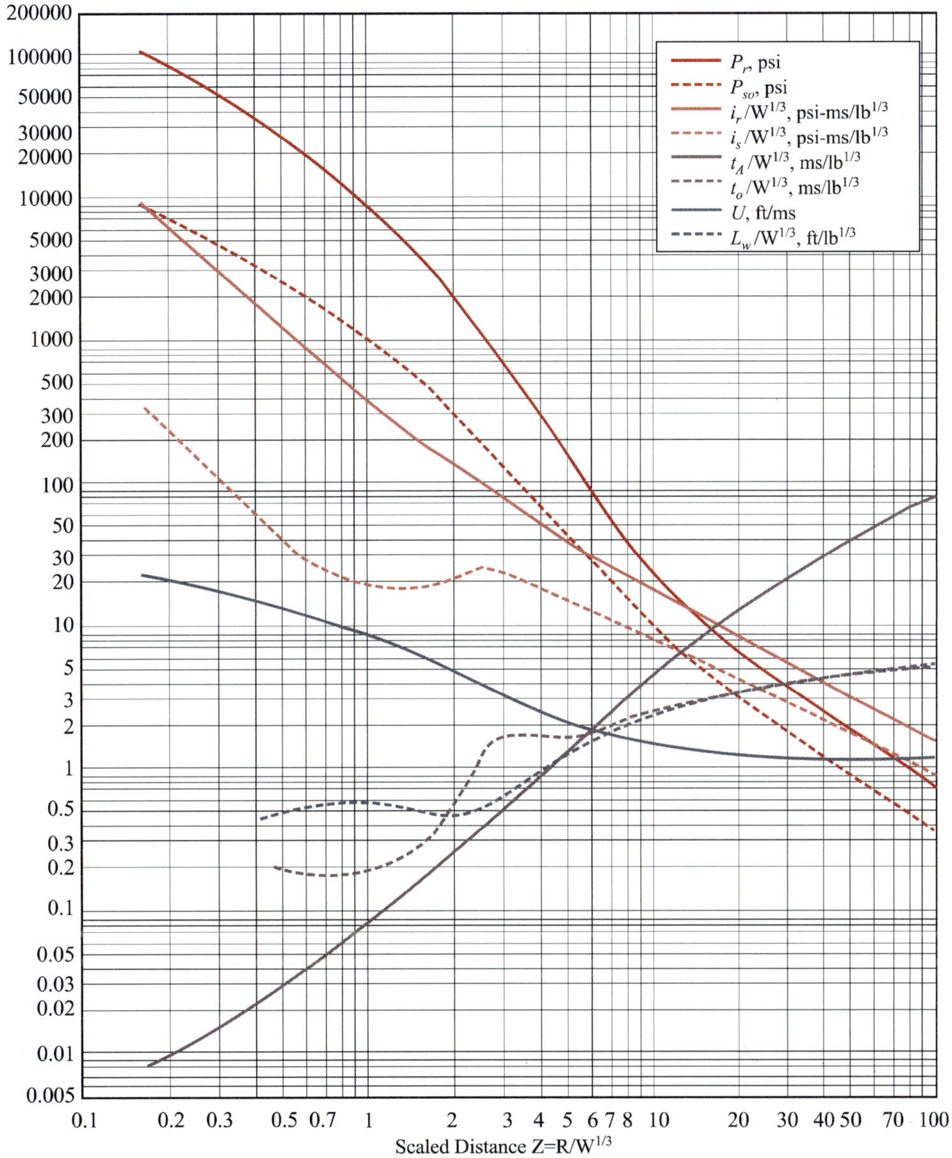

그림 2.9.2 반구형 TNT폭발하중에 대한 양의 폭압파동(Shock wave)에 대한 계수 계산

$P_{SO,} = 50psi(0.344MPa)$ (최대압력)

$\therefore t_A/W^{1/3} = 1.2ms/lb^{1/3}$	$t_A = 10.116ms$
$\therefore t_O/W^{1/3} = 1.6ms/lb^{1/3}$	$t_O = 13.49ms$
$\therefore L_W/W^{1/3} = 1.3ft/lb^{1/3}$	$L_W = 3.314m(10.873ft)(-W\,Wall\,length)$
$\therefore i_s/W^{1/3} = 17.5\psi - ms/lb^{1/3}$	$i_s = 147.525\psi - ms$

예제 2

철근 콘크리트 방호벽 설계

Step 1. 설계변수의 결정

ⓐ 압력-시간곡선 하중의 결정

ⓑ 최대허용 처짐은 탄성처짐의 3배

ⓒ 길이 $(L) = 56ft = 670in(17.1m)$

높이 $(H) = 24.28ft = 292in(7.4m)$

ⓓ 단면 형태 결정: Type I 가정

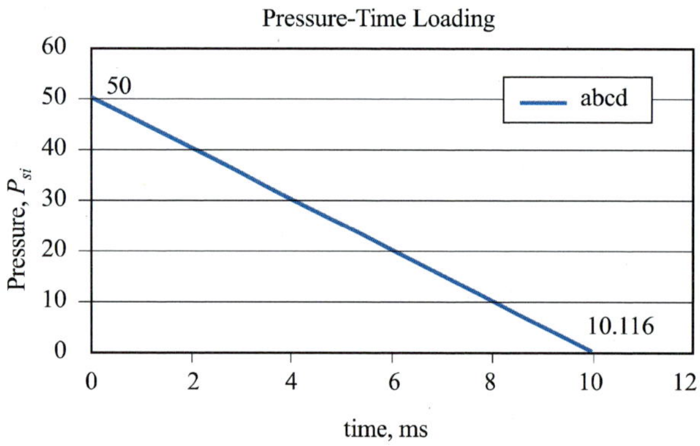

그림 2.9.3 K9포상 적용 하중-압력 곡선

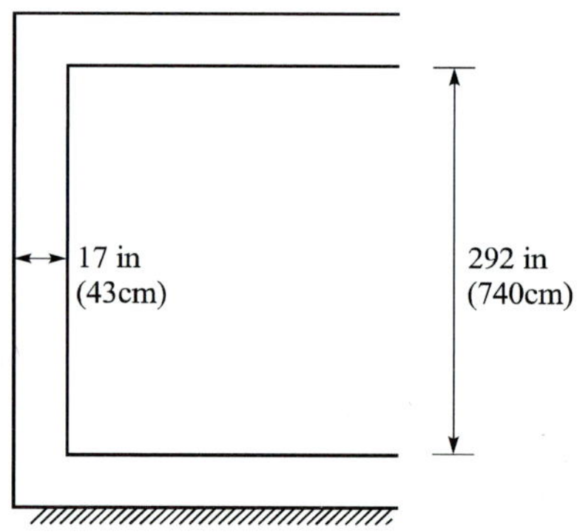

그림 2.9.4 K9포싱의 단면두께 가정

Step 2. 벽체단면의 요소설계와 보강철근 및 콘크리트의 정적 응력 결정

$f'_c = 4{,}000psi(27.3MPa)$

$fy = 66{,}000psi(451.1MPa)$

콘크리트벽체의 두께를 17in(0.43m)로 가정하고, 하중으로 직접 노출되는 외측의 피복두께를 1.5in (38mm) 벽체 내부의 피복두께를 0.75in (20mm)로 가정

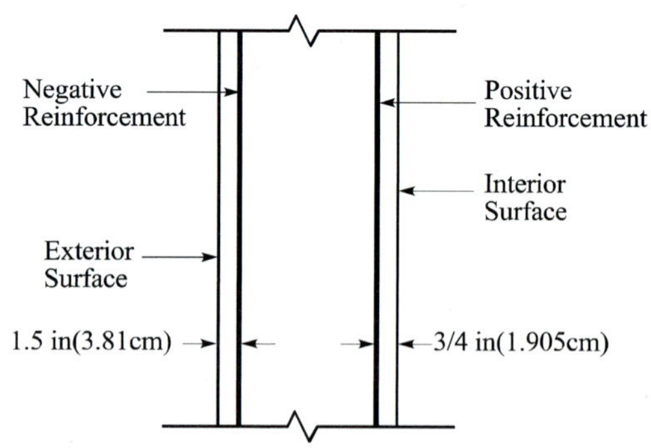

그림 2.9.5 방폭벽 단면 상세

Step 3. 동적응력의 결정

ⓐ 동적하중증가계수(Dynamic Increase Factors, DIF) 결정,

* 콘크리트

휨: −1.19

사인장: −1.00

* 보강철근

휨: 1.17

사인장: 1.00

직접전단: 1.10

ⓑ 재료의 동적강도

* 콘크리트 (f'_{dc})

압축: $1.19 \times 4{,}000psi(27.3MPa) = 4{,}760psi(32.5MPa)$

사인장: $1.00 \times 4{,}000psi(27.3MPa) = 4{,}000psi(27.3MPa)$

* 보강철근 (f_{dv})

휨: $1.17 \times 66{,}000psi(451.1MPa) = 77{,}220psi(527.8MPa)$

사인장: $1.0 \times 66{,}000psi(451.1MPa) = 66{,}000psi(451.1MPa)$

직접전단: $1.10 \times 66{,}000psi(451.1MPa) = 72{,}600psi(496.3MPa)$

Step 4. 동적설계 응력의 결정

* 콘크리트 (f'_{dc})

압축: 4,760psi (32.5MPa)

사인장: 4,000psi (27.3MPa)

* 보강철근 ($f_{ds} = f_{dy}$)

압축: 77,200psi (527.8MPa)

사인장: 66,000 psi (451.1MPa)

직접전단: 72,600 psi (496.3MPa)

Step 5. 최적철근비(ρ_v/ρ_h)의 결정: 항복선이 45°경사를 가지게 하기 위하여 $x = H/2$라 가정

$x/L = H/2L = 7.4/(2 \times 17.0) = 0.218$

Edge Conditions	Yield Line Locations	Limits	Ultimate Unit Resistance
Four edges supported	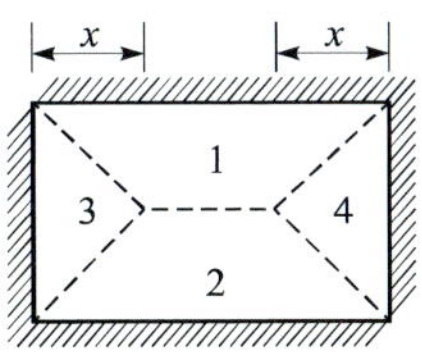	$x \le L/2$	$\frac{5(M_{HN}+M_{HP})}{x^2}$ OR $\frac{8(M_{VN}+M_{VP})(3L-x)}{H^2(3L-4x)}$
	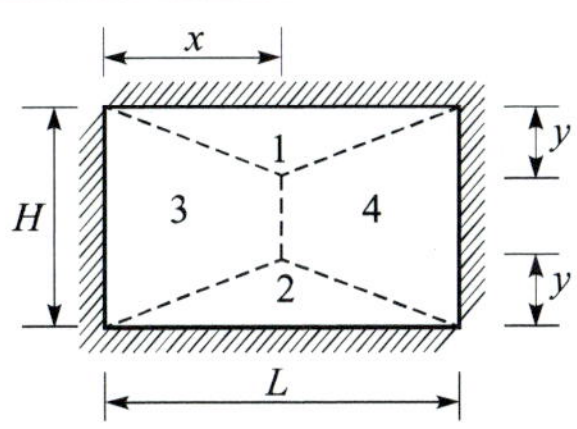	$y \le H/2$	$\frac{5(M_{VN}+M_{VP})}{y^2}$ OR $\frac{8(M_{HN}+M_{HP})(3H-y)}{L^2(3H-4y)}$

그림 2.9.6 2방향 슬래브(대칭적 항복곡선 가정)의 극한저항력

(그림 2.9.7)에서 $\frac{L}{H}\left[\frac{M_{VN}+M_{VP}}{M_{HN}+M_{HP}}\right]^{1/2}=3.14$

따라서,

$$\frac{M_{VN}+M_{VP}}{M_{HN}+M_{HP}}=\left[\frac{3.14\times 292}{670}\right]^2=1.87$$

⇒ 수직방향: D16철근 0.20m 간격으로 배근

⇒ 수평방형: D16철근 0.38m 간격으로 배근으로 가정 후 검토

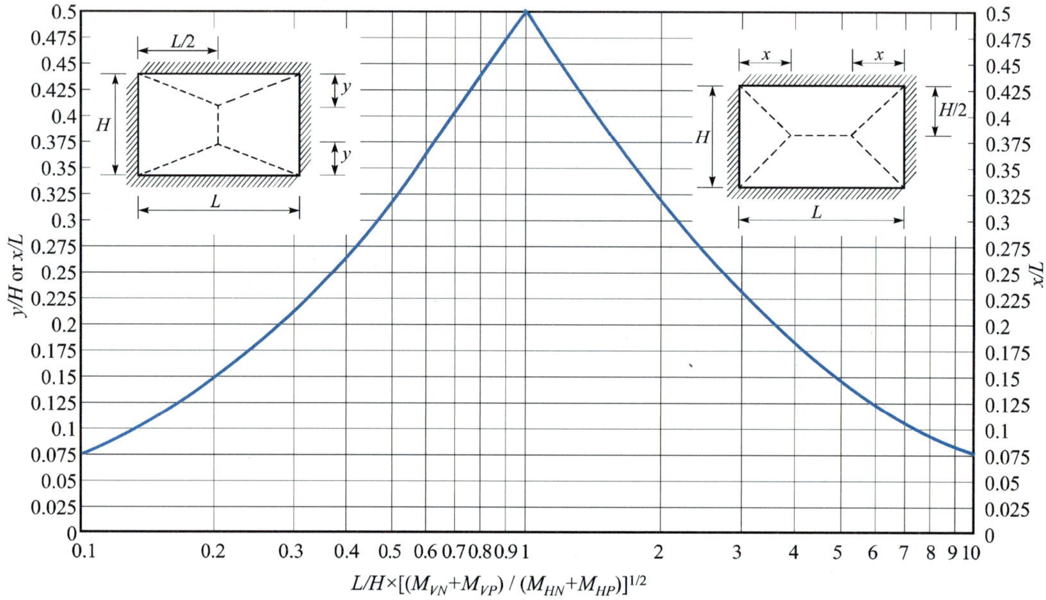

그림 2.9.7 4변 지지된 대칭 2방향 슬래브의 항복선의 위치

Step 6. 단면의 유효깊이 (dc)와 각 방향의 최소철근비의 결정

수직방향:

수직방향 D16철근 0.20m 간격으로 배근

$A_{SV}=0.79\times 12/8=1.185^2 in/ft^2$

$d_V-=17-1.5-0.5=15in$

$d_V+=17-0.75-0.4375=15.75in$

$P_V=\frac{A_{sV}}{bdv}=\frac{1.185}{17\times 15.75}=0.0044$

$P_V>P_{\min}=0.00180$ 만족

수평방향:

수평철근 No. 7 bars at 15 in 간격

$A_{SH} = 0.79 \times 12/15 = 0.63in^2/ft^2$

$d_H - = 15 - 0.5 \times 2 = 14in$

$d_H + = 15.75 - 2 \times 0.5 = 14.75in$

$$P_H = \frac{A_{sH}}{bdv} = \frac{0.63}{17 \times 14.75} = 0.0025$$

$P_H > P_{\min} = 0.0012$ 만족

Step 7. 극한모멘트 계산, 각 수직 및 수평방향의 외측면과 내측면 포함

a. 등가응력블럭의 깊이:

$$a = \frac{A_s f_{ds}}{0.85bf'_{dc}}$$

$$a_V = \frac{1.175 \times 77{,}200}{0.85 \times 17 \times 4{,}760} = 1.33in$$

$$a_H = \frac{0.632 \times 77{,}200}{0.85 \times 17 \times 4{,}760} = 0.709in$$

b. 극한모멘트

$$M_u = \frac{A_s f_{ds}}{b}(d - a/2)$$

$M_{VN} = 1.185 \times (77{,}200) \times (15 - 1.33/2)/17 = 77{,}140.85in - lb/in$

$M_{VP} = 1.185 \times (77{,}200) \times (15 - 1.33/2)/17 = 81{,}176.82in - lb/in$

$M_{VP} = 0.63 \times (77{,}200) \times (14 - 0.709/2)/17 = 39{,}038.97in - lb/in$

$M_{HP} = 0.63 \times (77{,}200) \times (14 - 0.709/2)/17 = 41{,}184.67in - lb/in$

Step 8. 부재의 극한저항력 계산

$$\frac{L}{H}\left[\frac{M_{VN} + M_{VP}}{M_{HN} + M_{HP}}\right]^{1/2} = \frac{670}{292}[1.973]^{1/2} = 3.22 \approx 3.14$$

$$\frac{x}{L} = 0.216$$

$x = 0.216 \times 670 = 144.72in$

극한저항력

$$r_u = \frac{5(M_{HN} + M_{HP})}{x^2} = \frac{5(39{,}038.97 + 41{,}184.62)}{144.72^2} = 19.15psi$$

Step 9. 탄성계수 및 탄성계수비의 결정

ⓐ 콘크리트

$$E_c = w_c^{1.5} 33 (f'_c)^{1/2}$$

$$E_c = 150^{1.5} \times 33 \times 4000^{1/2} = 3.83 \times 10^6 psi$$

ⓑ 보강철근 $E_s = 29 \times 10^6 psi$

c. 탄성계수비

$$n = \frac{E_s}{E_c} = \frac{29 \times 10^6}{3.83 \times 10^6} = 7.56$$

Step 10. 평균 단면2차모멘트 계산

ⓐ 전단면의 단면2차모멘트

$$I_g = T_c^3/12 = 17^3/12 = 409.42 in^4/in$$

ⓑ 균열단면의 단면2차모멘트

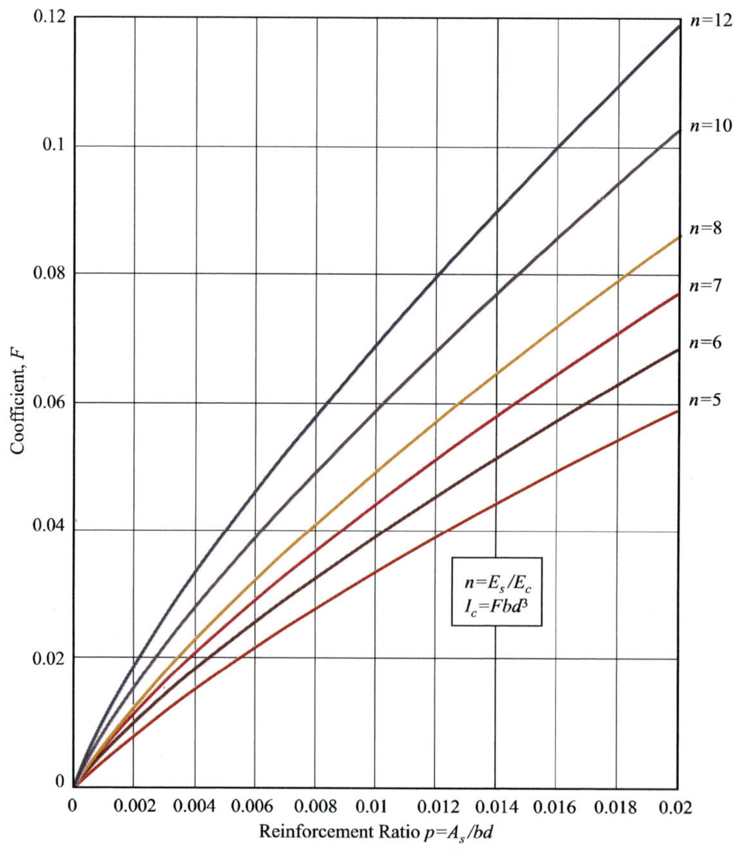

그림 2.9.8 균열단면의 단면2차모멘트 계수

수직방향

$$d_{avg} = \frac{15+15.75}{2} = 15.375$$

$$\rho_{avg} = \frac{A_{sV}}{bdav} = \frac{1.185}{17 \times 15.375} = 0.0045$$

따라서,

$F = 0.026$ (그림 2.9.8 참조)

$$I_{cV} = F(d_{avg})^3 = 0.026 \times 15.4375^3 = 95.654 in^4/in$$

수평방향

$$d_{avg} = \frac{14+14.75}{2} = 14.375in$$

$$\rho_H = \frac{A_{sH}}{bdv} = \frac{0.63}{17 \times 14.375} = 0.00258$$

따라서,

$F = 0.016$

$$I_{cH} = F_{avg}{}^3 = 0.016 \times 14.375^3 = 47.52 in^4/in$$

ⓒ 균열단면의 평균단면2차모멘트

$$I_c = \frac{LI_{cV} + HI_{cH}}{L+H} = \frac{670 \times 94.5 + 292 \times 47.52}{670+292} = 80.24 in^4/in$$

ⓓ 평균 단면2차모멘트

$$I_a = \frac{I_g + I_C}{2} = \frac{409.42 + 82.24}{2} = 244.83 in^4/in$$

Step 11. 단위 휨강성 계산

$$D = \frac{E_c I_c}{1-v^2}$$

콘크리트에 대하여 v=0.167 사용

따라서,

$$D = \frac{(3.83 \times 10^6) \times 245.42}{1-(0.167)^2} = 966.93 \times 10^6 in - lb$$

Step 12. 임계지점의 선택

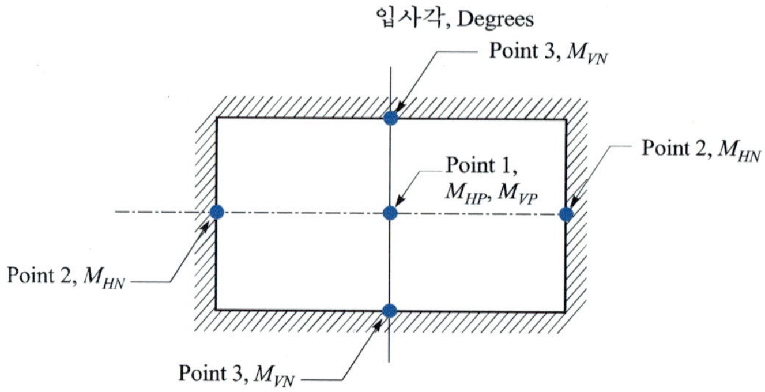

그림 2.9.9 2방향 슬래브의 임계지점

Step 13. 1차 항복시의 특성

$\beta_{1H}= 0.017$

$\beta_2= 0.058$

$\beta_{1V}= 0.041$

$\beta= 0.082$

$\Upsilon= 0.0027$

a. $M_{HP}= 44{,}948.93 in-lb/in$

$M_{HN}= 44{,}948.93 in \quad lb/in$

$M_{VP}= 87{,}411.63 in-lb/in$

$M_{VN}= 83{,}069.13 in-lb/in$

$M= \beta r H^2\ Therefore, r= M/\beta H^2$

$r_{1H}= (44{,}948.93/(0.017\times 292^2)) = 31.01 psi$

$r_{1V}= (87{,}411.63/(0.041\times 292^2)) = 25.004 psi$

$r_2= (42{,}639.33/(0.058\times 292^2)) = 8.62 psi$

$r_3= (83{,}069.13/(0.082\times 292^2)) = 11.88 psi$

1차 항복이 point 2 (Smallest r).

b. $r_e= 8.62 psi$

c. $M_{1H}= 0.017\times 8.62\times 292^2= 12{,}494.58 in-lbs/in$

$M_{1V}= 0.041\times 8.62\times 292^2= 30{,}134.003 in-lbs/in$

$M_3= 0.082\times 8.62\times 292^2= 60{,}268.006 in-lbs/in$

d. $X_e= \gamma_1 {r_e}^4/D= (0.00027\times 8.62\times 292^2)/966.93\times 10^6= 0.175 in$

Step 14. 2차 항복시의 특성

1차 항복이후 구조물의 두 개의 변은 단순지지 나머지 두 개의 변은 고정지지 조건으로 가정 함.

따라서, $H/L = 0.44$ 인 경우,

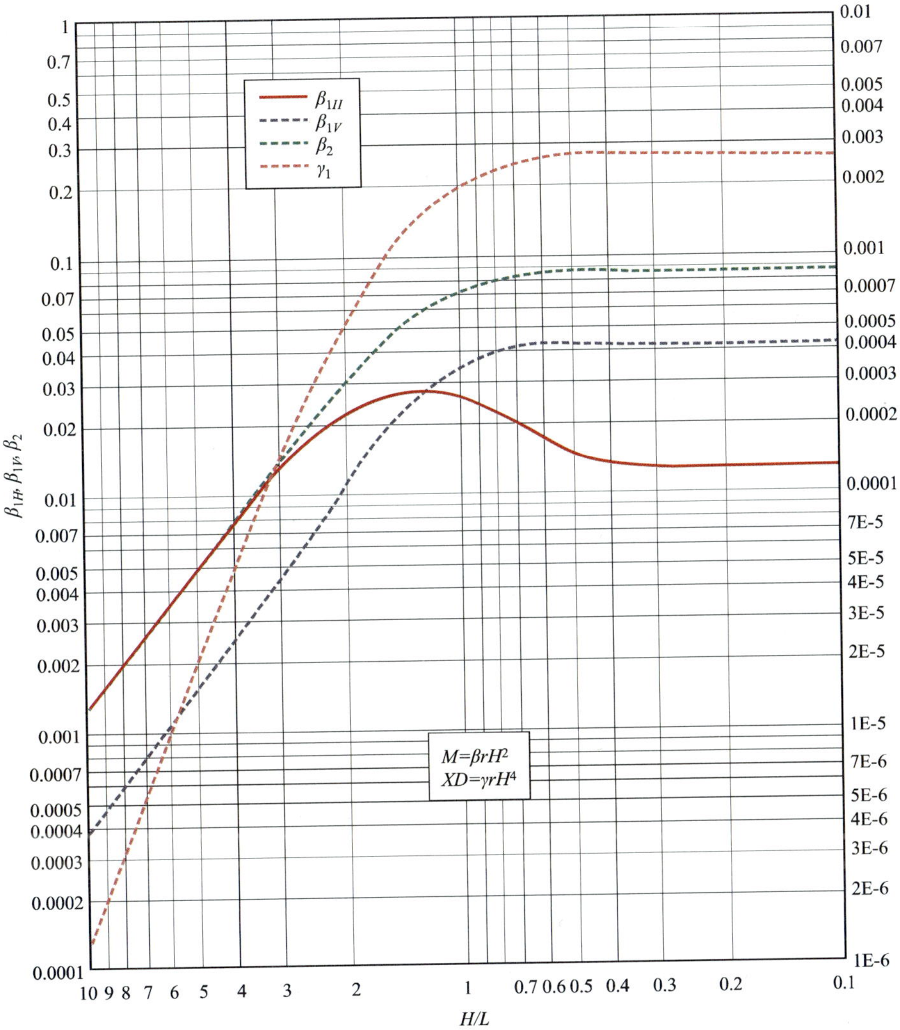

그림 2.9.10 등분포 하중을 받는 2방향 슬래브의 모멘트 및 처짐에 대한 계수 (2변 단순지지 2변 고정지지 조건)

$\beta_{1H} = 0.0145$

$\beta_{1V} = 0.042$

$\beta_3 = 0.084$

$\gamma_1 = 0.0027$

a. $M_{1H} = 41,184.67 - 11,436.45 = 29,748.22 in - lbs/in$

$M_{1V} = 81176.82 - 27,582.05 = 53,594.77 in - lbs/in$

$M_3 = 77,140.85 - 55,164.103 = 21,976.747 in - lbs/in$

b. $\Delta r = M/\beta H^2$

$$\Delta r_{1H} = \frac{29748.22}{0.0145 \times 292^2} = 24.06 psi$$

$\Delta r_{1V} = 14.97 psi$

$\Delta r_3 = 3.065 psi$

2차 항복이 지점 3에서 발생한 경우 (작은 Δr)

c. $\Delta r = 3.18 psi$

d. $r_{ep} = r_e + \Delta r = 7.89 + 3.065 = 10.955 psi$

e. $M_{1H} = 11436.45 + 0.0145 \times 3.065 \times 2922 = 15225.80 in - lbs/in$

$M_{1V} = 27582.05 + 0.042 \times 3.065 \times 2922 = 38558.08 in - lbs/in$

f. $\Delta X = \gamma_1 \Delta r H^4/D = \Delta X = \dfrac{0.0027 \times 3.065 \times 292^4}{966.93 \times 10^6} = 0.0622$

g. $X_{ep} = X_e + \Delta X = 0.16 + 0.0622 = 0.22 in$

Step 15. 최종 항복시의 특성

부재의 2차 항복 이후, 부재의 모든 4면이 단순지지 조건으로 가정, $H/L = 0.44$ 인 경우, $\gamma = 0.00115$

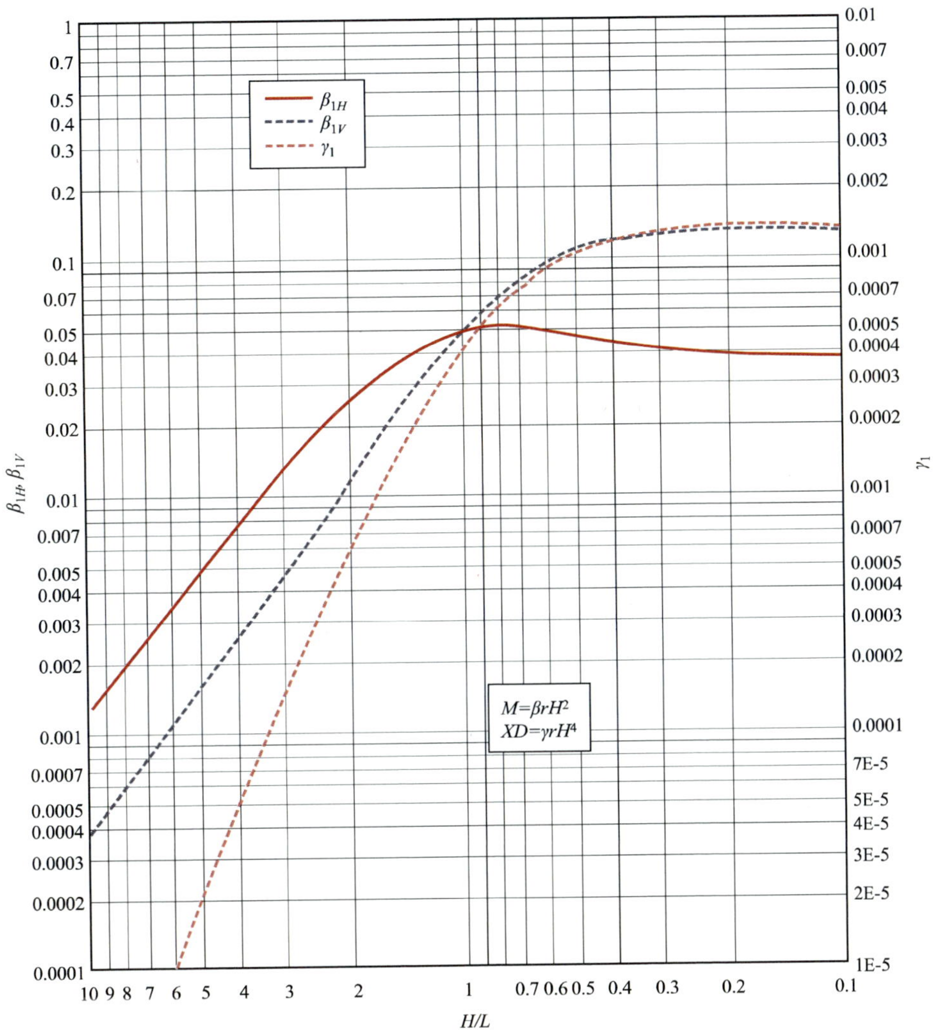

그림 2.9.11 등분포 하중을 받는 2방향 슬래브의 모멘트 및 처짐에 대한 계수 (4변 단순지지 조건)

a. $r_u = 19.15psi$

b. $\Delta r = ru - rep = 19.15 - 10.955 = 8.195psi$

c. $\Delta X = \gamma_1 \Delta r H^4 / D$

$$= (0.0115 \times 8.195 \times 292^4) / 966.93 \times 10^6 = 0.708in$$

d. $X_p = X_{ep} + \Delta X = 0.22 + 0.708 = 0.928in$

Step 16. 실제 저항력-처짐

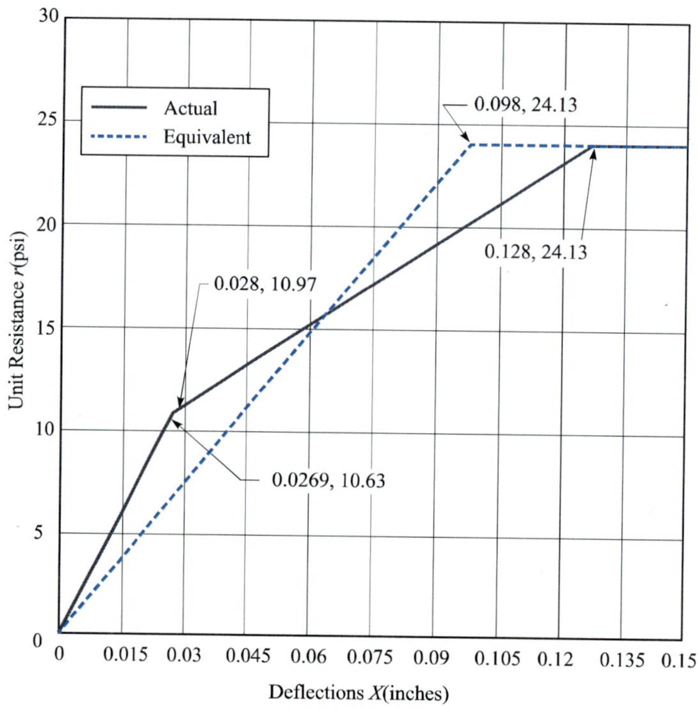

그림 2.9.12 저항력-처짐 상관도 곡선

Step 17. 등가 탄성처짐 계산

$X_E = X_e(r_{ep}/r_u) + X_{ep}[1-(r_e/r_u)] + X_l[1-(r_{ep}/r_u)]$

$X_E = 0.16\times(10.955/19.15) + 0.22\times[1-(7.89/19.15)] + 0.928\times[1-(10.955/19.15)]$

$= 0.0915 + 0.129 + 0.397 = 0.6175in$

Step 18. 등가 탄성강성도 계산

$K_E = r_u/X_E = 19.15/0.617 = 31.01psi/in$

Step 19. 부재의 유효 탄성질량

a. 하중-질량 지수 (Load-Mass Factors)의 계산

$L/H = 2.3$

$x/L = 0.216$

탄성범위: $K_{LM} = 0.77$

탄소성범위:

2면이 단순지지 조건, $K_{LM} = 0.78$

4면이 단순지지 조건, $K_{LM} = 0.79$

소성범위: $K_{LM} = 0.61$

K_{LM}(평균탄성및탄소성) = 0.78

K_{LM}(평균탄성및소성) = 0.695

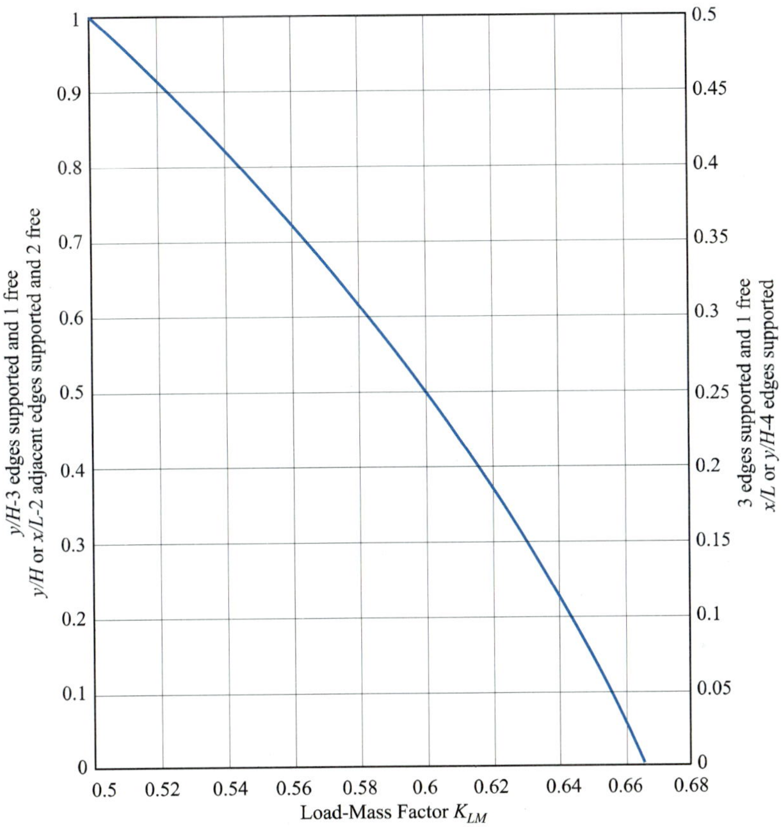

그림 2.9.13 2방향 슬래브의 소성영역 하중-질량 지수

b. 부재의 단위질량

$$m = wTc/g = (150 \times 1 \times 10^6)/(32.2 \times 1728) = 2710 psi - ms^2/in$$

c. 부재의 유효 단위질량

$$me = K_{LM} m = 0.695 \times 2710 = 1883.5 psi - ms^2/in$$

Step 20. 진동의 고유주기 계산

$$T_N = 2[m_e/K_E]^{0.5} = 2 \times 3.14 \times [1883.45/31.01]^{0.5} = 48.94 ms$$

Step 21. 응답 차트 계수의 결정

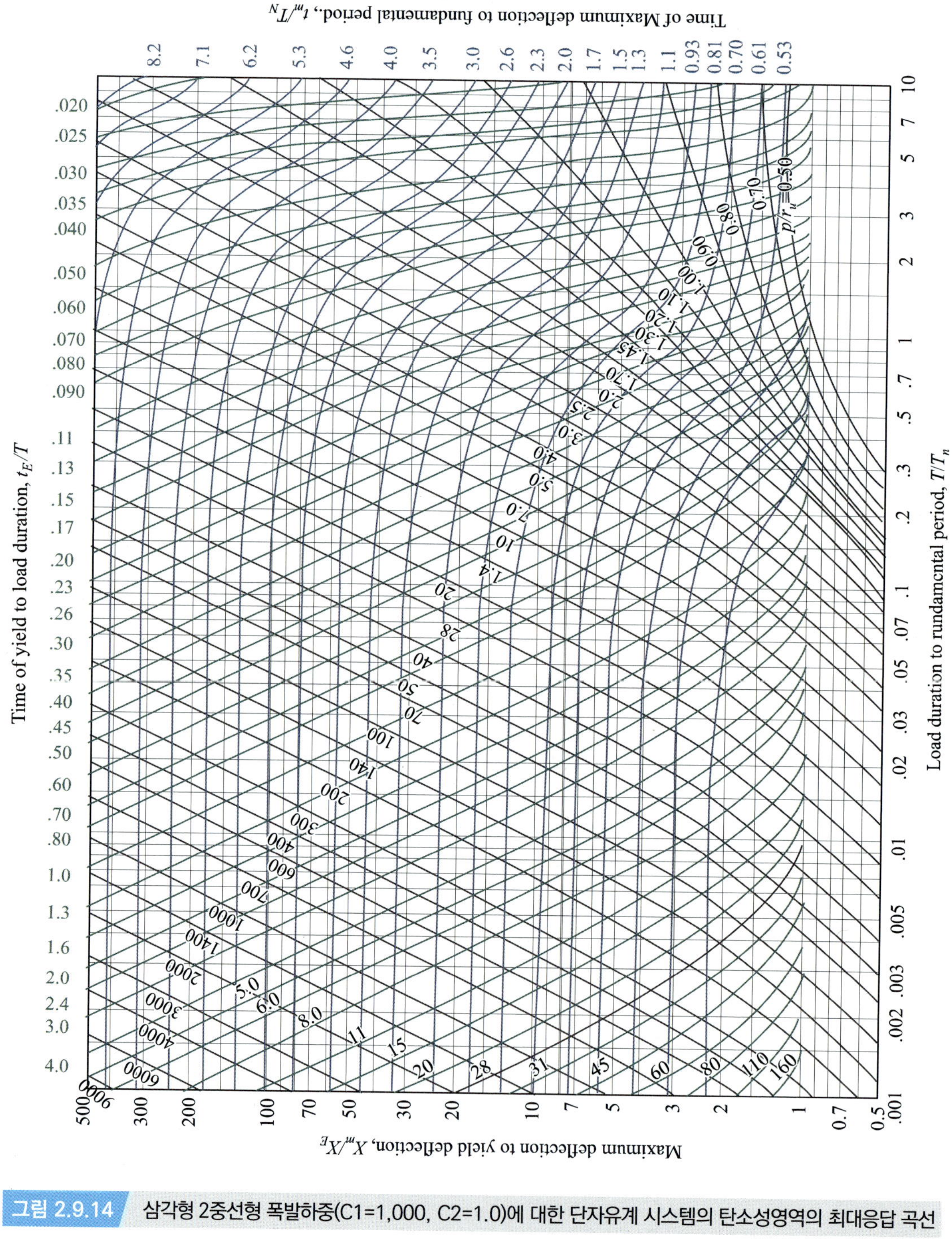

그림 2.9.14 삼각형 2중선형 폭발하중(C1=1,000, C2=1.0)에 대한 단자유계 시스템의 탄소성영역의 최대응답 곡선

최대 압력, $P = 50psi = 0.344MPa$

최대 저항, $r_u = 19.15psi$

주기, $T = 10.116ms$

진동주기, $T_N = 48.94ms$

$P/r_u = 50/20.9102 = 2.61$

$T/T_N = 10.116/48.94 = 0.206$

$X_m/X_E = 1.5(<3)$

따라서, 가정한 단면을 사용할 경우

$t_m/t_N = 0.6$

$t_m/t_o = t_m/T = (t_m/T_N)/(T/T_N) = 0.6/0.206 = 0.291$

$t_m/t_o = 2.91$ 으로, 적절한 범위 내에 있으므로 만족

$0.1 < t_1/t_0 < 3$.

Step 22. 지점으로부터 de 떨어진 곳의 사인장 검토

a. 극한 전단응력

$$V_{uH} = \frac{3r_u(1-d_e/x)^2}{d_e/x(5-4d_e/x)}$$

여기서 음의 모멘트의 경우 $d_e = d_H$

$$V_{uH} = \frac{3\times 19.15\times(1-14/144.72)^2}{\frac{14}{144.72}\times\left(5-4\times\left(\frac{14}{144.72}\right)\right)} = \frac{46.87}{0.473} = 99.1psi$$

여기서 음의 모멘트의 경우 $d_e = d_H$

$$V_{uv} = \frac{3\times 19.15\times(0.5-\frac{15}{292})\times(1-0.216-2\times 0.216\times\frac{15}{292})}{\frac{15}{292}\times(3-0.216-8\times 0.216\times\frac{15}{292})}$$

$$= \frac{25.773\times 0.7618}{0.138} = 141.81psi$$

b. 허용 전단응력

$V_c = [1.9(f'_{dc})^{0.5} + 2{,}500p] \le 3.50(f'_c)^{0.5} = 221.4psi = 1.526MPa$

여기서, p는 지점에서의 철근비

$$V_{CH} = 1.9\times(4000)^{0.5} + \frac{2500\times 0.63}{17\times 14} = 126.78psi > 99.1psi$$

$$V_{CV} = 1.9\times(4000)^{0.5} + \frac{2500\times 1.185}{17\times 15} = 131.78 < 141.81psi$$

따라서, 전단 스터럽이 필요함.

Step 23. 사인장철근의 최소철근량 결정 (단면형태 Type I).

$A_d = v_c bd / f_{ds} \sin\alpha$

여기서 지점에서의 d는 de와 동일

다음의 식을 사용하여

$A_{dH} = 126.78(17 \times 14)/(72{,}600 \times 0.707) = 0.58 in^2/ft$

$A_{dV} = 131.78(17 \times 15/(72{,}600 \times 0.707) = 0.654 in^2/ft$

예제 3

강재 보 설계

Step 1. 설계 조건 (길이 5.2m, 간격 1.37m, 단순지지보)

a. 시간-압력 하중 곡선 (최대압력: 0.045MPa)

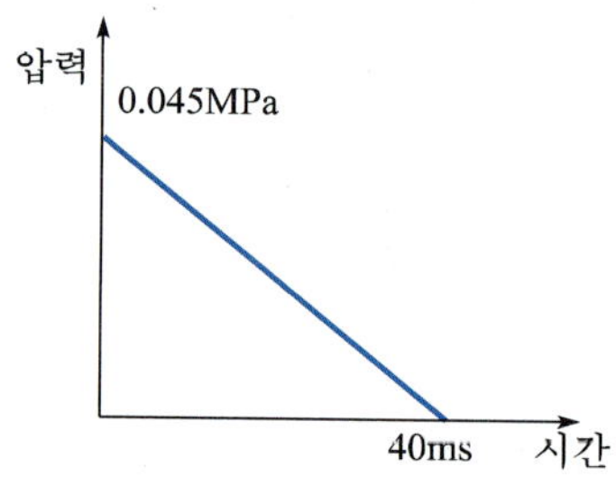

그림 2.9.15 시간-압력 하중 곡선

b. 허용 수준 결정 : 인명 방호를 위한 지점회전각은 표 2.4.1을 근거로 보에 대해서 2° 설정

c. 재료 설정 : 일반 구조설계에서 사용된 결과에 근거해서 $f_y = 248MPa$ 강재

d. 압축플랜지는 브레이싱으로 구속 (좌굴 방지요건 가정)

Step 2. 폭압으로부터 등가정적 하중 결정

최대 압력을 등가 정적 하중으로 가정

$w = \text{단위길이} \times \text{최대압력} \times \text{보 간격} = 61.47 kN/m$

Step 3. 소요 소성휨강도 산정

주어진 하중을 견디는 소요 휨 강도 평가 : 등분포하중을 받는 단순지지보의 휨모멘트

$$M_p = \frac{wL^2}{8} = \frac{61.47 \times 5.18^2}{8} = 206.3kNm$$

Step 4. 부재 선정

일반적인 구조설계에서 설계된 단면에 대한 검토시에는 해당 단면을 사용하고 방폭 설계에 의해 단면을 선정해야 하는 경우에는 단면계수로부터 선택

식 (2.5.38)로부터 $M_P = f_{ds}(S+Z)/2$

재료의 변형률 속도 효과를 고려한 동적강도는 식 (2.5.35)에 의해 계산 (표 2.5.4에서 낮은 압력 범위에서의 DIF 값을 선택하여 c=1.29 가정, 추후 계산에 의해 적절성 재검토 함)

$f_{ds} = f_{dy} = c \times a \times f_y = 1.1 \times 1.29 \times 248 = 352MPa$

$(S+Z) = \dfrac{2M_p}{f_{ds}} = 1171450mm^3$

이 값으로부터 적절한 단면 선택 : W 12x26 (W310x165x38.7)

$S = 550.1cm^2,\ I = 8527cm^4, Z = 609cm^3$

$M_P = f_{ds}(S+Z)/2 = 203.7kN/m$

이 단계에서 국부좌굴 검토를 통해 선택된 단면이 소성 휨 강도를 발현할 수 있는지 검토가 필요하다. 이는 식 (2.5.39)로 검토할 수 있고 일반적으로 생산되는 형강을 선택할 경우에는 소성 단면 강도 발현이 가능하고 이 예제에서 선택한 단면의 경우에도 국부좌굴이 발생하지 않는 단면으로 볼 수 있다.

Step 5. 상재하중을 고려한 질량 계산

선택된 단면의 단위길이당 무게와 상부 데크 등에 의한 하중은 일반적인 구조설계에서 도출된 값을 근거로 가정하여 사용한다.

$M = \dfrac{wL}{g} = 366751\,kN-ms^2/m$

Step 6. 유효 질량 계산

아래 표를 근거로 탄소성범위에서의 등분포 하중을 받는 보의 유효질량을 계산할 수 있다. 이 표는 해석적 해로부터 유도될 수 있다.

$K_{LM} = (0.78+0.66)/2 = 0.72$

$M_e = 0.72 \times 366751 = 264061kN-ms^2/m$

Edge Conditions and Loading Diagrams	Range of Behavior	Load Factor, K_L	Mass Factor, K_M	Load-Mass Factor, K_{LM}
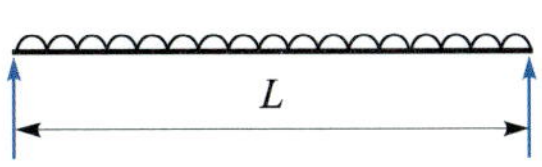	Elastic	0.64	0.50	0.78
	Plastic	0.50	0.33	0.66

그림 2.9.16 1방향 부재의 전환계수

Step 7. 등가 탄성 휨강성 계산

$$K_E = \frac{384EI}{5L^3} = 9695.6kN/m$$

Edge Conditions and Loading Diagrams	Elastic Stiffness, K_e	Elasto-Plastic Stiffness, K_{ep}	Equivalent Elastic Stiffness, K_E
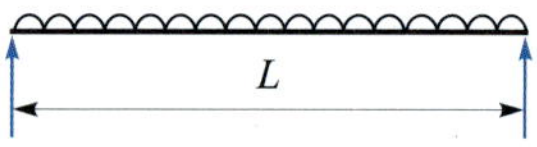	$\frac{384EI}{5L^4}$	———	$\frac{384EI}{5L^4}$

그림 2.9.17 1방향 부재의 탄성, 탄소성 및 등가탄성 강성도

Step 8. 고유 주기 계산 (식 2.3.5)

$$T_N = 2\pi(M_e/K_E)^{1/2} = 32.8ms$$

Step 9. 허용 수준에 대한 연성도비 μ

$$T/T_N = 40/32.8 = 1.22$$

$$P = p \times L \times b = 0.045 \times 5.18 \times 1.37 \times 1000 = 319kN$$

$$R_u = 8M_p/L = 8 \times 203.7/5.18 = 315kN$$

$$P/R_u = 1.01$$

다음 그림으로부터 $\mu = X_m/X_E = 2.1$ 을 구한다. (보의 응답을 구할 때 UFC 3-340-02의 그래프를 활용하거나 단자유도계 해석을 통해서 직접 계산할 수 있다)

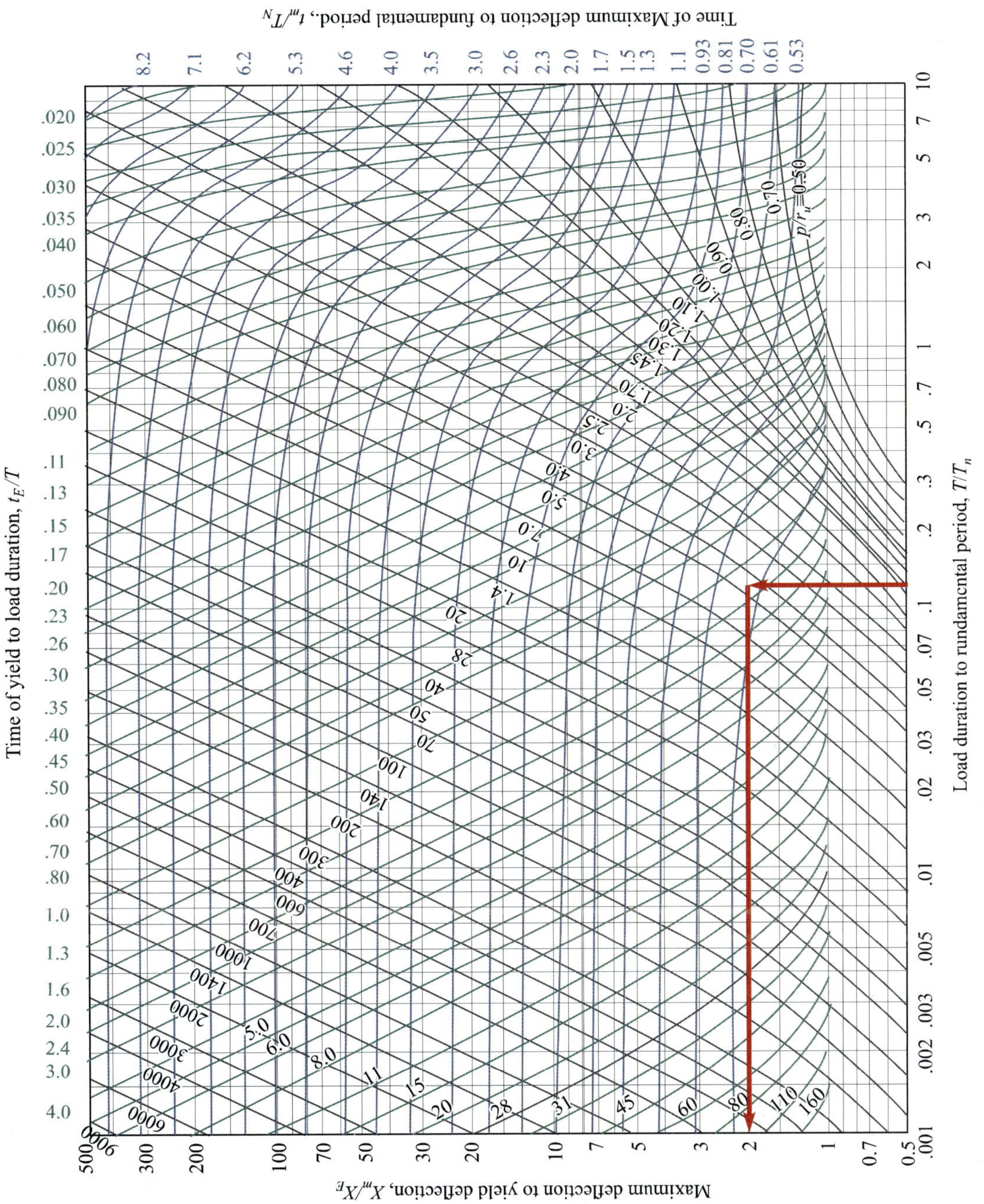

그림 2.9.18 삼각형 2중선형 폭발하중(C1=1,000, C2=1.0)에 대한 단자유계 시스템의 탄소성영역의 최대응답 곡선

Step 10. 단계 4에서 가정된 DIF의 적절성 검토

변형률 속도에 따른 동적강도 산정에 사용된 1.29 값의 적절성을 계산된 변형률 속도에 근거해서 다시 검토한다. 유사한 수준이면 재계산 없이 진행할 수 있다.

위 그래프에서 $P/R_u = 1.01$, $T/T_N = 1.22$를 활용하여 $t_E/T = 0.24$를 구한다.

변형률 속도는 $\dot{\epsilon} = f_{ds}/(E_s t_E) = 0.177$

그림 3-3에서 이를 검토하면 DIF 값이 약 1.31이 나오는데 이는 가정한 1.29와 유사한 수준이기 때문에 적절한 것으로 판단.

Step 11. 등가 탄성처짐 XE 계산

$X_E = R_u / K_E = 32.44\text{mm}$

$X_m = \mu X_E = 2.1 \times 32.44 = 68.14mm$

처짐으로부터 양단 회전각을 구하면

$\tan\theta = X_m/(L/2) = 0.0264$, 회전각 $\theta = 1.52^o < 2^o$ 만족

Edge Conditions and Loading Diagrams	Maximum Deflection, X_m	Ultimate Deflection, X_u
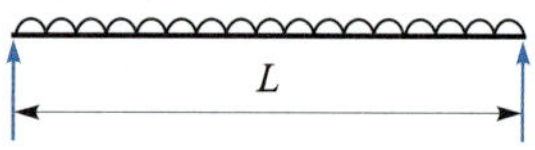	$\frac{L}{2}\tan\theta$	$\frac{L}{2}\tan\theta_{\max}$

그림 2.9.19 1방향부재의 일반 및 극한처짐

Step 12. 전단 강도 검토

전단에 대한 동적 항복강도 (식 (2.5.37))

$f_{dv} = 0.55 f_{ds} = 194MPa$

극한 전단강도(식 (2.5.42)), 단면적은 복부 단면만 고려한다.

$V_p = f_{dv} \times A_w = 345kN$

최대 지점부 전단력은

$V_s = r_u \times L/2 = R_u/2 = 157kN < V_p$

설계조건 만족

Edge Conditions and Loading Diagrams	Support Reactions, V_s
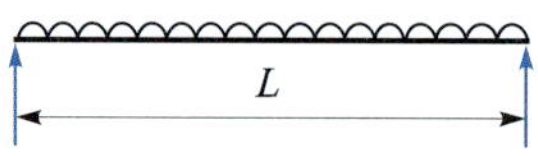	$\frac{r_u L}{2}$

그림 2.9.20 1방향부재의 지점 전단력

예제 4

한 개의 여닫이문 설계 (1.219m × 2.133m)

Step 1. 폭발하중(시간-압력)의 결정

a. 시간-압력 하중 곡선

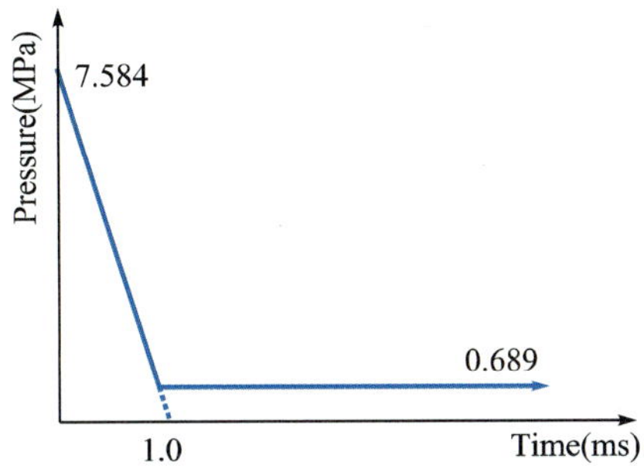

그림 2.9.21 시간-압력 하중 곡선

b. 설계 기준

문은 내부폭발에 의한 폭파압력을 포함하여 견디도록 설계되어야 함.

개스킷과 리버설 장치는 제공.

회전변위 3도, 연성도 10미만으로 제한.

c. 구조적 상세

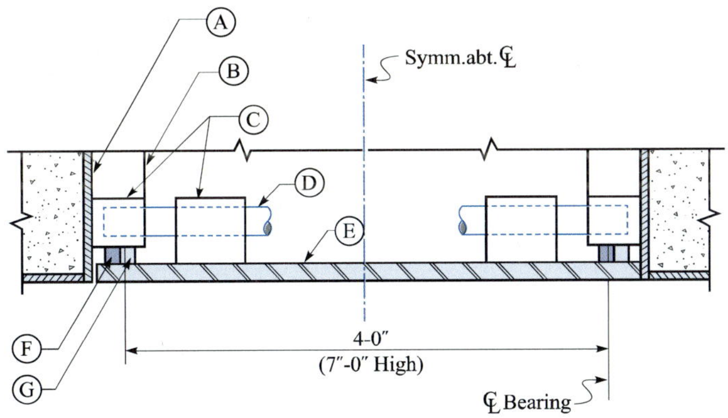

Legend:
Ⓐ Steel frame embedded in concrete
Ⓑ Steel sub-frame
Ⓒ Reversal bolt housing
Ⓓ Reversal bolt
Ⓔ Blast door plate
Ⓕ Continuous gasket
Ⓖ Continuous bearing block

Note: 이 형태의 문은 고압 범위에 적용에 적합함.

그림 2.9.22 방폭문 형상 상세

d. 강종

항복강도 $f_y = 345\,MPa$

동적증가계수, $c = 1.24$ (표 2.5.4)

평균 강도 증가계수, $a = 1.1$

동적설계응력 $f_{ds} = f_{dy} = c \times a \times f_y = 1.24 \times 1.1 \times 345 = 470.580\,MPa$

동적 설계 전단강도 $f_{dv} = 0.55 f_{ds} = 0.55 \times 470.580 = 258.819\,MPa$

Step 2. 판두께 50.8mm로 가정.

Step 3. 단위 너비 1mm 당 탄성, 소성 계수 결정하기.

$$S = \frac{bd^2}{6} = \frac{1 \times 50.8^2}{6} = 430.107\ mm^3/mm$$

$$Z = \frac{bd^2}{4} = \frac{1 \times 50.8^2}{4} = 645.160\,mm^3/mm$$

Step 4. 설계 소성 모멘트, M_p 계산하기.

$$M_p = f_{ds} \frac{S+Z}{2} = 470.580 \times \frac{430.107 + 645.160}{2} = 252{,}999.572\,N - mm/mm$$

Step 5. 단위너비 1mm 당, 동적극한전단강도, V_p 계산하기

$V_p = f_{dv} A_w = 258.819 \times (50.8 \times 1)/1 = 13{,}148.005\,N/mm$

Step 6. 지지전단 평가 및 판 전단강도 확인

$DLF = 1.0$으로 가정.

판 부재에 대한 초기 동적 하중 계수

표 2.9.1 판 부재에 대한 초기 동적 하중 계수

Deflection Magnitude	Deformation (한 가지 이상 해당)		DLF
	θ_{max}	μ_{max}	
Small	2	5	1.0
Moderate	4	10	0.8
Large	12	20	0.6

$V = DLF \times P \times L/2 = 1.0 \times 7.584 \times 1219/2 = 4{,}622.448\,N/mm$

$V/V_p = 4{,}622.448/13{,}148.005 = 0.352 < 0.67$

등가소성모멘트의 감소는 필요하지 않음.

Step 7. 극한단위강도, r_u 계산하기

판에 대해서, 사변 단순지지 (직접하중)

$$r_u = \frac{5(M_{HN} + M_{HP})}{X^2} \quad \text{(그림 2.9.23)}$$

Edge Conditions	Yield Line Locations	Limits	Ultimate Unit Resistance
Four edges supported	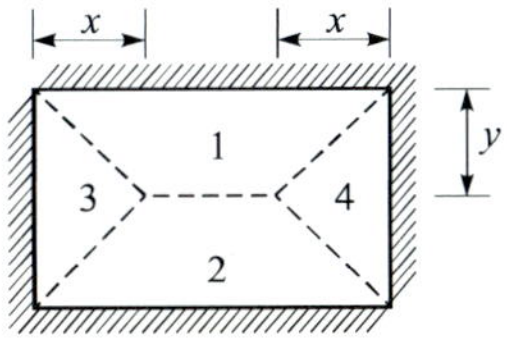	$x \le L/2$	$\dfrac{5(M_{HN}+M_{HP})}{x^2}$ OR $\dfrac{8(M_{VN}+M_{VP})(3L-x)}{H^2(3L-4x)}$
	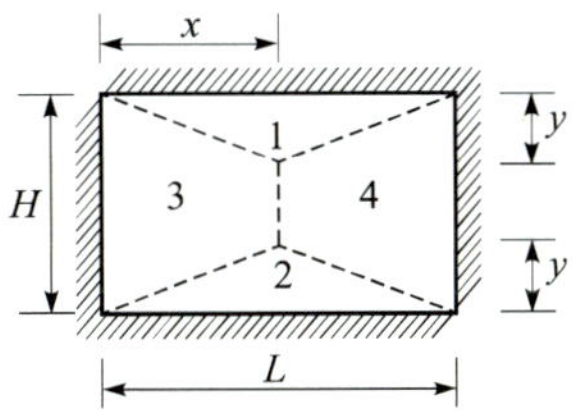	$y \le H/2$	$\dfrac{5(M_{VN}+M_{VP})}{y^2}$ OR $\dfrac{8(M_{HN}+M_{HP})(3H-y)}{L^2(3H-4y)}$

그림 2.9.23 2방향 슬래브(대칭적 항복곡선 가정)의 극한저항력

$$\frac{L}{H}=\frac{2.133}{1.219}=1.750$$

$$\frac{X}{L}=0.35 \text{ (그림 2.9.24)}$$

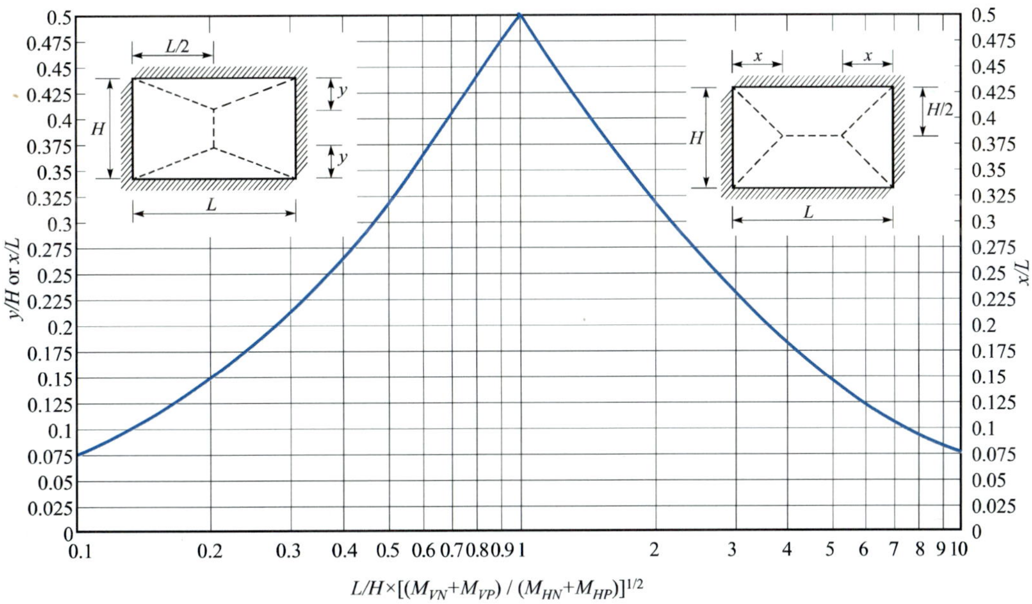

그림 2.9.24 4변지지된 2방향 스래브에 대한 대칭 항복선 위치

$$X = 0.35 \times 2133 = 746.55\,mm$$

$$r_u = \frac{5(M_{HN} + M_{HP})}{X^2} = \frac{5(0 + M_p)}{X^2} = 5M_p/X^2 = 5 \times 252{,}999.572/(746.55)^2 = 2.270\,MPa$$

Step 8. 단위너비 $1\,mm$ 당, 관성모멘트, I 계산하기

$$I = \frac{bd^3}{12} = \frac{1 \times 50.8^3}{12} = 10{,}924.709\,mm^4/mm$$

Step 9. 등가 탄성력 강성, K_E 계산하기

$$K_E = \frac{r}{X} = \frac{D}{\gamma H^4} = \frac{EI/[b(1-\nu^2)]}{\gamma H^4} = \frac{204{,}000 \times 10{,}924.709/[1(1-0.3^2)]}{0.0083 \times (1219)^4} = 0.134\,MPa/mm$$

여기서, $H/L = 0.571$, $\gamma = 0.0083$

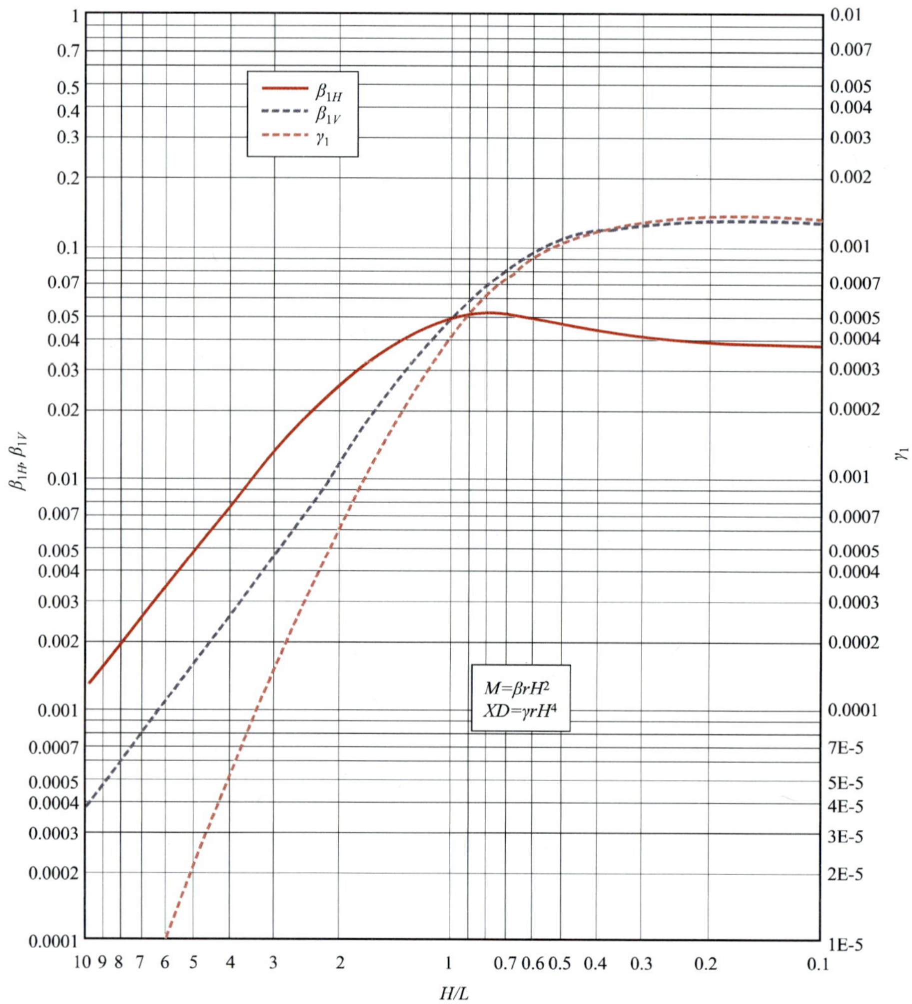

그림 2.9.25 모든 변이 단순 지지되고, 등분포하중을 받는 2방향 부재의 모멘트와 변위 계수

Step 10. 등가 탄성 처짐, X_E 결정하기

$X_E = r_u/K_E = 2.270/0.134 = 16.940\,mm$

Step 11. 부재의 유효질량 결정하기

a. 탄성, 소성평균, K_{LM}

$K_{LM} = (0.78+0.66)/2 = 0.72$

b. 단위질량, m

$$m = \frac{w}{g} = \frac{50.8\times1\times1\times77000\times(N/10^9mm^3)}{9.81\times(10^3mm/10^6ms^2)} = 0.399\frac{MPa-ms^2}{mm}$$

c. 유효단위질량, m_e

$$m_e = K_{LM}\times m = 0.72\times0.399 = 0.287\frac{MPa-ms^2}{mm}$$

Step 12. 진동 고유 주기, T_N 계산하기

$T_N = 2\pi(M_e/K_E)^{1/2} = 2\pi(0.287/0.134)^{1/2} = 9.195\,ms$

Step 13. 방폭문 판의 응답 결정하기

최대 압력, $P = 7.584MPa$

최대 강도, $r_u = 2.270\,MPa$

지속시간, $T = 1.0\,ms$

고유진동주기, $T_N = 9.195\,ms$

$P/r_u = 7.584/2.270 = 3.341$

$T/T_N = 1.0/9.195 = 0.109$

$C_1 = P_0/P = 0.689/7.584 = 0.091$

$C_2 > 1000$

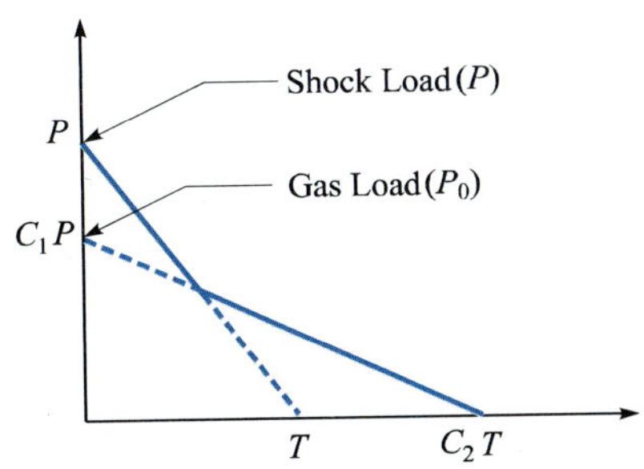

그림 2.9.26 이선형 삼각형 하중

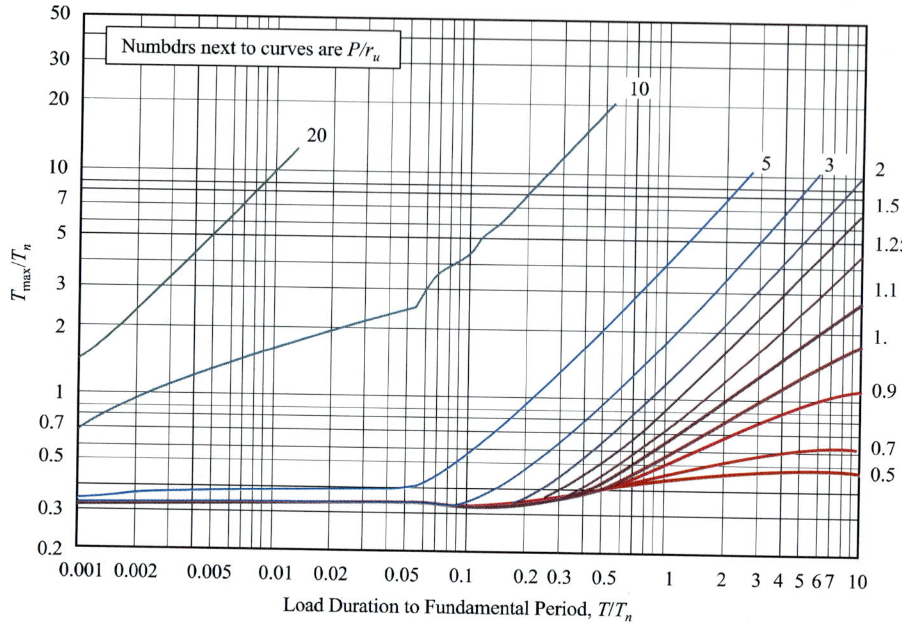

그림 2.9.27(a) 삼각형 2중선형 폭발하중(C1=0.091, C2=1000)에 대한 단자유계 시스템의 탄소성영역의 최대응답 곡선

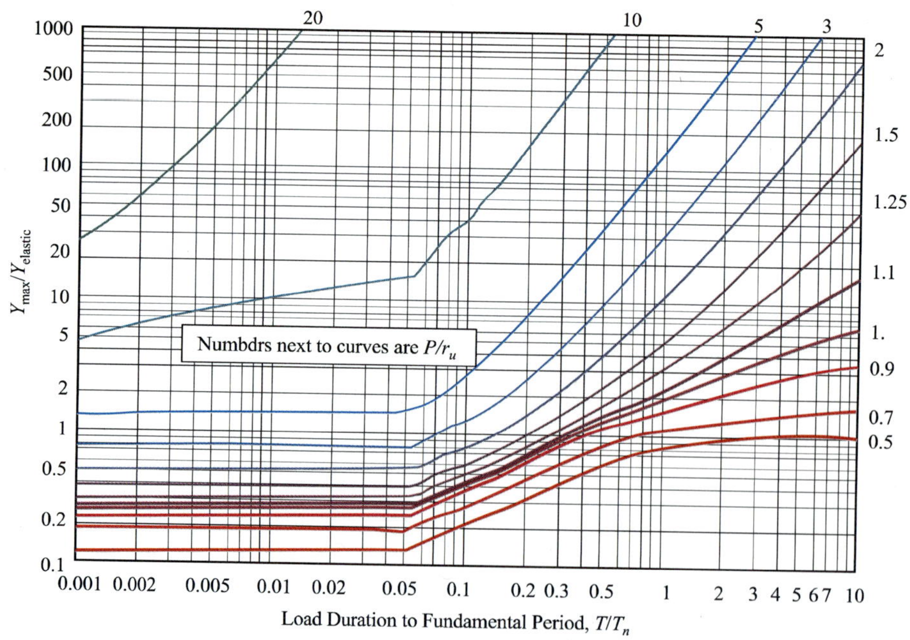

그림 2.9.27(b) 삼각형 2중선형 폭발하중(C1=0.091, C2=1000)에 대한 단자유계 시스템의 탄소성영역의 최대응답 곡선

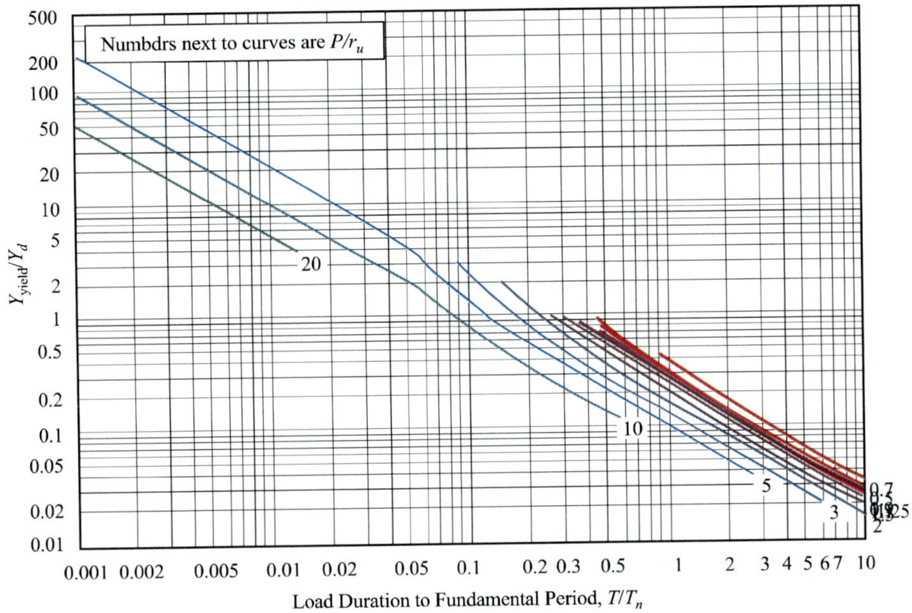

그림 2.9.27(c) 삼각형 2중선형 폭발하중(C1=0.091, C2=1000)에 대한 단자유계 시스템의 탄소성영역의 최대응답 곡선

$X_m/X_E = 1.5$ (그림 2.9.27)

$X_m = 1.5 \times 16.940 = 25.4mm$

Step 14. 회전각 결정하기

$\theta = \tan^{-1}[25.4/(1219/2)] = 2.386° < 3°$

Step 15. 동적증가계수의 선택값 평가하기

변형률속도, $\dot{\varepsilon} = f_{ds}/E_s t_E$

$t_E/T = 1.8$, $t_E = 1.8ms$ (그림 2.9.27)

$\dot{\varepsilon} = 470.58/(204{,}000 \times 0.0018) = 1.282 mm/mm/\sec$

$DIF = 1.3$ (표 2.5.4, A36, A514 평균)

초기 $DIF = 1.24$

회전각 기준과 초기 DIF값을 만족시켰기 때문에, 설계에서 판 두께를 50.8mm로 사용.

예제 5

주어진 시간–압력 하중 곡선에 대한 두 개의 여닫이 문 설계(1.829m × 2.438m)

Step 1. 폭발하중(시간–압력)의 결정

a. 시간–압력 하중 곡선

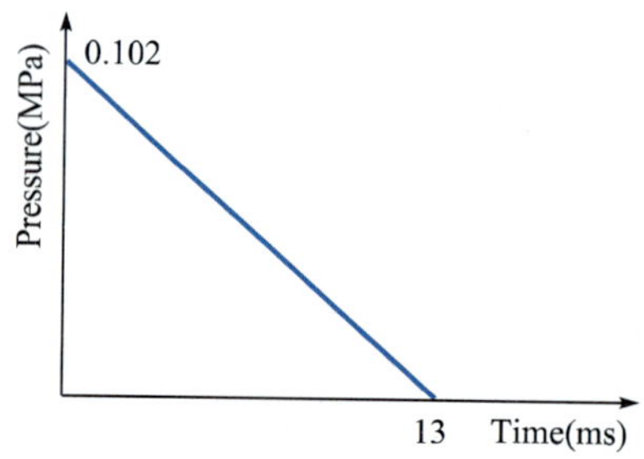

그림 2.9.28 시간–압력 하중 곡선

b. 설계 기준

외부 하중으로부터 인명을 보호하기 위함.

구조물 안으로 압력이 새어들어가는 것은 허용함.

치명적인 폭발 후에 걸쇠가 작동해야 되기 때문에 끝단에서의 최대회전각은 2°로 제한

c. 구조적 상세

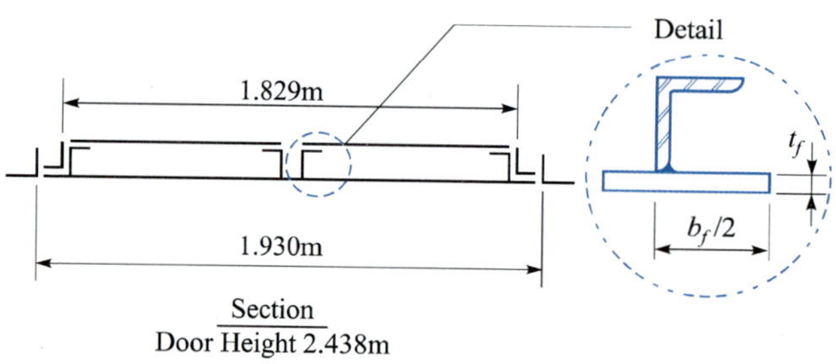

그림 2.9.29 구조적 상세

Note: 이 형태의 문은 저압 범위에 적용에 적합함.

d. 사용 강종: A36

항복강도, $f_y = 248\,MPa$

동적증가계수, $c = 1.29$ (표 2.5.4)

평균 강도 증가계수, $a = 1.1$

동적설계응력, $f_{ds} = f_{dy} = c \times a \times f_y = 1.29 \times 1.1 \times 248 = 351.912\,MPa$

동적 설계 전단강도, $f_{dv} = 0.55 f_{ds} = 0.55 \times 351.912 = 193.552\,MPa$

Step 2. 판 두께 15.875mm로 가정.

Step 3. 단위 너비 1mm당 탄성, 소성 계수 결정하기

$$S = \frac{bd^2}{6} = \frac{1 \times 15.875^2}{6} = 42.003\, mm^3/mm$$

$$Z = \frac{bd^2}{4} = \frac{1 \times 15.875^2}{4} = 63.004\, mm^3/mm$$

Step 4. 설계소성모멘트, M_p 계산하기

$$M_p = f_{ds}\frac{S+Z}{2} = 351.912 \times \frac{42.003 + 63.004}{2} = 18{,}476.612\, N-mm/mm$$

Step 5. 단위너비 1mm 당, 동적극한전단강도, V_p 계산하기

$$V_p = f_{dv}A_w = 193.552 \times (15.875 \times 1)/1 = 3072.638\, N/mm$$

Step 6. 지지전단 평가 및 판 전단강도 확인

$DLF = 1.25$ 로 가정

$V = DLF \times P \times L/2 = 1.25 \times 0.102 \times (1829/2)/2 = 58.299\, N/mm$

$V/V_p = 58.299/3072.638 = 0.019 < 0.67$

등가소성모멘트의 감소는 필요하지 않음.

Note: 실제 DLF 값을 결정할 때, Step 6을 재 고려하라.

Step 7. 극한단위강도, r_u 계산하기

양단 단순지지된 판으로 가정.

$$r_u = \frac{8M_p}{L^2} = \frac{8 \times 18{,}476.612}{(1829/2)^2} = 0.177\, MPa$$

Step 8. 단위너비 1mm 당, 관성모멘트, I 계산하기

$$I = \frac{bd^3}{12} = \frac{1 \times 15.875^3}{12} = 333.396\, mm^4/mm$$

Step 9. 등가 탄성력 강성, K_E 계산하기

$$K_E = \frac{384EI}{5bL^4} = \frac{384 \times 204{,}000 \times 333.396}{5 \times 1 \times (1829.2/2)^4} = 7.465 \times 10^{-3}\, MPa/mm \quad \text{(그림 2.9.30)}$$

Edge Conditions and Loading Diagrams	Elastic Stiffness, K_e	Elasto-Plastic Stiffness, K_{ep}	Equivalent Elastic Stiffness, K_E
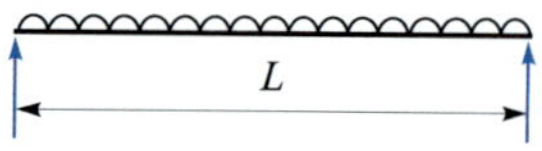	$\frac{384EI}{5L^4}$	——	$\frac{384EI}{5L^4}$

그림 2.9.30 1방향 부재의 탄성, 탄소성 및 등가탄성 강성도

Step 10. 등가 탄성 처짐, X_E 결정하기

$X_E = r_u/K_E = 0.177/(7.469\times10^{-3}) = 23.711\,mm$

Step 11. 부재의 유효질량 결정하기

a. KLM(탄성, 소성 평균) $= (0.78+0.66)/2 = 0.72$

b. 단위질량, m

$$m = \frac{w}{g} = \frac{15.875\times1\times1\times77000\times(N/10^9mm^3)}{9.81\times(10^3mm/10^6ms^2)} = 0.125\frac{MPa-ms^2}{mm}$$

c. 유효단위질량, m_e

$$m_e = K_{LM}\times m = 0.72\times0.125 = 0.090\frac{MPa-ms^2}{mm}$$

Step 12. 진동 고유 주기, T_N 계산하기

$T_N = 2\pi(M_e/K_E)^{1/2} = 2\pi(0.090/7.469\times10^{-3})^{1/2} = 21.811\,ms$

Step 13. 방폭문 판의 응답 결정하기

최대 압력, $P = 0.102\,MPa$

최대 강도, $r_u = 0.177\,MPa$

지속시간, $T = 13.0\,ms$

고유진동주기, $T_N = 21.811\,ms$

$P/r_u = 0.102/0.177 = 0.576$

$T/T_N = 13/21.811 = 0.597$

$C_1 = C_2 = 1$

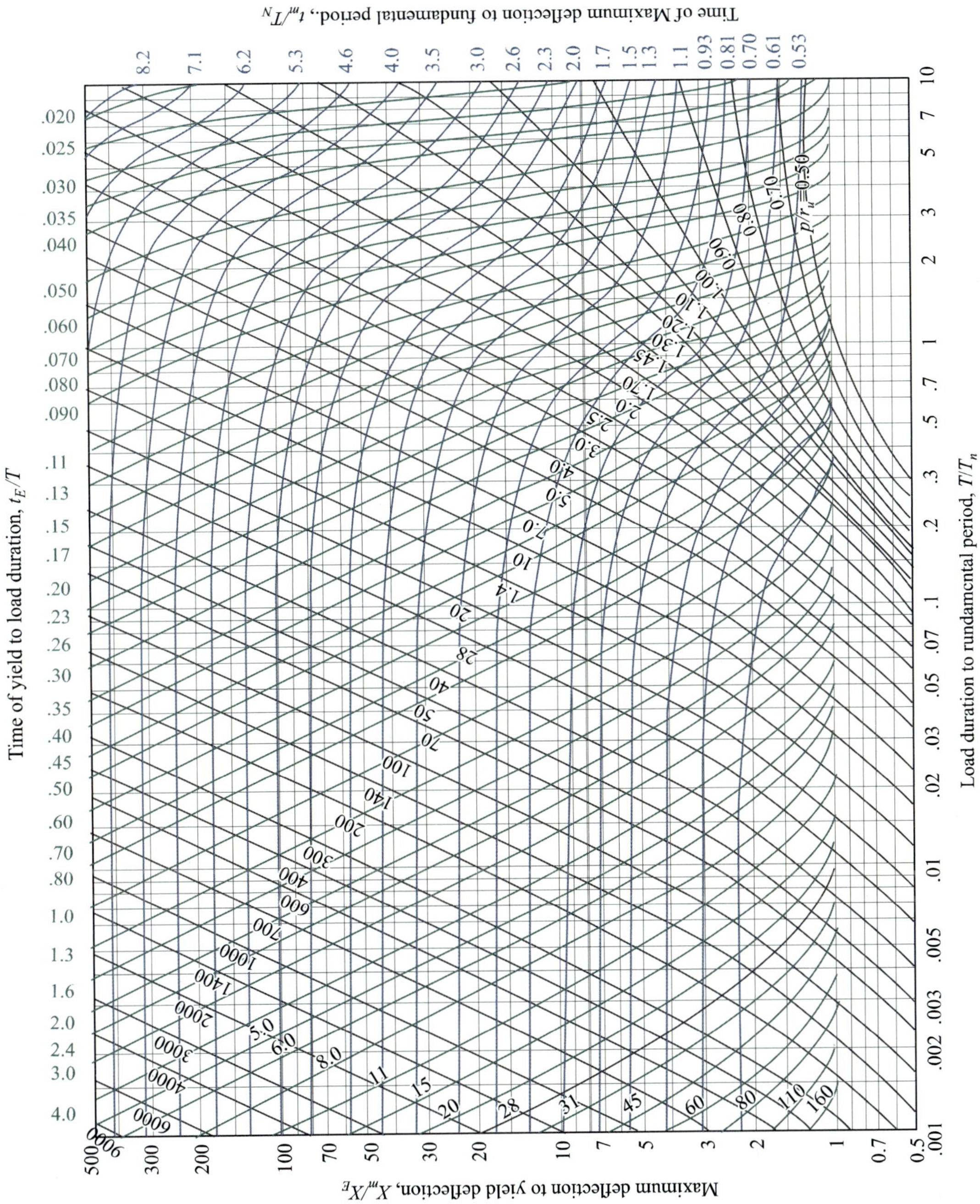

그림 2.9.31 삼각형 2중선형 폭발하중(C1=1,000, C2=1.0)에 대한 단자유계 시스템의 탄소성영역의 최대응답 곡선

$X_m/X_E < 1.0$

이 응답은 탄성이기 때문에, 그림 2.9.32로부터 DLF 값을 결정.

$T/T_N = 0.597$ 이므로, $DLF = 1.3$

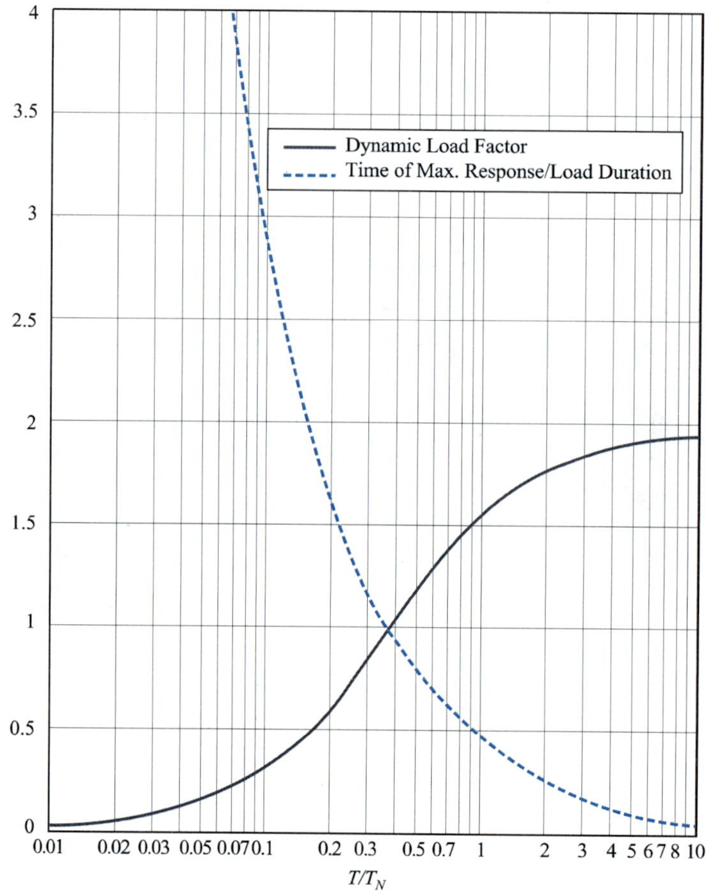

그림 2.9.32 삼각형 폭발하중에 대한 단자유계 시스템의 탄성영역의 최대응답 곡선

Step 14. 회전각 결정하기

$$X_m = \frac{DLF \times P \times X_E}{r_u} = \frac{1.3 \times 0.102 \times 23.711}{0.177} = 17.763mm$$

$\theta = \tan^{-1}[17.763/(1829/2/2)] = 2.225° > 2°$ N.G.

Step 15. 동적증가계수의 선택값 평가하기

탄성응답이기 때문에, t_m을 결정.

$T/T_N = 0.597$ 이므로, $t_m/T = 0.7$ $t_m = 9.1ms$

변형률속도, $\dot{\varepsilon} = f_{ds}/E_s t_E$

응답은 탄성이기 때문에, $f_{ds}=f_{dy}\dfrac{X_m}{X_E}=351.912\times\dfrac{17.763}{23.711}=263.633\,MPa$

$t_E=t_m=0.0091\sec$

$\dot{\varepsilon}=\dfrac{263.633}{204{,}000\times0.0091}=0.142\,mm/mm/\sec$

$DIF=1.31$

초기 $DIF=1.29$

회전각 기준을 만족하지 않기 때문에, 판 두께를 변경해서 Step 2 이하의 과정을 반복함. 이러한 과정을 반복하면, 판 두께 19.05mm일 때 요구사항을 만족한다.

Step 16. 지지 휨 부재 설계

판에 붙여져 있는 앵글 사이즈 L 101.6mm × 76.2mm × 12.7mm 로 가정.

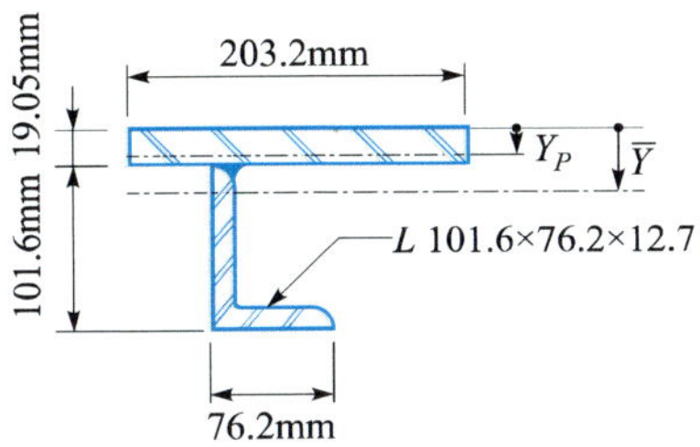

그림 2.9.33 앵글 단면상세

앵글의 연결부위의 거동에 영향을 미치는 판의 유효폭 결정하기

표 2.9.2 판의 유효폭 계산

f_y (MPa)	f_y (ksi)	$b_f/2t_f$
248	36	8.5

$b_f/2t_f<8.5$

$b_f/2$: outstanding flange 이나 overhang 폭의 1/2,

t_f: 판의 두께

$t_f=19.05\,mm$,

$b_f/2<8.5\times19.05=161.925\,mm$ 이면, overhang 152.4mm를 사용하면 됨.

그래서 유효폭=$152.4+50.8=203.2\,mm$

Step 17. 결합부분의 탄성, 소성 계수 계산하기

$\bar{y}$: 외측에서부터 결합부분의 무게중심까지의 거리

$$\bar{y} = \frac{(203.2\times 19.05)\times 19.05/2 + 2096.77\times(101.6+19.05-33.782)}{(203.2\times 19.05)+2096.77} = 36.703\,mm$$

y_p: 완전소성된 결합단면으로부터 중립축까지의 거리

$$y_p = \frac{1}{203.2\times 2}[(203.2\times 19.05)+2096.77] = 14.681\,mm$$

$$I = \frac{203.2\times 19.05^3}{12} + 203.2\times 19.05\times(36.703-19.05/2)^2 + 2{,}101{,}968.699 + 2096.77$$
$$\times(101.6+19.05-33.782-14.684)^2$$
$$= 117{,}065.088 + 2{,}859{,}260.155 + 2{,}101{,}968.699 + 2{,}435{,}857.665$$
$$= 7{,}514{,}151.607\,mm^4$$

$$S_{\min} = 7{,}514{,}151.607/(101.6+19.05-36.03) = 88{,}798.766\,mm^3$$

$$Z = \frac{203.2\times 14.684^2}{2} + \frac{203.2\times(19.05-14.684)^2}{2} + 2096.77\times(101.6+19.05-33.782-14.684)$$
$$= 21{,}906.977 + 1{,}936.695 + 151{,}353.246$$
$$= 175{,}196.918$$

Step 18. 합성부재 설계 위한 Step 4~13의 수행

지지 휨 부재의 설계소성모멘트, M_p 계산하기.

$$M_p = 351.912\times\frac{88{,}798.766+175{,}196.918}{2} = 46{,}451{,}624.57\,N-mm$$

동적극한전단강도, V_p 계산하기

$$V_p = f_{dv}A_w = 193.552\times(101.6-12.7)\times 12.7 = 218{,}526.012\,N$$

지지전단 평가 및 판 전단강도 확인

$$L = 2438\,mm$$

$$V = (0.102\times 1829/2/2\times 2438)/2 = 56{,}853.551\,N < V_p \quad \text{O.K.}$$

극한단위강도, r_u 계산하기

양단 단순지지된 앵글로 가정.

$$r_u = \frac{8M_p}{L^2} = \frac{8\times 46{,}451{,}624.57}{2438^2} = 62.521\ N/mm$$

등가 탄성력 강성, K_E 계산하기

$$K_E = \frac{384EI}{5L^4} = \frac{384\times 204{,}000\times 7{,}514{,}151.607}{5\times(2{,}438)^4} = 3.332\,MPa$$

등가 탄성 처짐, X_E 결정하기

$$X_E = r_u/K_E = 62.521/3.332 = 18.764\,mm$$

부재의 유효질량 결정하기

$K_{LM} = 0.72$

$$m = \frac{49.392}{30.48} + 203.2 \times 19.05 \times 77{,}000 \times 10^{-9} N/mm^3 = 1.620 + 0.298 = 1.918 N/mm$$

유효단위질량

$$m_e = 0.72 \times \frac{1.918}{9.81 \times 10^{-3}} = 0.72 \times 195.515 = 140.771 \frac{N-ms^2}{mm^2}$$

진동 고유 주기

$T_N = 2\pi(M_e/K_E)^{1/2} = 2\pi(140.771/3.332)^{1/2} = 40.840 ms$

방폭문 판의 응답 결정하기 (그림 2.9.32)

최대 압력, $P = 0.102 \times 1.829/2/2 = 0.047 N/mm$

최대 강도, $r_u = 62.521 N/mm$

지속시간, $T = 13.0 ms$

고유진동주기, $T_N = 40.840 ms$

$P/r_u = 0.047/62.521 = 0.00075$

$T/T_N = 13/40.840 = 0.318$

$C_1 = C_2 = 1$

그림 2.9.32를 이용해서,

$\mu = X_m/X_E < 1$

$DLF = 0.83$

회전각 결정하기

$$X_m = \frac{DLF \times P \times X_E}{r_u} = \frac{0.83 \times 0.102 \times 18.764}{62.521} = 0.025mm$$

$\theta = \tan^{-1}[0.025/(1829/2/2)] = 0.000195^\circ < 2^\circ$ O.K.

연결점에서 응력 확인하기.

$$\sigma = \frac{M}{I}y = (\frac{X_m}{X_E} \times M_p) \times \frac{y}{I}$$
$$= \left(\frac{0.025}{18.764} \times 46{,}451{,}624.57\right) \times \frac{36.703 - 19.05}{7{,}514{,}151.607} = 61{,}889.289 \times \frac{17.653}{7{,}514{,}151.607}$$
$$= 0.145 MPa$$

$$\tau = \frac{VQ}{Ib} = \frac{56{,}853.551 \times 203.2 \times 19.05 \times (36.703 - 19.05/2)}{7{,}514{,}151.607 \times 12.7} = 62.677 MPa$$

단면에서의 유효응력

$(\sigma^2 + \tau^2)^{1/2} = (0.145^2 + 62.677^2)^{1/2} = 62.677MPa < 273.031MPa$ O.K.

예제 6

방폭창 설계

Step 1. 설계 조건

a. 시간-압력 하중 곡선 (최대압력: 0.0345MPa)

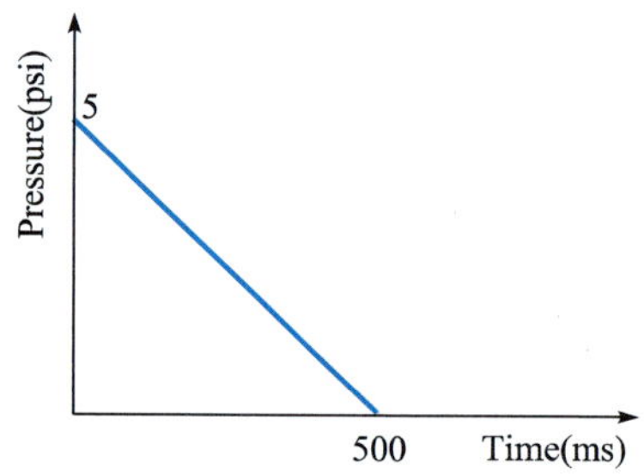

그림 2.9.34 시간-압력 하중 곡선

b. 창의 크기

37.5 x 30 in. (952.5 x 762 mm)

c. 열 강화 유리 (미국 DO-G-1403B/ANSI Z97.1-1984) : 국내 제품의 경우 인증시험결과를 활용해야 함.

Step 2. 가로/세로비

a/b = 1.25

Step 3. 최소 창 두께

a/b=1.25 인 강화 유리 : t=19.05mm로 가정

Step 4. 정적 극한 강도 계산 r_u

r_u=0.1696 MPa

따라서, 창틀은 최대 등분포 압력인 0.1696MPa에 지나친 처짐이 발생하지 않고 지지할 수 있도록 설계되어야 함.

Step 5. 창틀 설계

1. 표 5-4에서 a/b=1.25인 경우의 계수값은 선형보간으로 구하면 된다.

   $C_R = 0.077$, $C_x = 0.545$, $C_y = 0.543$

2. 창틀의 긴 변을 따라 단위 전단력 계산

   $V_x = C_x r_u b \sin(\pi x/a) + r_u w$

$V_x = 0.545 \times 24.6 \times 30\sin(\pi x/37.5) + 24.6 \times 2$
$\quad = 402\sin(\pi x/37.5) + 49.2 lb/in$

3. 창틀의 단변을 따라 단위 전단력 계산

$V_y = C_y r_u b \sin(\pi y/a) + r_u w$

$V_y = 0.543 \times 24.6 \times 30\sin(\pi y/30) + 24.6 \times 2$
$\quad = 400\sin(\pi y/18) + 49.2 lb/in$

4. 창의 코너에서의 상향력 계산 (식 (2.8.3))

$R = C_R r_u b^2$

$R = -0.077 \times 24.6 \times 30^2$
$\quad = -1705 lbs$

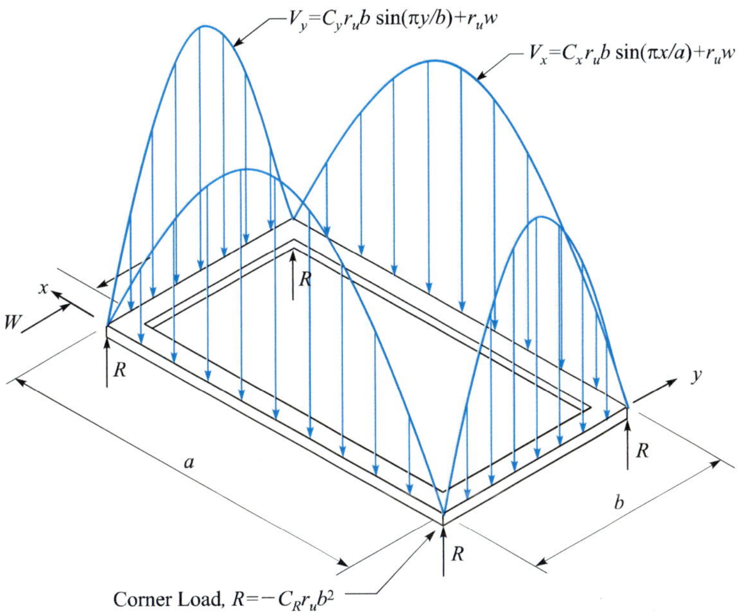

그림 2.9.35 창의 상향력

이 하중을 설계에서 가정된 창틀의 재질과 두께에 대해서 적용하여 일반적인 구조설계 검토를 수행한다.

5. 강화유리 $t = 19.05mm(3/4in)$, $a = 37.5in$, $b = 30in$의 고유진동주기(UFC 3-340-02, table 6-11 참조)

$T_N = 8.74 msec$

$T/T_N = 1000/8.74 = 114 \geq 10$

따라서, 되튐하중에 대한 설계는 필요하지 않다.

방탄시설

제3장

제3장 방탄시설

3.1 하중

방탄 대상무기 화력의 주요 변수는 대표적으로 무기의 질량, 속도, 재질, 직경(구경), 탄두형상 등이다. 방탄 대상무기는 크게 직사화기 (Direct Fire Weapon)와 간접화기 (Indirect Fire Weapon)로 구분할 수 있다 (그림 3.1.1 참조). 직사화기는 시야의 목표물을 직접적으로 타격하는 무기로 정의할 수 있으며 휴대용 (Small Arms)과 대전차 (Anti-Tank) 무기로 분류된다. 휴대용 무기는 소총, 권총, 샷건, 기관총, 자동소총 등이 해당되고, 대전차 무기는 견착 (Should-Fired) 로켓추진유탄 (RPG-7, RPG-18, RPG-22), U.S. M-72 Light Antitank Weapon (LAW) 등이 해당된다. 간접화기는 상당한 거리를 두고 포물선을 그리며 장애물을 넘어 목표를 타격하는 무기로 정의되며, 대표적으로 박격포(Mortar), 작은 로켓 등이 해당된다(UFC 4-020-01). 간접화기(대부분 탄두에 폭발물 탑재)는 직접적 타격이 아닌 박격포탄 등의 폭발에 의한 케이싱의 1차 파편(Primary Fragments)에 대하여 관통 여부를 평가한다.

직사화기는 목표물을 직접적으로 타격하여 관통을 발생시키기 때문에 대부분 방탄설계를 위한 위협수준(무기)으로 고려할 수 있다. 한편, 간접화기의 경우 대부분 탄 및 포가 폭탄을 탑재하고 있으며 포물선을 그려 목표물을 타격하기 때문에 1차 타격은 방폭설계를 위한 위협수준으로 고려할 수 있다. 간접화기의 2차 타격으로 폭발 후 파편에 의한 관통 여부를 고려하여야 한다.

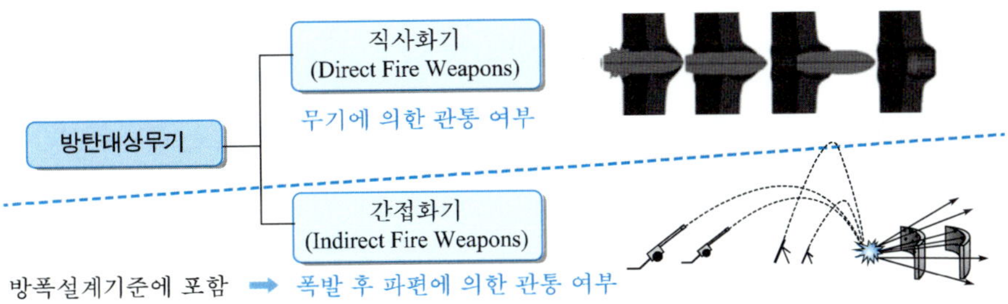

그림 3.1.1 방탄 대상무기의 분류

무기를 직사화기와 간접화기로 구분하여 분류한 결과를 표 3.1.1에 정리하였다. 직사화기 중 구경의 크기에 따라 기관포, 유탄발사기 및 대전차무기 등은 고폭탄을 탑재할 수 있는데, 이 경우 방탄과 방폭을 동시에 고려하여야 한다.

표 3.1.1 무기 분류 사례

분류	무기	구경 (mm)	탄 종류
직사화기 (Direct Fire Weapon)	권총	7.62, 9	보통탄
	소총	5.56, 7.62	보통탄, 예광탄, 철갑탄
	기관단총	7.62~14.5	보통탄, 예광탄, 철갑(AP)탄, 소이탄
	기관포	23~40	철갑(AP)탄, 고폭(HE)탄, 소이탄
	유탄발사기	30~105	고폭(HE)탄, HEAT탄,
	대전차무기	40~130	철갑(AP)탄, 고폭(HE)탄, HEAT탄, 소이탄
간접화기 (Indirect Fire Weapon)	박격포	82~240	고폭(HE)탄
	야포, 자주포, 곡사포	76~203	고폭(HE)탄
	로켓포	107~300	고폭(HE)탄

무기 종류별 화력은 우리 군에 가장 위협이 되는 북한, 러시아 및 중국의 무기를 주요대상으로 한다. 방탄설계에 요구되는 무기의 화력은 인명 살상력보다는 구조물의 관통을 결정하는 요소인 탄의 구경, 무게, 속도, 에너지에 의해 결정되며, 대표적인 방탄대상 직사화기의 종류와 화력은 표 3.1.2을 참조한다.

표 3.1.2 북한, 러시아, 중국의 주요 무기 화력

분류	무기 종류	무기	탄약	나라		구경	무게	탄 속도	에너지	$0.5mv^2$
				생산지	수입	mm	kg	m/s	kJ	kJ
직사화기	권총	Kalashnikov Concern PSM 5.45 mm self-loading pistol	5.45×18	러시아	–	5.45	0.002675	315	0.129	0.13
직사화기	소총	7.62 mm x 39 assault rifles	7.62×39	북한	–	7.62	0.0125	295–310	0.575	0.57
직사화기	권총 기관단총	Any pistol marked 9 x 19 Luger	9×19	러시아	아르헨티나, 칠레, 중국, 러시아	9	0.00745	396	0.583	0.58
직사화기	권총	Tsniltochmash SR–1M 9 mm self–loading pistol	9×21	러시아	–	9	0.008	420–440	0.608	0.74

분류	무기 종류	무기	탄약	나라		구경	무게	탄 속도	에너지	$0.5mv^2$
				생산지	수입	mm	kg	m/s	kJ	kJ
직사화기	권총	Type 68 7.62 mm self-loading pistol	7.62×25	북한	–	7.62	0.00557	505	0.709	0.71
직사화기	소총	VSK-94 9 mm×39 sniper rifle	9×39	러시아	–	9	0.0162	290–310	0.725	0.73
직사화기	소총	7.62 mm×39 assault rifles	7.62×39	북한	–	7.62	0.0075	710–725	2.04	1.93
직사화기	소총 기관총	Suitably chambered rifles, machine guns, or carbines	5.56×45	러시아	아르헨티나, 호주, 벨기에, 러시아	5.56	0.00356	960	1.64	1.64
직사화기	소총	AK-74 5.45 mm assault rifle	5.45×39	러시아	–	5.45	0.003425	870–900	1.34	1.34
직사화기	소총 기관총	Vychlop silenced sniper rifle. ASh-12 assault rifle	12.7×55	러시아	러시아	12.7	0.056	295	2.5	2.44
직사화기	소총	AK-308 7.62 mm assault rifle	7.62×51	러시아	–	7.62	0.00956	838–854	3.4	3.42
직사화기	기관총	Type 7. 7.62 mm machine gun	7.62×54R	북한	–	7.62	0.012	804–835	3.607	3.88
직사화기	소총	Sako TRG-42	7.62×35 .300 Magnum	러시아	러시아	7.62	0.012	950–1,100	6.185	6.12
직사화기	소총	VSS 9 mm×39 suppressed sniper rifle	8.6×70 338 Magnum	러시아	–	8.6	0.0162	915	6.766	6.78
직사화기	기관총	NSV 12.7 mm heavy machine gun	12.7×108	러시아	–	12.7	0.0482	820–860	16.1	16.11
직사화기	기관총	KPV and PTRD rifles	14.5×114	중국, 이집트, 북한, 루마니아	아제르바이잔, 중국, 폴란드, 루마니아	14.5	0.064	988–1,010	31.15	31.24
직사화기	기관포 (Cannon)	Aircraft guns Nudelmann-Suranov NS-23	23×152 B	러시아	불가리아, 중국, 체코, 이집트, 러시아	23	0.184	690–710	46	45.08
직사화기	기관포 (Cannon)	Oerlikon KBA cannon GAU-12/U rotary	25×137	미국	러시아, 벨기에, 캐나다, 프랑스, 독일	38	0.18	1,100	108.9	108.90
직사화기	기관포 (Cannon)	M-110 gun	25×218	중국, 러시아, 북한	북한	25	0.281	900	113	113.81
직사화기	기관포 (Cannon)	30 mm Nudelmann-Richter NR-30 cannon	30×155 B	러시아	러시아	30	0.4025	780	122	122.44

3.2 방탄(관입/관통) 설계

관통을 방지하기 위한 벽체의 소요두께를 관통한계두께, 배면파쇄을 방지하기 위한 소요두께를 파쇄한계두께라 한다. 실험에 의하면 탄체의 관입량이 벽체 두께의 약 70% 미만이 되도록 벽체를 설계하면 탄체의 관통을 방지할 수 있다. 배면파쇄는 탄체가 벽체를 관통하지 않더라도 발생할 수 있으며, 탄체가 벽체 두께의 약 50% 이상 관입하게 되면 배면파쇄가 발생한다. 따라서 콘크리트 파편에 취약한 인원 및 장비를 방호해야 하는 경우, 벽체 두께로 파쇄한계두께를 선택해야 한다. 반면, 배면파쇄가 일어나도 관계없는 시설물 또는 버스터 슬래브(Burster Slab)의 경우에는 관통한계두께를 적용할 수 있다.

보통(GP)탄은 두꺼운 콘크리트와 충돌하게 되면 탄두 끝이 쉽게 변형되거나 파괴되기 때문에 철갑(AP)탄과 반철갑(SAP)탄에 비하여 상대적으로 적게 관입되며 많은 경우에 있어서 콘크리트와 충돌하자마자 폭발하게 된다. 따라서 보통탄의 경우에는 관입효과 보다는 폭발에 의한 효과를 고려하는 것이 바람직하다. 그러므로 콘크리트 관입설계는 강한 충격에도 탄이 변형되지 않는 철갑(AP)탄과 반철갑(SAP)탄을 대상으로 한다.

다양한 재료로 만들어진 목표물에 대한 포탄이나 폭탄의 정확한 관입량을 결정하기란 쉬운 일이 아니다. 그러나 관입량을 알아야만 이에 저항할 수 있도록 설계가 가능하므로 관입량은 방호구조물 설계 시 매우 중요한 고려요소가 된다. 탄체의 관입량에 영향을 주는 요소는 다음과 같다.

① 탄의 특성 : 중량, 구경, 형태, 신관의 종류 및 변형에 대한 저항도

② 충격조건 : 충격속도, 입사각, 편주각

③ 목표물의 특성 : 재료의 강도, 밀도, 연성 및 공극

3.2.1 철근콘크리트의 방탄설계

철근콘크리트 구조의 방탄성능은 관입깊이, 관통방지두께, 배면파쇄두께 및 잔류속도를 통해 평가하며 배면파쇄두께를 기준으로 벽체의 두께를 설계한다. 철근콘크리트 시설물의 방탄설계를 위하여 UFC 4-023-07에서는 식 (3.2.1)과 같이 설계식을 제안하고 있으며, 콘크리트 벽체의 경우 관입깊이, 관통방지두께, 배면파쇄두께 및 잔류속도를 산정할 수 있다. 이 설계방법은 벽체의 뒷면이 공기에 노출되어 있는 철근콘크리트 벽체와 슬래브에 적용 가능하다.

$$P_c = \frac{56.6\left(\frac{m}{D^3}\right)^{0.075}\overline{N}mv^{1.8}}{D^2\sqrt{f_c{}'}}\left(\frac{D}{c}\right)^{1.5}f_{age} + D \qquad \text{(식 3.2.1)}$$

여기서, P_c = 관입깊이, mm

D = 탄의 직경, mm

m = 탄의 질량, kg

c = 굵은골재 최대치수, mm

v = 충돌속도, m/s

$f_c{}'$ = 콘크리트 압축강도, MPa

$\overline{N}$ = 탄두성능계수(낮은 위협수준은 0.91, 보통위협수준은 1.26, 높은 위협수준은 1.39, 매우높은 위협수준은 1.31 채택)

f_{age} = 콘크리트 재령 계수(360일 이상은 1.0, 180일은 1.01, 56일은 1.02, 28일 이하는 1.05 채택)

위 식에서의 탄두성능계수 $\overline{N}$은 다음 식으로부터 유도된 식이다.

$$\overline{N} = 0.72 + 0.25\frac{L_N}{D} \qquad \text{(식 3.2.2)}$$

여기서 L_N : 탄두의 길이

콘크리트 벽체의 관통방지 한계두께 T_{perf}는 다음과 같이 산정한다.

$$T_{perf} = D\left(1.239\frac{P_c}{D} + 1.132\right) \qquad \text{(식 3.2.3)}$$

콘크리트 벽체의 배면파쇄 한계두께 T_{scab}는 다음과 같이 산정한다.

$$T_{scab} = D\left[1.375\left(\frac{P_c}{D}\right) + 2\right] \qquad \text{(식 3.2.4)}$$

잔류속도 V_r은 다음 식으로 산정한다.

$$v_r = v\left(1 - \frac{T_c/D}{T_{perf}/D}\right)^{0.733} \qquad \text{(식 3.2.5)}$$

여기서, v_r = 잔류속도, m/s

v = 충돌속도, m/s

T_c = 벽체두께, mm

충돌하중으로는 탄의 직경, 질량 및 탄두성능계수를 고려하며, 구조물의 경우 콘크리트 압축강도, 자갈 크기 및 콘크리트 재령 계수를 고려하여야 한다.

3.2.2 강구조의 방탄설계

강구조의 방탄성능은 관통방지두께와 잔류속도를 통해 평가한다. 강판의 경우 다음의 설계식을 이용하여 강판의 관통방지두께 T_s와 잔류속도 v_r 산정이 가능하다.

$$T_s = D\left(\frac{vm^{0.5}\cos^{0.8}\theta}{1.125D^{1.5}\log_{10}BHN}\right)^{1.25} \quad \text{(식 3.2.6)}$$

여기서 v : 충돌속도, m/s
D : 탄 직경, mm
T_s : 강판의 관통방지두께, mm
θ : 경사각도
m : 탄의 무게, kg
BHN : Brinell 경도

잔류속도 v_r은 다음과 같이 산정한다.

$$v_r = \left\{v^2 - \left[\frac{1.1275(t/D)^{0.8}D^{1.5}\log_{10}BHN}{m^{0.5}\cos^{0.8}\theta}\right]^2\right\}^{0.5} \quad \text{(식 3.2.7)}$$

여기서 t : 강재플레이트 두께, mm
v_r : 잔류속도, m/s
v : 충돌속도, m/s

강구조의 방탄성능 평가시 탄의 경우 충돌속도, 경사각도 및 탄의 직경과 무게를 고려하며 강구조물의 경우는 Brinnel 경도와 두께를 고려하여야 한다.

3.2.3 철근콘크리트의 파편관입 설계

외피를 갖는 폭발물은 1차 파편을 형성하게 된다. 1차 파편은 매우 높은 초기 속도(305 m/s 속도 수준), 많은 수의 파편, 상대적으로 작은 크기의 특징을 갖는다. 초기 속도와 파편의 크기는 금속 용기의 두께와 폭발물의 형상에 따라 달라진다. 제조 과정에 따라 다른 값들을 갖기 때문에 가장 좋지 않은 경우를 가정하여 설계에 반영한다.

원통형의 용기를 갖고 균등하게 분포된 폭발물의 폭발로부터 발생하는 1차 파편의 초기 속도는 식 (3.2.8)로부터 구할 수 있다. 20%의 안전율을 고려하여 설계 폭발물 질량은 $W = 1.2 W_{ACT}$로 구한다.

$$v_o = (2E')^{1/2} \left[\frac{W/W_c}{1 + 0.5 W/W_c} \right]^{1/2} \quad \text{(식 3.2.8)}$$

여기서, v_o : 파편의 초기속도 (m/s)

$(2E')^{1/2}$: 표 3.1.1의 Gurney 에너지 상수 (m/s)

W : 설계 폭발물 질량 (kg)

W_c : 용기의 질량 (kg)

W_{ACT} : 실제 폭발물의 질량 (kg)

구조물에 대한 파편의 충격 위치가 폭발 위치로부터 6m 이하일 때는 거리에 따른 속도 저감을 무시할 수 있다. 거리가 이보다 먼 경우에는 파편에 대한 공기저항 효과를 고려해야 한다. 거리에 따른 속도 감소는 식 (3.2.9)과 같이 산정한다.

$$\begin{aligned} v_s &= v_o e^{-0.004[(3.28R_f)/(2.205W_f)^{1/3}]} \\ &= v_o e^{-0.0101 R_f / W_f^{1/3}} \end{aligned} \quad \text{(식 3.2.9)}$$

여기서, v_s는 충격속도(m/s),

R_f는 파편의 비산거리(m),

W_f는 설계 파편의 질량 (kg)를 나타낸다.

표 3.2.1 폭발물에 대한 비중량과 Gurney 에너지 상수

폭발물	비중량 (kN/m^3)	$(2E')^{1/2}$ (m/s)
콤포지션 B	16.858	2774
콤포지션 C-3	15.691	2682
HMX	18.514	2972
니트로메탄	11.158	2408
PBX-9404	18.026	2896
PETN	17.239	2926
RDX	17.347	2926
TACOT	15.773	2134

폭발물	비중량 (kN/m^3)	$(2E')^{1/2}$ (m/s)
Tetryl	15.881	2499
TNT	15.963	2438
Trimonite No. 1	10.777	1036
Tritonal (TNT/Al=80/20)	16.858	2316

1차 파편의 두 가지 가능한 형상이 그림 3.2.1에 있다. 표준 파편형상이 곡면 첨두 형상을 갖고 설계 목적으로 사용된다. 구경 밀도(Caliber Density)는 파편 무게와 파편 직경의 관계로 정의된다.

$$D = W_f / d^3 \quad \text{(식 3.2.10)}$$

여기서, D는 kg/mm^3,

d는 파편의 직경(mm)을 나타내고

W_f는 파편의 질량(kg)를 나타낸다.

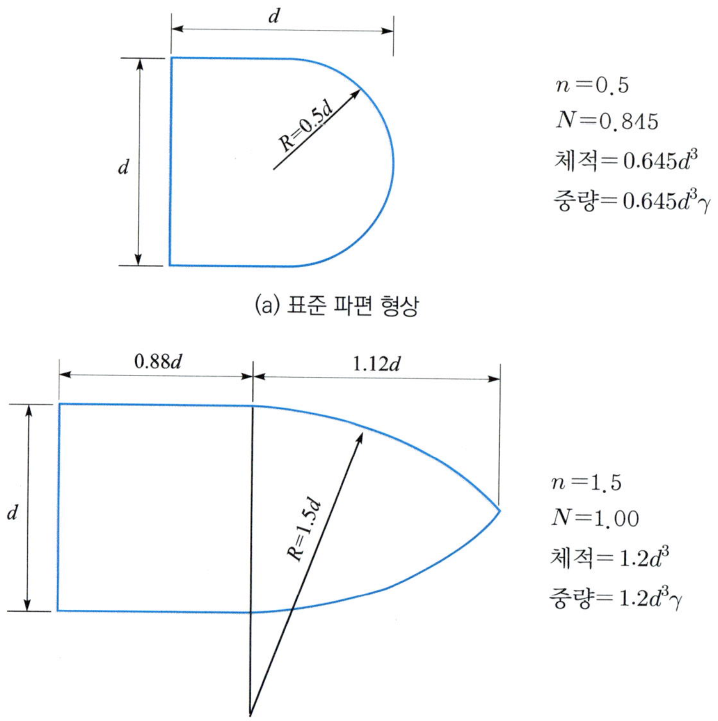

(a) 표준 파편 형상

(b) 대안 파편 형상

그림 3.2.1 1차 파편 형상 정의

탄두형상계수(Nose Shape Factor)는 1차 파편 형상의 영향을 나타내기 위한 것이다. 평평한 첨두를 갖고 고체 형태인 파편은 $N=0.72$를 사용하고 특별한 첨부 형상을 갖는 파편에 대해서는 다음 식을 사용한다.

$$N = 0.72 + 0.25(n - 0.2)^{1/2} < 1.17 \quad \text{(식 3.2.11)}$$

여기서, n은 가정한 파편 첨부의 tangent ogive의 구경 반경을 나타낸다.

콘크리트의 경우 철갑탄(AP탄)의 파편과 그 이외 탄의 파편으로 구분하여 관입, 관통, 배면파쇄 및 잔류속도에 대한 설계식을 제시하고 있다. UFC 3-340-02에서는 1차 파편(Primary Fragments)의 속도에 대한 평가식을 제시하고 있다.

$$X_f = 4.0 \times 10^{-3}(KND)^{0.5} d^{1.1} v_s^{0.9}, \ X_f \le 2d\text{의 경우} \quad \text{(식 3.2.12)}$$

$$X_f = 4.0 \times 10^{-6} KND d^{1.2} v_s^{1.8} + d, \ X_f > 2d\text{의 경우} \quad \text{(식 3.2.13)}$$

여기서, $K = 12.91/(f_c')^{1/2}$

f_c' : 콘크리트 압축강도 (psi)

X_f : AP파편의 최대관입깊이 (in)

K : 관입상수

N : 탄두형상계수

D : 탄두직경

d : 파편직경 (in)

v_s : 충돌속도 (fps)

UFC 3-340-02는 위의 식에 대한 사용자의 편의성을 위하여 콘크리트 압축강도가 4,000 psi (27.6MPa)인 경우와 아닌 경우로 나누어 식을 축약하여 제시하고 있다. 콘크리트 압축강도 $f_c' = 4000$ psi (27.6MPa)의 경우 축약식은 다음과 같다.

$$X_f = 2.86 \times 10^{-3} d^{1.1} v_s^{0.9} \qquad X_f \le 2d \quad \text{(식 3.2.14)}$$

$$X_f = 2.04 \times 10^{-6} d^{1.2} v_s^{1.8} + d \qquad X_f > 2d \quad \text{(식 3.2.15)}$$

위의 축약 식은 다음의 형태로도 나타낼 수 있다.

$$X_f = 1.92 \times 10^{-3} W_f^{0.37} v_s^{0.9} \qquad X_f \le 2d \quad \text{(식 3.2.16)}$$

$$X_f = 1.32 \times 10^{-6} W_f^{0.4} v_s^{1.8} + 0.695 W_f^{0.33} \qquad X_f > 2d \quad \text{(식 3.2.17)}$$

콘크리트 압축강도가 $f_c{}' = 4000\,\text{psi}\,(27.6\,\text{MPa})$이 아닌 경우 다음 식을 통하여 위의 축약식들을 보정할 수 있다.

$$X_f' = X_f\left[\frac{4,000}{f_c{}'}\right]^{1/2} \qquad f_c{}' \neq 4,000\,\text{psi} \tag{식 3.2.18}$$

AP 이외의 파편에 대한 관입의 경우 AP파편의 관입식과 보정계수 k를 이용하여 관입깊이를 구한다.

$$X_f' = kX_f \tag{식 3.2.19}$$

여기서, X_f' : AP 이외의 파편의 최대관입깊이 (in)

k : 케이싱 금속에 따른 상수

X_f : AP파편의 최대관입깊이 (in)

표 3.2.2 재료에 따른 상대적인 관입 계수

강재 종류	상수 k
AP 강재	1.00
연강(mild steel)	0.70
납 (lead)	0.50
알루미늄(aluminum)	0.15

콘크리트의 관통두께는 다음 식을 통하여 산정한다.

$$T_{pf} = 1.13X_f d^{0.1} + 1.311d \tag{식 3.2.20}$$

여기서, T_{pf} : 파편의 콘크리트 관통방지두께

X_f : 파편의 콘크리트 관입깊이

d : 파편 직경 (in)

콘크리트 관통에 따른 잔류속도는 다음 식으로 구한다.

$$v_r/v_s = [1-(T_c/T_{pf})^2]^{0.555} \qquad X_f < 2d \tag{식 3.2.21}$$

$$v_r/v_s = [1-(T_c/T_{pf})]^{0.555} \qquad X_f > 2d \tag{식 3.2.22}$$

여기서, T_c : 콘크리트의 관통방지두께 이하 두께

v_r : 파편의 잔류속도

파편의 배면파쇄(Spalling) 방지두께는 다음 식으로 구한다.

$$T_{sp} = 1.215 X_f d^{0.1} + 2.12d \qquad \text{(식 3.2.23)}$$

여기서, T_{sp} : 콘크리트 배면파쇄(Spalling) 방지두께

X_f : 파편의 콘크리트 관입깊이

3.2.4 강구조의 파편관입 설계

파편에 대한 관통방지 두께 산정은 파편이 AP 강재일 경우와 일반강재인 경우로 나눠진다. AP 강재인 경우에는 식 (3.2.24)을 사용하고 일반강재 파편인 경우에는 식 (3.2.25)을 사용한다. 이 식은 문에 사용하는 강재의 브리넬 경도가 150 이상인 경우에 대한 것이다.

$$x = 7.62(35.274 W_f)^{0.33}(3.2808 v_s / 1000)^{1.22} \qquad \text{(식 3.2.24)}$$

$$x = 5.33(35.274 W_f)^{0.33}(3.2808 v_s / 1000)^{1.22} \qquad \text{(식 3.2.25)}$$

여기서, x는 관통두께 (mm),

W_f는 파편의 질량 (kg),

v_s는 파편의 충돌속도 (m/s)이다.

강재 파편의 일반적인 충돌에 대해서 잔류 속도는 식 (3.2.26)에 의해 산정할 수 있다.

$$v_r / v_s = [1 - (v_x / v_s)^2]^{1/2} / (1 + t/d) \qquad \text{(식 3.2.26)}$$

여기서, v_r : 잔류속도 (m/s)

v_s : 충돌속도 (m/s)

v_x : 두께 t의 강판을 관통하는 임계속도 (m/s)

d : 파편의 실린더부분의 직경 (mm)

3.3 방탄설비 설계

일반적으로 방탄설비(방탄문 및 방탄창호)의 성능이 계산, 해석 등으로 검토되기 어려운 경우 성능시험을 통해 요구되는 하중조건과 성능요구사항을 만족하는지를 검토한 후 설계에 반영해야 한다. 부재 단위의 설계는 콘크리트와 강재 부재의 방탄설계방법을 이용하여 수행 가능하다.

3.3.1 방탄문 설계

방탄문은 기본적으로 2중 강판 구조를 가지며 전면강판과 후면강판 사이의 콘크리트 충전 여부에 따라 강판콘크리트(콘크리트 충전) 방탄문과 콘크리트 미충전 강재 방탄문으로 분류한다.

방호등급에 따른 무기의 충돌하중에 대하여 방탄문을 설계하여야 한다. 통상 방호등급은 특정무기의 폭발조건으로 제시하고 있어 방탄설계를 위해서는 보다 구체적인 위협을 상정할 필요가 있다. 강판콘크리트 방탄문의 경우 강재와 콘크리트가 합성된 구조체에 대하여 관통방지두께를 산정하며, 강재 방탄문의 경우 강재의 관통방지두께를 산정한다.

강판콘크리트 방폭문의 경우 철근콘크리트 및 강판의 관통방지 설계식을 조합하여 단계적으로 방탄두께를 산정할 수 있다. 즉, 전면강판의 관통 후 잔류속도를 콘크리트의 충돌속도로 사용할 수 있으며, 이어 콘크리트의 관통 후 잔류속도가 후면강판에 대한 충돌속도가 된다. 전면강판의 두께를 가정한 후 충전된 콘크리트의 재료 특성과 두께에 따라 후면강판의 두께가 정해지며, 전면과 후면 강판이 동일한 두께 또는 일정 비율의 두께를 가질 경우 반복계산과정을 통하여 최종 두께를 산정한다.

콘크리트 미충전 방폭문은 2개의 강판으로 구성된다. 강판의 방탄두께 산정은 강판콘크리트 방폭문과 유사하게 수행된다. 전면강판의 잔류속도가 후면강판의 충돌속도가 되며, 반복계산을 통하여 두께를 최적화한다.

3.3.2 방탄 창호 설계

방탄 창호는 방탄 성능 요구조건에 따라서 성능 검증된 방탄유리와 창틀 제품을 설계에 포함하여야 한다. 방탄 창호의 위치와 크기의 설정은 위협요소로부터의 조준선 회피를 고려하여 설계한다. 위협요소는 총탄의 종류 및 거리가 명시되어야 하며 그 위협요소가 어떤 탄환으로 몇 m 인지 규정해야 한다.

즉, 방탄 창호의 설계는 위협요소를 정의함으로써 이루어진다. 위협요소는 총탄의 종류 및 거리가 명시되어야 하며 그 위협요소가 어떤 탄환으로 몇 m 인지 규정해야 한다. 위협요소의 정의는 HPW (H.P. White), NIJ (U.S. Department of Justice), British Standards Institute, European Standard, ASTM (American Society for Testing and Materials), UL752에서 규정하는 수준을 정의하거나 “5.56mm FMJ탄 200m 1발 완전방호”, “5.56mm FMJ탄 (M16 소총) 50m 1발 방호, 100m 1발 방호, 또는 200m 3발 방호” 등의 구체적인 요구 성능을 제시하여야 한다.

방탄유리는 한국산업규격「KS L 2004」규격, 또는 미국 DoD규격「MIL-G-5485D」에 따라 반드시 접합유리 형태로 제작된 것이어야 한다. 또한, 방탄유리는 한국산업규격「KS L 2012」규격, 미국 DoD규격「MIL-G-5485D」에 따른 플로트 판유리제품을 사용하여 제작한 것이어야 한다. 유리의 양면 또는 한쪽 면에 안전필름을 겹시공하는 제작 방식을 사용한 유리는 제외한다. 이외의 특수 소재를 활용한 경우에는 공인된 성능검증을 통과한 제품에 한해 설계에 포함할 수 있다.

창틀은 철강재로 창호의 기능과 방탄성능에 따라 설계된 철강 보강재를 사용하여 설계한다. 창틀의 하드웨어는 KS 규격이나 국제 규격품을 사용한다. 창틀은 방탄유리의 중량을 구조적으로 견뎌낼 수 있어야 하며 창틀도 방탄유리와 동등 이상의 방탄성능을 지녀야 한다.

방탄유리 및 창틀의 성능시험은 군사시설의 지역적 특성과 위협을 고려하여 대응 무기체계와 거리를 성능요구사항으로 제시하고 방탄성능시험 절차에 따라 검증된 유리와 창틀을 설계에 반영한다.

방탄유리에 대한 시편 규격은「MIL-G-5485D」6-6-1항 규정을 따를 경우는 405mm×760mm 이고,「UL752」를 따를 경우, 305mm×305mm의 시편으로 시험을 한다. 3발 방호에 대한 성능 검증은 탄착점간 거리는 120mm이고 탄착점간 허용 오차는 -0/+20mm로 한다. 유리의 모서리로부터 탄착점까지의 이격은 최소한 50mm로 설정한다.「MIL-G-5485D」6-6-1항 규정을 참고하여 확인판(Witness Plate)를 설치하여 방탄 시험 평가의 판정에 이용한다. 시험 평가에서 방탄 실패는 총알이나 총알 파편이 유리를 완전히 관통한 경우와 확인판이 잘리거나 총알, 총알파편, 유리파편에 의해 관통된 경우에 대해서 판단 한다. 지역적 특성이 고려되어야 할 경우에는 온도의 영향에 대한 성능 검증을 함께 수행할 수 있다. 방탄 성능 이외의 투시, 침수, 내열, 내한, 취부, 재료 등의 검사는 방폭 방탄 표준시방서를 참고하여 시행한다. 창틀은 방탄유리와 동일조건에서 1 발에 대한 방탄성능 시험을 수행한다.

소총 및 기관총탄 사거리별 탄비행속도 (m/s)는 미국 DoD규격「MIL-STD-662F」에 따른다.「UL752」규정에서의 탄비행속도를 따르는 것을 권장한다.

표 3.3.1 MIL-STD-662F 규정에 의한 총탄 속도

사거리 (m)	탄자 비행 속도 (m/s)				
	5.45×39 mm AK-74	7.62×39 mm AK-47	5.56×45 mm M-16, K-2	7.62×51 mm M-60, M-80	7.62×51 mm AP M2
0	900	710	960.12	835.15	841.46
50	851	668	903.73	800.10	807.16
100	802	618	847.34	765.05	772.87
150	757	575.5	789.43	729.24	740.85
200	713	533	731.52	693.42	708.84
250	671	493	678.18	662.18	676.84
300	629	454	624.84	630.94	644.82

표 3.3.2 UL752에 의한 방탄시험 속도 규격

등급	총기탄약	Grain	Gram	속도 m/s	사격횟수
1	9 mm full metal copper jacket with lead core	124	8	358	3
2	0.357 Magnum jacketed lead soft point	158	10.2	381	3
3	0.44 Magnum lead semi wad-cutter	240	15.6	411	3
4	0.30 Caliber rifle lead core	180	11.7	838	1
5	7.62 mm rifle lead core, full metal copper jacket, military ball	150	9.7	838	1
6	9 mm full metal copper jacket with lead core	124	8	427	5
7	5.56 mm rifle full metal copper jacket with lead core	55	3.56	939	5
8	7.62 mm rifle lead core full metal copper jacket, military ball	150	9.7	838	5

3.4 방탄설계 예제

예제 1

포탄 152mm에 대한 비산물 관통 평가

풀이

Step 1. 관통깊이 계산을 위한 기본 데이터 확보

a. 파편무게, $W_f = 63.5g$

b. 초기파편 속도, $V_{oI} = 1052m/s$

c. 파편의 비산거리(이격거리), $R_f = 12m$

Step 2. 파편의 충돌 위치에 따른 충돌속도(V_s) 선택

표 3.4.1 파편의 충돌 위치에 따른 충돌속도(Vs) 선택

폭발점으로부터 파편 충돌지점의 위치	충격속도	
6m 이하	초기속도 V_{oI}	V_{sf} : 충돌속도 ($10^3 m/s$) R_f : 파편의 비산거리 (m) W_f : 파편의 무게 (g) V_{oI} : 초기파편속도(m/s)
6m 초과	$V_{sf} = V_{oI} e^{-0.004 \frac{3.2808399 R_f}{(0.0352734 W_f)^{1/3}}}$	

$$V_{sf} = V_{oI} e^{-0.004 \frac{3.2808399 R_f}{(0.0352734 W_f)^{1/3}}} = 1052 \times e^{-0.004 \frac{3.2808399 \times 12}{(0.0352734 \times 63.5)^{1/3}}} = 932.70m/s$$

Step 3. 파편의 종류에 따른 관통깊이 산정

표 3.4.2 파편의 종류에 따른 관통깊이 산

파편 종류	관통깊이 산정식	
AP강재	$x = 25.4 \times 0.30(0.0352734 \times W_f)^{0.33}(0.0032808 \times V_s)^{1.22}$	x : 관통두께(mm) W_f : 파편 무게(g) V_s : 파편 충돌속도(mm)
일반강재	$x = 25.4 \times 0.21(0.0352734 \times W_f)^{0.33}(0.0032808 \times V_s)^{1.22}$	

위의 식은 문에 사용하는 강재의 브리넬 경도가 150 이상인 경우 사용.

식 (3.2.24)에서

AP 강재 파편 $x = 7.62 \times (0.0352734 \times W_f)^{0.33}(0.0032808 \times V_s)^{1.22}$

$$= 7.62 \times (0.0352734 \times 63.5)^{0.33}(0.0032808 \times 932.704)^{1.22}$$

$$= 41.84mm$$

식 (3.2.25)에서

일반강재 파편 $x = 5.33 \times (0.0352734 \times W_f)^{0.33}(0.0032808 \times V_s)^{1.22}$

$$= 5.33 \times (0.0352734 \times 63.5)^{0.33}(0.0032808 \times 932.704)^{1.22}$$

$$= 29.28mm$$

파편에 대한 최대 관통깊이는 약 42mm이다. 앞서 설계한 방폭문의 두께 50.8mm는 파편의 관통을 방지할 수 있다.

제4장

화생방 방호시설

제4장 화생방 방호시설

4.1 개요

화생무기는 화학작용제와 생물학작용제를 사용하는 무기체계를 통합하여 부르는 것이다. 화학작용제는 사람 및 동·식물 등에 직접적인 독성효과를 주기 위하여 사용되는 화학물질이며 인원을 살상 혹은 무능화시키는데 주로 사용된다. 화학작용제의 생리적 작용에 따라 신경·수포·혈액·질식·무능화·최루·구토작용제로 구분된다. 생물학작용제는 사람 및 동·식물 등에 질병을 유발시키기 위해 군사작전에 사용하는 미생물과 독소를 말한다. 이러한 생물학작용제는 군 전투병력 및 민간인을 살상 또는 무능화시키기 위해 사용된다. 화학·생물학작용제에 노출되는 인원은 초기에는 보호의와 방독면 착용으로 보호를 받을 수 있으나 광범위한 지역에 장기간 오염형성으로 완전제독이 곤란할 경우에는 이들을 무한정 착용하고 있을 수만은 없다. 따라서 이러한 화생방 오염으로부터 생존성 보장과 지속적인 임무 수행을 위해서 내부 인원을 집단으로 보호할 수 있는 화생방 방호시설을 설치해야 한다. 화생방 방호시설은 재래식 무기나 핵무기 공격으로 발생하는 폭풍과 충격에 견딜 수 있는 구조로 화생방전 시 개인보호장구를 착용하지 않고 원활한 임무 수행을 할 수 있는 쾌적한 환경을 제공하는 시설을 말한다. 이러한 화생방 방호시설을 운용하기 위해서는 필요한 전기, 급·배수, 위생설비 등의 설비를 갖추어야 하며, 방호구역으로 들어오는 인원과 장비에 대한 제독과 출입통제도 필요하다. 건물의 지하 또는 인근 지역 지하에 설치하여 신속하게 대피 해야함으로 화생방 방호시설을 계획하는데 무엇보다 접근성과 주변 환경 등을 고려하여 적정장소를 선정하는 것이 매우 중요하다.

적의 공격 징후가 있을 때 얼마나 미리 경보를 받을 수 있는가 하는 문제는 방호시설을 계획하는 데 매우 중요하다. 대피시간은 국가별로 상이하며 전략적 환경을 고려해서 선정하게 된다. 통상 국내의 경우, 민방위 대피시설로의 대피시간은 5분 이내이며, 대피가 가장 용이한 곳으로 선정한다. 또한, 화생방 방호시설은 설치 목적, 평시 사용 여부 등의 측면뿐만 아니라 지형, 지반 및 기상 등의 제반 조건을 종합적으로 분석 검토하여 적절한 위치와 형태를 결정하여야 하고 이때 현지의 지형 상황, 지반 조건 또는 기후 특성에 대한 철저한 사전 조사가 선행되어야 한다. 화생방 방호시설의 설치 목적은 화생방 방호시설 내에서 지휘, 통제, 통신 등의 임무 수행을 목적으로 할 경우와 단순 대피를 통해 인원 보호만을 목적으로 할 경우 두가지로 나눌 수 있다. 화생방 방호시설을 평시에도 사용하는 경우 상당한 폭격에도 견딜 수 있는 견고한 구조체로, 평시에는 일반 통로로 인원이 출입하지만 화생방전 시 일반 통로가 폐쇄되고 오염통제구역을 통해서만 출입하도록 하여 내부의 청정상태를 유지하여야 한다. 한편, 대피를 통해 인원 보호만을 목적으로 할 경우로 민방위 대피시설은 평시에는 주차장, 창고, 스포츠 공간 등 다목적으로 사용할 수 있는 공간에 설치하는 것이 바람직하다. 방호시설이 지중에 위치하는 것이 방호적 측면에서 최선의 방안이며 암반을 굴착하는 것이 최상의 방호이다. 방호시설이 경사지에 위치하여 일부는 지하에 일부는 지상에 드러나는 경우 가능한 방호구역은 지하에 두는 것이 좋다. 만약 지하에 두는 것이 곤란한 경우 건물의 중앙부를 방호구역으로 하는 것이 좋으며 그 위에 상층이 있는 것이 좋다. 수목에 의한 통풍 저항으로 인하여 공기 이동이 지체 될 수 있기 때문에 화생방 방호시설은 주변에 수목이 밀집한 곳은 피하는 것이 좋다. 또한, 방호시설 주위에 대해서는 가능한 수목이나 돌출된 돌 또는 인공 구조물들이 없도록 하여 화생방 작용제가 정체되지 않고 쉽게 통풍될 수 있도록 하여야 한다. 이밖에 계획 시에 감안 해야 할 설계 사전 고려요소로는 침수 가능성 및 배수 용이성, 지하수 또는 습기 침투 가능성 등이 있다. 공기흐름에 의한 작용제의 확산을 위해서는 지형적 특성이 제공하는 통풍 효과도 고려해야 하지민 해당 지역의 기상 특성이 제공하는 통풍 효과도 매우 중요하다. 일반석으로 바람이 있는 지역이 바람직하며 출입구의 출입 방향이 주 풍향과 반대 방향으로 하여야 한다.

4.2 화생방 방호시설 설계

방호시설의 소요면적은 다음과 같은 설계요소에 대한 충분한 검토를 통하여 결정되어야 한다. 방호시설의 단순 대피용이라면 대피 인원수나 대피 중의 대기자세(보통 앉은 자세 기준) 등 소수의 고려요소만으로 소요면적을 쉽게 도출할 수 있으나 지휘·통제 시설은 소요면적 영향요소가 복잡다양하기 때문에 특정 기준을 일률적으로 적용해서는 안 된다. 지휘·통제를 주 임무로 하는 조직의 경우 종합상황실에 중점을 두고 면적 소요를 산출해야 한다. 따라서 시설의 계획자 또는 설계자는 방호시설에 대해 충분히 협의하여 필요한 핵심 및 부수 구역의 종류와 각 구역별 소요면적을 합리적으로 결정하여야 한다. 환기 측면에서는 분리구역이 많은 것이 좋지 않으나 피폭 피해의 최소화 측면에서는 구획화(Partitioning)가 중요하므로 양측 면을 균형 있게 고려하여야 한다. 방호등급과 방호수준에 따라 벽체 두께가 달라짐은 물론 내부 설비의 종류와 수량이 달라지며 이에 따라 시설의 소요면적도 달라진다. 방호등급과 방호수준이 높을수록 필수적으로 두어야 하는 장비들로 그만큼 소요면적이 늘어난다.

4.2.1 방호시설의 규모

단순 대피용 시설의 경우 사람이 앉은 자세의 점유면적을 고려하며 "민방위 업무 지침"에서 민방위 정부지원 주민대피시설의 1인당 소요면적은 1.43m^2이다. 이는 1인당 대피전용면적 1m^2정도와 이동통로 등의 공용면적을 0.43m^2를 포함한 것으로 대피인원 1인이 누워서 쉴 수 있는 공간을 말한다. 또한, 민방위 공공용 대피시설의 소요면적은 1일 미만의 단기 대피 목적의 시설로 1인당 소요면적 기준을 0.825m^2이며, 소요면적 한국 성인의 평균 신체 크기를 기준으로 45°의 가부좌 자세를 가정하여 최소 소요면적 0.456m^2과 공간 내 이동 공간 0.369m^2를 합산한 값이다.

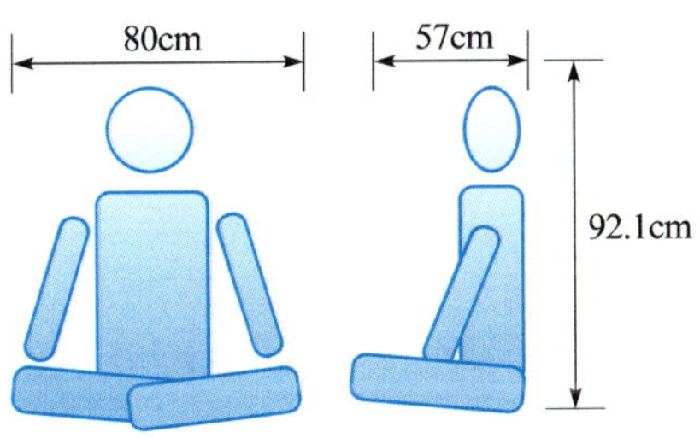

- 성인 남자 평균 신체 크기
  - 신장 : 170.6cm
  - 어깨길이 : 43.3cm
  - 앉은키 : 92.1cm
  - 엉덩이에서 무릎길이 : 57cm
- 평균 성인 남자의 신체 크기를 기준으로 가부좌(45° 기준) 자세를 취했을 경우 최소 소요면적 0.456m^2

· 출처 : 행정안전부 "민방위 업무 지침서"

그림 4.2.1 민방위 공공용 대피시설 소요면적 산출 기준

위의 최소면적 기준은 생리학적으로 필요한 공기량을 결정하는데 있어서 외부 공기를 끌어들이지 않고 사용할 수 있는 가능성을 고려한 수치이다. 1인당 공간용적이 2.5m^3의 용적은 이산화탄소의 허용 한계치인 3%에 도달할 때까지 약 3시간을 견딜 수 있게 해준다. 이에 따라 천정의 최소 높이는 2.5m 이상 되는 것이 적절하다. 또한, 무해구역 내 지휘본부, 종합상황실 등 주요 업무가 평시에 이루어질 때 시설의 계획자 또는 설계자는 충분히 협의하여 필요한 핵심 및 부수 구역의 종류와 각 구역별 소요면적을 합리적으로 결정하여야 한다.

표 4.2.1 방호시설 최소면적기준

구분		1인당 소요면적(m^2)	용적(m^3)	총면적에 대한 평균비율(%)
무해(청정)구역	지휘본부 또는 종합상황실	7	17.5	70 (공용면적 포함)
	단순 대피용	1.43	3.58	
오염통제구역		$60m^2$ ± 10% (전실 포함)		1
청정기계실		실소요 적용	–	14
오염기계실		실소요 적용	–	15

· 출처 : 소방방재청 "민방위 시설장비 운영 매뉴얼"

4.2.2 양압

양압이란 외부의 오염된 공기가 건물 안으로 침투하지 못하도록 하고 제독을 위한 공기가 자연스럽게 외부로 흐르도록 대기압보다 높은 압력을 유지하는 것이다. 따라서 양압이 높을수록 외부 오염 공기의 침투방지에 효과적이며 방폭밸브를 줄일 수 있는 장점이 있으나 정압이 높아짐으로 소요 동력이 커져 운용유지비가 많이 든다. 화생방 방호시설의 양압 수준은 아래의 베르누이 방정식을 사용하여 결정한다.

$$P = 0.00048\,V^2 \qquad \text{(식 4.2.1)}$$

여기서, P = 공기 흐름에 의한 압력(wg)

V = 공기의 흐름 속도(mph)

식 (4.2.1)에서 'wg'란 물 1inch 높이의 압력을 나타내는 기압으로서 1wg는 약 250Pa에 해당하며, 1mph(mile/hour)는 0.447m/sec에 해당한다. 위 식에 의하면 실내압을 바깥보다 50Pa(0.2wg) 정도 높게 유지시키면 이론적으로 풍속 9m/s 바람에 동반하는 오염 공기의 침투를 막을 수 있다. 그러나 외부의 풍속뿐만 아니라 내·외부 간의 온도 차, 지형조건, 건물의 기밀상태 등 다른 변수에 의해 외부의 오염 공기가 내부로 침투할 가능성이 있으므로 보다 확실한 안전을 보장하기 위해서 이보다 높은 양압의 유지가 요구된다. 국·내외 자료를 종합적으로 검토한 결과 무해구역의 양압 수준은 250~300Pa 적합하며, 이를 기준으로 각 실마다 0.2wg씩 감소시킨 양압 수준이 적합한 것으로 판단된다. 표 4.2.2에 각 실의 양압 기준을 나타내었다.

표 4.2.2 화생방 방호시설 구역별 양압기준

구역	기준압력(Pa)
무해구역	250
공기폐쇄실	210
기체오염구역	170
액체오염구역	125
전실	80

· 출처 : 소방방재청 "민방위 시설장비 운영 매뉴얼"

4.2.3 환기량

환기란 어떤 공간에 있는 공기의 오염을 막기 위하여 실외로부터 청정한 공기를 실내에 공급하고 실내의 오염된 공기를 실외로 배출하여 실내의 오염 공기를 제거 또는 희석 시키는 것을 의미하고 재실자에게 신선한 외기를 공급하기 위한 것이다. 화생방 방호시설 건물의 특성상 사람이 장시간 동안 지내기에 쾌적한 환경이 유지될 수 있도록 환기시설이 설계되어야 한다. 표 4.2.3은 다중이용시설에 대한 국내 환기설비 설치기준으로 화생방 방호시설에도 적용이 가능하다.

표 4.2.3 다중이용시설에 대한 환기설비 설치기준

구역	필요 환기량(m^3/인·h)	환기 횟수(회/h)
지하철역	25 이상	0.5 이상
지하상가	25 이상	0.5 이상
지하주차장	25 이상	3 이상

· 출처 : 국토교통부 "건축물의 설비 기준 등에 관한 규칙

국·내외 문헌에 따르면 각국의 방호시설이 대피인원 1인당 필요한 환기량은 상이함을 알 수 있다. 국내의 경우 가스입자여과기 작동 시 지휘본부 및 종합상황실에는 최소 17m^3/인·h, 단순대피 시 10m^3/인·h, 재래전 혹은 평시(가스입자여과기 미작동 시) 25m^3/인·h 기준으로 하여야 하며, 총 환기량은 수용 인원수, 활동내용, 양압, 내부용적 등을 고려하여 결정하여야 한다. 민방위 시설의 경우 단순 대피를 적용하기보다는 충무계획에 의한 지휘본부 및 특수목적 등으로 시설물 이용을 고려하여 양압, 환기, 면적, 용적 등 많은 부분을 중첩하여 고려하여야 한다. 국·내외 자료들을 검토한 결과 국내 실정에 적합한 1인당 필수환기량 기준은 표 4.2.4와 같다.

표 4.2.4 환기량 기준(1인당 필수환기량)

화생방전 시		재래전 혹은 평시
지휘본부 활동	단순 대피 시	
$17m^3$/인·h	$10m^3$/인·h	$25m^3$/인·h
가스입자여과기 작동 시		가스입자여과기 미작동 시

· 필요환기량(m^3/인·h) : 1시간 동안 1사람당 필요한 신선한 외부 공기량(m^3)
· 출처 : 소방방재청 "민방위 시설장비 운영 매뉴얼"

총 환기량은 수용 인원수, 활동내용, 내부용적 등 종합적으로 검토하여 결정해야 한다. 공조시설이 없는 추가 환기량 계산은 상기 1인당 필요 환기량에 컴퓨터, 전기스토브 등과 같은 추가 열원이 있을 경우 다음 식 (4.2.2)을 이용하여 추가 환기량을 계산한다.

$$Q = \frac{H}{0.3(t_i - t_o)} \quad \text{(식 4.2.2)}$$

여기서, Q = 환기량(m^3/h)
H = 시간당 제거해야 할 현열(Sensible Heat)
$(t_i - t_o)$ = 안과 밖 공기의 온도 차

또한, 화생방 방호시설은 밀폐형 구조로 인원의 피난이나 소화 활동 등에 장애가 되는 화재 연기는 신속하게 실외로 배출될 수 있도록 배연대책이 반드시 고려되어야 한다.

4.2.4 화생방 방호시설 구역별 설계

화생방 방호시설은 오염된 인원이 제독 절차를 거쳐 내부로 출입하는 오염통제구역과 시설을 운영하는데 필요한 설비와 장비가 설치된 기계실, 인원이 거주하며 활동하는 무해구역으로 구성된다. 기계실은 다시 외부의 오염된 공기를 깨끗한 공기로 정화시켜 내부로 공급하는 가스입자여과기 등 오염으로부터 보호가 필요한 장비 및 설비가 있는 청정기계실과 비상발전기나 보일러와 같이 오염된 공기에 영향을 받지 않는 장비 및 설비가 있는 오염기계실로 구분된다.

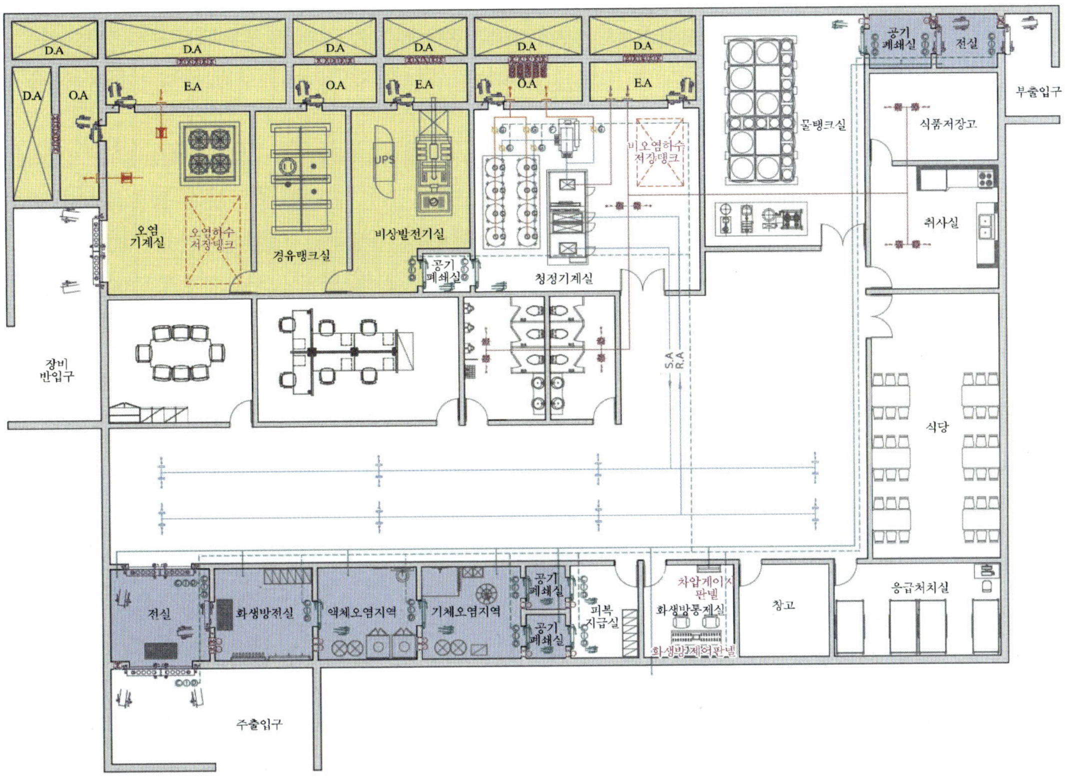

범례						
	방폭문	여과기	방폭겸용 역류방지밸브	가스차단밸브	배기공기	무해구역
	가스차단문	방폭밸브	매립형 역류방지밸브	오염공기	차압배관	오염통제구역
	일반문	급기용 방폭밸브	덕트형 역류방지밸브	청정공기	화생방 자동제어	오염지역

그림 4.2.2 화생방 방호시설 개념도

오염통제구역은 화생방전 시 무해구역으로 진입하기 위해 외부에서 오염 인원 및 장비 물자에 대하여 제독을 실시하는 곳으로 전실, 액체오염지역, 기체오염지역, 공기폐쇄실로 구성되며, 무해구역의 공기가 양압에 의해 오염통제구역의 각 실을 거쳐 출입구 쪽으로 자연스럽게 흐를 수 있도록 역류방지밸브 등을 설치한다.

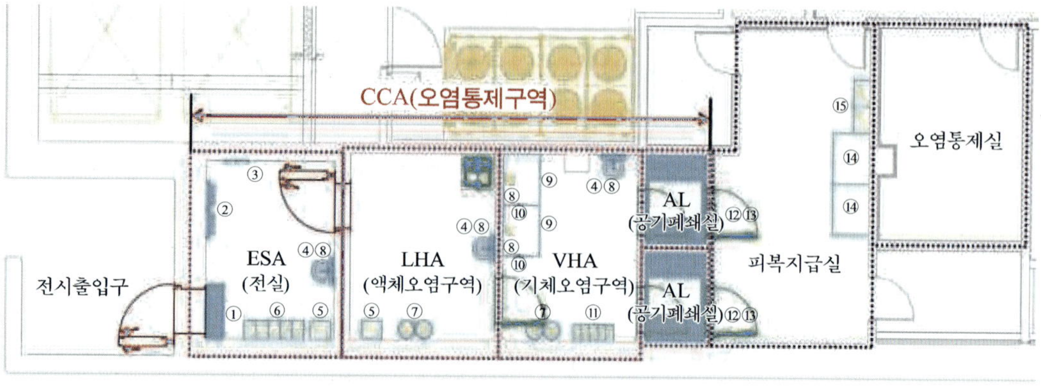

그림 4.2.3 오염통제구역 개념도

(1) 전실(ESA, Equipment Store Area)

오염통제구역의 첫 번째 격실로 근무자는 전실 앞에서 출입 인원에 대해 오염탐지기 등을 이용하여 출입 인원의 오염 정도를 확인한다. 오염된 신발은 수용성 제독제와 흙의 혼합물을 담은 스테인레스제 박스에 제독한 후 전실로 입장한다. 전실로 들어와 그 입구에 설치된 금속 격자망 위에서 신발에 묻은 흙을 털고 개인보호 장비 및 장구류를 지정된 장소에 위치시킨 후 액체오염지역으로 입장한다. 설계 시 확인사항으로 전실 출입문은 방폭문을 설치하고, 출입문 벽체에 방폭밸브를 설치한다. 오염통제실에서 전실 바깥의 상황과 전실 내부를 볼 수 있도록 방폭문 바깥과 전실에 CCTV용 카메라를 각각 설치한다. 또한, 전실과 액체오염지역 사이에 액체오염지역 쪽 벽에 인터폰을 설치한다.

바닥은 스테인리스 스틸 격자망 형태의 바닥 배수구를 설치하며 실내 내부는 전면에 모두 우레탄 또는 에폭시 페인트로 도장하고 전실은 바닥의 크기는 비품 소요들을 고려하여 설계한다. 조명의 조도는 400룩스 이상(바닥면 기준)이어야 하며, KS 인증을 받은 고효율 조명등으로 방진 및 방습성능을 가진 제품을 설치해야 한다. 또한, 정전 시를 대비하여 충전식 비상조명등과 덮개가 있는 콘센트를 벽에 설치한다. 전선관은 노출 설치가 원칙이며, 벽체 통과 시 가스차단접속관을 사용한다.

(2) 액체오염지역(LHA, Liquid Hazard Area)

보호의, 방독면 및 보호장갑을 착용한 상태에서 제독킷을 이용하여 보호의, 방독면, 보호두건, 전투화덮개, 보호장갑 등 오염된 부분을 제독한 후 신발과 함께 벗어 오염물수거통에 넣는다. 그리고 내의와 방독면을 착용한 채로 기체오염지역으로 입장한다. 설계 시 확인사항으로 기체오염지역으로 통하는 출입문은 가스차단문으로 설치하며, 기체오염지역 쪽으로 열리도록 하여야 한다. 가스차단문에는 30cm×30cm의 기밀 성능이 있는 강화 유리창을 설치하여 인접 한 실 내부가 잘 보이도록 한다. 가스차단문이 있는 벽체 상부 또는 문 옆에 역류방지밸브를 설치한다. 오염통제실과의 통화를 위한 인터폰을 가스차단문 근처에 설치한다. 조명, 전기 및 도장은 전실과 동일한 기준을 적용하며 스테인레스 스틸 소재의 세면기와 세면겸용 샤워기를 부착한다. 기타 비치해야 할 비품(오염물수거통, 거울(벽체 고정), 제독킷보관함)은 스테인리스 스틸 제품을 원칙으로 한다.

(3) 기체오염지역(VHA, Vapor Hazard Area)

오염통제구역의 세 번째 격실로 내의를 탈의하여 플라스틱 주머니 또는 비닐에 넣으며 손은 제독킷으로 제독한 후 내의와 함께 폐기통에 넣는다. 샤워가 필요한 인원에 대해서는 방독면을 착용한 상태에서 머리카락에 물을 부어 씻는다. 이때 비눗물은 방독면 정화통의 여과기를 손상시킬 우려가 있으므로 사용해서는 안 된다. 다시 손을 씻은 후 방독면을 탈의하여 보관함에 놓고 사워를 실시한 후 공기폐쇄실로 입장한다. 설계 시 확인사항으로 공기폐쇄실 쪽 출입문은 가스차단문으로 한다. 가스차단문이 있는 벽체의 적절한 위치에 역류방지밸브 및 인터폰을 설치한다. 스테인레스 스틸 소재의 세면기와 세면겸용 샤워기(최소 2개 이상)를 설치하고 샤워실 벽체 및 바닥은 방수처리 하여야 한다. 샤워 시 물이 주변으로 튀지 않도록 샤워 커튼을 설치하며 샤워 커튼은 오염물질의 세척이 용이한 고무 또는 비닐 계통의 재질을 사용한다. 조명, 전기 및 도장은 전실과 동일한 기준을 적용한다.

(4) 공기 폐쇄실(AL, Air Lock)

공기폐쇄실(AL)은 공기 흐름을 이용하여 인체에 일부 묻어있을 수 있는 기체작용제를 최종적으로 제독하며, 오염 공기가 청정구역으로 침투하는 것을 방지한다. 설계 시 확인사항으로 공기폐쇄실 최소 2개소 이상 설치를 원칙으로 한다. 1개소 최대 면적은 안목치수 120cm(길이)×150cm(폭) 이하로 하며 시간당 6명 사용을 기준으로 소요를 산출한다.

공기폐쇄실 내 인터폰과 타이머를 설치하며 가스차단문은 기체오염지역에서 들어가는 문과 무해구역으로 나가는 문이 동시에 열리지 않도록 하는 전자식 개폐장치(인터로킹)를 설치한다. 또한, 공기폐쇄실 안의 인원 유무를 밖에서 볼 수 있도록 가스차단문에 강화유리로 된 기밀 유리창을 둔다. 천정은 송출 공기가 내부에 고르게 확산 될 수 있도록 스테인레스제 다공판을 설치한다. 다만, 조도손실이나 CCTV 카메라 시야 방해 등의 문제가 발생할 경우 화학제에 대한 내부식성을 갖춘 투명 아크릴 다공판을 사용할 수 있다. CCTV 카메라는 공기폐쇄실에 가까운 무해구역 천정에 설치하여 오염통제실에서 CCTV로 볼 수 있도록 한다.

(5) 무해구역

무해구역은 인원이 개인보호 장비 없이 안전하게 임무 수행이나 휴식할 수 있는 환경을 제공하기 위하여 정화된 공기를 공급하는 방호시설의 주요 생활공간이다. 무해구역은 필수 인원을 수용할 수 있는 크기이어야 하며 무해구역에서 정상 활동이 가능하도록 필요한 물품, 식량, 식수, 침대, 구급장비 및 개인보호 장비를 비치할 장소 및 물품이 구비되어있어야 하며 화생방전 시 반드시 오염통제구역을 통하여야 한다. 설계 시 확인사항으로 무해구역은 필요 시설의 종류 및 소요면적에 따라 결정되며, 단순 대피만을 목적으로 할 경우에는 필요 소요면적을 적절히 줄일 수 있다. 무해구역 내에 설치된 모든 배관 및 덕트는 노출을 원칙으로 한다. 천정 텍스를 설치해서는 안 되며 피폭 시의 충격으로 인해 배관이나 덕트가 변위 또는 이탈되지 않도록 진동을 흡수할 수 있는 장치를 설치하도록 한다. 천정·벽체·바닥은 노출 콘크리트 위에 수성페인트 도장을 원칙으로 하며 복도에 방송설비, 화재감지/경보설비, 소화설비, 충전식 휴대용 조명등, 비상구/비상통로 유도등을 설치한다. 오염통제실은 CCTV 모니터(오염통제구역 각 실, 오염통제구역 외부출입구 앞 및 공기폐쇄실 외측 무해구역 쪽)를 통해 감시한다. 또한, 오염통제구역 각 실 양압 압력계, 원격조정 도어개폐장치로 오염통제구역 각 실의 출입문을 제어한다. 무해구역 내에 배치되는 일반시설로는 지휘본부, 생활관, 회의실, 사무실, 취사실, 식당, 화장실, 피복지급실, 의무실 등이 있다. 취사실은 조리가 가능한 싱크대가 설치된 취사실을 둘 수 있으며 이때 전기식 취사용 가열장치를 원칙으로 한다. 식당은 최소 0.2m^2/인(주방 제외) 면적 이상의 식당을 설치해야 하며 식탁과 의자를 갖추고 식당 공간은 휴게실을 겸한다. 화장실은 남녀 분리하여 설치하며, 대변기는 60명당 1개, 여자용은 20명당 1개, 남자용 소변기는 30명당 1개 원칙으로 한다. 피복지급실은 착의실 2곳, 피복 보관함 등은 둔다. 의무실 혹은 응급치료실은 침대, 탁자, 세면기, 전기스토브 등은 둔다. 식품저장고는 방호도에 따른 생존일수 및 인원수를 고려하여 비상 식품의 저장 공간 소요를 결정한다.

(6) 오염통제실

오염통제구역(전실, 액체오염구역, 기체오염구역, 공기폐쇄실) 내 오염에 노출된 출입 인원을 제독하고 출입을 통제하기 위한 공간이다. 설계 시 확인사항으로 오염통제실의 위치는 무해구역 안의 오염통제구역 중 공기폐쇄실 가까운 곳에 두는 것을 원칙으로 한다. 오염통제실 전실 출입구 실외측의 각종 화생방작용제 오염 여부를 오염통제실에서 확인할 수 있어야 한다. 오염통제실에서는 오염통제구역 각 실의 양압을 측정할 수 있는 게이지가 설치되어야 하며 각 실을 감시할 수 있는 CCTV 모니터와 유사시 오염통제구역 내부 인원을 통제할 수 있는 방송설비를 갖추어야 하며 감시제어반에는 오염통제구역 내의 방폭문 및 가스차단문의 개폐(인터로킹) 통제 및 개폐 여부를 확인할 수 있어야 한다.

(7) 중앙통제실

중앙통제실은 각 격실(전실, 액체오염구역, 기체오염구역, 공기폐쇄실, 무해구역, 청정기계실, 오염기계실 등)에 대한 양압 정보, 가스입자여과기, 송풍기 등의 동작 상태, 각종 밸브류 및 출입문 개폐 상황 등 설비의 이상을 감지함과 동시에 신속히 대처할 수 있도록 화생방 방호시설 운영을 위한 각종 게이지, 감시장비 등에 대한 감시 채널을 구비하여야 한다. 설계 시 확인사항으로 중앙통제실의 위치는 청정기계실 안 또는 청정기계실에 가까운 곳에 두는 것을 원칙으로 한다. 중앙통제실에서는 청정 및 오염기계실을 감시할 수 있는 CCTV 모니터를 포함하여 제반 설비의 작동 상태 등 화생방 방호에 필요한 각종 사항들에 대해 감시 및 제어할 수 있는 감시제어반을 갖추어야 하며, 유사시 기계실 내부 인원을 통제할 수 있는 경보 및 방송설비를 갖추어야 한다. 감시제어반은 주요 설비계통도가 그려진 판 위에 계기·작동표시등·동작스위치 등을 두는 것을 원칙으로 한다. 각종 설비의 운전·유지관리·정비 등에 관한 요령을 기록한 매뉴얼이 상시 비치되어 있어야 한다.

(8) 기계실

기계실은 방호시설 운용에 필요한 각종 장비 및 설비가 설치되는 곳이며, 화생방전 시 이들 장비를 운용하고 정비 및 보수하는데 문제가 없도록 설계되어야 한다. 기계실은 청정기계실(CMR, Clean Mechanical Room)과 오염기계실(DMR, Dirty Mechanical Room)로 나누어진다. 청정기계실은 화생방전 시 비오염지역으로 가스입자여과기, 송풍기, 냉난방기, 모터제어판, 식수펌프, 온수히터, 급수저장탱크 및 청정상태를 유지해야 하며 청정기계실은 무해구역에서 접근할 수 있어야 한다. 오염기계실은 비상발전기, 보일러, 냉방응축기(실외기) 등 대용량의 공기가 필요한 장비가 설치되며, 오염기계실은 평시에 청정기계실과 오염기계실 사이에 가스차단문을 통하여 들어갈 수 있으나, 화생방전 시 청정기계실과 오염기계실 사이의 문은 잠겨져 옥외로만 들어갈 수 있다. 비상발전기는 방호시설에 필요한 용량으로 설계해야 하나, 평시에 사용하는 전력 수준으로 공급할 경우 발전기의 용량도 커야 할 뿐만 아니라 확보해야 할 연료도 적지 않다. 따라서 조명은 평시의 30% 정도로 하되 가스입자여과기, 송풍기, 컴퓨터, 통신장비, UPS, 급·배수 동력모터, 냉온수기 정도만 가동시 킬 수 있는 용량으로 한다.

4.2.5 화생방 방호시설 공종별 설계

(1) 전력설비

전원은 평시와 전시(비상 시)를 구분하여 운용하며 평시에는 외부 상원전원 변전설비에서 공급받고 전시(비상 시)에는 3상 4선식 380/220V 비상발전기를 통해 전원들 공급한다. 설계 시 확인사항으로 비상발전기의 용량은 클수록 좋으나 발전기의 소요 공간이 커지는 만큼 필요한 전력 소요를 판단하여 이에 맞는 발전기를 설치하며 건물의 방호도에 따라 예비 비상발전기와 함께 설치할 수 있다. 비상발전기용 연료탱크는 화생방 방호시설의 전체 설계배치를 감안하여 설치 위치를 결정하며, 외부 폭압의 유입을 방지하기 위하여 통기관이 실외에 노출될 경우 연료탱크에 통기용 방폭밸브를 설치하는 것은 원칙으로 한다.

무정전전원장치(UPS)는 3상 4선식 인입 380/220V, 출력 380/220V를 설치하여 최소 30분 이상 주요 전자장비에 대한 전원을 공급하여 일시적인 정전으로 야기되는 영향을 배제하여야 한다. 전선관은 노출 배관을 원칙한다. 특히, 배전함은 충격이나 진동에 의해 이탈되거나 손상될 경우 파급효과가 매우 큰 만큼 중요시설은 방진설계를 실시하여야 한다. 전기/통신설비의 접지공사는 공통접지 또는 통합접지로 실시한다.

(2) 조명설비

조명설비는 화재경보감지기, 스피커, 스프링클러 헤드 등과 조화를 이루도록 설치하며 방진/방수 기능이 있는 고효율 조명등을 사용하고 각 실의 용도에 따라 일반 조도 기준에 적합하도록 설치해야 한다. 설계 시 확인사항으로 화생방 방호시설은 피폭으로 인한 충격과 진동의 가능성이 큰 시설이므로 이를 염두하여 조명등 설비는 노출 설비를 원칙으로 한다.

(3) 통신설비

통신설비는 전화설비, 인터폰설비, 폐쇄회로 TV, 방송설비, LAN설비, 방재설비 및 실외 안테나 설비로 설계 시 확인사항으로 외부로부터 들어오는 각종 통신선은 반드시 가스차단 접속관을 통하여 내부로 인입하며 시설 내부의 모든 통신선은 노출 배선을 원칙으로 한다. 통신설비는 충격이나 진동에 의한 피해가 발생하지 않도록 방진장치를 설치한다. 통신설비는 가스차단접속관을 통해 외부회선을 공급받아 MDF(Main Distribution Frame) 및 IDF(Intermediate Distribution Frame)를 설치하여 내선을 수용하고 각 실에 공급할 수 있도록 하되, 예비회선 및 가스차단 접속관을 예비로 설치한다. 인터폰설비는 오염통제구역 각 실 및 별도로 필요한 곳에 설치하고 CCTV는 중앙감시관에서 오염통제구역 외부 및 각 실과 오염기계실 내·외부에 설치된 카메라를 원격 제어한다. CCTV는 오염통제구역 바깥 입구, 오염통제구역의 각 실, 주 출입구 입구 안쪽에 설치한다. 또한, 방송설비는 각 실별 및 전관방송이 되어야 하고 위성 및 공청안테나를 설치하며 라디오 청취가 가능하여야 한다.

(4) 급수설비

급수설비는 평시 및 화생방전 시로 구분하여 운용하고 수동차단밸브를 설치하며 수준계 또는 저수위 발생게이지를 청정기계실에 설치하고 급수탱크 재질은 콘크리트 또는 FRP 등의 내부식 및 비독성 재질을 이용하고 청소용 출입구 및 소독약품 투입구를 설치하며 급수탱크 진입구는 해치식 기밀문을 설치한다. 모든 급수관로는 녹슬지 않고 독성이 없는 재질의 파이프를 사용하며 특히, 화학작용제가 잔류할 수 있는 오염통제구역은 스테인레스 배관을 사용하여야 한다.

(5) 배수설비

배수설비는 평시 및 화생방전 시로 구분하여 운영하며 수도차단밸브를 설치하고 화생방전 시 오염하수저장탱크, 비오염하수저장탱크(식수, 화장실 및 기타)로 구분 유입하며 배수저장탱크의 용량은 급수탱크의 150%로 한다. 비오염하수저장탱크는 화생방전 시 외부 환기구를 닫고 청정기계실(CMR)의 환기구를 열 수 있는 수동차단밸브를 설치하며 청정기계실 아래에 설치한다. 오염하수저장탱크는 오염기계실 아래에 위치하며 방폭밸브와 가스차단밸브를 설치하고 역류 현상을 방지를 위하여 통풍팬을 가동하고 수위 확인용 게이지 및 저수위 경보장치를 설치한다.

바닥배수구는 스테인리스 격자망을 설치하며 각각의 배수구에는 트랩을 설치한다. 연료공급설비는 오염기계실 내부 또는 인접한 장소에 설치하고 평시와 화생방전 시 겸용으로 운용하며 부속설비로 통기구 및 방폭밸브 설치, 재공급 급유관/유량 수준계를 설치한다.

(6) 소방설비

화생방 방호시설은 밀폐형 구조이기 때문에 평소에 화재 예방이 최선이다. 화재감시설비 및 소화설비를 설치하며 화생방 방호시설의 내부 배치 및 각 실의 특성에 맞게 소방대책을 설계에 반영하여야 한다. 기타 소화설비의 기준에 대해서는 소방법 및 관련 기준에 따른다.

(7) 덕트설비

덕트설비는 내식성 및 내구성이 우수한 구조와 재질을 사용한다. 덕트는 노출 설치를 원칙으로 하며 충격이나 진동에 의해 천정에서 떨어지지 않도록 방진 설계를 하며, 모든 이음매와 연결 조인트는 용접 및 플랜지 이음으로 한다. 또한, 무해구역에 설치된 덕트의 실내 소음은 50dBA 이하로 계획해야 한다.

4.2.6 방호설비 제품별 설계

(1) 방폭문(Blast Door)

방폭문은 폭격이나 포격에 의해 발생되는 폭풍압, 파편에 의해 피해를 차단하는 건물 외부의 출입문으로서 최소로 설치하는 것이 바람직하나 외부에서 무해구역으로 직접 통하는 출입문, 외부에서 오염통제구역으로 들어가는 출입문, 외부에서 오염기계실로 통하는 출입문, 내부에서 바깥으로 나가는 비상탈출구, 방폭밸브 외부 점검을 위한 문은 반드시 설치해야 한다. 재질에 따라 강판콘크리트 합성문, 통철판 또는 강재조립문으로 하며 가스차단 고무 패킹은 내화학성과 내구성을 요구되는 부틸고무 또는 네오프렌 고무를 사용하고 개폐방식은 수동식 개폐장치를 원칙으로 한다. 페인트는 화학작용제가 쉽게 흡착되지 않도록 문짝과 문틀에 에폭시 또는 우레탄 페인트칠을 하여야 하며 방폭문의 설계 압력은 방호도에 따라 다르게 적용하고 개폐 방향은 방폭문은 외부 방향으로 열리게 하고, 일반문은 실내측 방향으로 열리게 한다.

표 4.2.5 방폭문 설치 수량 및 위치

구분	설치 위치	설치 수량	
방폭문	주출입구	1 ~ 199명	100cm × 185cm 이상
		200 ~ 599명	180cm × 210cm 이상
		600명 이상 시 400명당 200명용 1개 추가 예) 600 ~ 999명 : 100cm ×185cm 이상 1개 추가	
	비상탈출구	1 ~ 199명	60cm × 80cm 이상
		200명 이상 시 600명당 200명용 1개 추가 예) 200 ~ 799명 : 60cm × 80cm 이상 1개 추가	

· 출처 : 행정안전부 "민방위 업무 지침"

그림 4.2.4 방폭문

(2) 가스차단문(Gastight Door)

가스차단문은 건물 내부의 출입구로서 화생방전 시 가스의 유입을 차단하는 역할을 한다. 재질에 따라 강판콘크리트 합성문, 통철판 또는 강재조립문으로 하며 가스차단 고무패킹은 내화학성과 내구성이 요구되는 부틸고무 또는 네오프렌 고무를 사용하고 개폐 방식은 수동식 개폐장치를 원칙으로 한다. 페인트는 화학작용제가 쉽게 흡착되지 않도록 문짝과 문틀에 에폭시 또는 우레탄 페인트칠을 하여야 한다. 공기폐쇄실의 가스차단문은 인원이 인접한 실의 상황을 볼 수 있도록 가스차단문 바닥으로부터 120cm 이상 높이에 투명창을 설치하여야 한다. 투명창은 폴리카보네이트 혹은 강화유리를 사용하며 2중으로 설치한다.

가스차단문은 액체오염지역과 기체오염지역 사이 문, 기체오염지역과 공기폐쇄실 사이 문, 공기폐쇄실과 무해구역 사이 문, 청정기계실과 오염기계실 사이 문, 기타 오염 공기의 유입 차단이 필요한 곳에 반드시 설치해야 한다.

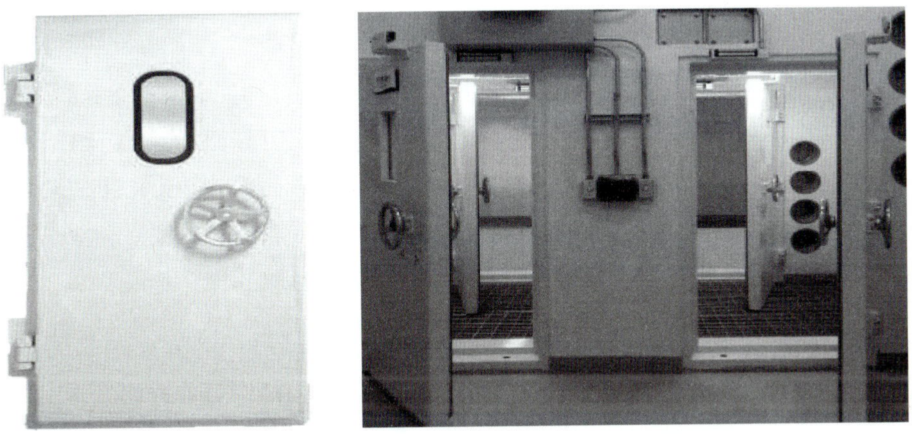

그림 4.2.5 가스차단문

(3) 방폭밸브(Explosion Protect Valve)

화생방 방호시설의 외부와 통하는 모든 흡기구나 배기구에 방폭밸브를 설치하며 방폭밸브는 공기 흡·배기구의 내압 차단장치로서 재래식 및 핵폭발에 의한 폭풍압이 건물 내로 미치지 않도록 하여 건물 내의 인명 및 시설물을 보호하는 기능을 한다. 폭발에 의한 압력이 흡·배기구 주변에 도달하면 순간적으로 차단되어 압력파의 유입을 막고 평상시에는 공기의 유입을 자유롭게 하는 것으로, 순간적이고 즉각적인 보호가 요구되며, 공기 유입이 오랫동안 중단될 수 없는 공기 출입구에서 폭발 압력파로부터 보호하는 안전장치이다. 방폭밸브의 설치 위치는 주출입구(공기흐름이 있는 경우에 한하여 방폭문이 있는 벽체에 설치하며 보통 방폭문 위와 천정 사이에 둔다), 오염통제구역 입구(상기의 주출입구와 같다), 오염통제구역 입구 후속 출입문이 있는 벽체, 청정기계실의 통기구, 오염기계실의 통기구, 기타의 통기구(연료탱크, 급수탱크, 화장실, 취사실 등)에 설치한다. 방폭밸브의 설계 시 유의사항으로 파편의 피해가 우려되는 곳에 방폭밸브를 설치할 경우는 방호판을 두기도 한다.

그림 4.2.6 방폭밸브

(5) 급기용 방폭밸브(프리필터(Prefilter) 부착형)

청정기계실의 가스입자여과기로 유입되는 불순입자들을 미리 걸러주는 역할을 하기 위해 청정기계실 흡기구에 설치된 방폭밸브는 프리필터와 방폭밸브가 결합된 일체형을 설치하여야 한다. 프리필터에 대한 일반적인 품질조건은 20㎛ 크기의 입자를 90%까지 걸러낼 수 있어야 하며 100℃의 온도 조건하에서 필터의 기능이 저하되지 않아야 한다.

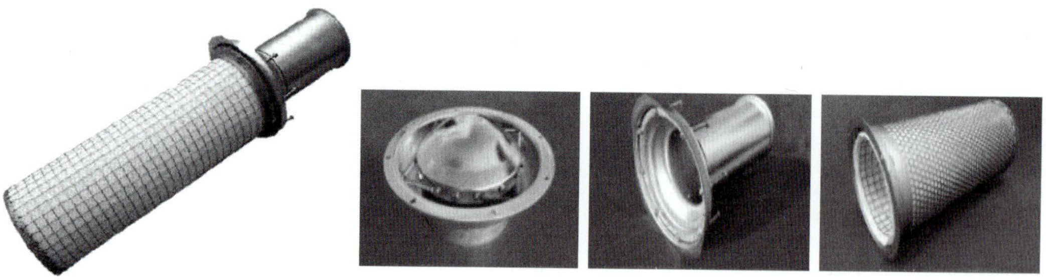

그림 4.2.7 급기용 방폭밸브

(6) 연도용 방폭밸브

비상발전기나 보일러 배기관이 연결되는 배기구에 설치하며 연도용 방폭밸브의 성능으로는 배기가스 온도 600℃까지 견디어야 하고 외부압력에 견딜 수 있는 방폭 기능도 갖추어야 한다.

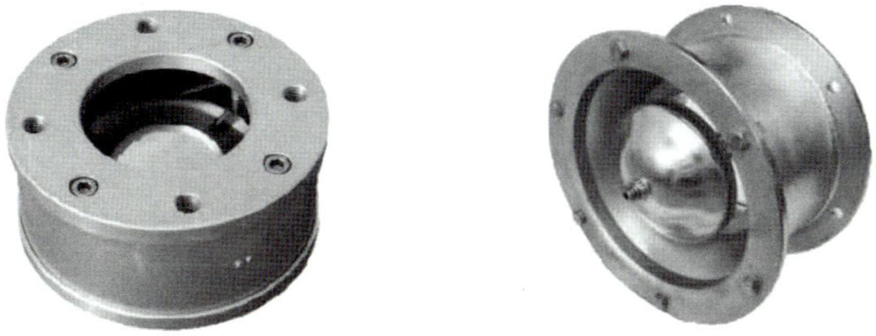

그림 4.2.8 연도용 방폭밸브

(4) 역류방지밸브(Overpressure Valve)

공기배출구의 역류방지장치로 무해구역의 고압 공기가 역류하지 않고 오염지역으로 지속적으로 배출하고 배출공기의 역류를 막는 기능을 한다. 역류방지밸브의 설치 위치는 오염통제구역 각 격실 사이(액체오염지역-기체오염지역, 기체오염지역-공기폐쇄실, 공기폐쇄실-무해구역), 청정기계실-배기덕트, 화장실-배기덕트, 주방-배기덕트에 설치하며 공기 흐름에 있어 정체 부분이 생기지 않으면서 설정된 공기흐름 경로를 따라 자연스럽게 흐를 수 있도록 한다. 설계 시 확인사항으로 각 격실의 상하·좌우로 대각선으로 설치하여 공기 흐름이 미치지 못하는 부분이 생기지 않으면서 전체적으로 공기가 원활하게 흐를 수 있는 최적의 위치에 설치하며 25Pa 내부 차압이 있을 경우 밸브가 열려 공기를 배출하여야 한다. 벽체 내 매립형 역류방지밸브는 설치 위치의 벽체 두께를 정확히 산정하여 콘크리트 타설 시 슬리브를 일체형으로 설치해야 한다. 방호구조물의 주출입구와 오염통제구역의 후속 방폭문이 있는 벽체의 방폭밸브는 방폭 성능과 더불어 역류방지 기능을 함께 갖춘 '역류방지 및 방폭 겸용 밸브'를 사용하여야 한다.

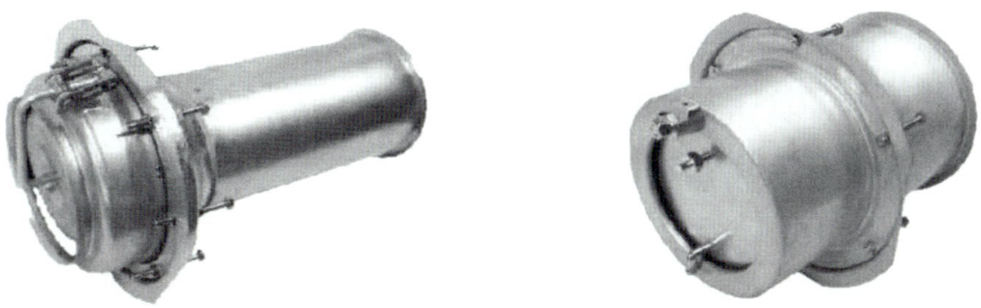

그림 4.2.9 역류방지밸브

(5) 가스차단접속관(Gastight Wall Sleeve System)

가스차단접속관은 오염구역에서 무해구역으로 통과하는 모든 전력, 통신, 설비배관에 설치하며 벽체를 통과할 때 오염된 가스의 유입을 차단한다. 가스차단접속관의 설치 위치는 외부에서 무해구역으로 통하는 케이블 및 관로, 오염구역통제구역의 각 실 사이의 벽체를 지나는 각종 관로, 오염통제구역과 무해구역 사이의 벽체를 지나는 각종 관로, 외부에서 기계실 사이로 벽체를 지나는 각종 관로, 기타 오염 공기의 침투에 대한 차단이 필요한 곳(지하로 매설되어 건물로 인입되는 각종 관로)에 설치한다. 설계 시 확인사항으로 가스차단접속관은 일단 설치되면 교체하기 어려움으로 예비 가스차단접속관을 설계 시 반영하며, 녹과 부식방지를 위해 내식성이 높은 씰링재료와 개스킷의 재질은 내열성고무 등을 사용한다.

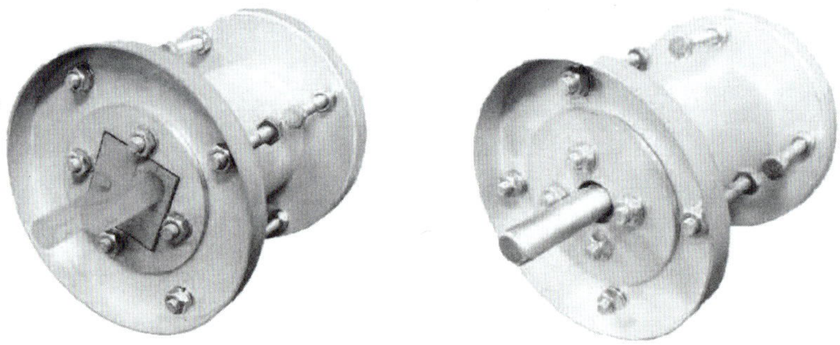

그림 4.2.10 가스차단접속관

(6) 가스차단밸브(Gastight Valve)

가스차단밸브는 건물 내로 공조시스템에서 외기를 흡입할 때 평시에는 가스입자여과기를 거치지 않고 공기조화기로 직접 들어가지만 화생방전 시 가스입자여과기로 거쳐 오염된 공기를 정화하는 공기흐름을 선택적으로 조정하는 역할을 하는 밸브이다. 밸브 조작방법에 따라 자동 및 수동 겸용이 가능해야 하며 정전 등 상황 시 수동식으로 5초 이내에 개폐가 가능해야 한다. 설계 시 확인사항으로 가스차단밸브를 통해 지나가는 공기의 시간당 흐름양, 가스차단밸브에 연결되는 관의 크기, 가스차단밸브 통과 시 발생하는 압력강하, 급기용 방폭밸브에서 가스차단밸브까지의 연결 덕트는 최고 통과 충격량을 견딜 수 있어야 한다. 재질로는 가스차단밸브는 쉽게 조작할 수 있어야하기 때문에 가벼우면서도 단단한 합금 재질로 제작된 것이 좋다.

그림 4.2.11 가스차단밸브

(7) 가스입자여과기(Gas Particulate Filter)

가스입자여과기는 화생방 방호시설의 핵심 설비로서 공기 흡입 시 화생방작용제를 제거해 줌으로써 내부 인원을 보호한다. 설계 시 확인사항으로 화생방 방호시설의 면적, 수용인원수, 환기량, 양압 등의 요구조건을 면밀히 분석하여 가스입자여과기의 적절한 용량과 수량을 결정하여 설치한다. 국·내외 공인인증기관 또는 한국가스안전공사에서 제품인증 및 성능시험을 받은 제품 선정한다.

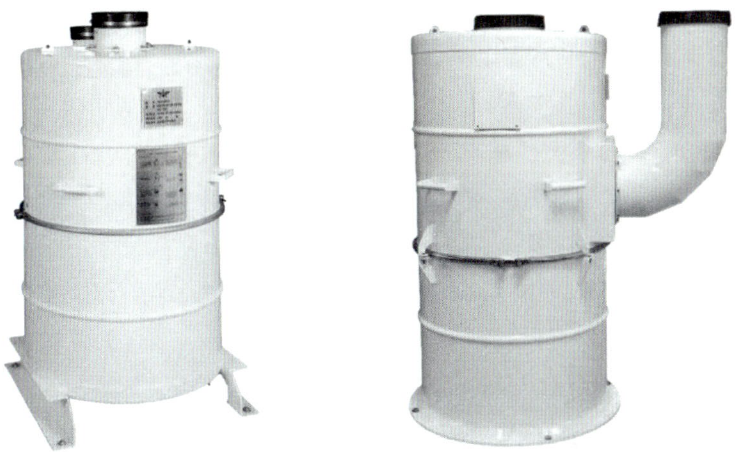

그림 4.1.12 가스입자여과기

4.3 화생방 방호시설 시공관리

화생방 방호시설은 화생방전 시 내부의 인원이 개인보호장구 없이 일정기간 동안 각자의 업무 수행, 휴식 등을 해결할 수 있도록 하는 시설이다. 또한, 전시에 예상되는 핵 또는 재래식 무기로부터 시설 및 내부의 인원, 장비의 피해를 막을 수 있게 설치되어야 한다. 화생방전 시 오염된 인원 및 장비의 출입이 가능하도록 오염통제구역을 설치하여 필요한 제독 등의 조치를 취할 수 있도록 해야 한다. 오염통제구역을 제외한 화생방 방호시설의 내부는 무해구역으로서 피난 및 임무 수행에 지장이 없는 환경을 제공할 수 있어야 한다. 이를 위하여 청정기계실 및 오염기계실을 두고 여과장치 및 공조설비, 위생설비, 전기설비, 통신설비, 소방설비 등을 설치되어야 하며, 이러한 설비의 작동을 위하여 외기 또는 외부시설과 접하는 부분에서 적절한 방호장비 및 기구가 설치되어야 한다. 이번 장에서는 시공 시 확인 및 점검사항을 중점으로 지침을 제시하고자 한다.

본서에서 기재된 이외의 급·배수 위생설비공사, 공기조화설비공사, 배관설비공사, 덕트설비공사, 자동제어설비공사, 전기 및 화재설비공사, 자동관제설비공사 등에 관한 사항은 해당 시방서를 따른다.

(1) 화생방 방호설비 제품인증 및 성능시험

화생방 방호설비 각 제품의 재료성능평가, 내충격시험, 내구성시험, 고무 재질의 노화시험, 프리필터 효율시험 등에 대하여 「화생방 방호설비 성능·인증 시험방법서」를 따르며 국내·외 공인인증기관 또는 한국가스안전공사에서 제품인증을 받아야 한다. 제품 설치 전 정상작동 여부 등을 확인하기 위해 국내·외 공인인증기관 또는 공인시험기관에서 정한 바에 따라 시료를 선정하여 성능시험을 실시하여야 한다. 단, 방폭문 제품인증에 필요한 폭발압력 저항시험은 국내·외 공인인증기관 또는 공인시험기관의 폭발실증시험으로 갈음할 수 있다.

(2) 오염통제구역

오염통제구역(CCA, Contamination Control Area)은 외부로부터 입장한 오염된 인원을 제독하는 곳으로 보통 전실, 액체오염지역, 기체오염지역, 공기폐쇄실로 구성되고, 각 실은 벽체 및 방폭문, 벽체 및 가스차단문으로 분리된다. 무해구역의 공기가 오염통제구역의 각 실을 거쳐 출입구 쪽으로 자연스럽게 흐를 수 있도록 역류방지밸브 및 방폭겸용 역류방지밸브를 설치한다. 오염통제구역 각 실의 화생방장비 및 비품의 설치는 설계도면에 의한다. 다만, 다음의 위치에 아래 각 항목에서 규정한 장비 및 비품의 설치가 계획되어 있지 않을 경우에는 감독관(설계사 등)에게 문의하여 필수 장비 및 비품의 설치가 누락되지 않도록 하여야 한다.

첫째, 전실(ESA, Equipment Store Area)에 설치되어야 하는 필수장비 및 비품 목록은 다음과 같다.

① 방폭문 : 전실로 입장하는 문과 액체오염지역 쪽의 문
② 방폭겸용 역류방지밸브 : 후속 방폭문이 있는 벽체
③ 방폭밸브 : 전실 출입구 방폭문이 있는 벽체
④ CCTV카메라 : 오염통제실에서 전실 내외부의 상황을 판단할 수 있도록 전실 내부와 방폭문 밖에 각각 설치
⑤ 인터폰 : 오염통제실 근무자와 통화하기 위하여 전실 바깥 방폭문 근처 및 전실 내부 액체오염지역 출입문 근처에 설치
⑥ 스테인리스강 제품의 세면기 : 세면 겸용 샤워기 부착
⑦ 스테인리스강 제품의 배수구 : 격자망 형태
⑧ 방폭 조명등 : 바닥기준 400룩스 이상의 성능
⑨ 충전식 비상조명등 : 벽부 설치

둘째, 오염통제구역 내 액체오염지역(LHA, Liquid Hazard Area)에 설치되어야 할 비품 및 장비목록은 다음과 같다.

① 가스차단문 : 기체오염지역으로 통하는 출입문, 투시창(선택사양)
② 역류방지밸브 : 가스차단문이 있는 벽체에 설치
③ 인터폰 : 가스차단문 근처 벽체에 설치
④ 양압측정용 압력계 : 전실 쪽 벽체에 설치
⑤ 스테인리스강 제품의 세면기 : 세면 겸용 샤워기 부착
⑥ 방폭 조명등 : 바닥기준 400룩스 이상의 성능
⑦ 충전식 비상조명등 : 벽부 설치
⑧ 비품 : 오염물수거통, 제독킷보관함, 금속제 거울

셋째, 기체오염지역(VHA, Vapor Hazard Area)내 필수장비 및 비품목록은 아래와 같다.

① 가스차단문 : 공기폐쇄실로 통하는 출입문
② 역류방지밸브 : 가스차단문이 있는 벽체에 설치
③ 인터폰 : 가스차단문 근처 벽체에 설치
④ 양압측정용 압력계 : 액체오염지역 쪽 벽체에 설치

⑤ 스테인리스강 제품의 세면기 : 세면 겸용 샤워기 부착
⑥ 샤워부스 : 2개소 이상(스테인리스강 오버헤드 샤워기 포함)설치, 출입구에 고무 또는 비닐계 커튼 설치
⑦ 스테인리스강 제품의 배수구 : 금속망 형태
⑧ 방폭 조명등 : 바닥기준 400룩스 이상의 성능
⑨ 충전식 비상조명등 : 벽에 부착

넷째, 공기폐쇄실(AL, Air Lock)내 설치되어야 할 장비 및 목록은 다음과 같다.
① 가스차단문 : 무해구역 또는 피복지급실로 통하는 문
② 역류방지밸브 : 가스차단문이 있는 벽체에 설치
③ 인터폰 : 가스차단문 근처 벽체에 설치
④ 양압측정용 압력계 : 기체오염지역 쪽 벽체에 설치
⑤ 인터로킹 장치 : 기체오염지역 쪽과 무해구역 쪽의 가스차단문이 동시에 열리지 않도록 통제할 수 있는 전자장치
⑥ 투시창 : 공기폐쇄실 안의 인원의 유무 확인
⑦ 스테인리스강 제품의 다공판 및 스틸그레이팅 바닥판
⑧ CCTV카메라 : 공기폐쇄실 외부의 무해구역 천정에 설치

화생방 방호시설 시공자는 화생방장비 및 비품의 설계도면 반영 여부 및 각각의 규격, 수량, 설치 위치 및 설치할 구체적인 제품의 규격 및 사양에 대한 목록표 및 체크리스트를 작성 후 제출하여야 한다. 상용품이 아닌 경우에는 제작에 필요한 상세도를 감독관 또는 감리자에게 제출하여 승인을 득하고, 성능인증서 및 하자보증서를 제출하여야 한다.

화생방 방호시설 내 오염통제구역의 마감은 화학작용제, 생물학전에서 사용되는 미생물, 방사능 낙진 등의 고도로 오염된 물질이 처리되는 곳이므로 일반적인 건축물의 마감정도보다 더욱 내수성, 내화학성의 제품을 사용하는 것이 바람직하다. 타일 등의 제품은 내수성 및 내화학성, 미끄럼방지 등에 유리하나 줄눈시공 부분에 화학물질 등이 잔류할 가능성이 있으므로 밝은 색조의 에폭시 또는 우레탄 페인트로 도장 마감한다.

비품 등의 재료는 녹이 슬지 않고 내화학성이 강한 스테인리스강을 재료로 하여 가공하여 제작한다. 스테인리스강으로 제작이 불가능한 비품은 강화유리 또는 자기질 제품으로 하며 부득이 한 경우에는 에폭시 또는 우레탄 페인트로 도장한 제품을 사용한다.

위생 배관 등의 재료는 스테인리스강으로 제작된 제품을 사용하며, 벽체나 바닥에 매립되는 배관 자재 등은 아연도금 제품을 사용할 수 있으나 실내 노출되는 배수구와 같은 부분은 반드시 스테인리스강의 제품을 사용한다. 각 실에 설치하는 전선관은 노출 배관을 원칙

으로 하며 스테인리스강과 같은 내식성, 내화학성 제품을 사용한다. 외기 또는 오염통제구역 각 실을 관통하는 배관은 가스차단접속관을 사용하여 시공하여야 한다. 오염통제구역에 설치하는 콘센트는 덮개가 있는 방수용 콘센트를 사용하며 모든 조명기구는 방습 및 방폭 성능이 우수한 제품을 사용하여야 한다. 또한, 각 실에는 전기제품은 EMP 공격에 대비하여 예민한 전자식보다는 기계식 제품을 우선하여 사용한다.

(3) 무해구역

무해구역은 방호시설 내에 근무하는 인원이 개인보호장구 착용 없이 안전하게 임무를 할 수 있는 지역으로서 정화된 공기가 공급되는 공간이다. 무해구역 내 각 실의 화생방장비 및 비품의 설치는 설계도면에 의한다. 다만, 다음의 위치에 아래 각 항목에서 규정한 장비 및 비품의 설치가 계획되어 있지 않을 경우에는 감독관 또는 감리자에게 문의하여 필수장비 및 비품의 설치가 누락되지 않도록 하여야 한다.

각 실내 설치되는 조명등은 방습등으로 설치하고 각 실의 용도에 따라 100 ~ 300룩스 이상 조도를 확보해야 한다. 그 외 전화, 인터폰, 인트라넷 설비, 방송스피커, 화재감지 및 경보설비, 소화설비, 정전에 대비한 충전식 비상조명등을 공통적으로 설치하여야 한다. 그 외 복도에는 조명등, 비상통로 및 비상구 유도등, 방송용 스피커, 자동 화재탐지 및 경보설비, 소화설비, 정전에 대비한 충전식 조명등을 설치하여야 한다.

화장실은 남녀공용 또는 남녀 별도로 나누어 설치하며, 대변기는 남자용의 경우 60명 1개, 여자용은 20명당 1개를 기준으로 설치한다. 남자용 소변기는 30명당 1개를 기준으로 설치하여야 한다. 그 외 탕비기와 거울, 수건걸이대를 비치하며, 통기구에는 방폭밸브를 설치한다.

추가적으로 취사실에는 전기식 열조리기, 스테인리스제 세정 및 작업대를 설치하며, 식수 인원을 고려하여 주방기구와 식탁 및 의자를 비치한다.

화생방 방호시설 시공자는 화생방장비 및 비품의 설계도면 반영 여부 및 각각의 규격, 수량, 설치 위치 및 설치할 구체적인 제품의 규격 및 사양에 대한 목록표를 작성 후 제출하여야 한다. 상용품이 아닌 경우에는 제작에 필요한 상세도를 감독관 또는 감리자에게 제출하여 승인을 득하고, 성능인증서 및 하자보증서를 제출하여야 한다.

무해구역 내 건축마감 재료는 천정, 벽체 바닥은 노출 콘크리트 혹은 콘크리트 위에 우레탄 또는 에폭시 페인트칠하는 것을 원칙으로 한다. 무해구역 내의 모든 실과 복도에 설치된 배관은 노출을 원칙으로 하며, 전선은 보통 지지대 위에 설치되지만 덕트나 관로는 천정에 매달리는 방식으로 설치하는 것이 보통이다. 따라서 만약 구조물이 충격을 받아 심하게 진동할 경우 그 영향이 덕트나 관로에 전해질 수 있으며 이로 인해 덕트나 관로가 변위되어 기능 발휘가 어려운 상황이 발생할 수도 있으므로 진동을 흡수할 수 있는 장치(예 : 스프링)를 설치하는 것이 바람직하다. 전선의 피복색은 유지보수에 용이하도록 기능별로 피복색을 달리한다. 철제 제작이 필요한 제품은 녹이 슬지 않는 스테인리스강을 재료로 하며, 책상 등 일반품은 공산품 규격을 적용한다.

(4) 오염통제실

오염통제실의 주요기능은 외부에서 작용제에 오염된 인원 및 장비에 대해 제독을 실시하고, 출입을 통제하는 실로 전실 출입구 실외에서 각종 화생방작용제 오염 여부를 확인할 수 있어야 한다. 또한, 오염통제 구역의 양압 수준과 오염통제구역 내 방폭문 및 가스차단문의 개폐 통제가 가능하여야 한다. 비상탈출문이 설치되어 있을 경우 방폭문 통제가 가능하여야 하며, 제어감시반의 감시 및 제어(CCTV카메라 모니터, 각 시설에 설치된 인터폰 통제, 방폭문 및 가스차단문 개폐 통제 및 개폐 여부 확인)가 가능하여야 한다. 이러한 오염통제실은 무해구역 안에 설치하되, 오염 통제구역의 공기폐쇄실 가까운 곳에 설치한다.

화생방 방호시설 시공자는 상용품이 아닌 경우에는 제작에 필요한 상세도를 감독관 또는 감리자에게 제출하여 승인을 득하여야 한다.

발주자는 설비의 운전, 유지관리, 정비 등에 관한 요령이 기록된 사용설명서에 필요한 설비를 지정하여 설비의 제작, 설치업체로 하여금 제출을 의무화할 수 있도록 계약조건에 제시하여야 한다. 특히, 수입 설비에 대해서는 납품업체로 하여금 원어 사용설명시와 함께 한글로 번역된 사용설명서를 제출케 하여 함께 비치하도록 한다.

오염통제실 내 감시제어반에서는 화생방설비에 대한 계통도가 그려지거나 인체공학적으로 쉽게 식별할 수 있는 위치에 양압게이지, 작동표시등, 동작스위치, 경보 및 방송시설을 설비한다. 오염통제구역의 각 실에 설치한 CCTV를 모니터하거나 인터폰을 설치하여 오염활동을 통제할 수 있어야 한다. 오염통제구역 및 각 실 문의 개폐 작동(인터로킹) 및 개폐 여부 확인이 이루어져야 한다.

오염통제실에 설치된 모든 LAN 및 전선은 가스차단접속관을 통과토록 하여 외부 공기가 유입되거나 내부 공기가 유출되지 않도록 밀폐시켜야 한다. 감시제어판은 초과압력(Overpressure)이나 고주파수에 의해 영향을 받지 않도록 필요 시 서지 등을 별도 설치한다.

오염통제실 설치공사 이후에는 CCTV 모니터, 인터폰, 방송설비의 작동상태를 확인하여야 하며, 오염통제실에서 방폭문과 가스차단문의 작동 상태를 확인 후 가스입자여과기를 작동시켜 오염통제구역내 각 실의 양압 수준을 시험 및 검사하여야 한다.

(5) 중앙통제실

중앙통제실의 감시제어반에서는 청정 기계실 및 오염기계실의 각종 설비에 대해 감시 및 제어를 담당하여야 한다. 이를 위해 각종 매뉴얼을 배치하여 시설 내 각종 설비의 운전 및 유지관리를 실시한다. 경보 및 방송시설을 갖추어 유사시 기계실 내부 인원을 통제할 수 있어야 한다. 제어감시반의 감시 및 제어 대상은 다음과 같다.

① 화학작용제 오염여부 확인
② 가스입자여과기의 압력손실
③ 환기량
④ 무해구역, 청정기계실 및 오염기계실의 양압
⑤ 무해구역의 이산화탄소 농도
⑥ 공기조절밸브 및 댐퍼의 위치 및 작동상태
⑦ 비상발전기의 작동 및 작동상태
⑧ 가압송풍기 모터의 작동 및 작동상태
⑨ 냉각수 순환펌프의 작동 및 작동상태
⑩ 오염기계실 방폭문을 비롯한 기계실 사이 가스차단문의 개폐 여부
⑪ 가스차단밸브의 자동개폐 및 개폐여부
⑫ 화재경보기 작동 상태

중앙통제실은 설비의 이상을 감지하고 동시에 신속히 대처할 수 있도록 청정기계실 또는 청정기계실에 가까운 곳에 설치하는 것을 원칙으로 한다. 화생방 방호시설 시공자는 시설 내 각종 설비의 운전, 유지관리, 정비 등에 관한 요령을 기술한 설명서를 작성 후 제출하여야 한다. 발주자는 설비의 운전, 유지관리, 정비 등에 관한 요령이 기록된 사용설명서에 필요한 설비를 지정하여 설비의 제작 후 설치업체로 하여금 제출을 의무화할 수 있도록 계약조건에 명시하여야 한다. 특히, 수입 설비에 대해서는 납품업체로 하여금 원어 사용설명서와 함께 한글로 번역된 사용설명서를 제출케 하여 함께 비치하도록 한다.

이산화탄소 농도 감지장비는 감시제어 판넬과 가까운 곳에 설치하여 일정한 농도가 발생되었을 때 램프에 신호를 확인하고 농도를 확인할 수 있도록 설치한다.

가스차단밸브는 댐퍼의 닫힘과 열림을 신호할 수 있도록 센서를 설치하고 센서의 신호는 감시제어반에서 램프로 표시되어야 한다. 이때 센서 설치로 댐퍼의 밀폐에 제한을 두어서는 안된다. 램프의 작동은 감시제어반에서 확인 가능토록 회로를 구성한다.

가압송풍기, 비상발전기, 냉각수 순환펌프는 감시제어반에서 작동을 할 수 있도록 설치하고 작동 여부는 램프로 표시가 되어야 한다. 기계실 방폭문 및 가스차단문 역시 원격 작

동이 가능하고 개폐 여부는 램프로 표시되어야 한다.

중앙통제실 내 감시제어반에서는 청정기계실, 오염기계실을 감시하기 위한 CCTV는 모니터와 설비계통도가 그려진 시스템 내 계기 및 작동표시, 동작 위치가 표시되도록 하여야 한다. 만일, 가스입자여과기 제어판넬이 통합하지 않은 경우에는 감시제어반 근처에 별도 설치하여 통제한다. 중앙통제실 내 모든 LAN 및 전선은 가스차단 접속관을 통과토록 하여 외부 공기가 유입되거나 내부 공기가 유출되지 않도록 밀폐시켜야 한다. 감시제어판은 초과압력(Overpressure)이나 고주파수에 의해 영향을 받지 않도록 필요 시 서지 등을 별도 설치하여야 한다.

(6) 기계실

기계실은 방호시설 운용에 필요한 각종 장비 및 설비가 설치되는 곳으로 그 기능과 장비가 시설에 미치는 영향에 따라 청정기계실과 오염기계실로 구분한다. 청정기계실과 오염기계실은 서로 인접한 곳에 설치하는 것이 원칙이다. 청정기계실 내에는 다음과 같은 필수장비 및 설비가 구비되어야 한다.

① 가스입자여과기(예비 여과기 포함)
② 공조시스템 : 송풍기, 냉·난방기, 가습기, 제습기
③ 방폭밸브 및 역류방지밸브
④ 가스차단문 : 무해구역 쪽, 오염기게실 쪽
⑤ 방폭문 : 비상탈출구로 실외 쪽
⑥ 급수 탱크
⑦ 비오염하수 저장 탱크(청정기계실 하부)
⑧ 공기 흡입구
⑨ CCTV

오염기계실은 방호시설 외부에서 출입하도록 별도의 방폭문을 설치하며 비상발전기용 디젤엔진을 사용할 때는 배기가스용 배출구를 설치하여야 한다. 청정기계실 내에는 다음과 같은 필수장비 및 설비가 구비되어야 한다.

기계실 내 공기흡입구는 2개 이상 분리하여 설치하고 흡입 그릴은 최소 1.2m 높이에 설치하되, 비상발전기의 배기구와 최대 이격시켜 배기가스가 가스입자여과기로 유입되지 않도록 한다. 공기흡입구와 배출구는 모두 방폭밸브를 설치하여 폭풍압의 내부유입을 방지해야 한다.

가스입자여과기는 주여과기 수명이 다하거나 고장 시를 고려하여 동일 용량의 예비여과기를 주 여과기의 배치방향과 병렬로 설치하여 즉각 사용할 수 있도록 한다. 이때 공기 흐름을 바꿔주는 완전히 분리된 시스템으로 설치한다. 다만, 예비여과기의 경우 방호도에 따라 설치를 생략할 수 있다. 기계실 내에는 가스입자여과기 가동 상태를 확인할 수 있는 CCTV를 설치하며, 송풍기는 가스입자여과기로부터 공기를 받아 균일하게 통과할 수 있도록 설치한다.

덕트는 꺾인 부분은 소음이 발생하므로 청정기계실은 75dB, 무해구역은 55dB 이하를 유지해야 하므로 덕트 설치 시 꺾인 부분을 최소화하여야 한다. 냉방기는 왕복식 압축기를 사용하고 냉방코일은 직접팽창식 코일을 사용한다. 난방은 전기저항식 난방기를 사용하며, 제습기는 24 L/일의 용량을 사용한다.

청정기계실 DA공간 내에는 방폭밸브를 점검할 수 있는 점검구가 필요하며 점검구는 방폭문으로 설치하여야 한다. 청정기계실 내에 비상탈출구를 설치하고 비상탈출구 외부 입구는 방폭문(60cm×80cm 이상)을 설치한다. 기계실을 주 출입구와 인접해서 설치하는 경우 비상 탈출구는 주 출입구와 반대편에 별도로 설치한다.

오염기계실 내에는 다음과 같은 필수장비와 설비를 설치하여야 한다.

① 보일러, 냉온수기, 제습기, 응축수 탱크
② 방폭문(실외측), 가스차단문(청정기계실 측)
③ 냉방 응축기, 제습기, UPS, 배터리, CCTV(최소 2곳)
④ 방호도에 따른 예비 비상발전기

오염기계실 아래 및 인접하여 오염하수저장탱크, 급유탱크를 설치하며, 오염기계실 외부의 인접해서 오염하수처리장과 CCTV용 카메라(오염기계실 출입구 외측)를 설치한다.

4.4 화생방 방호설비 제품별 시공관리

(1) 방폭문

방폭문은 방호시설의 외부 출입구에 설치하여 핵무기의 공격 및 재래식 폭발물에 의한 폭풍파(정압 및 부압)가 시설물 내부에 영향을 미치지 않도록 하며, 파편 등에 의한 피해가 없도록 설치하여 시설물 내부의 인명 및 장비를 보호할 수 있어야 한다.

(a) 방폭문 프레임

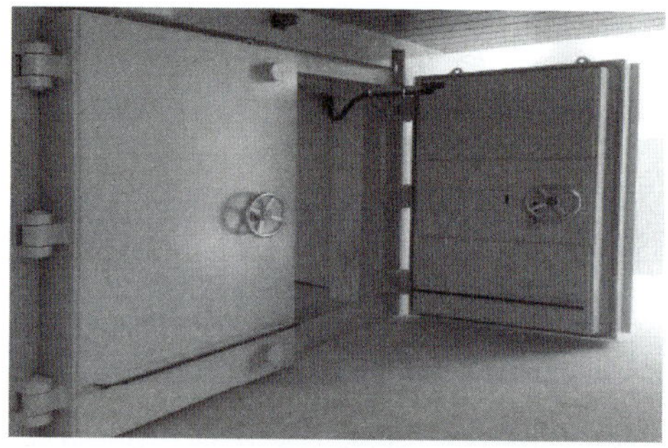

(b) 양개형 방폭문

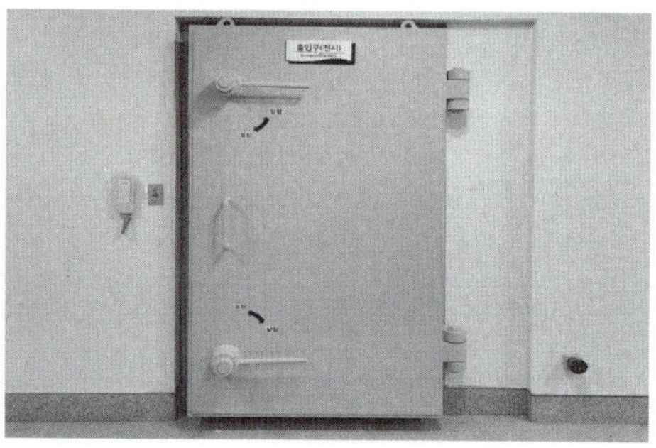

(c) 단개형 방폭문

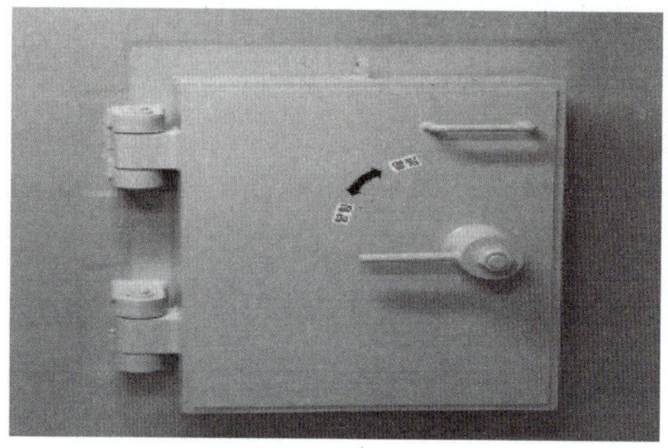

(d) 점검구 형태

그림 4.4.1 방폭문

방폭문은 강판콘크리트 합성문, 통철판 또는 강재조립문으로 폭풍 방향측에 설치하고 수동개폐를 원칙으로 한다. 자동개폐 장치를 설치 할 경우에도 비상시를 대비하여 수동개폐가 되어야 한다. 잠금장치는 수동식을 원칙으로 하되, 수동 및 자동 잠금장치를 겸할 수 있다. 잠금장치에는 중앙통제실(오염기계실 방폭문의 개폐여부) 및 오염통제실에서 잠금 여부를 알 수 있도록 감지장치를 설치하여야 한다. 화생방 방호시설에는 밀폐형 방폭문 시공을 원칙으로 하며, 방폭문이 닫혀 있는 동안 밀폐가 가능하도록 가장자리에 개스킷을 부착한다. 밀폐 성능은 400Pa 차압에서 단위면적당 공기누출량이 3.4m^3/h 이하여야 한다. 피폭 등에 의한 손상으로 문의 개폐가 불가능한 경우를 대비하여 외곽 방폭문에 응급구조 도구를 설치하고 탈출 방안을 강구하여야 한다.

방폭문의 소요 개수나 설치 위치는 설계도면에 의한다. 다만 다음의 위치에 방폭문이 계획되어 있지 않을 경우에는 감독관 또는 감리자에게 문의하여 설치가 누락되지 않도록 하여야 한다.

① 외부에서 무해구역으로 직접 통하는 통로 입구
② 외부에서 오염통제구역으로 들어가는 첫 번째 및 두 번째 입구
③ 외부에서 오염기계실로 통하는 입구
④ 내부에서 바깥으로 나가는 비상탈출구
⑤ 청정 및 오염기계실의 방폭밸브 점검구

방폭문 시공사는 방폭문 제조사의 제작 및 설치에 관한 전문시방서 및 관련 기술자료와 시공계획서 제작상세도면을 제출하여야 한다. 이때, 설치상세도면 구조계산서와 제품인증서 및 시험성적서(KOLAS), 하자보증서도 함께 감독관에게 제출한다. 또한, 설계도서(전문시방서 및 설치상세도, 물량산출서 등)에 의한 규격, 수량, 설치위치, 앵커철물 및 보강재의 설치, 씰링재 및 개스킷 설치 등에 대한 계측 또는 검측결과를 문서(설치 전, 설치과정, 설치완료 사진 포함)로 작성하여 준공서류에 첨부하여 제출하여야 한다.

방폭문은 제작 재료에 따라 강판콘크리트 합성문, 통철판 또는 강재조립문으로 구분된다. 통철판 또는 강재조립 방폭문의 경우 폭풍파 입사압력 3bar, 반사압력 11bar 이상에서(단, 요구되는 폭풍파의 입사압력 및 반사압력은 방폭문이 설치되는 건축물의 방호등급에 따라 변동) ±2mm 이하로 탄성변형이 되고 영구변형이 없도록 설계된 구조용 강재의 통철판 또강재조립문은 H빔, I빔 등의 형강으로 보강된 철판으로 제작한다. 이때, 밀폐 기밀도는 400Pa 차압에서 공기누출량이 단위 면적당 $3.4m^3/h$ 이하이어야 한다. 또한, 도장은 에폭시 및 우레탄계 페인트로 도장 마감한다.

강판콘크리트 합성 방폭문의 경우 입사압력과 반사압력, 밀폐에 대한 기준은 강재 방폭문과 동일하다. 철판은 4.5mm 이상, 콘크리트 압축강도는 $300kg/cm^2$ 이상으로 제작하며 힌지, 래치, 가동장치 등의 부속물을 설치하는 부분의 콘크리트 단면 결손이 발생할 우려가 있는 부분은 철근 또는 철판으로 보강되어야 한다. 거푸집에 콘크리트 타설이 용이한 구조로 콘크리트 타설 시 시멘트 페이스트 등의 이 물질이 누출되어 문의 작동 부위를 오염시키거나 수분의 누출로 콘크리트 강도에 영향을 미치지 않는 구조로 되어 있어야 한다. 또한, 도장은 에폭시 및 우레탄계 페인트로 도장 마감한다.

방폭문의 문틀은 스틸과 구조용 강재로 제작되어 폭풍압 등에 의한 외부 하중을 효과적으로 철근콘크리트 구조체 전달할 수 있는 구조로 외력에 의해 문틀이 탈락하거나 균열, 변형 등이 발생하지 않아야 한다.

방폭문의 힌지 및 래치는 입사압력의 50~100% 또는 반사압력의 10~50% 범위 내에서 적용된 되튐하중(Rebounding Force)에서 래치가 정상적으로 작동하고, 힌지에 이상이 없어야 한다. 문이 완전히 개방되었을 때 힌지나 래치의 작동 손잡이 등이 벽체나 문틀과 중첩되어 방해가 되지 않아야 한다. 또한, 래치의 잠김 홈에는 이물질이 잘 들어가지 않은 구조로 청소 등이 용이해야 한다.

밀폐형 방폭문의 개스킷은 부틸 계열이나 네오프렌 계열의 고무제품을 사용하고 문의 작동 또는 밀폐 중에 파손이나 훼손되지 않도록 하여야 한다. 문을 닫았을 때, 문짝과 문틀 사이에서 적당한 압력으로 눌러져서 외부의 공기 유입이 차단되어 기밀성 발휘할 수 있어야 한다.

구동 및 제어장치는 연결된 전선이나 유압관 등이 작동 간이나 외부 충격에 의하여 파손되거나 훼손되지 않아야 하며. 개폐 상태를 감지할 수 있는 센서가 설치되어야 한다. 대형문의 경우나 운용상의 필요로 전자장치 및 유압장치에 의한 개폐를 겸할 수 있다.

방폭문 시공계획 간에는 설치될 부분의 정확한 위치를 확인하고, 철근콘크리트 벽체의 철근 배근 및 거푸집 설치와 방폭문의 앵커철물, 래치, 보강철물 등의 설치에 제한 요소나 시공상 간섭요인이 없는지 확인한다. 문제가 있다면, 반드시 콘크리트 타설 전에 문제를 해결해야 한다. 모든 매입 철물과 보강물의 설치상태는 사진 촬영하여 보관 및 감독관에게 제출한다.

방폭문은 일반적인 철제문보다 자중이 무거우며 문틀 또는 문 전체를 거푸집에 고정하고, 벽체 콘크리트를 타설해야 하므로 문의 지지방법에 대하여 사전에 검토하여야 하며 시공계획서 및 시공 상세도면에 미리 반영되어야 한다. 이때 방폭문의 형태와 시공방법은 제작사마다 상이할 수 있으므로 제작사의 기술자료 및 전문시방서, 설치상세도면을 우선하여 적용 검토한다.

현장에 반입된 제품은 감독관 또는 감리자 입회하에 검수하고 외관상태 및 변형, 훼손 여부, 각종 부수자재의 누락여부 등을 검사한다. 공장에서 제작하거나 수입하여 현장 반입되는 제품은 검사 및 검수, 불량품에 대한 반출 및 재반입 등에 필요한 충분한 시간을 확보할 수 있도록 계획하여 반입하여야 한다. 또한, 불량이나 검사 불합격품의 재반입 등의 이유로 전체 공정이 지연되는 것에 따른 책임은 시공자에게 있다.

방폭문 설치간에는 문의 설치 위치 및 열리는 방향이 시설물의 외부의 폭풍압에 대항하는 방향으로 되어 있는지 확인한다. 문틀을 벽체 거푸집에 고정한다. 이때 문틀의 높이를 확인하고 문틀 하부를 견고하게 받쳐 준다. 문틀의 수평 및 수직을 정확하게 확인하여 보정한 후, 견고한 주변 구조체에 지지하여 버팀부재 및 동바리를 설치한다. 힌지와 래치는 문틀 설치과정에서 테이프 등으로 보양하여 콘크리트나 모래 등 이물질이 들어가지 않도록 조치한다. 콘크리트 타설 시 문은 완전하게 닫혀져 있어야 하며, 콘크리트 양생이 완료되기 전에 문을 열어서는 안된다. 콘크리트 타설 직후 콘크리트가 굳기 전에 문틀 및 문 등에 묻은 콘크리트 및 시멘트 페이스트를 제거한다. 문틀과 문짝을 도장할 때 개스킷은 제거되어 있어야 한다. 문틀 및 문짝의 거푸집이 공장에서 현장에 반입될 때 방청도장이 완료되어 있어야 하며, 상부 도장은 벽체 등의 거푸집 해체 후에 문의 작동 상태를 확인하고, 교정이 끝난 이후에 실시한다. 고무 개스킷 및 각종 부속장치를 설치하고, 감독관 또는 감리자가 입회한 상태에서 작동시험을 하여 문 설치를 완료한다.

오염통제실 및 중앙통제실(오염기계실 방폭문의 개폐 여부)에서 방폭문의 개폐 여부를 감지할 수 있어야 하며, 전자식 잠금장치는 Local Switch Box를 부착하여 오염통제실 및 중앙통제실(오염기계실 방폭문의 개폐 여부)에서 Local Switch 선택 시 잠금장치의 개폐가 가능토록 설치한다.

(2) 가스차단문

가스차단문은 화생방전 시 오염된 공기가 무해구역으로 유입되는 것을 차단하기 위해 설치한다. 가스차단문은 설치된 각 실 간의 기밀을 유지하는 것이 가장 중요한 기능이다. 또한, 일부 유입이 우려되는 폭풍파나 내부화재로 인한 팽창 압력을 차단할 수 있어야 한다.

(a) 가스차단문 프레임

(b) 단개형 가스차단문

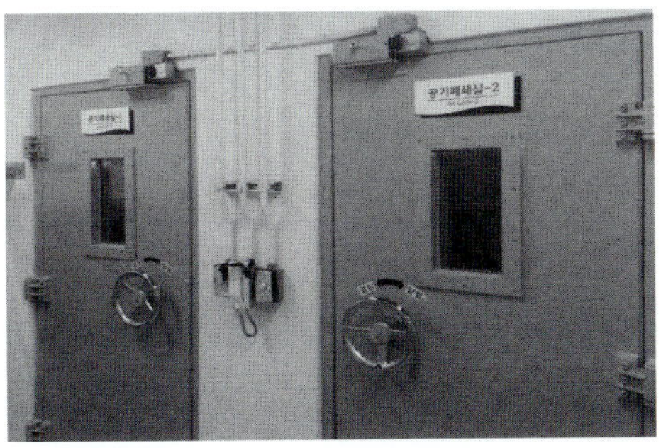

(c) 단개형 가스차단문

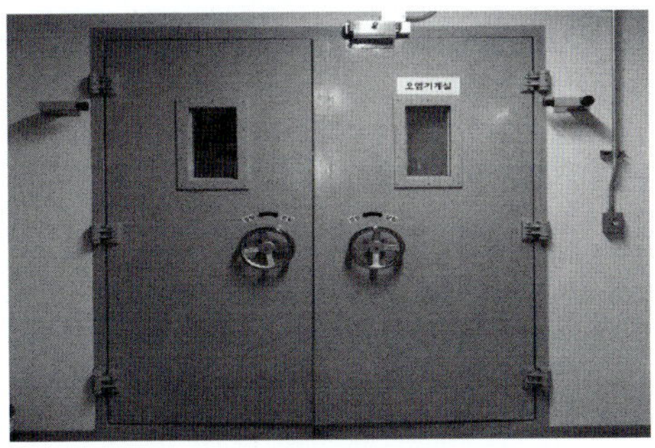

(d) 양개형 가스차단문

그림 4.4.2 가스차단문

가스차단문은 구조용 형강 프레임에 두께 1.5mm 이상의 내화학성 도료를 도장한 강판을 부착한 문짝 및 문틀로 구성된다. 강판콘크리트 합성문은 표면이 강철판으로 덧씌어져 있으며, 콘크리트로 내부가 채워져 있다.

가스차단문의 개폐는 인력으로 여닫을 수 있는 수동개폐를 원칙으로 한다. 단, 오염통제구역 내의 각 실은 사람이 임의로 열고 들어갈 수 없도록 원격으로 잠금장치를 제어할 수 있는 설비를 갖추는 것을 원칙으로 하되, 원격잠금장치의 고장에 대비하여 수동으로 열고 잠글 수 있어야 한다. 또한, 수동으로 잠그고 여는 장치는 현재 제독조치를 받고 있는 실이 아닌 다음 단계의 실에서만 조작할 수 있어야 한다.

가스차단문은 화학작용제의 침투를 완전하게 막을 수 있는 씰링재 및 개스킷을 사용하며 인터로킹(내부와 외부에 설치한 문이 동시에 열리는 것을 방지하는 장치) 등의 개폐 방식을 적용하여 밀폐한다. 개폐 여부를 알 수 있는 감지장치 및 CCTV를 설치하여 오염통제실 및 중앙통제실에서 원격으로 통제할 수 있어야 한다.

오염통제구역의 가스차단문은 각 실의 인원이 인접한 실의 상황을 볼 수 있도록 투시창을 설치하여야 한다. 방폭, 방화, 소음차단 등의 기능을 복합적으로 발휘할 수 있도록 설계하여 동선체계를 간소화하거나 출입문 간 상호 보완적 기능을 할 수 있게 한다. 단, 방폭문의 기능을 겸할 경우에는 방폭문의 내용을 만족할 수 있어야 한다.

가스차단문의 소요 개수나 설치 위치는 설계도면에 의한다. 다만 다음의 위치에 가스차단문이 계획되어 있지 않을 경우에는 감독관 또는 감리자에게 문의하여 설치가 누락되지 않도록 하여야 한다.

① 액체오염지역과 기체오염지역 사이의 출입구
② 기체오염지역과 공기폐쇄실 사이의 출입구
③ 공기폐쇄실과 무해구역 사이의 출입구
④ 청정기계실과 오염기계실 사이의 출입구
⑤ 청정기계실과 무해구역 사이의 출입구
⑥ 기타 오염공기의 유입을 차단할 필요가 있는 곳

가스차단문 시공자는 제조사의 제작 및 설치에 관한 전문시방서 및 관련 기술자료와 시공계획서, 제작상세도면, 설치상세도면, 구조계산서, 제품인증서 및 시험성적서(KOLAS), 하자보증서, 기타 공사기록서류를 감독관에게 제출하여야 한다. 또한, 설계도서(전문시방서 및 설치상세도, 공사물량표 등)에 의한 규격, 수량, 설치 위치, 앵커철물 및 보강재의 설치, 개스킷 및 실링 재설치 등에 대한 계측 또는 검측 결과를 문서(설치 전, 설치과정, 설치완료 사진 포함)로 작성하여 준공서류에 첨부하여 제출하여야 한다.

가스차단문의 문짝은 내화학성 도료를 칠한 강판을 사용하며 내부에 고밀도 단열재를 충전해서 샌드위치 패널구조로 절곡하여 제작하거나 경량형강으로 프레임을 설치하고 철판을 부착한 형태로 제작할 수 있다. 문짝의 제작형태는 설계도면, 공사시방서, 제조사의 기술시방서 및 제작상세도면에 의한다. 철제문은 두께 1.5mm 이상의 철제로 된 샌드위치 문안에 고밀도 암면으로 충전한 것이나 솔리드 철제 두께 10mm 이상으로 제작되어야 한다. 강판콘크리트 합성문을 제작할 경우는 두께 10cm 이상으로 철근콘크리트 강도 30MPa 이상이어야 한다.

가스차단문의 문틀은 스테인리스(Stainless)강 혹은 철제 제품을 사용한다. 철근콘크리트 벽체와 일체형으로 시공하는 방법과 연결 철물을 이용한 볼트 조립 설치 등의 방법이 있으나, 상세한 제작형태는 설계도면, 공사시방서, 제조사의 기술시방서 및 제작상세도면에 의한다.

개스킷은 네오프렌 또는 부틸고무를 사용하며 변형이나 탈락으로 인한 기능 저하가 일어나지 않도록 하여야 하며, 유지보수가 용이하도록 제작되어야 한다. 오염통제구역의 가스차단문에 설치하는 투시창은 바닥으로부터 120cm 이상 높이에 직경 30cm 원형 또는 30cm×30cm 각형의 투시창을 설치하여야 한다. 강화유리나 강화아크릴을 사용하며 2중으로 설치하며, 투시창 주변으로 가스 유입이 없도록 하여야 한다.

방폭겸용 가스차단문의 경우, '방폭문' 내용을 준용하며 외부의 오염공기 유입을 차단할 수 있도록 가스차단문의 기밀 성능을 발휘할 수 있어야 한다. 개폐 방향은 설계도면에 의하며, 인력으로 열고 닫을 수 있어야 한다. 문이 닫혔을 때에는 개스킷을 충분히 압착하여 완전하게 밀폐상태를 유지하여야 하며 이때 사용자가 닫힘 상태를 알 수 있도록 표시장치를 설치하여야 한다. 또한, 문의 개폐 상태를 확인할 수 있도록 센서를 부착하여 오염통제실 및 중앙통제실에서 확인이 가능하도록 한다.

인터로킹 장치(Inter-Locking Device)는 인접한 각 실의 가스차단문이 동시에 개방되지 않도록 하는 장치로써, 각 실의 가스차단문이 닫힌 상태를 전자식 또는 기계식 장치로 감지하여 다른 쪽 문이 열려있거나 완전히 닫히지 않았을 경우에는 문이 열리지 않게 하여야 한다. 다른 쪽 문이 완전히 닫히지 않은 상태에서 문을 열려고 할 때에는 경보장치가 작동하여 그 상황을 사용자 및 중앙 및 오염통제실에 알려주는 경보장치를 설치하여야 한다.

잠금장치의 경우 전자식 잠금장치(Electromagnetic Locking Device)기능을 갖추고 있어야 하며, Local Switch Box를 부착하여 중앙 및 오염통제실 내에서 Local Switch 선택 시 잠금장치 개폐가 가능하여야 한다. 오염통제구역의 잠금장치는 사용자가 임의로 해제가 용이한 구조로 하여서는 안되며, 원격장치의 고장을 대비하여 오염통제실의 지시에 따라 수동으로 잠그고 열 수 있어야 한다.

가스차단문의 문짝, 문틀, 기타 부속품 등의 공장 제작에 대한 상세한 내용은 사용 승인된 제작회사의 전문시방서, 제작 및 설치상세도, 공사시방서에 의한다. 공장에서 제작되어 수입하는 경우에 감독관 또는 감리자는 필요에 따라 현장방문 또는 제작공장에 대한 규모, 제작능력, 제작인원 및 기술수준 등을 확인할 수 있는 서류의 제출을 요구할 수 있다.

가스차단문 현장설치 간에는 문이 설치될 부분의 정확한 위치를 확인하고, 철근콘크리트 벽체의 철근 배근 및 거푸집 설치와 가스차단문의 앵커철물, 래치, 보강철물 등의 설치에 제한 요소나 시공상 간섭요인이 없는지 확인한다. 문제가 있다면, 반드시 콘크리트 타설 전에 문제를 해결해야 한다. 모든 매입 철물과 보강물의 설치상태는 사진 촬영하여 보관 및 감독관에게 제출하여야 한다. 현장에 반입된 제품은 감독관 또는 감리자 입회하에 검수하고 외관상태 및 변형, 훼손 여부, 각종 부수자재의 누락 여부 등을 검사한다. 공장에서 제작하거나 수입하여 현장 반입되는 제품은 검사 및 검수, 불량품에 대한 반출 및 재반입 등에 필요한 충분한 시간을 확보할 수 있도록 계획하여 반입하여야 한다. 또한, 불량이나 검사 불합격품의 재반입 등의 이유로 전체 공정이 지연되는 것에 따른 책임은 시공자에게 있다.

가스차단문의 설치 위치, 열리는 방향(좌측 또는 우측), 설치 방향(내측 또는 외측)을 창호도 및 설치상세도를 통하여 정확히 확인하여야 하며, 문을 벽체에 고정하는 방식을 확인하고 개구부 보강철근 및 문틀 고정철물, 기타 콘크리트 타설 시 매입 시공하여야 하는 부속품의 실치를 확인한나. 철근콘크리트 벽체에 설치하는 문의 경우는 부속품에 시멘트 페이스트 등이 유입되어 작동에 문제가 발생할 수 있는 부분에 비닐포장재나 테이핑 등의 방법으로 미리 보양한다. 철근콘크리트 벽체에 설치하는 경우에는 양생 정도 및 압축강도를 측정하고 기타 벽체는 시공 상태를 확인하여 충분한 성능이 확인될 때 문짝 또는 문틀을 설치한다. 다만, 벽체에 문틀을 매립하여 일체로 시공하는 경우에는 그러하지 아니한다. 문틀의 수평 및 수직을 정확하게 확인하여 보정 한 후 볼트 조립, 용접 등의 고정 작업을 완료한다. 콘크리트에 문틀을 매립하여 일체형 시공이 아닌 경우에는 문틀과 벽체 사이의 사춤은 공간이 생기지 않도록 시공한다. 문틀과 벽체 사이에 코킹재를 시공할 때에는 반드시 백업(Back-Up)재를 삽입한 후 도면에 명시된 씰링재를 주입하여 마감한다. 도장은 공장에서 제작되어 현장에 반입될 때 방청 도장이 완료되어 있어야 하며, 문의 작동상태를 확인, 교정이 끝난 이후에 실시한다.

문틀과 문짝의 도장 시에 고무 개스킷은 제거되어 있어야 한다. 문의 재료가 철재인 경우 화학작용제가 쉽게 흡착되지 않고 내약품성이 좋으며 세척이 쉬운 우레탄 또는 에폭시 계열의 페인트로 도장한다. 고무 개스킷 및 각종 전기장치를 설치하고 감독관 또는 감리자가 입회한 상태에서 작동시험을 하여 문의 설치를 완료한다.

(3) 방폭밸브

재래식 및 핵폭발에 의한 폭풍압의 급격한 유입으로 인한 피해를 예방하기 위하여 화생방 방호시설의 외부와 통하는 모든 흡기구나 배기구에 방폭밸브를 설치하여 시설 내의 인명 및 장비를 보호하는 기능을 한다.

방폭밸브는 환풍 통로의 가장 바깥쪽에 설치하여, 외부의 폭풍파가 시설내부로 전달되는 것을 차단하는 역할을 한다.

(a) 방폭밸브 슬리브

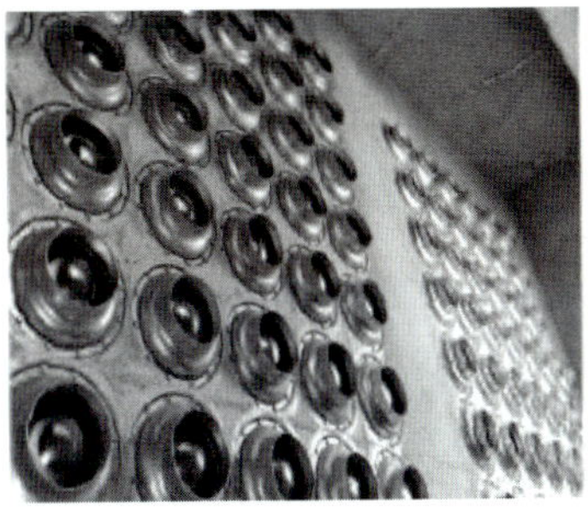

(b) 방폭밸브

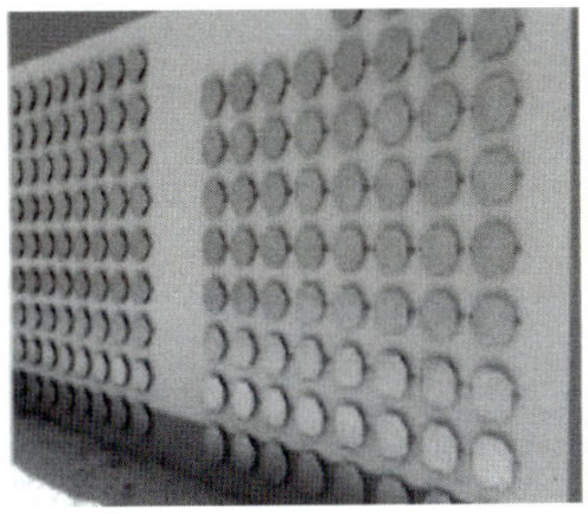

(c) 차폐판

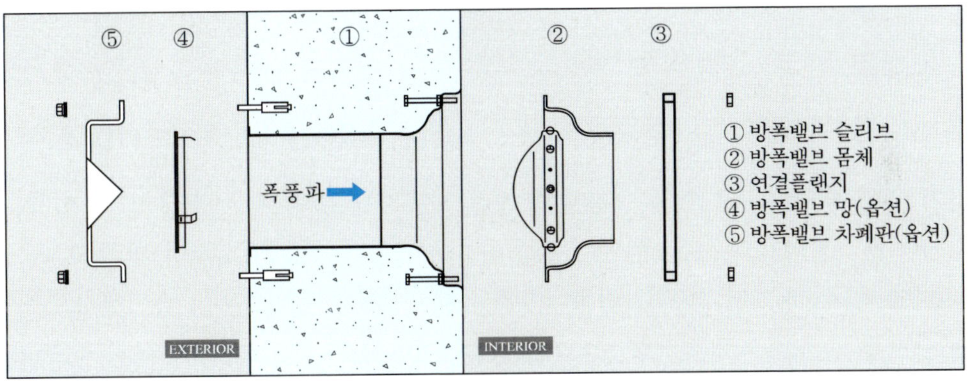

(d) 방폭밸브 설치도

그림 4.4.3 방폭밸브

방폭밸브의 형상은 원형 혹은 사각형 모두 방폭성능과 무관하기 때문에 어떤 형태를 사용해야 한다는 원칙은 없으나 방폭밸브, 위생용 방폭밸브는 흡기 및 배기관에 직접 연결할 경우에는 원형을 사용한다. 스프링으로 고정된 가동 디스크(Moving Disk), 블레이드(Blade), 밸브 몸체(Valve Black)등이 작동하여 개폐하는 형식으로, 평소에는 이를 통하여 공기 흡입이 정상적으로 이루어지다가 폭풍이 닥칠 경우 방폭밸브의 Blade 또는 Moving Disk가 폭압으로 인해 수천분의 1초 내 자동적으로 폐쇄되어 폭풍 유입을 차단함으로써 폭풍이 시설 내부로 미치는 것을 방지한다.

가스입자여과기가 있는 청정기계실의 흡기구는 프리필터가 부착된 방폭밸브을 사용하여야 하며, 시설 외기에 방폭밸브가 직접 노출되었을 경우는 방호판을 설치하여 보호한다. 방폭밸브는 아래의 구조적 사항을 만족시켜야 한다.

① 방폭밸브는 검사, 청소, 보수, 교환이 용이하도록 탈착이 가능한 구조
② 내부 구성품의 작동으로 인한 기계적 마찰이 발생하지 않는 구조
③ 밸브 내에 흙먼지나 오염물질이 쌓이는 것이 최소화될 수 있는 구조
④ 최소한의 압력손실로 규정공기량이 통과할 수 있는 충분한 통기 면적 확보
⑤ 수직 폭풍파는 물론 경사 폭풍파에도 폭압을 차단할 수 있는 통기 면적 확보

방폭밸브의 소요 개수나 설치 위치는 설계도면에 의한다. 다만 다음의 위치에 방폭밸브가 계획되어 있지 않을 경우에는 감독관 또는 감리자에게 문의하여 설치가 누락되지 않도록 하여야 한다.

① 주출입구 : 방폭문이 있는 벽체에 설치하며 보통 방폭문 위와 천정 사이에 둔다.
② 오염통제구역 입구(화생방전 시 출입하는 주 출입구)
③ 오염통제구역 후속 출입문이 있는 벽체
④ 청정기계실의 통기구
⑤ 오염기계실의 통기구
⑥ 기타 통기구(필요 시) : 연료탱크, 급수탱크, 화장실(위생용), 취사실(연도용)

급기용 방폭밸브의 경우, 콘크리트에 매립 시공하는 슬리브, 밸브몸체, 가동 디스크로 구성되며 프리필터가 부착된 형태로 밸브 내부의 가동 디스크가 폭풍압 및 스프링 장치 등에 의하여 움직여서 폭풍파를 차단하며, 평시에는 원활한 공기흐름을 유지한다. 공기 흡입구에 수평 또는 수직으로 설치할 수 있는 구조이어야 한다.

각형 방폭밸브는 콘크리트에 설치하는 프레임과 밸브 몸체, 클로저 또는 블레이드, 프리필터로 구성된다. 밸브 내부의 블레이드가 움직여서 폭풍파를 차단하며 평시에는 열려있는 상태를 유지하여 원활한 공기흐름을 유지한다. 대규모 공기흡입구에 설치하는 것은 H-Beam 등으로 프레임을 구성하며 프레임이 콘크리트 구조체에 충분히 매립 또는 결속되어 밸브 자체의 변형이나 탈락이 일어나지 않도록 하여야 한다.

청정기계실 흡입구에 설치된 방폭밸브는 프리필터와 방폭밸브가 결합된 일체형을 사용하여야 한다. 오염기계실이나 기타 구역은 프리필터가 부착된 일체형 방폭밸브를 사용하지 않을 수 있다.

배기용 방폭밸브는 급기용 방폭밸브와 동일한 구조이나 프리필터를 설치하지 않은 형태로써 배기구에 설치한다. 위생용 방폭밸브는 원형방폭밸브의 일종으로서 화장실 및 주방

등의 위생배관의 통기관 등에 설치하여 폭풍파를 차단한다. 일반 원형방폭밸브와 기능과 작동원리는 동일하나 배관의 중간에 수평 또는 수직으로 설치할 수 있는 구조로 하여야 한다. 연도용 방폭밸브는 원형방폭밸브의 일종으로서 발전기의 배기관, 보일러 연도 등에 설치하여 폭풍파를 차단한다. 일반 원형방폭밸브와 기능과 작동원리는 동일하나 높은 온도(600℃ 이상)에서 물성변화 없이 사용될 수 있는 재질과 구조로 제작되어야 한다.

방폭밸브는 기계식 작동방식으로 최소 입사각 3bar 이상, 반사압 11bar 이상 방폭능력을 국내외 공인기관의 성능시험에서 합격한 제품이어야 한다. Moving Disk, 스프링, 앵커볼트 및 너트의 재질은 내식성인 스테인리스강 또는 동등 이상의 내식성 용융아연도금 제품으로 밸브몸체, 슬리브, 프레임 등과 같은 강 구조물의 표면은 최소 70㎛ 두께 이상의 용융아연도금 처리하여야 한다. 위생용 방폭밸브는 내식성이 우수하고 충격에 의한 배관의 연결하는 부분에서 외부의 충격에 의한 배관의 훼손이나 탈락이 되지 않는 제품구조로, 연도용 방폭밸브는 600℃ 이상의 고온에서 강도 저항 및 변형이 없는 강재를 사용한 제품으로 열팽창으로 인한 배관 및 구조물에 영향을 받지 않아야 한다.

가스입자여과기가 있는 청정기계실의 흡기구는 프리필터가 부착된 방폭 밸브 제품으로 20㎛ 크기의 입자를 90%까지 포집 효율이 있어야 하며, 100℃의 온도 조건하에서 필터의 기능이 저하되지 않아야 한다.

시설별 소요되는 방폭밸브는 충격관시험, 유량시험, 최소 작동 압력시험, 온도 저항시험(연도용 방폭밸브에 한함), 프리필터시험, 인장시험, 내충격시험, 도막두께시험 등을 실시하여 성능 및 제품의 일치성을 확인해야 한다.

방폭밸브, 프리필터, 기타 부속품 등의 공장 제작에 대한 상세한 내용은 사용 승인된 제작회사의 전문시방서, 제작 및 설치상세도, 공사시방서에 의한다. 공장에서 제작되어 수입하는 경우에 감독관 또는 감리자는 필요에 따라 현장방문 또는 제작공장에 대한 규모, 제작능력, 제작인원 및 기술수준 등을 확인할 수 있는 서류의 제출을 요구할 수 있다.

방폭밸브 시공간에는 밸브가 설치될 부분의 정확한 위치를 확인하고, 철근콘크리트 벽체의 철근 배근 및 거푸집 설치와 방폭밸브의 슬리브, 앵커철물, 보강철물 등의 설치에 제한요소나 시공상 간섭요인이 없는지 확인하여야 한다. 모든 매입 철물과 보강물의 설치상태는 사진 촬영하여 보관 및 감독관에게 제출하며, 현장에 반입된 제품은 감독관 또는 감리자 입회하에 검수하고 외관상태 및 변형, 훼손 여부, 각종 부수자재의 누락 여부 등을 검사한다. 방폭밸브는 시공 중에 설치 위치의 변경이나 잘못 시공하여 다시 벽체를 뚫어서 재설치하여서는 안 된다. 따라서 밸브 설치에 대한 모든 확인사항은 슬리브 설치 전에 완료하여야 하며 부득이 변경 상황이 발생할 경우는 해당 벽체 전체 또는 밸브 설치 주변부에 대한 충분한 구조 검토가 선행되어야 한다.

방폭밸브 설치 시 유의사항으로 파편의 피해가 우려되는 곳에 방폭밸브를 설치할 경우는 비산 파편에 방폭밸브가 직접 노출되지 않도록 각 방폭밸브 앞에 파편을 막아주는 방호판을 설치한다. 만약 가스입자여과기가 있는 청정기계실과 같은 많은 개수의 방폭밸브가 설치될 경우 방폭밸브가 설치된 구역 앞에 콘크리트 방호벽을 구축할 수도 있다.

연도용 방폭밸브는 시설의 안과 밖을 통하는 모든 통기구 위치와 배기량을 확인하여 밸브 크기와 수량과 위치를 결정하며, 방폭겸용 역류방지로 설치한다. 배기가스가 방출되는 통기구는 배기가스가 유입되지 않도록 흡기구로부터 가능한 멀리 떨어진 곳에 설치한다.

방폭밸브 시공 후에는 작동 부위에 모래, 시멘트페이스트, 먼지, 보양재 등 각종 이물질이 제거되어 원활한 작동이 될 수 있도록 하여야 하며, 설비배관, 전기배선 등이 작동에 간섭되거나 훼손되지 않도록 조치를 하여야 한다. 작동 부분에 이물질로 인한 고장 등이 없도록 건설공사 중에는 충분히 보양하고 준공 시에는 작동 가능한 상태로 청소되어야 한다. 또한, 시공된 모든 방폭밸브에 대해서 수동으로 작동 상태 확인한다. 위생용 및 연도용 방폭밸브는 배관 연결 상태를 확인하고 수동 닫힘과 열림의 용이성을 검사한다. 가스입자여과기를 가동시켜 급기용 방폭밸브의 공기유입량을 확인하고 닫힘 상태에서 방폭밸브의 기밀성을 계측기를 이용하여 검사한다.

(4) 역류방지밸브

역류방지밸브는 오염통제구역, 기계실, 주방 및 화장실 환풍 통로에 설치하여 건물 각 격실의 차압 유지 및 오염공기의 역류를 방지해주는 기능을 한다. 무해구역에서 대기압보다 높은 250Pa의 공기가 역류 없이 낮은 압력의 격실(무해구역 → 공기폐쇄실 → 기체오염지역 → 액체오염지역 → 전실 → 외부)로 지속적으로 흘러가도록 하기 위해 항상 한쪽 방향으로만 공기흐름을 형성하도록 해야 한다. 규정 차압에서 공기량을 중력식 밸브를 설치하여 자동으로 조절할 수 있어야 하며, 역류방지밸브가 열리지 않도록 잠금장치를 장착할 수도 있다.

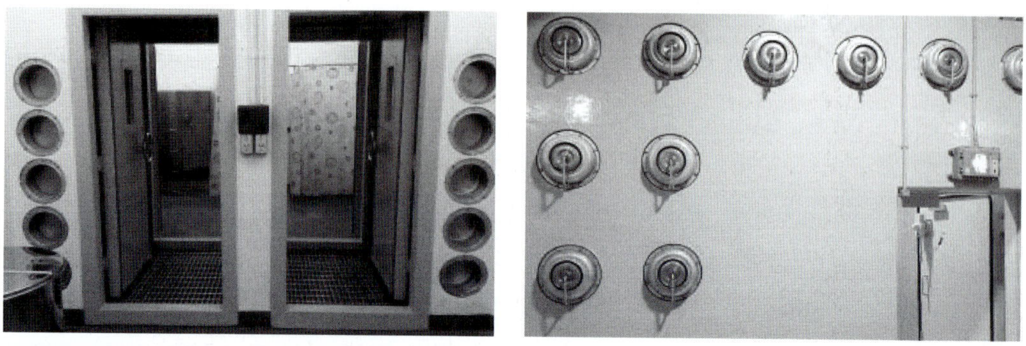

그림 4.4.4 역류방지밸브

역류방지밸브 몸체 내의 차압판이 밸브를 통과하는 공기압의 차이로 열리며 중력에 의하여 차압판이 닫히는 구조이며 차압판의 작동 민감도는 조정하거나 잠글 수 있는 구조여야 한다. 방폭겸용 역류방지밸브는 배기용 방폭밸브에 가동 차압판이 설치되어 역류 방지 기능이 복합된 형태로 검사, 청소, 보수, 교환이 용이하도록 탈착이 가능한 구조이여야 한다. 추가적으로 차압판의 폐쇄 작동 시 기계적 마찰이 발생하지 않고, 밸브 내에 흙먼지나 오염물질의 쌓임 현상이 최소화될 수 있는 구조로 제작되어야 한다. 만일, 방폭겸용 역류방지밸브는 수직 폭풍파는 물론 경사 폭풍파에도 폭압을 차단할 수 있어야 한다.

역류방지밸브의 소요 개수나 설치 위치는 설계도면에 의한다. 공기 흐름이 사각 부분이 생기지 않으면서 설정된 공기흐름 경로를 따라 자연스럽게 흐를 수 있도록 하여야 한다. 예를 들어 각 벽체 간 역류방지밸브 설치 위치를 상하 교대로 설치하는 등의 방법이 있다.

역류방지밸브의 종류는 표 4.4.1에서 보는 바와 같다.

표 4.4.1 역류방지 밸브 종류 및 특징

종류	특징
벽 설치형 역류방지밸브	• 가스차단문이 닫히고 격실 간에 차압이 형성될 경우 오염된 공기의 역류를 방지할 수 있는 구조의 중력식 밸브 • 25Pa 차압이 있을 경우 역류방지밸브가 열려 공기가 배출되어야 하며, 미세 압력 조정이 가능하고 반대로 역차압이 발생하는 경우에는 즉시 닫히는 구조 • 규정 차압 40Pa에서 최소한 공기량 250m^3/h의 풍량을 배출 • 양압 장치의 이상이 발생할 경우를 대비해 밸브 잠금장치를 장착하여, 필요 시 공기배출 및 역류를 차단하는 구조
덕트 설치형 역류방지밸브	• 기계실, 화장실 및 주방에서 발생하는 냄새를 제거하고, 외부의 오염된 공기가 내부로 유입되는 것을 차단하기 위해 덕트에 연결하여 설치할 수 있는 구조 • 기계실, 화장실, 주방 등은 최소한 250Pa 이상 또는 무해구역과 유사한 수준의 양압이 형성되므로 약간 높은 차압에서 많은 공기량을 통기 • 규정차압 125Pa에서 최소한 공기량 400m^3/h의 풍량을 배출할 수 있는 제품 • 기계실, 화장실, 주방의 배기구가 화생방 방호시설 외부로 설치될 경우에는 방폭겸용 역류방지밸브를 설치
방폭겸용 역류방지밸브	• 방폭밸브에서 '배기용 방폭밸브'의 기능과 구조를 만족하며 '벽 설치형 역류방지밸브'의 기능을 겸비 • 역류방지 및 방폭겸용밸브는 3~20bar 방폭능력과 규정유량에서 최대압력강하는 110~130Pa이하가 되는 제품 • 압력에 민감하여 낮은 차압에서도 작동이 빠르고 원활해야 하므로 차압판과 잠금장치 등은 알루미늄과 같은 가벼운 재질로 제작 • 밸브몸체, 슬리브, 프레임 등과 같은 강구조물의 표면은 45㎛ 두께 이상의 용융아연도금 처리를 하거나 스테인리스강을 사용 • 개스킷은 네오프렌 또는 부틸고무 같은 내화학성 재질의 고무를 사용

역류방지밸브 및 방폭겸용 역류방지밸브, 기타 부속품 등의 공장 제작에 대한 상세한 내용은 사용 승인된 제작회사의 전문시방서, 제작 및 설치상세도(Shop Drawings), 공사시방서에 의한다. 해외공장에서 제작되어 수입하는 경우에 감독관 또는 감리자는 필요에 따라 현장방문 또는 제작공장에 대한 규모, 제작능력, 제작인원 및 기술수준 등을 확인할 수 있는 서류의 제출을 요구할 수 있다.

역류방지밸브가 설치될 부분의 정확한 위치를 확인하고, 철근콘크리트벽체의 철근배근 및 거푸집 설치와 방폭밸브의 슬리브, 앵커철물, 보강철물 등의 설치에 제한 요소나 시공상 간섭요인이 없는지 확인하고 문제가 있다면 반드시 콘크리트 타설 전에 문제를 해결해야 한다. 모든 매입 철물과 보강물의 설치상태는 사진 촬영하여 보관 및 감독관에게 제출한다.

덕트 설치형의 경우에는 덕트의 재질, 개구부 보강, 달대, 인서트 설치 등을 확인하고 인접 덕트나 배관, 전선관 등의 상호 간섭이나 시공 여유 공간 등을 확인한다. 현장에 반입된 제품은 감독관 또는 감리자 입회하에 검수하고 외관상태 및 변형, 훼손 여부, 각종 부수자재의 누락여부 등을 검사한다.

공장에서 제작하거나 수입하여 현장 반입되는 제품은 검사 및 검수, 불량품에 대한 반출 및 재반입 등에 필요한 충분한 시간을 확보할 수 있도록 계획하여 반입하여야 한다. 또한, 불량이나 검사 불합격품의 재반입 등의 이유로 전체 공정이 지연되는 것에 따른 책임은 시공자에게 있다.

시공 중에 설치 위치의 변경이나 잘못 시공하여 다시 벽체를 뚫어서 재설치하여서는 안 된다. 따라서 밸브 설치에 대한 모든 확인사항은 슬리브 설치 전에 완료하여야 하며 부득이 변경 상황이 발생할 경우에는 해당 벽체 전체 또는 밸브 설치 주변부에 대한 충분한 구조 검토가 선행되어야 한다.

역류방지밸브의 설치 위치, 인접한 밸브 또는 개구부와의 이격거리, 배출 공기의 이동방향, 슬리브와 밸브의 연결방법 등을 기계설비도면 및 설치상세도를 통하여 정확히 확인한다. 역류방지밸브의 벽체 또는 고정하는 방식을 확인하고 앵커철물 또는 슬리브 등 콘크리트 타설 시 매입 시공하여야 하는 부속품의 설치를 확인한다. 이때 앵커철물 또는 슬리브는 반드시 제작사에서 제공 또는 승인하는 것을 사용하며 제작사의 전문시방서 또는 시공상세도에 명기된 전용 거푸집이 있는 경우에는 전용 거푸집을 사용해야 한다. 덕트 설치형 경우에는 덕트 절단면 처리 및 접합부 등의 시공 상세도에 의하며 접합부에서 공기누출이 없도록 시공하여야 한다. 콘크리트 타설 시 시멘트페이스트 등이 유입되어 작동에 문제가 발생할 수 있는 부분은 비닐포장재나 테이핑 등의 방법으로 미리 보양한다. 철근콘크리트 벽체의 양생 정도 및 압축강도를 측정하여 충분한 성능이 확인될 때 밸브 몸체 및 프리필터를 설치한다. 감독관 또는 감리자가 입회한 상태에서 작동시험을 하여 밸브의 설치를 완료한다. 덕트 접합부 등의 시공은 상세도에 의하며, 접합부에서 공기누출이 없도록 시공한다.

화생방 방호시설 설비 설치가 완료된 후에는 내부 양압을 형성하여 중앙 및 오염통제실의 각 격실의 압력을 계측기로 측정하여 확인한다. 역류방지밸브는 25Pa 초과압력에서 작동이 되고 미세 압력 조정 여부를 확인한다

(5) 가스차단접속관

가스차단접속관은 화생방 방호시설의 외부로부터 내부로 또는 오염통제구역의 각 격실 사이를 관통하는 모든 배관, 전선관이 오염 가스의 침입 없이 설비될 수 있도록 벽체에 설치된다. 따라서 폭풍파의 영향으로부터 견딜 수 있어야 하고, 오염된 공기가 차단할 수 있어야 한다. 가스차단접속관은 슬리브와 슬리브 안에 삽입되는 인서트(lnsert)로 구성되어 있다.

인서트의 압력판을 볼트로 압축하여 배관과 슬리브 사이의 개스킷이 압력에 직각 방향으로 팽창하여 기밀을 유지한다. 모듈화된 박스 타입의 몸체(MCT 블록)에 각종 전선관 또는 통신선을 배관하고 압력판 및 고무 인서트에 압력을 가하여 압축된 인서트가 슬리브와 전선, 통신선 사이의 공간을 밀폐하는 구조이다.

가스차단접속관은 외부의 폭풍파를 차단할 수 있는 내구성 및 내열성능, 방폭성능이 있어야 한다. 내부의 인서트는 압축 압력에 파손되지 않는 재료를 사용하고, 콘크리트 벽체에 설치하는 슬리브는 몸체에 돌기나 앵커철물 등이 있어서 벽체에 견고히 고정되어야 한다. 가스차단접속관이 설치된 이후에는 슬리브 주위에 균열이나 벽체 파손 및 접속관 자체가 외력에 의해 탈락되는 현상이 없어야 한다.

그림 4.4.5 가스차단접속관

가스차단접속관의 설치 위치는 설계도면에 의한다. 단, 아래의 위치에 설치가 계획되어 있지 않을 때에는 감독관 또는 감리자에게 문의하여 설치가 이루어져야 한다.

① 오염통제구역의 각 실 사이의 벽체

② 오염통제구역과 무해구역 사이 벽체

③ 방호시설 외측에서 무해구역 및 기계실 사이 벽체

④ 각 벽에 동급 용량의 예비가스 차단접속관을 1곳 이상 설치

가스차단접속관을 시공자는 시공계획서, 제작상세도면, 설치상세도면, 제품인증서 및 시험성적서(KOLAS), 하자보증서, 공사기록서류를 작성하여 감독관에게 제출하여야 한다. 또한, 설계도서(전문시방서 및 설치상세도, 물량산출서 등)에 의한 규격, 수량, 설치위치, 앵커철물 및 보강재의 설치, 개스킷 및 실링 재설치 등에 대한 계측 또는 검측 결과를 문서(설치 전, 설치과정, 설치완료 사진 포함)로 작성 후 제출하여야 한다.

가스차단 접속관은 일종의 벽체 매립 슬리브로써 벽체를 통과하는 접속관 내부에 각종 기계설비 배관을 하고, 압력판 및 고무 인서트에 압력을 가하여 압축된 인서트가 슬리브와 배관사이의 공간을 밀폐하는 구조로써 상세한 형상은 설계도면 및 제조회사의 제품사양에 의한다.

압력판, 인서트에 압력을 가하는 볼트 및 너트는 스테인리스강이나 동등 이상의 재질을 사용한 제품으로 한다. 슬리브는 구조용 강재 또는 스테인리스강을 사용하고 구조용 강재를 사용할 경우 표면은 최소 70㎛ 두께의 용융아연도금 처리를 하여야 한다. 또한, 내식성이 높은 씰링재료와 개스킷의 재질은 내열성 및 내화학성 고무재질로 압력에 충분히 견딜 수 있어야 한다. 시설별 소요되는 가스차단접속관 및 MCT 블록은 고온저항성시험, 충격관시험, 기밀시험, 인장시험, 내충격성시험을 실시하여 성능 및 제품의 일치성을 확인해야 한다.

가스차단접속관 및 기타 부속품 등의 공장 제작에 대한 상세한 내용은 사용 승인된 제작회사의 전문시방서, 제작 및 설치상세도, 공사시방서에 의한다. 공장에서 제작되어 수입하는 경우에 감독관 또는 감리자는 필요에 따라 현장방문 또는 제작공장에 대한 규모, 제작능력, 제작인원 및 기술수준 등을 확인할 수 있는 서류의 제출을 요구할 수 있다.

가스차단접속관 위치에는 배근 및 거푸집 설치와 접속관 슬리브, 앵커철물, 보강철물 등의 설치에 제한 요소나 시공상의 간섭요인이 없는지 확인하고 문제가 있다면 반드시 콘크리트 타설 전에 문제를 해결해야 한다. 모든 매입 철물과 보강물의 설치상태는 사진 촬영하여 보관 및 감독관에게 제출한다.

현장에 반입된 제품은 감독관 또는 감리자 입회하에 검수하고 외관상태 및 변형, 훼손

여부, 각종 부수 자재의 누락 여부 등을 검사한다. 공장에서 제작하거나 수입하여 현장 반입되는 제품은 검사 및 검수, 불량품에 대한 반출 및 재반입 등에 필요한 충분한 시간을 확보할 수 있도록 계획하여 반입하여야 한다. 또한, 불량이나 검사 불합격품의 재반입 등의 이유로 전체공정이 지연되는 것에 따른 책임은 시공자에게 있다.

시공 중에 설치 위치의 변경이나 잘못 시공하여 다시 벽체를 뚫어서 재설치하여서는 안 된다. 따라서 설치에 대한 모든 확인사항은 슬리브 설치 전에 완료하여야 하며 부득이 변경 상황이 발생할 경우는 해당 접속관 설치 부분 주변부에 대한 충분한 구조 검토가 선행되어야 한다.

접속관의 설치 위치, 인접한 밸브 또는 개구부 등과의 이격거리, 폭풍파의 접근방향, 접속관을 통과하는 기계설비 배관이나 전선관, 통신관의 종류, 수량 등을 기계설비도면 및 전기설비도면을 통하여 정확히 확인한다.

접속관을 벽체에 고정하는 방식을 확인하고 슬리브 및 앵커철물 등 콘크리트 타설 시 매입 시공하여야 하는 부속품의 설치를 확인하고, 슬리브 및 앵커철물은 반드시 제작사에서 제공하는 것을 사용하여야 한다. 철근콘크리트 벽체의 양생 정도 및 압축강도를 측정하여 충분한 성능이 확인될 때 설비배관이나 전선 등을 설치한다. 인서트에 압력을 가하는 것은 배관 공사가 완료된 후 시험가동에 이상이 없을 때 실시한다.

가스차단접속관의 작동 부위에는 모래, 시멘트페이스트, 먼지, 보양재 등 각종 이물질이 제거되어 원활한 작동이 될 수 있도록 하여야 하며, 설비배관, 전기배선 등이 작동에 간섭되거나 훼손되지 않도록 조치를 하여야 한다. 작동 부분에 이물질로 인한 고장 등이 없도록 건설공사 중에는 충분히 보양하고 준공 시에는 작동 가능한 상태로 청소되어야 한다.

가스차단접속관 시공이 완료된 이후에는 가스입자여과기를 가동시키고, 역류방지밸브, 방폭밸브 겸용 역류방지밸브를 밀폐상태에서 공기 흐름 유무를 계측기로 확인한다. 벽체 외부에 설치된 가스차단 접속관은 고정 상태의 견고성을 확인한다. 오염구역과 무해구역을 관통하는 모든 시설에 가스차단접속관 적용 여부를 확인한다. 가스차단접속관은 슬리브를 벽체에 매입 시공하고, 벽체 관통부 MCT 블록 시공상태가 양호한지 반드시 확인한다. 예비용 가스차단접속관에 막음 부속을 사용하여 마감 조치 여부를 확인한다.

(6) 가스차단밸브

가스차단밸브는 덕트 시스템에서 외기를 흡입할 때 가스입자여과기를 거치거나 우회시켜 공기의 흐름을 선택적으로 조정하는 밸브이다. 자동 및 수동 겸용을 원칙으로 하며 수동조작 시 5초 이내에 개폐 가능하여야 한다. 가스차단밸브는 가스차단판의 개수에 따라 단엽형과 복엽형으로 구분한다. 원형 차단판 주위에 네오프렌 개스킷이 홈에 들어가 기밀을 유지하도록 하며, 반복 사용에 따른 기밀성 변동이 없어야 한다. 급기용 방폭밸브에서 가스차단밸브까지의 연결 덕트는 최고 통과 충격량을 견딜 수 있는 내충격구조이어야 한다.

가스차단밸브의 설치위치는 오염기계실의 공기흡입덕트와 가스입자여과기 사이에 설치하며 규격 및 수량, 설치방법 등의 상세한 내용은 설계도면 및 공사시방서에 의한다. 이때, 시공자는 제조사의 제작 및 설치에 관한 전문시방서 및 관련 기술자료, 시공계획서, 제작상세도면, 설치상세도면, 제품인증서 및 시험성적서(KOLAS), 하자보증서, 공사기록서류 등을 작성 후 감독관에게 제출하여야 한다.

복엽형 가스차단밸브는 환기에 필요한 공기흡입구가 2개로 화생방전 시에 운용하는 것과 일반적인 공조를 위한 것으로 분리하는 것이 일반적이다. 일반운용 시에는 가스입자여과기를 거치지 않고 직접 공기조화기의 주 송풍기를 이용하여 환기에 필요한 신선한 공기를 공급하고 화생방전 시에는 일반운용 시의 공기흡입구에 설치된 가스차단밸브를 폐쇄하고 가스입자여과기의 흡입구를 개방하여 정화된 공기를 공급한다. 일반운용 시의 흡입구에는 복엽형 가스차단밸브를 설치하여 화생방전 시에 발생할 수 있는 오염된 공기의 유입을 철저히 차단할 수 있도록 한다. 일반적으로 단엽형으로 설치하는 것보다 복수로 설치하는 것이 바람직하다. 반면, 단엽형 가스차단밸브는 가스입자여과기를 통과한 흡입구에 설치하는 것이 원칙이다. 가스차단밸브의 축 조립체, 플랜지 등은 스테인리스 스틸 같은 내식성 재질을 사용하고, 차단판은 가벼우면서 단단한 합금 재질로 제작한다. 밸브몸체, 슬리브 등과 같은 구조물의 표면은 최소 45㎛ 두께의 용융 아연도금처리를 하며, 반사압 0.5bar 이상에서 원형변형이 없어야 하고 기밀성이 유지되어야 한다. 시설별 소요되는 가스차단밸브는 충격관시험, 유량시험, 기밀시험, 인장시험, 내충격시험을 실시하여 성능 및 제품의 일치성을 확인해야 한다.

가스차단밸브 및 기타 부속품 등의 공장 제작에 대한 상세한 내용은 사용 승인된 제작회사의 전문시방서, 제작 및 설치상세도, 공사시방서에 의한다. 설계조건을 만족시키는 공기량과 기압 강하를 고려하여 설계되고 제작되어야 한다. 양산품인 경우에는 규격별 성능을 발주자에게 제시하여 정확한 제품번호 등을 확인하여 생산 및 납품한다.

가스차단밸브가 연결되는 덕트 크기를 확인하여 제작하며, 덕트 직경과 같은 크기의 제품을 권장한다. 해외공장에서 제작되어 수입하는 경우에 감독관 또는 감리자는 필요에 따라 현장방문 또는 제작공장에 대한 규모, 제작능력, 제작인원 및 기술수준 등을 확인할 수 있는 서류의 제출을 요구할 수 있다.

가스차단밸브를 설치할 덕트의 재질, 개구부 보강, 달대, 인서트 설치 등을 확인하고 인접 덕트나 배관, 전선관 등의 상호 간섭이나 시공 여유 공간 등을 확인한다. 현장에 반입된 제품은 감독관 또는 감리자 입회하에 검수하고 외관상태 및 변형, 훼손 여부, 각종 부수 자재의 누락 여부 등을 검사한다. 공장에서 제작하거나 수입하여 현장 반입되는 제품은 검사 및 검수, 불량품에 대한 반출 및 재반입 등에 필요한 충분한 시간을 확보할 수 있도록 계획하여 반입하여야 한다.

가스차단밸브를 설치할 덕트의 절단면 처리 및 접합부 등의 시공은 기계 설치상세도에 의하며 접합부에서 공기누출이 없도록 시공하여야 한다. 덕트와 밸브 또는 콘크리트에 매립된 슬리브와 밸브를 연결하는 플랜지와 개스킷, 볼트 등을 제작상세도 및 시공상세도에 의하여 기밀하게 시공한다. 연결부분은 시공상세도에 의하여 실링처리하고 조작 핸들이나 전동장치 등을 설치한다. 감독관 또는 감리자가 입회한 상태에서 작동시험을 하여 설치를 완료한다.

가스차단밸브를 수동으로 조작할 때 운영 요원의 접근이 용이하도록 설치하거나 벽에 고정사다리를 설치한다. 사다리의 형태 및 재질, 설치위치 등의 상세한 내용은 설계도면에 의한다. 사다리의 설치가 도면에 누락되어 운영 요원이 기계실 바닥에 서서 직접 밸브를 조작하는 것이 용이하지 못한 경우에는 도면 누락에도 불구하고 현장여건에 적합하게 제작하여 설치하여야 한다.

가스차단밸브가 설치된 이후에는 가스입자여과기를 가동시켜 밸브의 작동상태를 반드시 확인하여야 한다. 가스차단밸브 및 사다리는 고정 상태와 견고성을 확인한다.

(7) 가스입자여과기

화생방 방호시설의 핵심 설비로서 오염 공기에서 화학 및 생물학 작용제를 흡착, 제거하여 정화된 공기를 무해구역에 공급함으로써 내부 인원이 방독면을 착용하지 않은 상태에서 활동할 수 있다.

그림 4.4.6 가스입자여과기

가스입자여과기는 하우징, 입자여과기, 가스여과기, 송풍량 측정관, 압력강하 모의실험기로 구성되어 있다. 모의 실험기는 원통형 가스입자여과기의 부수기재이다. 하우징은 고품질 강판으로 화학작용제에 오염된 공기에 저항할 수 있도록 내화학성 페인트로 도장되어야 한다. 입자여과기는 0.3㎛의 입자를 최소 99.995%까지 걸러주는 건식타입으로 여과 재료는 HEPA(High Efficiency Particulate Air)필터가 사용된다. 가스여과기는 활성탄을 사용하여 물리적 흡착과 화학적 흡착 기능이 있다.

가스입자여과기는 설계조건에 따라 500 ~ 2100m^3/h 유량을 단일 유니트로 선정하여 배치하며, 유사시를 대비하여 예비여과기를 설치, 자동 전환이 가능하도록 할 수 있다.

가스입자여과기를 설치하는 시공자는 제조사의 제작 및 설치에 관한 전문시방서 및 관련 기술자료, 시공계획서, 제작상세도면, 설치상세도면, 제품인증서 및 시험성적서(KOLAS), 하자보증서, 유지관리 설명서(필터 교체 요령 등이 되며 필터 교체에 필요한 각종 부자재 및 공구 등의 사용설명서), 공사기록서류 작성 후 감독관에게 제출하여야 한다.

가스입자여과기의 주요기능은 청정기계실 내 부스터 팬 상류(전단)에 설치되어 외부 흡입구에서 오염된 공기를 정화 후 공기조화기 또는 직접 덕트를 통해서 화생방 방호시설의 무해구역으로 공급하는 것이다. 이를 위해 평시에 여과기를 사용하지 않고 여과기로 통하는 흡기 덕트를 가스차단밸브로 차단하여야 한다. 화생방전 시에는 여과기를 개봉하여 덕트에 연결된 호스를 결합하여 사용하며, 화생방전 시 대비훈련을 할 경우에는 여과기 대신 모의 실험기를 연결하여 여과기의 공기흐름 저항만큼 보상하여 운용한다.

송풍되는 공기량을 측정하는 장치로서 전압(Total Pressure)과 정압(Static Pressure)을 측정하는 피토관(Pitot Tube)과 공기흐름을 정류하는 덕트를 여과기에 직접 연결하는 벌집(Honey Comb)모양의 정류격자로 구성된다.

압력강하 모의실험기(Simulator)는 덕트를 여과기에 직접 연결하지 않고 여과기에 걸리는 저항을 인위적으로 설정한 상태에서 화생방 방호시설에 공기를 공급하는 구성품이다. 훈련 시 사용하며 모의장치 흡입구와 배기구 사이의 공기저항이 여과기와 동일하도록 한다.

가스입자여과기는 가스입자여과기시험, 내충격시험, 인장시험을 실시하여 성능 및 제품의 일치성을 확인해야 한다.

가스입자여과기 설치 위치는 공기흡입구 최단지역에 위치시키며, 기초는 가스입자여과기의 중량 및 외력에 견디는 지지력이 있는 바닥 또는 지반 위에 설치한다. 기초위에 방진재를 사용하여 방진구조위에 수평이 되게 설치하며, 가스입자여과기는 충분한 강도를 갖는 앵커볼트 등으로 견고하게 고정한다. 원통형 여과기를 설치할 경우는 계기판은 조작자가 쉽게 볼 수 있도록 1.5m 벽면에 고정을 시킨다. 만일, 여러 대의 가스입자여과기를 설치할 경우는 자동제어 판넬을 설치하여 장비별 제어 가능하도록 한다. 덕트와 접속하는 가스입자여과기의 흡입측과 토출측에는 플렉시블 이음을 설치한다. 이때 이음 부분은 공기누출이 되어서는 기밀성이 있어야 한다. 여과기 연결 주름관은 흡입 및 토출 덕트와 직선으로 연결시킨다.

가스입자여과기 사이의 이격거리는 여과기를 교체하거나 정비 시 작업의 용이성을 보장할 수 있도록 최소한 60cm가 되어야 하고, 몽키스페너, 일자 드라이버로 여과기 교체를 할 수 있어야 한다. 예비여과기를 병렬로 배치할 경우 교체작업이 용이하도록 최소 2m의 통로가 있어야 하며, 운반할 수 있는 수단이 있어야 한다. 시설공간이 부족할 경우는 호이스트 등을 이용하여 교환할 수 있도록 기계설비를 추가로 설치한다.

가스입자여과기가 설치될 덕트 설비의 접속부 등을 확인하고 덕트 내부에 모래, 먼지 등 각종 이물질이 들어가지 않도록 지정된 부품으로 봉인 처리한다. 입자여과기는 습기나 먼지, 기타 오염물질이 들어가지 않도록 청결한 장소에 보관하며 필요한 봉인 조치를 한다. 건설공사 중에는 비닐 덮개 등을 사용하여 충분히 보양하고 준공 시에는 작동 가능한 상태로 청소되어야 한다.

가스입자여과기를 설치한 후에는 내부 양압을 형성하거나 모의장치를 가동시켜 계기판의 유량을 측정한다. 자동제어장치로 가스입자여과기의 작동 및 정지 가능 여부를 확인하며, 가스입자여과기의 교환의 용이성을 확인한다.

4.5 화생방 방호시설 유지관리

화생방 방호시설을 포함한 모든 건물은 완성된 후부터 열화가 시작된다. 건물이 기능과 성능을 유지하고 내구연한을 연장하기 위해서는 일상적인 점검과 보수 외에 정기적인 점검과 보수를 해야 한다. 화생방 방호시설은 전문적인 지식을 필요로 하는 정기적인 점검과 보수를 행해야 한다. 유지관리계획 작성하여 월 1회 이상 시험가동을 실시하고 분기 1회 자체 성능검사를 실사하여 검사결과에 대해서 기록 유지를 해야 한다. 자체 성능검사 및 점검실시 중 이상발생 시 전문 자문기관과 합동으로 성능검사를 실시해야 한다. 전문 자문기관에 의한 성능검사 결과에 따라 유지보수를 하여, 화생방 방호기능이 정상 발휘가 되도록 해야 한다. 또한, 교육훈련 등을 통해 화생방 방호시설 유지관리 전문가가 필요한 실정이다. 일반적으로 화생방 방호시설을 유지하기 위해 필수적으로 점검해야 할 항목은 아래와 같다.

① 가스입자여과기의 공기누출 및 밀폐상태 확인
② 가스입자여과기 작동 및 기능상태
③ 양압 유지상태 및 압력계 정상 작동상태
④ 역류방지밸브 상태(각 실별 압력 점검)
⑤ 냉·난방 상태
⑥ 통신망 상태
⑦ 화생방 방호시설 내 유지비품 관리상태
⑧ 방폭문 기밀문 개폐 상태
⑨ 중앙통제실 내 부수물자(컨트롤 데스크, 모니터 인터컴 등)
⑩ 프리필터 청소상태
⑪ 기타 운영에 필요한 설비 및 장비 상태

(1) 방폭문

방폭문은 건물 외부 출입구에 설치하여 핵무기의 공격 및 재래식 폭발물에 의한 폭풍압(정압 및 부압)이 건물 내로 미치지 않도록 하여 건물 내의 인명 및 시설물을 보호하는 최외곽의 화생방 방호설비로서 점검과 예방정비에 의한 유지관리가 중요하며, 주요 점검항목은 아래와 같다.

① 육안검사

· 문 표면부식 및 손상여부
· 문의 뒤틀림 또는 처짐 발생여부
· 개스킷 조립상태 및 손상여부

② 작동검사

· 힌지(Hinge) 조립체의 손상여부 및 작동상태
· 잠금장치의 작동상태
· 방폭문 개폐를 위한 자동작동과 수동작동 검사 병행실시
· 자동작동시 메인컨트롤 회로 확인/릴레이 작동 점검실시
· 자동/수동 작동시 출입인원 감지기 포토센서에 의한 정지 상태
· 유압모터 작동상태

③ 성능검사

성능검사는 화생방 방호시설 내의 양압(250pa)을 형성하여, 누출 여부를 점검하며 이때의 각 격실 내 관련 밸브의 작동상태 확인 및 게이지 압력을 점검한다. 마찰을 감소하고 부식방지 및 원활한 작동상태 유지를 위하여 힌지 부분과 클램프 회전체 부위에 주유를 실시한다. 이때 회전체의 이물질 혼입 방지를 위하여 깨끗이 청소한 후 주유를 실시하도록 한다.

문을 설치 후 장시간 대기 중에 노출되면 표면이 부식되거나 도장 부위에 손상이 갈 수 있으므로 이러한 부분이 나타날 경우 금속부분이 노출될 때까지 부식된 부분을 사포로 문지른 후 표면의 이물질을 제거하여 재도장을 실시한다. 회전부, 나사부, 개스킷 표면 및 밀착 면에 페인트가 묻지 않도록 주의하여 기밀이 유지될 수 있도록 한다. 방폭문의 효율적인 관리를 위하여 아래와 같이 예방점검표(표 4.5.1)를 작성하고 주기적인 예방정비 활동을 실시하는 것을 권장한다.

표 4.5.1 방폭문 예방기준 및 조치(예시)

구분	점검항목	점검기준	점검결과	조치내용
1	문(Door) 표면상태	부식 및 손상 여부	부식, 손상	부식, 손상부의 제거 및 재도장
2	문(Door) 취부상태	뒤틀림 또는 처짐 여부	불량	전문업체에 의뢰하여 조치
3	개스킷	표면 이물질 부착 및 파손 여부	이물질 부착	개스킷 및 접촉면 이물질 제거
4	잠금장치	작동상태 점검	불량	전문업체에 의뢰하여 조치
5	힌지(Hinge) 조립체	이상소음 및 작동상태 점검	불량	· 주유공급 및 10회 이상 작동 후 상태 점검 · 계속된 이상 시 전문업체 의뢰
6	기밀성	고무패킹 파손 여부	불량	전문업체에 의뢰하여 조치

(2) 가스차단문

가스차단문은 오염통제구역 내의 각 격실에 설치하여, 각 격실 간의 양압형성 및 인원통제, 공기제독(Air Shower)을 위한 출입구의 차단을 위하여 설치되는 화생방 방호설비로서 액체오염지역(LHA)과 기체오염지역(VHA), 청정기계실(CMR)과 오염기계실(DMR) 사이 문을 말하며, 가스차단문은 오염지역으로부터 무해구역으로 연결되는 통로에 설치되므로 다음과 같은 유지관리 점검항목 위주로 주기적인 검사를 시행하여야 한다.

① 육안검사

· 문의 표면부식 및 손상 여부
· 문의 뒤틀림 또는 처짐 발생 여부
· 개스킷 부착상태

② 작동검사

· 힌지(Hinge) 조립체의 손상 여부 및 작동상태
· 클램프 조립체의 작동상태
· 내부 잠금(Inter Locking) 시스템 작동상태

③ 성능검사

가스차단문 성능검사는 화생방 방호시설 내에 양압을 형성하여, 오염통제구역의 기능을 점검한다. 이때 각 격실 내의 설치한 게이지 압력을 점검하며, 마찰을 감소하고 부식방지 및 원활한 작동상태 유지를 위하여 힌지 부분과 클램프 회전체 부위에 주유를 실시한다. 이때 회전체의 이물질 혼입방지를 위하여 깨끗이 청소한 후 주유를 실시하도록 한다. 기타 가스차단문에 대한 도장 등 유지보수 활동은 방폭문에 준해서 관리한다.

(3) 급기 및 배기용 방폭밸브(위생용 포함)

방폭밸브는 화생방 방호시설 외부를 관통하는 모든 흡기구와 배기구에 설치하는 외압차단장치로서 재래식 폭발물 및 핵에 의한 폭풍압이 건물 내로 유입하는 것을 차단함으로써 시설 내의 인명과 장비를 보호하는 화생방 방호설비로서 점검항목에 의한 예방정비의 실행으로 유지관리가 필요하다. 이때 주요 점검항목은 아래와 같다.

① 육안검사

· 밸브조립체의 표면부식 및 손상 여부
· 방폭밸브 몸체 및 디스크 또는 블레이드 형태 변형 유무
· 조립용 볼트 체결상태
· 흡입구 이물질 혼입 여부

작동검사는 설치된 방폭밸브의 디스크(Movig Disk) 또는 블레이드(Blade)를 3회 이상 작동시켜 스프링 작동 상태확인 한다. 급기 및 배기용 방폭밸브는 별도의 주유가 불필요하며, 표면이 부식되었을 때 보수용 페인트로 도장 한다. 밸브의 효율적인 관리를 위하여 아

래와 같이 예방점검표(표 4.5.2)를 작성하고 주기적인 예방정비 활동을 실시한다.

표 4.5.2 방폭밸브 점검기준 및 조치결과(예시)

구분	점검항목	점검기준	점검결과	조치내용
1	밸브 조립체	표면부식 및 손상 여부	불량	용융아연도금 Paint로 재도장
2	몸체 및 Moving Disk	형태 변형 여부	변형	전문업체로 의뢰 (몸체 및 Moving Disk 교환)
3	Bolt 체결	Bolt 체결상태 확인	불량	나사체결상태 확인 후 풀림 방지 처리 보완
4	흡입구	이물질 혼입 여부	불량	청소, 청결상태 유지
5	스프링	스프링 작동상태	변형	전문업체로 의뢰(스프링 교환)

(4) 역류방지밸브

화생방 방호시설 오염통제구역, 기계실, 주방 및 화장실 환풍 통로구에 설치하여 건물 각 격실의 차압을 일정하게 유지시켜 주며, 오염공기의 역류를 방지하는 기능을 하는 역류방지밸브는 점검항목에 의한 예방정비의 실행으로 다음과 같은 점검항목에 대한 유지관리가 중요하다.

① 육안검사

- 밸브조립체의 표면부식 및 손상여부
- 기밀판의 형태 변형여부
- 조립용 볼트 체결 상태
- 흡입구 이물질 혼입여부

② 작동검사

- 기밀판의 작동상태 확인
- 밸브 잠금장치 작동 상태 확인

역류방지밸브의 경우 기밀판의 원활한 작동을 위하여 잠금장치의 축 부분에 약간의 주유가 필요하며 표면이 부식된 부분을 절차에 의하여 보수용 페인트로 재도장하도록 한다. 역류방지밸브의 효율적인 관리를 위하여 아래와 같이 예방점검표(표 4.5.3)를 작성하고 주기적인 예방정비 활동을 실시한다.

표 4.5.3 역류방지밸브 점검기준 및 조치결과(예시)

구분	점검항목	점검기준	점검결과	조치내용
1	밸브 조립체	표면부식 및 손상 여부	불량	용융아연도금 보수용 Paint 재도장
2	기밀판	형태 변형 여부	변경	전문업체에 의뢰 (기밀판 교환)
3	Bolt체결	Bolt 체결상태 확인	불량	나사 부위 체결 후 풀림방지 처리 보완
4	흡입구	이물질 혼입 여부	불량	청소, 청결상태 유지
5	작동검사	밸브의 기밀판 작동상태 확인	불량	전문업체에 의뢰 (기밀상태 확인 및 기밀판 교환)
6	잠금장치	작동상태 확인	불량	전문업체에 의뢰 (회전여부 및 잠금상태 확인)

(5) 역류방지 및 방폭겸용밸브

역류방지 및 방폭겸용밸브는 화생방 방호시설 오염통제구역 전실과 액체위험지역 사이 또는 부출입구의 2중 AirLock 중간에 설치하여, 최외각 방폭밸브가 폭압에 의해 닫히는 순간에 새어 나오는 통과 충격량을 차단하며 오염된 공기의 역류방지 기능을 동시 수행하는 방폭밸브와 역류방지밸브의 혼합된 형태의 화생방 방호설비로서 점검항목에 의한 예방정비의 실행하여야 한다.

① 육안검사

- 밸브조립체의 표면부식 및 손상 여부
- 밸브 몸체의 디스크(Moving Disk)와 기밀판 형태 변형 여부
- 조립용 볼트체결 상태
- 흡입구 이물질 혼입 여부

② 작동검사

- 밸브의 기밀판 작동 상태확인
- 균형추의 기능 확인

역류방지밸브는 기밀판의 원활한 작동을 위하여 균형추의 축 부분에 약간의 주유를 통한 유지관리가 요구된다. 만일 표면이 부식된 부분은 절차에 의하여 보수용 페인트로 재도장하도록 하며, 밸브의 효율적인 관리를 위하여 표 4.5.4에 준해서 관리한다.

표 4.5.4 역류방지 및 방폭겸용밸브 점검기준 및 조치결과(예시)

구분	점검항목	점검기준	점검결과	조치내용
1	밸브 조립체	표면부식 및 손상 여부	불량	용융아연도금 Paint로 재도장
2	Moving Disk 및 기밀판	형태 변형 여부	변형	전문업체로 의뢰 (Moving Disk 및 기밀판 교환)
3	Bolt 체결	Bolt 체결상태 확인	불량	나사체결상태 확인 후 풀림 방지 처리 보완
4	흡입구	이물질 혼입 여부	불량	청소, 청결상태 유지
5	작동검사	기밀판 작동상태 확인	불량	균형추 기능 확인
6	균형추	휨 발생 여부 및 기능 확인	불량	전문업체로 의뢰(휨 발생 등의 이상 발생 시 교환)

(6) 가스차단밸브

화생방 방호시설로 유입되는 공기를 차단 또는 개방함으로써 평시 또는 훈련 및 화생방전 시 운용으로 바꾸어 주는 기밀차단 밸브는 누출 시 오염공기가 여과기를 거치지 않고 청정구역으로 유입함으로 평시 예방정비의 실행이 중요하다.

① 주요 점검항목

- 밸브 몸체의 공기누출 여부
- 축 조립체 이상 유무 및 기밀 유지상태
- 볼트 체결 상태(플랜지 부분)

가스차단밸브는 별도의 주유 및 도장이 필요 없으며, 효율적인 관리를 위하여 아래와 같이 예방점검표(표 4.5.5)를 작성하고 주기적인 예방정비 활동을 실시한다.

표 4.5.5 가스차단밸브 점검기준 및 조치결과 예시

구분	점검항목	점검기준	점검결과	조치내용
1	밸브 몸체	공기누출 여부 확인 (비눗물 검사)	불량	전문업체에 의뢰 (덕트 라인에서 해체 후 밸브의 내면에 기밀 유지)
2	축 조립체	작동 및 기밀 유지 상태	불량	전문업체에 의뢰 (덕트 라인에서 해체 후 회전축 내의 좌·우 패킹 교환)
3	Bolt 체결	나사 체결 부위 풀림 여부	불량	나사 부위 체결 후 풀림방지 처리 보완

(7) 가스차단접속관

화생방 방호시설의 외부를 관통하는 모든 도관, 배관, 전선관 및 오염통제구역을 통과하는 모든 설비 및 전기 관련 선로가 누출 없이 벽을 관통할 수 있게 하는 가스차단 접속관은 작용제 침투방지 및 양압 유지에 주요 설비로 평상시 예방정비의 실행이 중요하다.

① 주요 점검항목

· 조립용 볼트 체결상태
· 개스킷 팽창 상태
· 개스킷 이상 유무

가스차단접속관에 대해서는 별도의 주유 및 도장이 필요 없으며, 효율적인 관리를 위하여 표 4.5.6에 따라 유지관리 및 예방정비 활동을 실시한다.

표 4.5.6 가스차단접속관 점검기준 및 조치결과(예시)

구분	점검항목	점검기준	점검결과	조치내용
1	Bolt 체결	나사 체결 부위 풀림 여부	불량	나사 부위 체결 후 풀림방지 처리 보완
2	개스킷 팽창	개스킷 부분 밀림 여부 확인	불량	전문업체에 의뢰 (캐스킷 조립상태 확인 및 분해 후 점검 또는 교환)
3	개스킷 노화상태	개스킷 노화 여부	불량	전문업체에 의뢰 (Rubber 노화 발생 시 교환)

(8) 가스입자여과기

화생방전 시 오염된 대기 중의 유독가스 및 방사능 입자를 제거하여 정화된 공기를 화생방 방호시설로 공급하는 가스입자여과기는 화생방전의 가장 주요한 설비이므로 아래와 같은 점검항목에 따라 예방정비에 만전을 기하여야 한다.

① 육안검사

· 기름 또는 먼지 등 이물질 부착 여부
· 부식 또는 변형 여부
· 용접부의 균열 및 파손 여부
· 조임 밴드와 볼트 풀림 여부
· 봉인납 망실 여부

가스입자여과기의 표면이 부식되었을 경우 보수용 페인트로 도장하며, 표 4.5.7에 따라서 주기적인 예방정비 활동을 실시한다.

표 4.5.7 가스입자여과기 점검기준 및 조치결과(예시)

구분	점검항목	점검기준	점검결과	조치내용
1	이물질 부착여부	기름 또는 먼지 부착 여부	불량	청소, 청결 상태 유지
2	여과기 몸체	부식 또는 변형 여부	불량	페인트 재도장, 변형이 심할 경우 확인 후 교환
3	용접부	균열 및 파손 여부	불량	교환
4	Bolt 체결	조임 밴드, Bolt의 풀림 여부	불량	나사부 체결 확인 및 풀림 방지
5	봉인납	손·망실 여부	불량	확인 후 재봉인

(9) 송풍기

송풍기를 가동하면서 원활한 운전과 각 부품의 수명 연장을 위하셔 다음과 같은 사항을 일상적, 또는 주기적으로 점검하여 관리해 주어야 한다.

① 송풍기 운전 중 일상적 점검사항

· 송풍기 가동 후 소음이나 진동의 발생 여부
· 임펠러의 회전방향, 송풍이나 흡입 상태
· 벨트의 마모나 장력 상태 확인
· 송풍기와 연결된 덕트 중의 댐퍼 개폐 상태 확인
· 전동기 운전 전류 및 전압, 발열 여부 점검
· 송풍기 자체나 주변 연결 덕트에서의 누기 여부
· 베이링의 소음이나 발열 여부

※ 베어링의 표면 온도를 측정해 주위보다 40℃ 이상 높지 않아야 하고, 일반적으로 최고 온도가 60 ~ 70℃를 넘지 않는 수준에서 관리해야 한다

② 주기적인 예방 점검사항

· 베어링에 그리스 주입
· 벨트 마모 상태에 따른 교체, 벨트의 장력 조정
· 전동기 및 베어링 작동 상태 점검 후 필요 시 교체
· 전기배선 및 제어반 작동 상태, 과부하 차단 장치 테스트

- 송풍기 내부 청결 상태확인
- 송풍기 토출구나 흡입구, 그릴이나 동망에 이물질 부착 여부 확인
- 전동기의 운전 전류, 전압, 절연저항 등을 측정하여 과부하나 비정상 운전 여부 판단
- 임펠러 마모 상태, 외부 부식 여부 점검
- 방진장치 작동상태 점검 및 조정
- 장시간 정지(소방제연용 Fan 등)되어 있는 송풍기의 주기적 가동 점검

(9) 공조기(공기조화기)

외부 공기를 흡입하여 온도 및 습도를 조절하여 실내로 공급하는 장치. 내부에 필터를 포함하고 있어 실내로 쾌적한 공기를 공급한다. 공조기 운전 중 열교환 코일의 입구와 출구 배관의 온도를 확인하여 정상적으로 냉방 또는 난방이 되고 있는지 확인하여야 한다. 팬 가동 중 소음이나 진동이 없는지 확인한다. 급기팬과 배기팬의 전류와 전압이 적당한지 주기적으로 측정한다.

냉방 시 코일 하부의 드레인 판의 결로수가 잘 배출되는지 확인하고, 배수가 잘 안 될 경우 팬의 정압에 비하여 배수관 트랩의 봉수 깊이가 부족한 것이므로 트랩을 수정하도록 한다. 코일 표면의 결로수가 급기팬 쪽으로 비산되지 않는지 확인하고, 결로수가 비산되면 급기팬이나 케이싱 내부면 등의 부식될 우려가 크므로 급/배기팬의 풍량을 조정하여 코일 통과 풍속이 적정한 수준(2.5~3m/s)이 되도록 조정하여야 한다. 팬의 베어링 윤활유 보충이 필요한 경우 주기적으로 점검하여 보충한다.

가습기의 작동상태를 점검하고, 전극봉식 가습기의 경우 주기적으로 내부의 전극봉을 확인하여 표면에 스케일이 많이 축적된 경우 청소해 제거한다. 난방이나 가습에 증기를 사용하는 경우에는 증기트랩이 정상적으로 작동되고 있는지 확인한다. 화생방 방호시설 전시모드 전환 시 가스입자여과기의 용량에 따라 송풍기와 연계되어 적정 외기(OA)가 공급되는 확인한다.

(10) 화생방설비 부재/부위별 유지관리 기준

유지관리업무를 효과적으로 수행하기 위해서는 먼저 계획을 수립할 필요가 있다. 계획에는 일상적인 것, 정기적인 것과 수선에 관한 사항이 있다. 일상적으로 기기의 운전 또는 청소, 소모품 교환, 실내환경의 측정 등의 포함되며 건축의 기능을 충분히 발휘하기 위해서 월간계획, 연간계획에 따라서 효율적으로 업무를 진행해 나가야 한다. 수선계획은 고장 부

위를 어떻게, 어느 우선순위를, 어느 정도로 수선해 나가야 하는가를 계획하는 것이다.

화생방 방호시설 유지보수 실무자와 제작업체 제품설명서 등을 참고하여 화생방 방호시설의 주요 부재/부위에 대한 적정 수선주기 및 수선율표는 표 4.5.8과 같다.

표 4.5.8 화생방 방호시설의 주요 부재/부위에 대한 수선주기(예시)

구분	수선방법	수선주기(년)	수선율(%)	비고
가스입자여과기	부분수선	10	5	
	전면교체	20	100	미개봉 시
방폭밸브	부분수리	10	10	
프리필터	교체	3	100	
가스차단밸브	부분수리	10	5	
방폭문	부분수리	10	10	
방폭밸브	부분수리	10	10	
연도용 방폭밸브	부분수리	10	10	
역류방지밸브	부분수리	10	10	
기밀고무	부분수리	10	10	가스차단 접속관 내
고무패킹	부분수리	10	20	문과 문틀
	전면교체	20	100	

제5장

EMP 방호시설

제5장 EMP 방호시설

5.1 개요

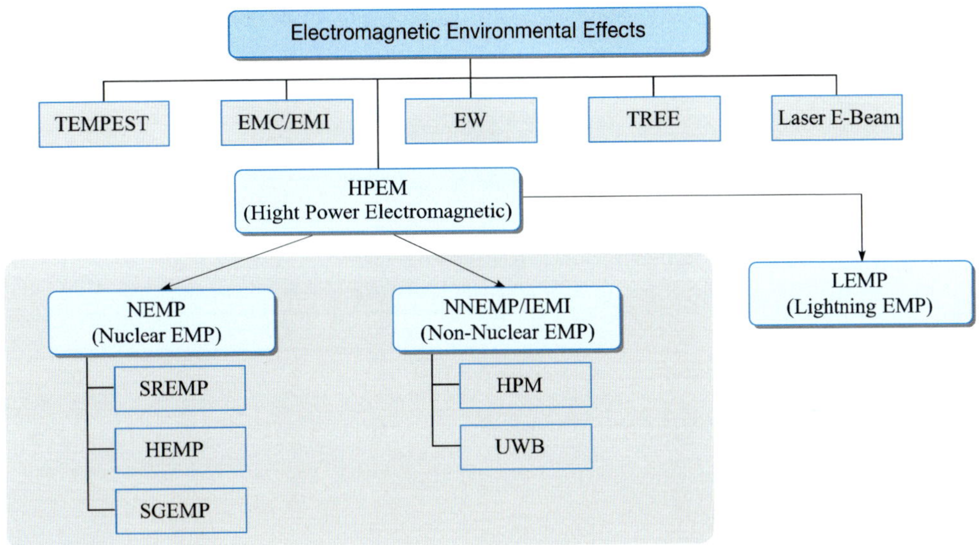

그림 5.1.1 전자파 환경

전자파의 환경은 그림 5.1.1과 같다.

- TEMPEST : 도·감청 방지 관련된 EMC의 코드네임
- EMC/EMI : Electro Magnetic Compatibility/Electro Magnetic Interference (전자파 적합성 : EMI + EMS/불요 전자파 또는 전자파 간섭 및 내성)
- EW(Electromagnetic Wave) : 전자장의 진동에 따라 진공 속이나 물질 속을 전파하는 횡파
- TREE : 무선 송·수신기간의 전파 간섭으로 Source와 Victim 사이 분석 매트릭스
- Laser E-Beam : 고에너지 레이저 빔 관련 전파 간섭

- HPEM : High Power Electro Magnetics
  ① HEMP(High altitude Electro Magnetic Pulse) : 핵 폭발 이후 열폭풍, 방사능, 낙진에 이어 4번째 나타나는 전자기 펄스
  ② HPM(High Power Microwave) : 인위적인 발생장치에 의한 고전력의 마이크로파

EMP(Electro Magnetic Pulse)는 광의적으로 사용되는 약어로 고출력 전자기파로 각종 정보기기를 손상시키거나 오동작을 유발할 수 있다. 전자기파는 발생원에 따라 핵과 비핵 EMP로 구분된다.

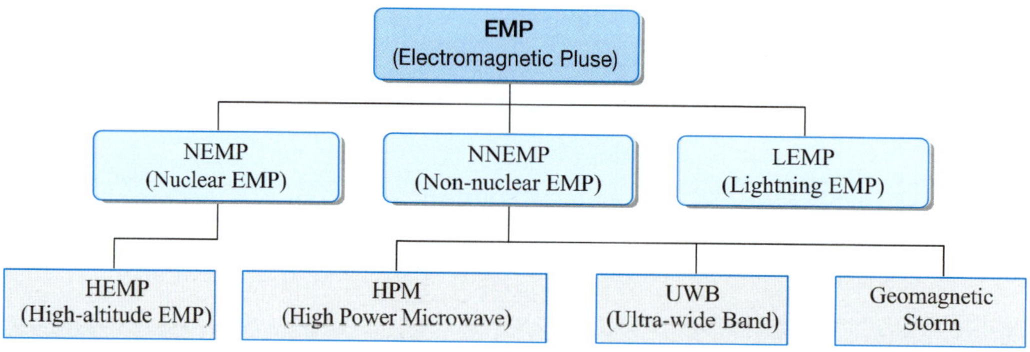

그림 5.1.2 EMP의 종류[1)]

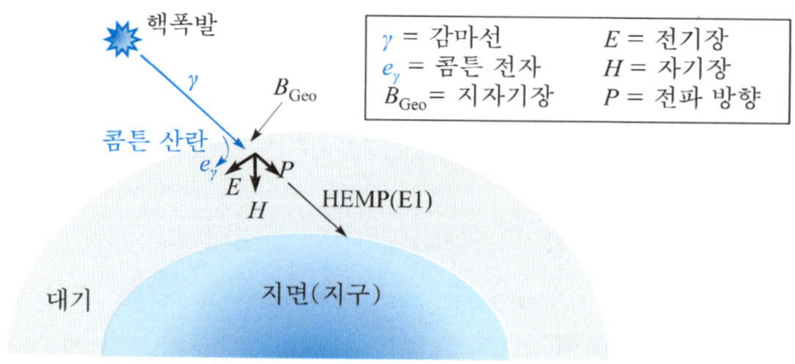

그림 5.1.3 고고도 폭발로부터 발생한 초기 HEMP 발생

1) Kim, K., & Park, Y. J.(2021). Development of Decision-Making Factors to Determine EMP Protection Level: A Case Study of a Brigade-Level EMP Protection Facility. Applied Science, 11.

HEMP는 핵무기가 30km 이상의 높은 고도에서 폭발할 때, 그림 5.1.3과 같이 즉시 방사(X선, 감마선, 중성자) 에너지가 폭발 위치 아래의 밀집된 대기층과 만나 공기 분자와 부딪힘으로써 높은 에너지를 갖는 콤튼(Compton) 전자를 생성하게 된다. 지(地)자기장은 이러한 전자들을 회전시켜 싸이클로트론 운동을 하게 만들고, 이러한 전자의 흐름은 지표까지 전파되는 횡단 전자기장을 생성한다. 이것이 바로 높은 첨두 전기장(수십 kV/m), 빠른 상승시간(수 ns), 짧은 펄스폭(약 100 ns까지) 그리고 377 Ω의 파동 임피던스 특성을 갖는 초기 HEMP(E1)이다.

초기 HEMP에 바로 이어, 무기 중성자들로부터 흩어진 감마선과 비탄성 감마선들은 HEMP 신호의 두 번째 부분(E2)을 야기하는 추가적인 이온화를 만든다. 이 두 번째 신호는 대략 10 V/m에서 100 V/m 수준이며, 100 ns에서 수십 ms의 시간 간격에서 일어날 수 있다.

Magneto Hydro Dynamic EMP(MHD-EMP)라 표기되기도 하는 마지막 형태의 HEMP인 말기 HEMP(E3) 역시 같은 핵폭발로부터 생성된다. 무기 잔해와 이온화된 대기가 지자기장을 가로지르며 발생하는 말기 HEMP는 작은 진폭의 전기장(수십 mV/m), 느린 상승시간(수초)과 긴 펄스폭(수백초)의 특성을 갖는다. 말기 HEMP는 전송선 및 배전선과 같은 매우 긴 케이블을 갖는 시스템을 파괴하는 전위차를 유도할 수 있다. 그림 5.1.4에는 E1, E2, E3의 시간 영역 파형과 주파수 별 E1, E2, E3의 전기장 분포가 나타나 있다.

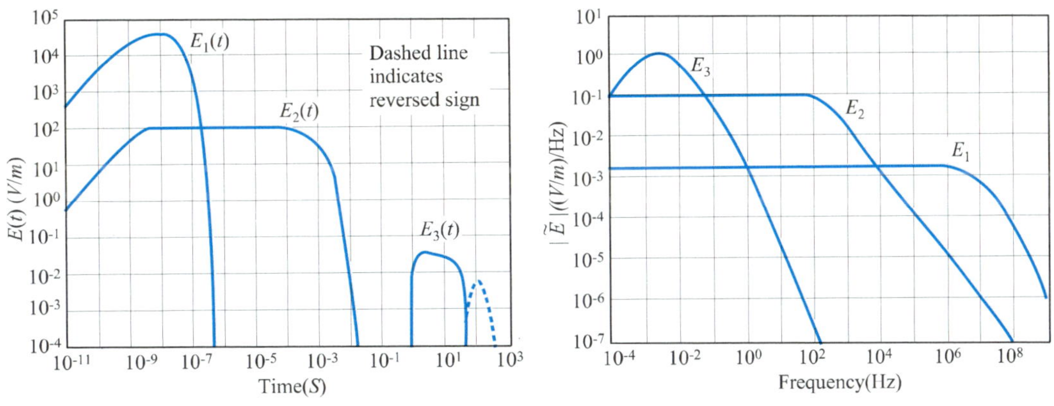

그림 5.1.4 각 HEMP 성분에 대한 파형 및 진폭 스펙트럼

표 5.1.1 HEMP 특징

구분	지속시간	특징	최대 전계강도
E1(초기)	핵폭발 직후 ~ 수 나노초(10^{-9})	전자기기에 직접 방사되어 손상유발	50 kV/m
E2(중기)	수 마이크로초 (10^{-6}) ~ 수 초	일정 길이의 케이블에 결합되어 전자기기 손상 유발	수백 V/m
E3(후기)	수 초 ~ 수백 초	길이가 긴 케이블에 결합되어 전자기기 손상 유발	수십 V/m

위 표와 같이 Compton 효과에 의해 생성된 전기장은 전기도체를 통해, 자기장은 공중을 통해 전자소자 및 전기시설 한계 이상의 에너지를 방출하므로 주요 C4I 체계를 비롯한 주요 기반체계에 피해를 발생시킨다.

고출력 전자기파가 국가기반시설 등에 결합되는 효과를 일으키는 두가지 경로가 있다. 첫번째는 복사성 결합이고, 두 번째는 전도성 결합이다. 복사성 결합은 EMP 에너지가 시설 구조물의 틈새와 접합부 등을 통해 유입되어 장비와 결합하는 것을 의미하고, 전도성 결합은 안테나 또는 센서부를 통해 EMP 에너지가 유입되어 장비와 결합하는 것을 의미한다.

복사성 결합에 의한 피해 기준인 차폐 효율은 미국 국방부에서 제시한 기준으로 차폐 요구 성능은 그림 5.1.5와 같으며 차폐 효율은 아래식과 같이 정의된다.

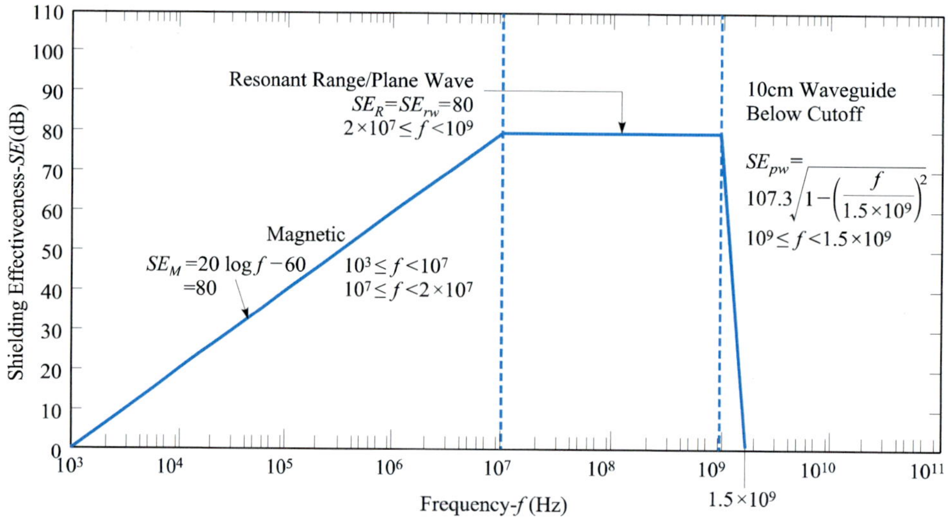

그림 5.1.5 美 국방부 기준 차폐 요구 성능

$$SE = 20Log_{10}\frac{E_i}{E_t} \quad \text{(식 5.1.1)}$$

위 식에서 E_i는 차폐가 없을 때의 전계의 크기, E_t는 차폐가 이루어졌을 때 전계의 크기이다. 미국 국방부 기준의 차폐 요구 성능을 보면 주파수 범위별로 조금씩 차이가 있지만, 결론적으로 모든 주파수 범위에서 차폐효율 80dB 이상을 만족해야 전자장비의 오작동 및 파괴 현상을 방지할 수 있다. 이것은 일반적인 사항이며, 주요 국가시설 및 산업시설 등 각각의 특성에 따라 조금씩 차이를 보이고 있다.

전도성 결합과 관련된 기준인 PCI 테스트는 펄스 전류를 외부 케이블에 인가, 차폐벽 내부로 유입되는 양이 허용한계치 이내인지 검증하는 테스트이다. HEMP의 세가지 형태 중 초기 HEMP가 그림 5.1.6과 같이 이중 지수 함수의 임펄스 파형을 가지고 있으며 HEMP 보호 시설의 성능을 평가하는데 일반적으로 적용하고 있는 MIL-STD-188-125-1에서 규정된 전도성 HEMP 신호의 파형은 표 5.1.2와 같다. 자세한 내용은 5.3 EMP 방호시설 성능시험 절차에서 다루겠다.

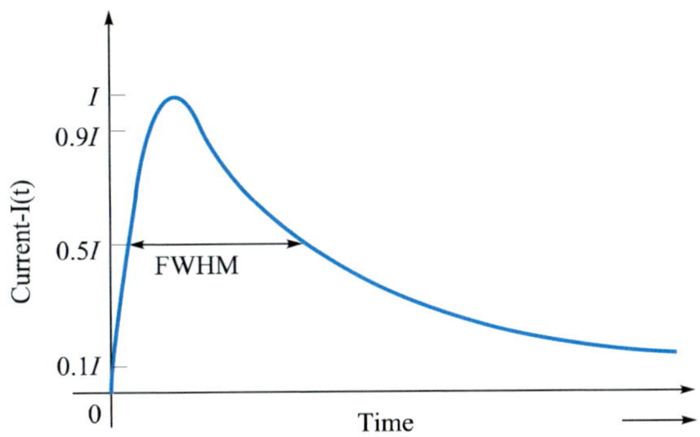

그림 5.1.6 이중 지수 함수 파형

표 5.1.2 HEMP 특징

구분	E1(초기)	E2(중기)	E3(후기)
상승시간	≤ 20ns	≤ 1.5μs	≤ 0.2s
펄스폭	500 ~ 550ns	3 ~ 5ms	20 ~ 25s
진폭	2,500A	250A	1,000A

1997년 美 하원(국가안보위)의 핵 EMP 위협 청문회 전문가 증언 기록에는 핵 폭발 고도에 따라 전자기기에 발생하는 피해 범위 시뮬레이션 결과가 수록되있다. 만일 美 대륙 중앙 483km 상공에서 핵 폭발이 발생할 시 피해범위 최대 2,366km에 이르는 것으로 알려져 있다. 또한, 국내의 경우 한반도 휴전선 상공 40km에서 10kt급 핵이 폭발하였을 때를 가정한 한국원자력연구원 시뮬레이션 한 결과에 따르면 그림 5.1.7과 같이 170km까지 피해가 발생하며 지구 자기장의 영향으로 북쪽보다 남쪽으로 EMP 영향이 크게 미쳐 남한의 중부지역까지 직접적인 피해 범위에 포함되는 것을 확인할 수 있다.

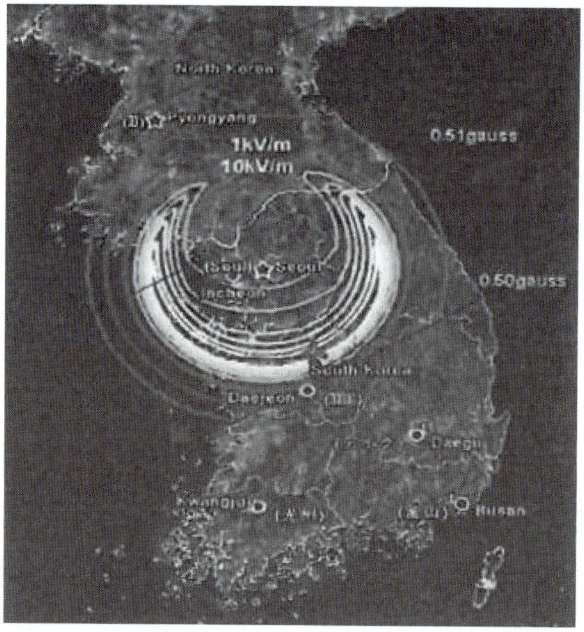

그림 5.1.7 휴전선 상공에서 핵 폭발 시 피해범위 시뮬레이션 결과

세계 각국에서는 기존의 열, 폭풍, 방사능 피해를 목적으로 하는 핵무기 개발뿐만 아니라 고고도 전자기 펄스 발생에 의한 전자기기를 무력화하려는 목적의 Super-EMP 발생 핵무기 개발도 진행 중에 있다. 국가 및 중요시설의 인프라망은 전력망, 통신망, 도로망, 금융 등이 있고, 군에서도 전술지휘통신망을 운용하고 있으며 선진국일수록 인프라망을 효율적으로 제어하기 위해 정보통신망과 융합하여 대규모의 망을 운용중에 있다.

이러한 망을 운용하기 위한 컴퓨터와 주요설비 등 모든 장비들은 전자부품을 내장하고 있어, HEMP의 영향을 받을 경우 동적 불능 상태가 될수 있다. EMP는 이러한 인프라망에 피해를 줄 수 있으며, 인프라망에 고장이 발생할 경우, 전력/통신 등 각종 제어가 불가능해지고, 대정전과 같은 혼란이 야기될 수 있다.

전자부품 산업의 발전으로 가정/산업현장이나 국가 주요시설, 군 무기체계에 많은 제품이 사용되고, 이러한 전자 부품들은 소형화, 고집적화 되면서 전자파에 대한 내성 약화로 인한 장비 오동작 및 기능저하가 많이 발생되고 있다. 또한, 국가 안보에 관련된 C4I 시설을 EMP로부터 보호하기 위한 연구 및 국가차원에서의 투자가 중장기적으로 필요한 실정이다.

핵 EMP가 인명피해나 기간시설의 파괴 없이 전기/전자기기에만 피해를 줄 수 있음이 알려진 후, 이러한 영향을 국지적으로 발생시킬 수 있는 다양한 EMP 발생장치가 개발되었다. 일명 'e-폭탄'으로 불리는 HPEM은 FCG(플럭스압축장치 : 수천만 암페어의 강한 전자기 펄스로 압축)를 통하여 미사일 탄두에서 나온 강력한 마이크로웨이브가 영향반경 이내에 있는 모든 전자제품으로 흘러들어가 전자회로를 끊어버리고 마이크로칩을 파괴해 전자장비를 못쓰게 만든다. 이 폭탄은 1999년 첫 실험에 성공한 것으로 알려졌으며 이후 세계 각국에서는 발생장치를 자체 개발중이거나 이미 개발완료하여 보유하고 있다고 알려졌다.

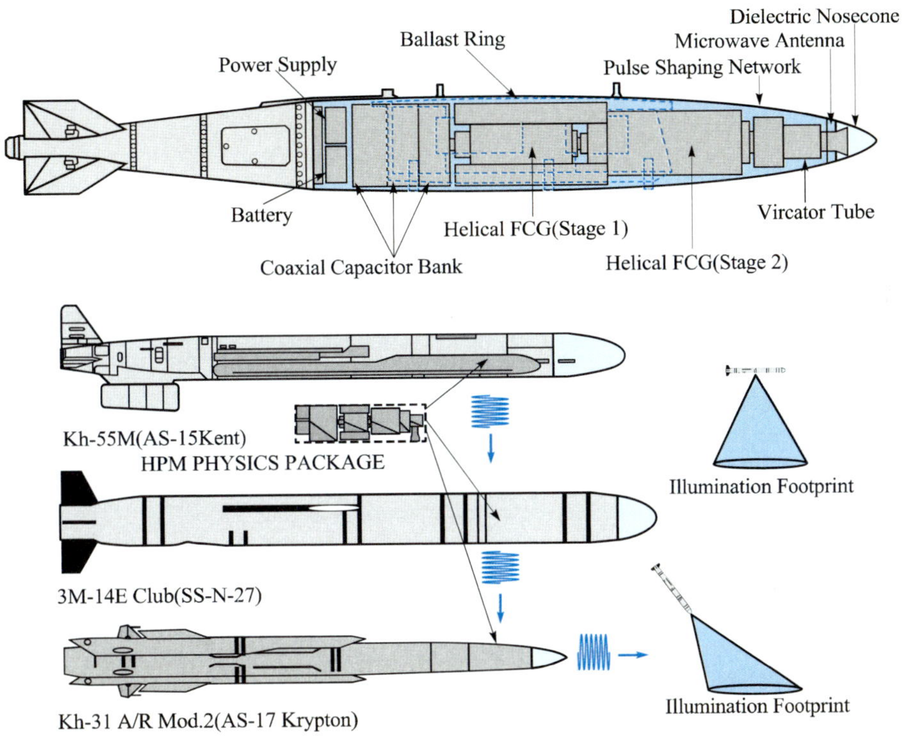

그림 5.1.8 E-bomb 구조 및 운반체(FCG)

최근 무인항공기 및 드론 기술이 발전함에 따라 이를 이용한 공중에서의 비핵 EMP 공격 가능성이 존재할 수 있다. 드론은 대개 영상촬영을 위해 사용되며, 시판되는 대형 드론은 20kg 정도의 적재중량, 30분 정도의 비행시간을 가진다. 이중 G사의 드론은 225kg까지 탑재할 수 있으나, 미국은 상업용 드론의 적재무게를 25kg 이하로 제한하려 하고 있다[2]. 무인항공기는 일반항공기와 마찬가지로 다양한 기종이 개발되고 있으며, 미국의 Global Hawk나 Predator는 최대적재중량이 5톤에 이르므로 이동형 EMP 무기를 탑재하기에 충분하다.

2) https://www.faa.gov/uas/getting_started/model_aircraft/

비핵 EMP 발생장치의 전체 중량을 50kg으로 제한하면 여러 제약조건이 따른다. 소형 비핵 EMP 발생장치에서 가장 무거운 부분은 Marx 발생기가 되며, 상용 Marx Generator를 개발하는 A사의 자료에 따르면 Marx 발생기에 저장되는 에너지와 장치의 무게는 표 5.1.3과 같다[3].

표 5.1.3 Marx 발생기 무게 및 저장 에너지

모델	에너지 (J)	무게 (kg)	비에너지 (J/kg)
MG15-3C-940PF	33	14	2.3
MG40-3C-2700PF	260	113	2.4
MG20-24C-2000PF	1,100	450	2.4
Ultra-compact	1,800	150	10.6

표 5.1.3로부터 단위 무게 당 최대 저장 에너지는 10.6J/kg임을 확인할 수 있으며, 무인기의 탑재 가능 중량이 50kg 정도로 가정할 경우 Marx 발생기를 40kg 정도로 제작할 때 저장 가능한 에너지량은 424J 정도가 된다.

MFC(Magnetic Flux Compression) 장치는 Marx 발생기의 에너지를 화약 에너지로 증폭하여 마이크로파 발생장치인 Vircator에 공급하는 장치이다. 대표적인 MFC는 약 1,000배 정도의 에너지 증폭이 발생한다[4]. 즉, 40kg의 Marx 장치로 발생시킨 펄스를 MFC를 이용하여 0.424MJ까지 증폭시킬 수 있다. 다음의 표 5.1.4를 참고하면 이 장치는 소형 MFC로 구현 가능하며, 1kg 이내의 무게를 가질 것으로 예상된다[5].

표 5.1.4 MFC 장치의 설계 파라미터

변수	대형	중형	소형
길이(mm)	1,000-2,500	500-1,500	100-500
직경(mm)	250-500	100-250	40-100
전체 무게(kg)	200-2,000	20-200	0.2-10
폭약 무게(kg)	20-200	1-20	0.05-1

3) http://www.apelc.com/products/marx-generators-marx-generators/

4) P. Appelgren, "Experiments with and modelling of explosive driven magnetic flux compression generators," Ph.D. Thesis, KTH university, 2008

5) B.M. Novac and I.R. Smith, "Brief History and Classification of Magnetic Flux Compression," Electromagnetic Phenomena, 2000

변수	대형	중형	소형
최대 전류(MA)	10-50	1-10	0.1-5
에너지(MJ)	10-100	0.2-10	0.1-5
압축시간(ms)	100-300	50-200	10-50

Vircator는 150kV 이상의 고전압을 가해야 가상 음극이 형성되고 200kV 이상의 전압을 가해야 마이크로파가 발생한다[6]. Vircator의 임피던스는 약 10Ω이므로 Vircator를 구동하려면 20kA의 전류가 필요하다[7]. 즉 4GW의 빔 출력이 되며 이 장치의 효율은 최대 0.7% 정도로 예상되므로, 이 경우 마이크로파의 출력은 28MW 정도이다. Vircator 전압이 200kV일 때 발생하는 마이크로파는 1.8GHz가 주성분이다[8].

EMP 출력은 아래의 식과 같이 안테나 이득에 의해 결정되며, 통상적으로 비핵 EMP 무기에는 10 ~ 20dB(G = 10 ~ 100)의 이득을 갖는 혼(Horn) 안테나가 사용된다[9].

$$S = G\frac{P}{4\pi r^2} \qquad \text{(식 5.1.2)}$$

진공 임피던스가 376.73Ω임을 고려하면 1m 거리에서 방사한 비핵 EMP 발생장치의 전기장 세기는 290kV/m가 되며, 전기장의 세기는 거리에 반비례하므로 290m 거리에서는 1kV/m의 전기장을 보일 것이라 판단된다.또한 트럭장착 및 휴대용, 소형가방 내 장착 가능한 각종 HPEM 발생장치가 세계적으로 지속 개발 중이다.

EMP 방호시설의 대량 구축은 예산여건 및 유지관리 등 제반여건을 고려시 제한사항이 많이 존재하므로 EMP 공격에도 피해를 최소화할 수 있는 대응계획 및 행동요령 수립 및 교육 등이 필요하다. EMP 공격의 특성상 통과하는 매질에 따라 감쇠효과가 발생하고, 전자기기의 전원 차단 시 공격회피가 가능하여 피해를 최소화할 수 있으므로 대응계획 및 행동요령에 대한 매뉴얼 등이 강구되어야 한다. EMP 공격에 파괴된 시스템 등에 대한 복구를 위해 사전에 예비품을 확보(대응계획에 포함)하여 부품교체를 통해 기능중단의 복구시간을 단축시킬 수 있도록 재난회복력에 대한 능력 강화도 필요한 실정이다.

---

6) A. Neuber et al., "Compact High Power Microwave Generation," Proc. ASC 26, Orlando, Fl,, 1-4 Dec. 2008

7) M.T. Crawford, "A Coaxial Virtual Cathode Oscillator High-Power Microwave Source," PhD. Thesis, Texas Tech. 1994.

8) W. Jiang et al., "Experimental and numerical studies of virtual cathode oscillator," PPC-2003, 15-18 June 2003

9) Z.N. Chen ed., "Handbook of Antenna Technologies," Springer, 2016

5

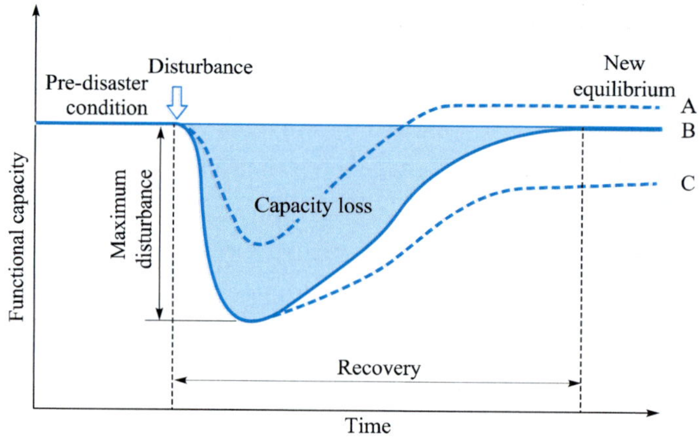

그림 5.1.9 EMP 관련 매뉴얼을 통한 재난회복력 강화[10)]

5.2 EMP 방호시설 설계 및 시공관리

5.2.1 EMP 방호체계

EMP 위협은 핵 EMP와 비핵 EMP로 구분될 수 있으나, 방호시설적 측면에서 비핵 EMP의 전기장 세기는 방호시설과 전자기파 발생장치의 이격거리에 비례하여 감소하므로 방호시설에 대한 접근통제, 이격 등의 근본적 대책이 우선시 된다. 다만, 핵 EMP는 방호시설에서 핵 공격에 의한 EMP 위협에 대비가 우선적이므로 본 장에서는 핵 EMP 대비 시설에 대한 내용을 주로 기술한다.

핵 EMP 방호는 외부에서 핵에 의해 발생되는 EMP 에너지로부터 내부의 주요 시설 즉 C4I 시스템과 같은 정보체계를 보호하기 위한 개념이다.

EMP 방호시설은 HEMP 공격으로부터 고출력 전자파에 취약한 전자소자로 구성된 정보체계 장비를 보호하기 위한 설비로써 구성요소를 보면 차폐판, 2중 차폐문, 외부 공기가 순환하기 위해 설치되는 허니컴, 전원과 데이터 신호처리를 위한 필터, 관통관 등으로 구성된다.

10) Solbodan P. Simonovic.(2018). Quantitative modeling of Disaster Resilience

EMP 방호시설의 차폐벽과 POE 방호장치는 방호구역에 배치하면 장비 고유의 성능을 발휘하지 못하는 안테나, 열교환기, 외부 감시센서 등과 같은 것을 제외한 모든 주요 체계는 방호구역에 배치해야 하며 POE의 개수는 최소화해야 한다. HEMP 방호벽 내부의 특별 방호대책은 최소화해야 하고 수락시험과 체계 운용성 검증시험이 가능해야 한다. 단, 체계 운용성 검증시험은 시설내의 주 임무체계가 MIL-STD-461F의 CS115, CS116, RS103 전자파 내성기준을 만족할 때 수행한다.

시설 방호설계 시 모든 관로와 전기적 POE는 가능한 집적시켜 관통 인입 구역을 정하는 것을 권장하며, 이를 설계 목표로 삼아야 한다. 단, 연결된 외부 도체의 길이가 10m 보다 짧은 경우에는 예외이다. 관통 인입 구역은 인원 및 장비용 일반 출입구, 비상출입구, 통풍 POE로부터 가능한 멀리 위치시켜야 한다.

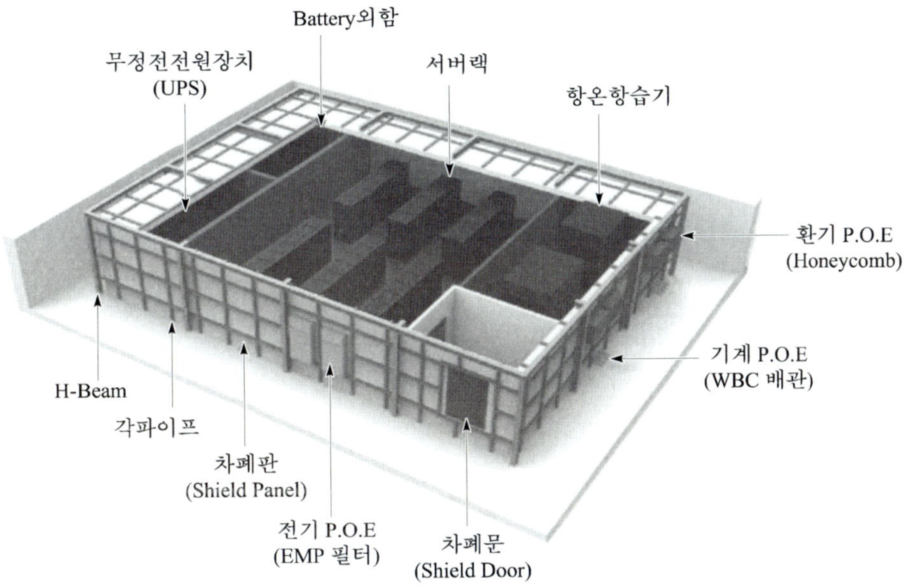

그림 5.2.1 EMP 방호시설(예시)

5.2.2 차폐

주요 시설 내에 설치된 전자장비와 이에 따른 각종 체계에 대한 전자파 차폐는 과도 스트레스 신호의 세기를 줄이거나, 전자장비의 전자파 내성을 높이거나, 과도 스트레스가 전달되는 경로의 감쇠를 높이는 3가지 방법을 조합하여 목적을 달성할 수 있다. HEMP 환경 특성상 과도 스트레스 신호의 세기를 줄이는 것은 불가능하므로 보통 전자장비의 전자파 내성을 높이거나 전자장비로 과도 스트레스 신호가 전달되는 경로를 약화시키는 방법을 이용하여 주요장비 및 체계를 보호해야 한다. 전자파 차폐체계는 전계에 대한 반사와 감쇠를 통해 전자기 과도 스트레스가 보호구역 내 전자장비에 도달하는 것을 방지하고, 노출된 금속 파이프 및 각종 금속재 케이블로 인한 유도전류는 필터 등 POE 보호장치에 의해 차폐벽 표면에 흡수 및 표피효과(Skin Effect)로 내부유입이 차단되며 시설 내로 유입되는 경로를 차단하는 역할을 한다. 관통도체와 개구부를 제외한 차폐체계는 금속함체로 구성된다. 이러한 차폐함체의 역할은 시설 내 보호구역에 전·자기장이 유기되는 것을 방지하고, 입사되는 전·자기장을 반사하고 흡수하는 것이다. 이를 위해 차폐벽은 모든 표면이 우수한 전기 전도도 즉 낮은 저항을 유지해야 한다. 차폐벽 표면을 통한 전자파 누설은 표면저항 또는 임피던스에 따라 발생된 전압에 의해 차폐함체 내부로 전계를 재방사하는 원인이 될 수 있다.

차폐벽이 완벽할 정도로 설치가 잘 된 경우에 대해 차폐 효과를 정확히 분석하기 위해서는, 차폐벽의 시공방법(볼트시공 또는 용접시공)을 결정하고 차폐벽 내부 차폐대상의 전기장과 자기장의 내성과 세기를 구분하여 차폐벽의 재료를 선정해야 한다. 전기장 및 자기장에 의한 결합이 모두 발생할 수 있지만 일반적으로 전기장에 대한 차폐는 비교적 간단하지만 100kHz 이하의 자기장에 대한 차폐는 어렵다. 중요설비의 차폐를 안정적으로 보장받기 위해서는 차폐 효과를 확인하기 위한 테스트를 진행해야 한다.

차폐실은 모든 출입문, 통풍구 등의 POE까지 완전하게 차폐 처리된 육면체 구조를 말한다. EMP 발생 모든 주파수 범위와 전자파의 유형에 대해 요구되는 차폐 효과도를 만족해야 하며, 차폐 효과도는 시설의 운용목적 및 방호대상에 의해 결정된다. 차폐 시공방법은 용접 차폐 시공과 볼트 차폐 시공 모두 가능하며 볼트 시공방식은 모듈러 타입과 팬 타입으로 구분된다. 모듈러 타입은 타 시공방식에 비해 차폐효과도가 낮은 편이다. 특히, 전기장과 평면파에 대해 100dB 이상, 30년 이상 차폐 효과도 유지를 목적으로 시공해야 하는 경우나, 진동·소음·습기가 상존하는 기계실, 전기실 등에는 용접 차폐 시공을 권장한다.

EMP 방호시설 설계는 차폐 공간 선정과 차폐벽 배치가 첫 단계이다. 차폐 공간을 선정하는 단계에서는 감도 높은 전자장비와 보호해야 할 주요장비 선정 및 발전기실, 외부 공기정화장치 구역에 대한 차폐여부를 검토하여야 한다. 또한, 사무실, 화장실 등과 같은 일반적인 관리 공간을 차폐 범위에 포함할 것인지를 시설의 운용목적과 비용을 고려하여 결정해야 한다. 전자장비를 개별적으로 차폐하는 것과 전자장비가 있는 공간 전체를 차폐할 것인지 역시 검토요소에 해당한다.

차폐재료는 강철, 구리, 알루미늄이 주로 사용된다. 이 중 알루미늄은 산화가 잘되고 시공 비용이 비교적 높기 때문에 주로 비행기나 이동형 체계와 같이 경량화가 필요한 경우 사용한다. 구리는 작업이 쉬워 보수 공사에 빈번하게 사용되고 강철 소재 중 저탄소강은 재료비가 저렴하고 우수한 저주파 자기장 차폐 성능을 보유하여 신축 공사에 주로 사용된다. 강철의 유일한 단점은 습기에 노출되면 부식된다는 것이다. 부식성을 해결한 아연 도금 강철은 용접 과정에서 유독가스를 방출하여 시공 인원을 보호하기 위해 성능이 우수한 배기 설비가 필요하다. 일반적으로 용접된 강철은 아연 함량이 높은 페인트로 부식을 방지해야 한다. 강판의 두께는 요구되는 자기장 차폐 효과도와 용접 용이성으로부터 결정된다.

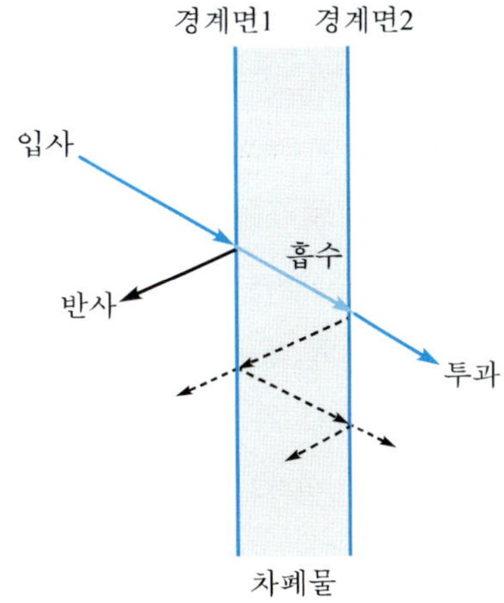

SE = 반사손실+흡수손실+재반사손실

그림 5.2.2 전자파 차폐 개념도

전자기 차폐는 전자기 펄스가 공기 속에서 파장으로 진행하다 차폐물을 만나 반사, 흡수 과정을 거친 후 전계강도가 손실되는 효과를 말한다. 반사손실은 두 매질(공기, 차폐물)의 특성 임피던스 차이에서 발생한다. 전기장은 경계면 1, 자기장은 경계면 2에서 반사되며, 입사주파수가 낮을수록 반사가 크다. 단, 발생원이 $\lambda/2\pi$ 거리보다 가까운 근거리장의 저주파 자기장에서 반사가 적용되며, 차폐물의 전도율이 높고, 투자율이 낮을수록 반사손실은 커진다. 반사손실은 시설의 크기가 주파수 파장의 2~3배 정도인 경우에는 보통 생략한다.

흡수손실은 차폐물 내부에 유기된 전류에 의해 열로 손실되고 차폐물질의 두께가 δ이면 흡수손실은 약 9dB가 된다.(표피깊이 δ : 입사량의 37%로 감쇠되는 거리) 그리고 입사주파수가 높을수록, 차폐물의 전도율/투자율이 높을수록 흡수손실은 커진다.

재반사손실은 흡수손실에 비해 차폐 효과도에 미치는 영향이 작으므로 고려하지 않는다. 이론적인 계산 결과, 차폐벽의 두께는 구리 1.6mm, 철 0.12mm 이상이면 HEMP 방호를 위한 그림 5.1.5의 차폐 효과도를 만족할 수 있다. 용접성을 고려한 최소 차폐벽 두께는 기술자료(Architectural Electromagnetic Shielding Handbook)의 경우 1.61mm 이상, 미군 시방서(UFGS-13 27 54.00 10)의 경우 1.897mm 이상의 두께를 유지해야 하며 신뢰성 있는 용접을 할 수 있는 최소 두께는 1.9mm 이상으로 권장한다. 미군은 주로 3.42mm 두께를 사용한다(Architectural Electromagnetic Shielding Handbook). 차폐 설계시 비용적인 측면, 구조적인 측면을 고려하여 차폐벽 두께를 선정해야 하며 용접시공 설계 시 고려사항으로 총 용접 길이를 줄이기 위해서 넓은 철판은 사용하고 용접 용이성을 고려하여 차폐재를 선정하고 세부 조립 설계한다. 그러나 차폐설계 적합성에 관한 연구와 시공 숙련도의 부족으로 차폐효과도를 만족 하지 못하는 경우가 다수 발생 된다. 이러한 문제를 방지하기 위해서는 시공성, 명백한 요구성능 사양, 좋은 성능 제어 규정, 잘 숙련된 용접 기술자, 품질 감독이 요구된다. 시설 차폐 설계 시 열에 의해 철의 휨 현상 방지를 고려하고, 차폐실의 모서리 특히 3개의 면이 만나는 부분은 주의깊은 상세설계가 필요하다.

차폐벽 및 연결 부품은 습기, 온도 변화, 오염이 방지된 상태로 보관, 운송, 취급되어야 한다. 용접 시 차폐 효과도를 확보하기 위해 강판과 구조적, 전기적으로 호환이 되는 전극을 사용하여 불활성 가스 금속 아크 용접을 해야 한다. 이음매를 용접하는 부분은 용재 함유물, 기공, 공백, 융합 부족 현상이 발생하지 않아야 하며 용접이 잘못된 부분은 갈아내고 새로 용접해야 한다. 용접을 수행하는 환경은 악천후에 대해 보호된 상태여야 하고, 직사광선에 노출되지 않아야 하며 기온은 10℃~32℃ 사이여야 한다. 표 5.2.1에는 강판을 연결하고 전기적으로 접속하는 3가지의 기본적인 방법이 나와 있다.

표 5.2.1 차폐 접합부 시공방법

기본 기술	세부 방법	사전가공 필요성	휨현상 발생	장단점
팬 용접	기본	절단 꺾음 용접	가장 적음	• 용접 수행과 검사 용이 • 짜 맞추기 쉬움 • 철판 크기는 제한
맞대기 용접	기본	불필요	가장 높음	• 철판을 크게 사용 가능 • 용접 어려움
	플러그 용접	드릴	적음	• 추가적인 플러그 용접과 검사 필요
	뒤붙임 구조	불필요	적음	• 용접은 단순, 2회 용접시공 필요
겹침 용접	기본	절단	중간	• 맞대기 용접대비 쉬움 • 철판을 크게 사용 가능
	플러그 용접	절단 드릴	적음	• 추가적인 플러그 용접과 검사 필요

POE 방호장치의 설치를 포함해 진행 중인 이음매, 접속 부위의 검사는 차폐시공 과정과 병행해 시행한다. 용접 차폐시공의 품질보증 활동으로는 침투탐상 검사, 자분탐상 검사, 초음파탐상 검사, 방사선투과 검사와 같은 비파괴 검사와 SELDS 검사를 사용한다. 4가지의 비파괴 검사는 각각 검사 대상의 상황에 맞게 선택해서 사용하도록 한다. 볼트 차폐시공의 품질보증 활동으로는 SELDS 검사를 사용한다. SELDS 검사는 차폐 시공의 어느 단계에서도 사용할 수 있지만, 전체 차폐가 완료되기 전에는 잡음 유입 또는 SELDS 검사에서 사용하는 전류 인가용 도선에 의해 방사되는 자기장 등에 측정용 센서가 영향을 받기 때

문에 측정자는 측정결과를 신중히 해석해야 한다. SELDS 검사는 전체 차폐 시공이 완료되면 SE 수락시험 전에 먼저 수행한다.

차폐시공, POE 방호장치와 내부 장비의 설치 등이 끝난 후에는 차폐 효과도를 만족하는지 수락시험을 수행해야 한다. 시험은 평상시의 시설 운용 구성 상태에서 POE와 방호장치에 대해 실시해야 하며 수락시험에서 발견되는 모든 결점은 차폐 효과도를 만족할 때까지 보완 및 재시험을 해야 한다. 시설 수락 후에 POE의 추가나, HEMP 차폐의 파손, 수리 후에는 수정이 가해진 영역에 대해서 차폐 수락시험을 다시 실시해야 한다.

5.2.3 건축 및 기계적 POE

건축 POE 방호장치인 차폐문과 기계 POE 방호장치인 WBC 배관 및 WBC 배열 배관에 대한 설계에 필요한 사항을 다루고자 한다.

인원과 장비의 출입구에는 차폐기능을 가진 차폐문을 사용하며, 일반적으로 핑거스톡이 권장된다. 공기압 슬라이딩 차폐문은 큰 출입구나 출입이 빈번하지 않은 출입구에 차폐문으로 사용될 수 있다. 차폐문은 시간에 따라 품질이 저하되는 특성이 있어 시설의 차폐 요구성능 보다 20dB 높은 차폐문을 적용해야 한다.

비상구를 포함한 모든 인원 출입구는 그림 5.2.3과 같이 WBC 방식의 전실에 2중 차폐문을 설치하거나, 그림 5.2.4와 같이 2중 차폐문을 설치하는 방식의 전실을 구성해야 한다. 안정적 EMP 방호를 위해 출입구 개수를 최소화하고, 2중 차폐문은 가능한 서로 직각이 되도록 하며, 주 출입구는 가능한 WBC 방식의 전실과 2중 차폐문을 적용하는 것을 권장한다. WBC 방식을 적용한 전실의 크기는 인원의 출입을 고려하여 최소한의 크기로 해야 하며, 최단 경로를 따라 측정한 도파관 길이(L)는 단면 대각 치수의 5배 이상이 되어야 한다.

모든 차폐문은 적어도 그림 5.1.5의 차폐 효과도를 만족해야 한다. 단 WBC 방식의 전실에 의해 저주파수 대역은 감쇠가 발생하기 때문에 이 경우 차폐문의 자기장(10kHz~10MHz)에 대한 차폐효과는 그림 5.1.5의 차폐 효과도를 만족하지 않아도 된다. 외부에 설치되는 차폐문은 부식이 방지되어야 하고, 날아온 먼지 또는 그 밖의 자연 환경적 요소들에 대한 노출로부터 보호되어야 한다.

전기 배선, 배관 또는 그 밖의 도체는 도파관 출입구 입구 안쪽에 길이 방향으로 배치하지 않도록 해야 한다. 도파관 출입구 내부로 배선을 통과해야 하는 경우에는 금속전선관에 인입 후 설치해야 하며 도파관 출입구 내부에는 금속전선관이나 핸드레일과 같은 접지가 가능한 도체는 출입구 차폐벽과 일정 간격으로 전기적 접속이 이뤄져야 한다.

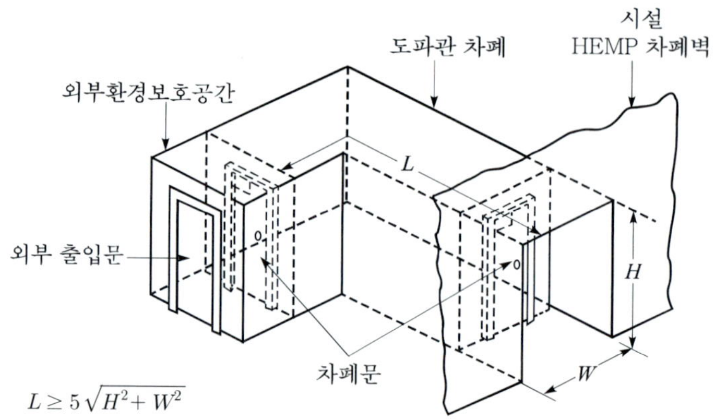

그림 5.2.3 WBC 방식의 전실과 2중 차폐문

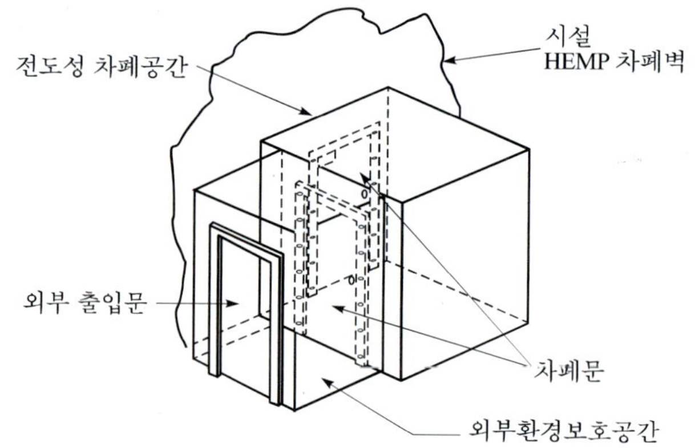

그림 5.2.4 전실과 2중 차폐문

차폐문 설계 시 차폐문과 프레임 간에 우수한 전기적 연속성이 확보되야 한다. 전기적 연속성은 2열 핑거스톡으로 유지하며, 자기적 연속성은 차폐문 표면과 인접한 차폐벽의 표면과 접촉이 잘 이루어진 도어의 강철 덮개를 통해 확보된다. 핑거스톡은 베릴륨동(Berylium Copper), 인청동(Phosphor Bronze)과 같은 스프링 재질로 제작되어 도어 프레임과 밀착된다. 핑거스톡에 접촉되는 면은 보통 황동이나 구리판을 사용하여 전기적 접촉을 유지한다. 성능이 우수한 차폐문의 차폐성능은 보통 100~120dB이다. 그러나 시간에 따른 금속피로, 오염물질, 윤활유 및 페인트 등으로 인한 부품의 마모나 접촉면 훼손은 차폐성능을 저하시킬 수 있으므로 정기적인 점검, 청소, 유지보수(교체)가 필요하며 차폐문 설계 시 선택사항은 차폐에 대한 전반적 요구사항과 가용예산, 운용 간 감독 및 유지관련 요구사항에 따라 달라진다. 통상 1열 핑거스톡은 50dB 미만의 낮은 차폐 효과도로 가능할 경우에 사용

하며, 2열 핑거스톡은 60~120dB의 우수한 차폐 효과도를 얻기 위해 사용한다.(현재는 많은 방식의 차폐문이 개발되어 일반적으로 100dB 이상의 차폐성능을 유지한 차폐문 적용이 용이함.) 핑거스톡은 문이 개폐될 때 자체적으로 닦이는 효과를 낼 수 있도록 설계되어 있기는 하지만, 주기적인(월간단위 또는 분기단위) 세척 및 관리가 필요하며, 핑거스톡의 사용기간, 관리상태 등에 따라 교체가 필요하다.

슬라이딩 차폐문은 초기에 더 높은 차폐 감쇠 현상을 보이지만, 고장률이 높은 경향이 있어 사용도가 높은 지역보다는 사용빈도가 낮은 대형문(장비출입구 등)에 적용하는 것이 효과적이다.

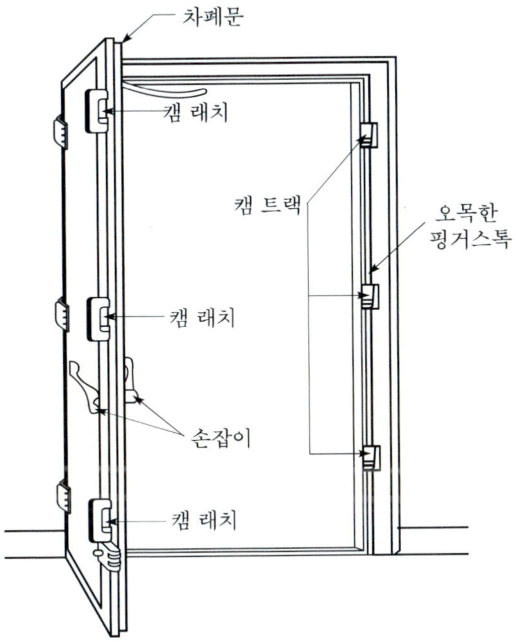

그림 5.2.5 일반적인 차폐문

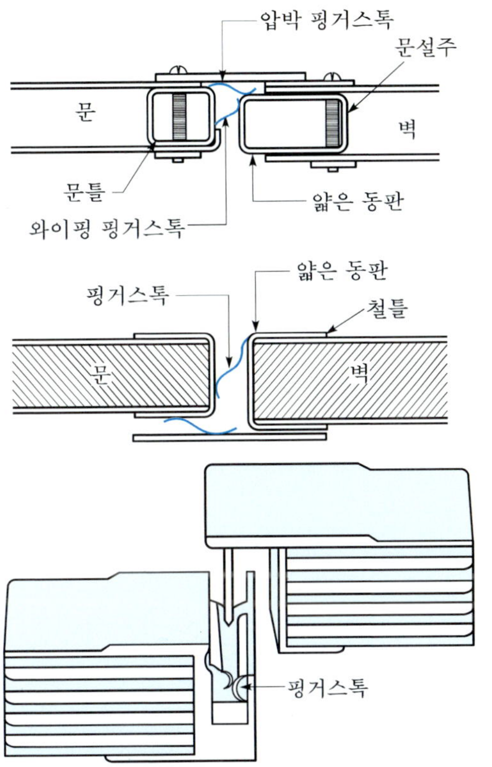

그림 5.2.6 차폐문 핑거스톡

EMP 방호시설 전실 양쪽의 차폐문이 동시에 열리지 않도록 장치가 설치되야 하며, 비상시에는 수동으로 잠금장치를 해제할 수 있어야 한다. 오작동 또는 고장 등으로 동시에 양쪽문이 열려 있는 경우에는 경보장치가 작동되어야 한다. 차폐문의 전원은 무정전 전원장치 등을 이용하여 상시 공급되어야 하고, 정전 등의 사고로 전실에 갇혔을 경우 비상 탈출이 가능하도록 계획해야 한다.

WBC 배관은 여러 개의 가는 관을 연접 배열하여 고정한 형태의 환기구를 말하며 얇은 판재를 교차하여 용접하거나 사각 또는 육각, 원형의 관을 서로 용접하여 제작한다. 용접은 판재나 관이 일체가 될 수 있도록 해야 하고, 볼트고정 형태는 개스킷과 볼트의 배열을 고려하며, 허니컴 그릴 눈의 대각선(또는 한변) 길이는 통상 100mm 이하, 단면 폭은 그릴 눈 대각선 길이의 5배 이상이 되어야 한다.

기계식 POE를 사용하면 식수, 냉수, 오·폐수, 연료, 압축공기 및 화재 진압제 등 액체와 가스가 HEMP 차폐벽을 관통할 수 있다. 또한, 보일러 및 발전기 등 내연 기관의 배기구, 난방·환기 및 공조(HVAC) 등도 이에 해당된다. 기계식 POE의 위치는 일반적으로 건축 도면에 표기되고 배관 및 기계 도면에는 POE의 세부 정보가 수록된다. 기계적 POE는 기계 시스템을 차폐구역 내부에 위치시킴으로 제거할 수 있다. 예로 공기압축기 등 설비를 차폐구역 내에 설치하면 기계적 POE의 수를 줄일 수 있다.

WBC 배관의 차단주파수(f_c)는 사각형 도파관에서 단면의 긴 변의 길이(a) 또는 원형 도파관에서는 내부 직경(d)과 매질의 종류에 의해 결정된다. 내부 매질이 공기인 사각 도파관의 경우, 기본모드에서의 차단주파수인 f_c는 다음과 같이 결정된다.

$$f_c[MHz] = \frac{150}{a} \quad \text{(식 5.2.1)}$$

원형 도파관의 경우는 다음과 같다.

$$f_c[MHz] = \frac{176}{d} \quad \text{(식 5.2.2)}$$

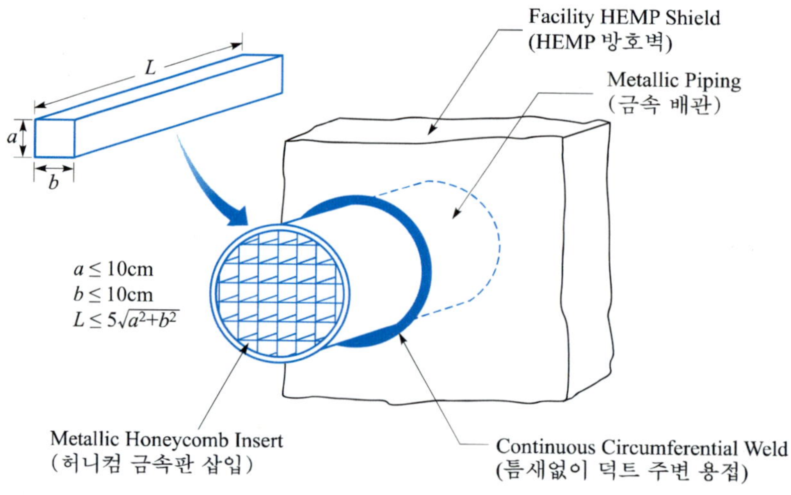

그림 5.2.7 원형 공기관 EMP 방호

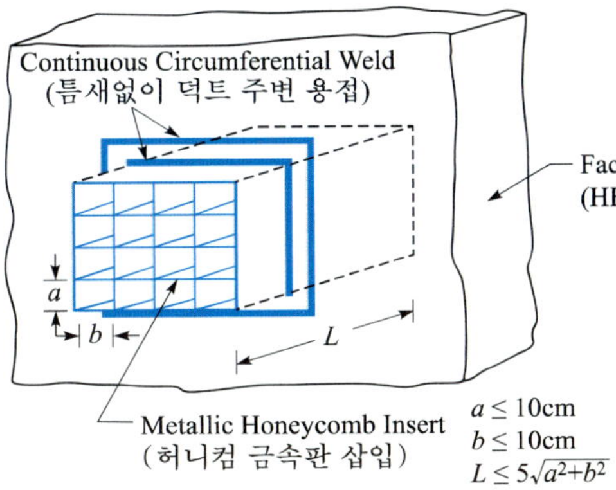

그림 5.2.8 사각형 공기관 EMP 방호

내부 매질이 공기가 아닌 경우에는 매질의 유전상수를 고려해야 한다. 사각 도파관의 차단주파수 f_c는 다음과 같다.

$$f_c[MHz] = \frac{150}{a\sqrt{\epsilon\mu}} \quad \text{(식 5.2.3)}$$

원형 도파관의 경우는 다음과 같다.

$$f_c[MHz] = \frac{176}{d\sqrt{\epsilon\mu}} \quad \text{(식 5.2.4)}$$

여기에서 ϵ은 도파관 내부 매질의 비유전율(공기는 약 1), μ는 도파관 내부 매질의 투자율(≒1.0)이다.

WBC 배관의 차폐 효과도는 아래 공식을 사용하여 계산할 수 있다.

$$SE[dB] = 54.6\left(\frac{1}{\lambda_c^2} - \frac{1}{\lambda^2}\right)^{1/2} L \quad \text{(식 5.2.5)}$$

λ_c는 차단주파수 파장, 사각 도파관의 경우 단면의 긴 변의 길이를 a[m]라고 하면 사각 도파관에서는 λ_c[m]=2a, 원형 도파관의 경우 내부 직경을 d[m]라고 하면 원형 도파관의 경우 λ_c[m]=1.7d이고 L은 도파관의 길이이다. λ[m]는 차폐효과를 계산하고 싶은 주파수의 파장이며 $\lambda > \lambda_c$의 조건을 만족해야 한다.

차폐벽을 통과하는 광섬유 케이블 관통 부분은 WBC 배관과 같은 소규모 금속관이 필요하다. WBC 배관 속에 다른 이물질이나 금속체가 들어가지 못하도록 처리한다.

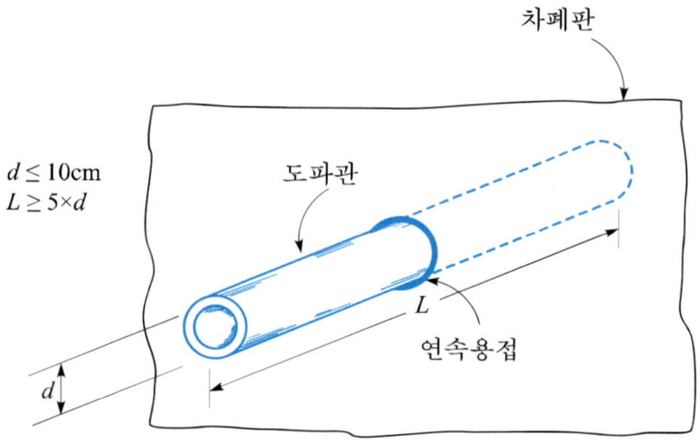

그림 5.2.9 도파관을 이용한 케이블 인입 단면도

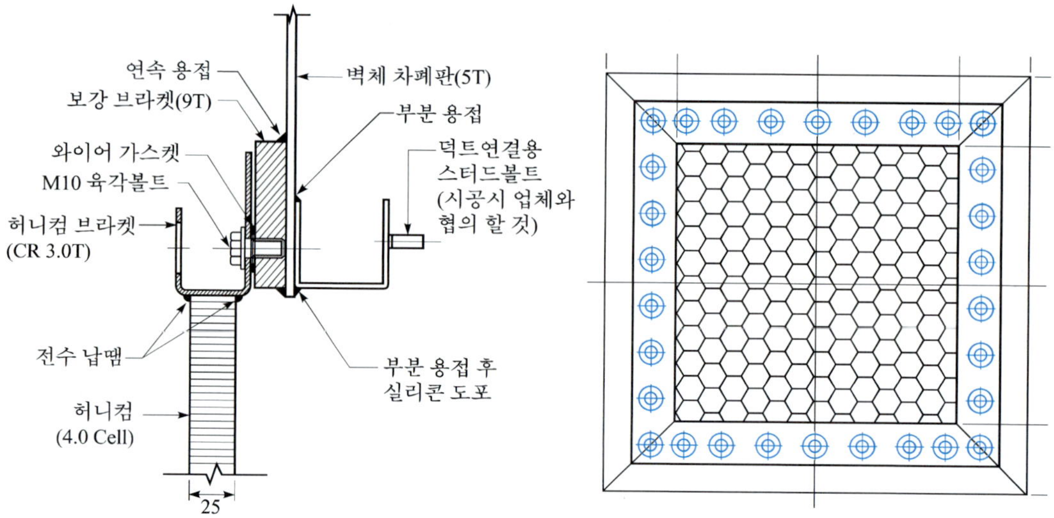

그림 5.2.10 WBC 배열 소자의 구조도 예시

WBC 배열 통풍구는 그림 5.2.10과 같은 형상의 방호장치이고 통풍용 덕트로 사용되며 공기 흐름에 낮은 저항을 주면서도 더 나은 차폐기능을 제공하도록 설계해야 한다. WBC 배열 통풍구의 차단주파수는 셀 하나의 크기에 대해 WBC에서와 같은 계산을 적용하면 된다. WBC 배열 통풍구의 전체 차폐 효과도는 아래와 같은 공식으로 계산할 수 있다.

$$SE[dB] = 27\frac{L}{a} - 20\log N \ (\text{단, } 27\frac{L}{a} > 20\log N \text{일 때}) \qquad \text{(식 5.2.6)}$$

여기에서 L[m]은 WBC 배열 통풍구의 두께(깊이)이고 a[m]는 내부 셀(도파관)의 폭, N은 내부 셀(도파관)의 개수이다.

위의 공식은 도파관의 차단주파수와 비교하여 낮은 주파수에 적용된다. WBC 배열 통풍구를 사용하는 경우 유체의 흐름에 대한 저항을 가지고 있기 때문에 이를 고려하여 WBC 배열 통풍구를 설계해야 한다. 보통 셀의 크기가 0.5~1cm인 상용 WBC 배열 통풍구를 사용하는 경우에는 사용하지 않는 경우의 통풍구 크기보다 약 1.6배 크기의 통풍구를 고려한다.

5.2.4 전기적 POE

전기적 POE 방호장치는 ESA(Electric Surge Arrester)와 필터들의 조합으로 구성된다. HEMP 방호벽 시공 시 ESA/필터 조합을 적용하며, ESA/필터의 조합은 HEMP의 중펄스, 단펄스에 대한 방호성능을 제공한다.

ESA는 HEMP 방호벽으로 인입되는 전도성 POE를 따라 설치되는 필터의 앞에 설치되어 필터의 성능저하를 일으킬 수 있는 서지 전류에 대해 방호를 해준다. 종류로는 스파크 갭(Spark Gap), 금속산화물 배리스터 (이하 MOV), SAS (Silicon Avalanche Suppressor), 반도체 다이오드 등이 있다.

스파크 갭은 오래된 형태의 ESA 중 하나이다. 스파크 갭은 공기 또는 가스로 절연된 한 쌍의 전극(유리 또는 세라믹 바디에 밀폐된 금속전극)으로 구성되고, 전압이 항복전압을 초과하는 경우 절연갭이 파괴되어 단락된다. 스파크 갭 절연가스 압력은 수분의 1기압에서 수기압으로 다양하고, 탄소블록의 경우 전극 간격은 1~2mm부터 10cm이며, 항복전압 범위는 1kV에서 수백kV까지 다양하다. 대형 스파크 갭은 대량의 전하를 전송하는 역할을 할 수 있다. 비전도 상태에서 스파크 갭은 개방회로 또는 소형 커패시터와 같은 동작을 하고, 항복전압은 인가전압의 상승률에 따라 증가한다. 따라서 HEMP에 의한 유도전압의 높은 상승률로 인해 스파크 갭의 정격 항복전압보다 몇 배 이상 큰 전압으로 증가할 수 있다. 그러므로 스파크 갭이 전력선에 사용되는 경우, 방전에 대한 대책이 준비되어야 한다. 흔히 서지 후 발생할 수 있는 아크를 방지하기 위해 MOV를 스파크 갭과 직렬로 연결한다.

가스방전 튜브는 저압 가스를 사용한 스파크 갭으로 일반적인 스파크 갭보다 피크 전류 및 전하 전송 능력은 낮다. 가스방전 튜브는 주로 장거리 외부 차폐 케이블로부터 시설로 인입되는 케이블의 2차 방호용으로 사용한다. 가스방전 튜브는 기체의 방전 현상을 이용한 2극 또는 3극의 방전관이다. 가스방전 튜브에 서서히 전압을 증가시키면 방전개시 전압까지 전류는 흐르지 않지만, 방전 후에는 여러 단계의 방전을 거쳐 아크방전에 도달하게 된다. 이후 약 10~20V 정도의 낮은 전압으로 안정되어, 이 이상의 전류를 흘려보내도 방전 현상에 변화가 없다. 가스방전 튜브의 장점은 MOV나 제너다이오드와 같은 실리콘 억제 소자에 비해 누설전류가 없고 커패시턴스가 작다. 가스방전 튜브는 아크나 글로방전(Glow Discharge) 피해를 입을 수 있는 회선에 대해 사용하면 안 된다.

표 5.2.2 스파크 갭의 장단점

구분	장점	단점
스파크갭	• 절연저항이 높음 • off 상태에서 낮은 입력 커패시턴스 • MOV, 반도체 소자에 비해 높은 전력처리 능력 • off 상태에서 누설전류 작음	• 느린 응답 시간 • 아크나 글로방전 피해 가능

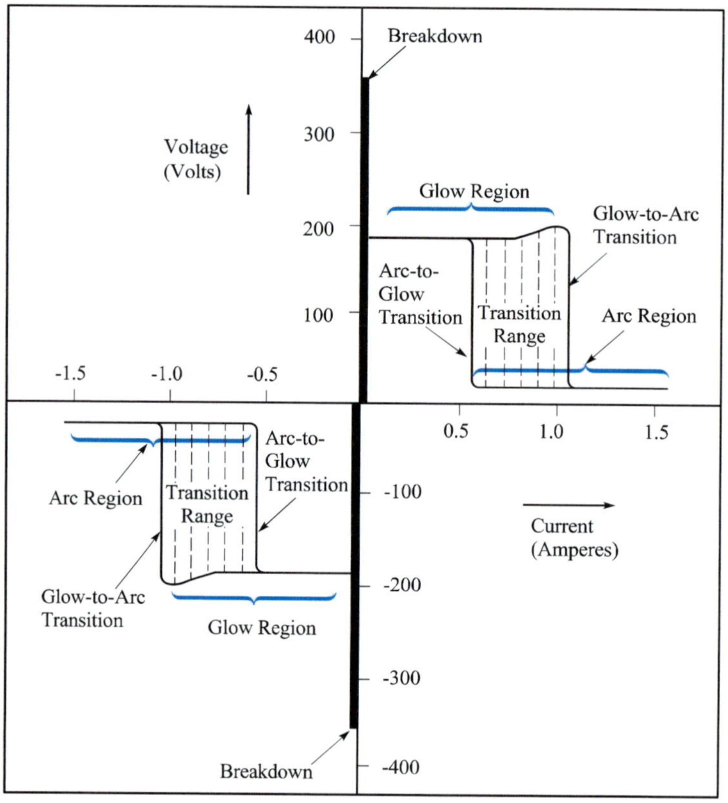

그림 5.2.11 가스방전 튜브 전류·전압 특성곡선

금속 산화물 배리스터(MOV, Metal Oxide Varistor)는 주로 산화아연과 소량의 비스무스, 코발트, 망간 및 기타 금속산화물로 구성된다. ESA에서 가장 많이 사용되는 소자 중 하나로 MOV에 낮은 전압이 인가되면 높은 임피던스 특성을 가지게 되어 MOV로 서지전류가 흐르지 않게 된다. MOV에 걸리는 전압이 증가하면 MOV의 임피던스가 감소하게 되고,

높은 전압에 대한 낮은 임피던스 특성을 가지게 되어 MOV로 서지전류가 흐르게 되므로 서지 전류가 부하에 전달되지 않게 된다. 인가전압에 따라 소자의 저항이 변하여 비선형적인 전압-전류 특성을 나타내는 소자로서 전류-전압 특성은 그림 5.2.12와 같다.

표 5.2.3 MOV의 장단점

구분	장점	단점
MOV	• 양방향성으로 작동 가능 • 빠른 응답 시간(ns) • 낮은 제한 전압 • 반도체 소자에 비해 높은 전력처리 능력 • 다양한 형태와 크기로 제작 가능	• off 상태에서 높은 입력 커패시턴스 • 환경적, 반복적인 전기적 스트레스로 인한 성능저하 • off 상태에서 누설전류가 큼 • 스파크 갭에 비해 전력처리 능력 낮음

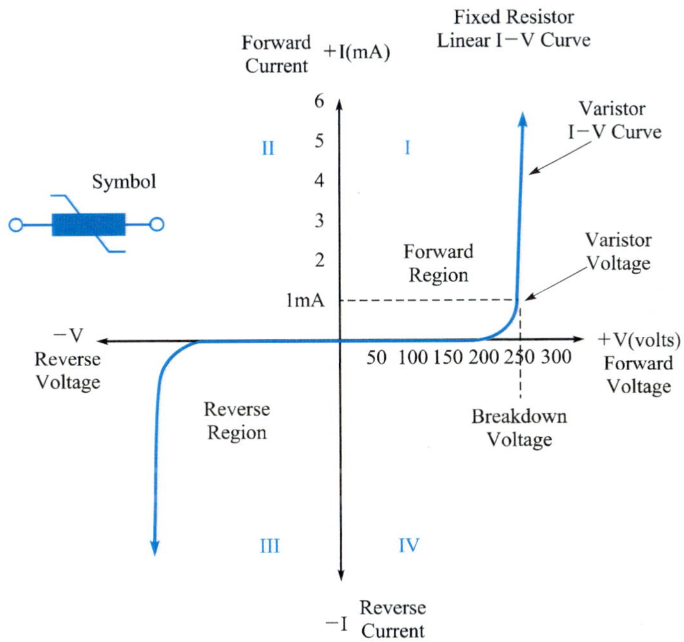

그림 5.2.12 MOV 전류·전압 특성곡선

SAS (Silicon Avalanche Suppressor)는 피코초(ps) 범위 내의 응답 시간을 갖는 고출력 반도체 다이오드이다. SAS의 전력처리 능력은 MOV나 스파크 갭보다 낮지만, 최대 약 100A의 높은 피크전류와 큰 에너지에 대한 내성을 가졌으며 입력 커패시턴스는 거의 유사하다. SAS의 장점은 단방향 및 양방향 설정이 가능하고, 기기의 입력 커패시턴스를 낮추기 위한 여러 가지 하이브리드형이 존재한다. 또한, OFF 상태에서의 누설전류가 낮고, 펄스

인가에도 장기간 안정성이 유지된다.

반도체 다이오드는 낮은 전력처리 능력 때문에 보통은 시설 외부의 HEMP 방호에는 사용되지 않지만 표준형 반도체 다이오드와 제너 다이오드는 특수 하이브리드형 ESA에서 사용이 될 수도 있다. 낮은 커패시턴스를 갖는 다이오드는 OFF 상태에서 MOV와 SAS의 입력 커패시턴스를 줄이는 데에 사용된다. 입력 커패시턴스를 줄임으로써, 고주파 입력 신호에서 기기의 삽입손실을 줄일 수 있다.

ESA는 과도현상(Transient)의 상승속도가 매우 낮을 때, DC 파괴전압은 ESA의 항복전압에 해당하므로 보호 장비의 최대 정상동작 전압(AC 또는 DC)보다 높은 DC 파괴전압을 가지는 ESA를 선택해야 한다. 최대 점화(Firing) 전압은 과도현상 상승률과 도선 유도용량에 따라 달라진다. 스파크 갭과 같은 기기는 DC 점화 전압보다 상당히 높은 점화 전압을 가지는데, 그 이유는 가스의 이온화와 그에 따른 아크 발생에 시간이 필요하기 때문이다. MOV와 SAS 등과 같은 장치는 주로 유도성 도선 효과로 인해 점화 시간이 매우 빠르다.

제한 전압은 ESA가 작동된 이후에 도달하게 되는 전압 수준이다. 스파크 갭의 경우 제한 전압은 아크 전압이 되고, SAS와 MOV의 경우 제한 전압은 종종 DC 파괴전압이 된다. 이 장치들은 고유의 벌크 및 접합 저항을 가지고 있기 때문에 ESA를 통해 소실되는 전류(특히 MOV)에 따라 제한 전압이 더 높을 수 있다.

ESA가 최대 전류 용량을 갖기 위해서는 최대 서지전류에 견딜 수 있도록 하는 것이 권장된다. 스파크 갭의 경우, 정상상태에서 흐르는 전류를 고려해야 한다. 스파크 갭을 AC 전원선에 설치하고, 스파크 갭이 교류 전압에서 양의 전압으로 나타나는 반 주기의 시작 시점에서 점화하게 된다면, 스파크 갭은 교류 전압에서 양의 전압으로 나타나는 반 주기의 끝부분에 도달할 때까지 전류를 흘려보내게 된다. 대부분 ESA를 통과하는 에너지는 서지에너지를 초과할 수 있다.

회로 내에서 ESA의 OFF 상태에서 삽입손실은 신호 주파수가 증가함에 따라 커진다. ESA가 보호될 수 있도록 회로와 병렬로 설치되어 있으므로, 꺼진 상태에서 ESA의 저항이 최대가 되는 것이 바람직하다. 높은 신호주파수 조건 하에서는 입력 커패시턴스를 최소화하고, 도선의 유도용량을 줄이는 것이 바람직하다. 정격전압 보다 낮은 전압이 ESA에 인가될 때, OFF 상태에서 측정되는 전류가 누설전류이다. 일반적으로 스파크 갭의 누설전류가 매우 낮고 MOV는 높은 편이다.(누설전류 대신에 절연저항이 언급되는 경우도 있다.)

MOV 같은 ESA는 극단적인 환경에서 빠른 성능저하를 보이므로, 환경적 민감도를 고려해야 한다. 성능 감소는 DC 작동 값과 누설전류의 변화량을 통해 측정되어야 한다. ESA의 작동에 영향을 미치는 환경적 영향에는 기온과 습도, 진동, 기압 등이 있다. ESA에 펄스를 반복적으로 인가하면 ESA에 영향을 미칠 수 있고, ESA는 필요한 양의 에너지 처리에 제한

이 있어 빠른 펄스의 반복은 ESA를 손상시킬 수 있다. MOV 등과 같은 일부 기기의 점화 특성도 시간 간격과는 관계없이 펄스를 인가할 때마다 달라진다. 일반적으로 각 펄스에 따라 성능이 감소되는 기기는 수명 주기 내에서 특정 횟수의 펄스를 처리하는 것으로 규격이 정해진다.

ESA는 차폐벽의 POE와 가까운 위치에 장착하고 서로 연결되는 도선의 길이를 최소화하며, 가능한 큰 단면적을 가진 도선을 사용하여 패키징과 선로 인덕턴스를 최소화한다. ESA 또는 회로 사이에 충분한 물리적 간격(또는 지연시간)을 두어 입력단의 ESA가 적절히 작동하게 만든다. 집중소자(지연)선로를 이용하면 물리적 지연시간을 더 확보할 수 있다. 필요한 지연시간은 초기 ESA의 작동 시간과 보호가 필요한 후속 ESA, 필터 및 회로의 응답 시간에 따라 달라진다. 설치되는 도선의 규격은 서지전류에도 파괴되지 않고 견딜 수 있어야 한다. 통상, 두꺼운 규격의 도선은 같은 길이의 얇은 도선보다 낮은 인덕턴스를 제공하게 된다. 도선은 단선보다는 연선이 좋으며, 가능한 한 짧게 설치해야 한다.

일반적으로 고정된 시설로 들어가는 케이블의 신호 및 전원은 제한된 주파수의 스펙트럼만 필요하다. 따라서 필터 등을 사용하면 HEMP, 낙뢰 또는 전자기 간섭 등에 의해 유기되는 과도 전류 에너지를 줄일 수 있다.

필터는 사용 주파수 대역의 신호는 쉽게 통과하게 하고, 그 외 다른 주파수대의 신호는 감쇠시켜 통과하기 힘들게 하는 소자(커패시터, 인덕터, 저항 또는 이와 동등한 요소)로 구성된 회로이다. 필터의 통과 대역은 감쇠가 없거나 낮은 주파수대이며, 차단 대역은 감쇠가 필요한 주파수 대역이다.

필터는 주파수 스펙트럼 통과대역과 저지대역의 위치에 따라 저역통과(Low-Pass), 고역통과(High-Pass), 대역통과(Band-Pass) 및 대역거부(Band-Reject) 필터의 4가지 기본 형태로 구분된다. HEMP 필터에는 전력, 통신, RF, 제어 필터 등이 있다.

저역통과 필터는 차단주파수(Cut-off Frequency) 이하의 모든 주파수를 통과시키고, 차단주파수 이상은 감쇠시키는 필터이다. HEMP 방호를 위해 사용하는 전력선 필터는 저역통과 필터로 직류 또는 교류 전력 주파수는 손실을 최소화하여 통과시키고 차단주파수 이상의 신호는 감쇠시킨다. 또한, 제어 및 통신필터도 원하는 주파수를 통과시키기 위해 저역통과 필터를 사용한다.

고역통과 필터는 차단주파수(Cut-off Frequency) 이상의 모든 주파수를 통과시키고, 차단주파수 이하를 감쇠시키는 필터이다. 고역통과 필터는 신호 채널에서 교류 전원라인의 주파수를 제거하는데 사용한다.

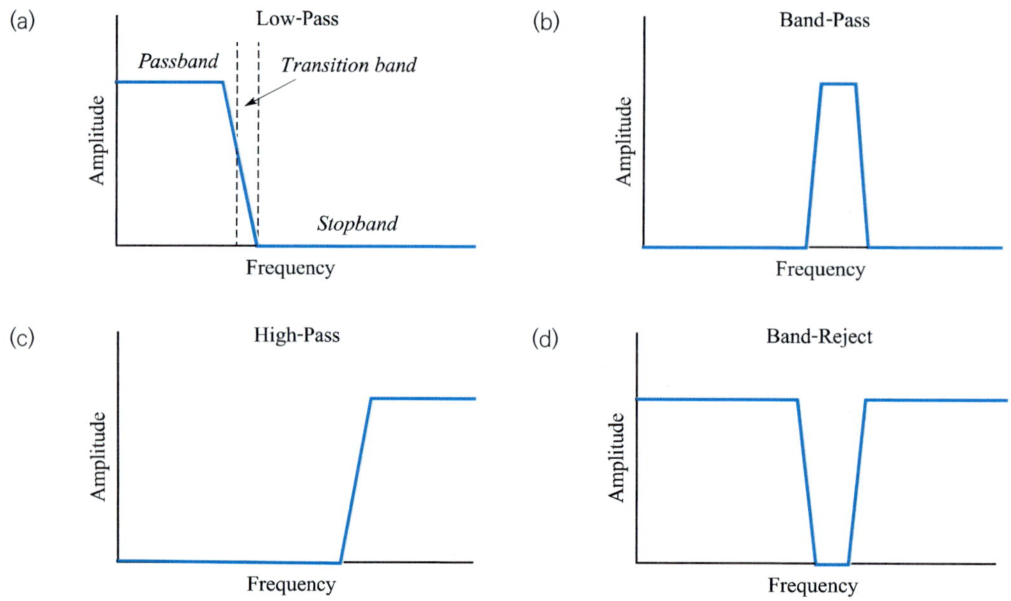

그림 5.2.13 필터 유형별 특성

차폐시설 내부로 인입되는 모든 선로나 케이블은 전도성 경로를 따라 HEMP가 유입되는 것을 막기 위해 필터링(필터를 설치)해야 한다. 급격히 유기되는 HEMP 신호로 필터의 정격전압/전류를 초과하지 않도록 하기위해 필터 앞단에 ESA 같은 과도현상 억제장치를 설치할 수 있다. 전력선 보호를 위해 일반적으로 스파크 갭을 사용하지만, 스파크 갭은 반응시간이 다소 늦은 편이어서 상승시간이 빠른 HEMP 펄스는 스파크 갭을 통과해 유입될 수 있다. 이를 방지하기 위해 MOV와 같은 빠른 응답속도의 ESA를 필터 앞단에 설치할 필요가 있다. 예를 들어 스파크 갭을 이용하여 440V 교류 전력선 회로에 장착된 필터를 HEMP로부터 유기된 과전류로부터 보호해야 한다고 가정하자. 스파크 갭의 느린 반응 시간으로 인해 12kV의 과전압이 통과될 것으로 예상되고 필터가 이와 같은 고전압에 대한 내성을 보유하기 위해서는 경제적 측면에서 매우 불리하므로 필터 앞단에 MOV와 같은 빠른 반응속도의 ESA를 설치하는 것이 필요하다.

필터를 통해 HEMP 방호를 위한 목적을 달성하기 위해서는 필터 설치 지침(필터 제조사 가이드라인 등)을 준수해야 한다. 필터는 고주파 대역에서 삽입손실이 악화될 수 있으므로 필터 함체와 접지 사이의 RF 임피던스는 가능한 낮아야한다. RF 임피던스를 낮추기 위해 필터 함체와 접지 사이에 가장 선호하는 연결방법은 필터 함체와 방호시설 차폐벽, 입구 천장 및 장비 섀시 사이에 금속 대 금속으로 연결하는 방법이 있다. 또한, 필터의 입력배선과 출력배선 사이에 커플링으로 인한 성능저하를 예방하기 위해서는 입력배선과 출력배선의 효과적인 절연(분리)이 필수적이다. 절연(분리)하는 첫 번째 방법으로 필터의 입·출력 단자가 방호시설 차폐벽을 피드스루(Feedthrough) 방식으로 관통하고 피드스루 플랜지 주위는 필터 함체와 차폐벽 사이에 효과적으로 RF 결합이 이루어지도록 하는 방식이 있다. 두 번째는 필터 함체내에 하나 이상의 필터 모듈을 포함할 수 있는 경우에 사용하는 것으로 입력배선과 출력배선은 필터 함체 내부에 차단 격벽이 설치되어 절연(분리)이 가능하며 필터 모듈은 적절한 개스킷을 사용하여 차단 격벽에 설치하는 방식이다.

필터의 용도에 따른 성능을 보장하기 위해서는 많은 매개변수를 고려해야 한다. 그중 감쇠 대 주파수 특성은 필터를 결정하는 가장 중요한 요소이다. 또한, 다음과 같은 필터의 전기적/기계적 요구사항도 충족해야 한다. 우선, 입력 및 출력 임피던스는 필터가 설치될 선로의 임피던스와 일치하도록 임피던스 정합(整合)을 이뤄야 한다. 전송 선로의 경우 필터로 인해 파형의 왜곡, 적절한 임피던스 매칭이 이뤄지지 않아 전송선로의 양단(兩端)에 설치된 장비의 정상적인 작동이 보장되지 않거나 시스템에서 요구하는 회로의 성능을 저하시키지 않도록 주의해야 한다. 또한, 필터는 설치 용도에 적합하도록 정격전압이 결정되어야 하며 예상되는 극한 조건하에서도 안정적으로 동작이 가능하도록 필터의 정격전압이 충분히 높아야 한다. 그러나 필요한 기준보다 높은 전압정격을 지정하면 크기, 무게 및 경제성 측면에서 불리하다. 필터가 설치될 회로의 최대연속(Maximum Allowable Continuous) 작동이 가능하도록 필터의 정격전류가 결정되야 하며 필터와 함께 사용될 선로, 부품, 회로 차단기 및 퓨즈의 전류정격과도 일치해야 한다. 필터를 통과하는 최대허용 전압강하를 결정해야 하고 최대 전류가 지정된 경우 전압강하 요구사항은 필터의 최대 통과대역 삽입손실로 결정해야 한다. 필터 주파수 특성을 고려할 때, 원하는 신호와 원하지 않는 신호의 상대적 주파수와 크기를 고려해야 한다.

일반적으로 필터의 크기와 중량 및 비용은 감쇠도가 증가함에 따라 급격히 상승한다. 필터는 사용되는 장비의 운용환경과 장비가 운용되는 최저 및 최고온도를 모두 만족하는 내구성을 갖추어야 한다. 보통 필터를 선택할 때 필터의 크기와 무게 역시 중요한 고려사항이다. 필터 제조사는 필터 함체의 형태, 설치방법, 단자 및 커넥터의 유형에 대한 선택의 폭을 넓혀야 한다. 전력 필터는 일반적으로 표준 필터가 전류와 전압강하 규격을 만족할 수 있도록 2개 이상의 필터를 병렬로 배치한다. 병렬 필터 중 하나가 개방회로 상태(고장)가 될 경우, 다른 병렬 필터에 추가 부하로 작용하게 되어 다른 병렬 필터도 고장 나게 할 수 있다. 필터를 설계할 때 접지(Ground)와 단락이 되는 경우가 있는데, 이런 경우에는 병렬 필터의 고장 및 손상이 발생하기 전에 회로가 개방(Open)되도록 하여 보호용 회로 차단기가 작동되게 해야 한다.

5.2.5 접지와 본딩

지상에 설치된 시설물의 경우 피뢰설비와 관련한 접지에 유의해야 한다. 피뢰설비가 완벽하지 못하여 시설물이 뇌격(雷擊)을 받을 경우 접지설비도 그 기능을 보장받을 수 없게 된다. 피뢰침, 인하도선 그리고 접지전극으로 구성되는 피뢰설비는 각 부분을 안정적으로 시설함으로써 피뢰성능을 확보하게 된다. 피뢰설비용 접지체계 역시 다른 접지체계와 접속되어 해당 시설물의 접지체계의 신뢰성에 크게 영향을 미치게 된다. 접지전극의 시설은 다른 형태의 시설물에 비해 비교적 접지전극 유형 선택의 폭이 넓고 시공도 쉬우며 기존 시설물에 대한 접지전극체계의 보완도 가능하다. 또한, 계획한 위치에 접지 점검구를 설치할 수 있으며 접지전극에 대한 점검도 쉽게 할 수 있다.

접지전극체계는 시설물과 대지의 전기적 접속을 의미한다. 접지전극은 낙뢰에 대한 대책과 인원에 대한 감전보호, 장비/시스템의 노이즈 최소화 등 접지의 목적을 달성하는 데 필요한 체계이며 시설현장의 특성에 따른 조건과 시설의 요구 사항을 반영하여 적합하게 설계하여야 한다. 그리고 시설물의 수명 동안 지속적으로 낮은 저항을 유지할 수 있도록 보장되어야 한다. 이와 같은 목적을 달성하기 위해서는 시설현장의 전기적, 물리적 특성을 결정하고, 현장에 적합한 접지전극을 설계/시공하고 접지저항을 측정하여 권장 목표 또는 설계 사양의 충족여부를 확인하여야 한다.

이를 위해 현장 매개변수 결정 및 설계를 착수하기 전에 접지전극이 설치될 장소를 조사한다. 현장조사를 통해 토양과 중요한 지질학적 특성을 확인하고, 접지전극 설계에 영향을 미칠 수 있는 건축물, 입지환경 및 조경 등에 대한 정보와 지역 기후의 영향을 확인한다(건축 제한사항을 사전고려하기 위해 최종 입지선정 전 단계에 실시).

현장조사의 첫 단계로서 시설물이 계획된 지역의 여러 지점에서 대지 저항률을 측정한다. 작은 시설물의 경우에는 접지전극이 설치되는 범위에서 최소한 15m×15m의 대지 저항률을 측정한다. 작은 시설물을 제외한 일정규모 이상의 시설물의 경우 1층 바닥면적과 전기실, 변압기 패드 등과 같은 구조물 경계의 외측으로 6m 이상의 부분까지 포함하여 대지 저항률을 측정해야 한다. 즉, 접지전극이 매설되는 부분과 접지전극에 의해서 둘러 싸여질 부분의 대지 저항률 측정이 필요하다.

표 5.2.4 대략적인 대지저항률

토양의 종류	대지저항률(Ω·cm)
습윤	1,000
젖은토양	10,000
마른토양	100,000
암반 등	1,000,000

특정현장에 존재하는 토양의 유형을 정확히 판단하는 것은 쉽지 않으며 토양은 일반적으로 비균질하므로 위치별로 다양한 유형이 존재한다. 예로 시추 및 샘플링을 하여도 대지저항률 예측치는 2~3배 차이가 날 수 있고, 여기에 온도, 습도 등의 변수가 추가되면 대지저항률 예측치를 설계에 직접 적용하는 것은 제한된다. 그러므로 대지저항률을 결정하는 방법은 시설현장에 대한 측정이다. 대지저항률을 결정하기 위한 가장 일반적인 방법은 전류를 토양에 흘리고 토양을 통과하는 전류에 의해 생성되는 전압강하를 측정한 다음 표준 방정식을 사용하여 저항률을 결정하는 것이다.

단일지점의 대지저항률은 4-전극법으로 측정하며 방법은 다음과 같다.

① 측정대상 지역의 중앙부에 그림 5.2.14와 같이 대지저항 측정기와 함께 제공된 4개의 프로브를 동일간격, 동일선상에 배치한다. 프로브의 간격은 6~9m를 권장한다.(측정기와 함께 제공된 프로브가 없을 경우 직경 0.6 또는 1cm, 길이 30 또는 45cm의 강철, 구리, 알루미늄봉으로 대체하여 측정가능)

② 대지저항 측정기 제조업체에서 제공하는 사용법에 따라 측정기에서 저항값 R을 읽는다.

③ 다음의 식으로 대지 저항률을 계산한다.

$$\rho = 2\pi AR\,[\Omega \cdot \mathrm{cm}] \quad \text{(식 5.2.7)}$$

ρ : 대지저항률 [Ω·cm]

A : 프로브 간격 [cm]

R : 프로브 간격 A에서의 접지저항 [Ω]

예를 들어, 프로브가 6m 간격으로 설치되었고 측정된 저항이 3Ω이면, 대지저항률(ρ) = $2\pi \times 600 \times 3 \fallingdotseq 11,304[\Omega \cdot \mathrm{cm}]$ 이다.

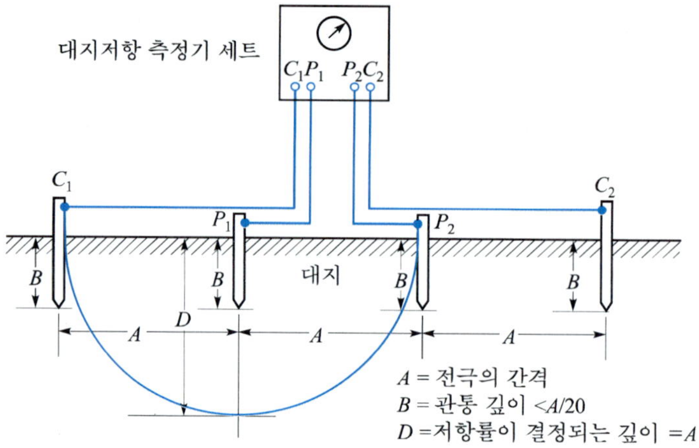

그림 5.2.14 대지 저항률 측정

위의 방법으로 측정한 접지 저항값은 측정지점의 평균값이 된다. 시설 현장의 평균값을 얻기 위해서 해당 구역 전체에 대해 여러지점에서 반복측정해야 한다. 232m^2 미만의 작은 현장에서는 그림 5.2.15에서와 같이 최소한 길이 15m 정사각형 4모서리의 각 지점과 중앙 지점을 측정하여 다섯 지점 대지저항률의 평균값을 구한다. 대규모 현장에서의 30~40m마다 대지 저항률 측정이 이루어져야 하고, 시설현장 부지내에 전기실, 변압기 패드, 기타 별도의 지원시설이 있으면 해당 부지까지 포함하어야 한다. 시설현장 전구역에 일관성 있는 측정이 되도록 충분한 측정지점을 선택하고, 국부적으로 매우 높거나, 낮은 저항값을 나타내는 경우도 발생할 수 있다. 대지 저항값의 측정은 가능하면 평균/정상적인 기후에서 이루어져야 하고 강우나 폭풍 직후에는 측정하지 않아야 한다.

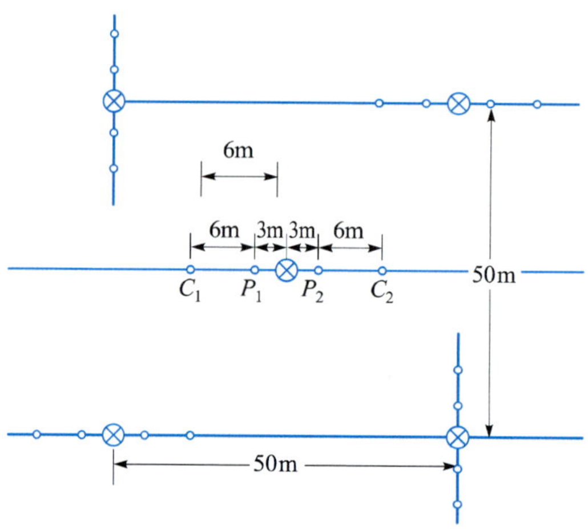

그림 5.2.15 작은 구역에서의 대지 저항률 측정

설계에 필요한 정보 수집을 위해 시설현장 지역의 지질학적 주요 특성의 식별이 중요하다. 모래와 자갈 침전물을 포함하는 토양의 주된 분포와 성분, 지반의 암석층 여부, 지하수를 포함한 수원(水原)의 존재, 지하수면의 깊이 등을 확인하기 위해 시추(試錐), 현장 조사, 시설현장 지형도 검토, 지역 건설업자, 지하수 개발업자 기타 현지 관련자들과 면담을 하는 등의 조치가 필요하다.

접지전극 배치 시 건물 또는 구조물, 포장도로와 (옥외)주차장의 위치, 자연 또는 인공적인 배수 가능 여부, 파이프나 탱크 등 지중 매설물의 위치 등을 고려해야 하며 물리적인 보호 요구사항과 예산적인 측면도 함께 고려해야 한다. 또한, 기상청을 통해 계절별 및 연간 강수량, 낙뢰의 빈도 등 기후조건과 동결 깊이를 확인하여야 한다.

설계진행 절차로 접지전극은 복합시설, 건축물, 구조물, 변압기 패드, 전기실 등 보호대상 시설물의 특성에 따라 가장 적합한 방식으로 선택돼야 한다. 접지전극의 기능적 주요 요구사항으로 낙뢰의 위험에 노출될 우려가 높은 지역에 위치한 시설물의 접지전극은 접지도선이 녹거나 토양을 과열시키지 않은 상태로 낙뢰의 에너지를 안전하게 지중으로 방류할 수 있어야 한다. 안테나의 매설지선이 접지전극으로써 이용되어야 한다면 RF에 대한 낮은 임피던스 특성이 보장되어야 한다. 시설물의 접지 저항값은 10Ω 이하여야 하고, 링 형태의 접지전극으로부터 경제적인 방법으로 10Ω 이하의 저항값을 얻을 수 없을 경우에는 대체 형태의 접지전극을 고려하여야 한다.

설계 진행과정에서 부지의 조건과 위치에 따라 다음의 사항을 고려해야 한다. 토양의 대지저항이 저저항(5,000Ω·cm 미만), 평균저항(5,000 ~ 20,000Ω·cm) 또는 고저항(20,000 Ω·cm 초과)인지 확인하고, 토양의 저항이 고저항인 경우 10Ω 이하의 저항값을 얻기 위해서 복합적인 접지전극을 추가로 계획해야 한다.

계절에 따른 지하수면의 변동을 확인하여 접지전극은 가능한 연간 습윤(濕潤)한 조건의 토양에 매설되도록 설계하며, 영구적으로 지하수면 아래에 설치하는 것이 바람직한 방법이다.

혹한기를 고려하여 동결깊이를 확인해야 한다. 토양 온도가 0℃까지 내려가면 토양의 저항은 급격하게 상승하므로 안정적인 접지저항을 얻기위해서는 토양이 얼지 않는 상태로 유지될 수 있는 충분한 깊이에 접지전극을 매설해야 한다.

접지전극의 설계와 배치에 영향을 줄 수 있는 지표면 근처의 암석이 있는지 확인한다. 얕은 기반암 지역에서는 수직 접지전극은 사용할 수 없으며 수평 방사형, 메쉬, 도체 또는 평판 등의 접지전극을 적용해야 한다. 노출된 대형 암석이나 표층 바로 밑의 바위는 접지전극을 교대로 배치하거나 경로를 변경하는 등의 영향을 줄 수 있고 일반적으로 암석은 저항이 매우 높기때문에 접지전극을 암석에 삽입하거나 접지도체를 포설하기 위해 암석에 구멍을 뚫는 것은 효과적이지 않다.

난간과 돌출부 등으로 날씨에 의한 차폐효과에 영향을 주지 않도록 접지전극을 설계해야 한다. 피뢰 인하도선의 배치와 경로는 건축적인 고려사항에 많은 영향을 받는다. 인하도선 근거리에 접속이 쉽도록 접지전극을 배치하여 건축적인 고려사항을 만족할 수 있도록 설계해야 하고 인하 도선을 접지전극에 접속하는 도체의 길이가 길어지지 않도록 경로를 계획하여야 한다. 가능한 접지전극과 보조 접지전극, 시설물 내부의 신호접지, 전력용 접지체계와 상호접속이 용이하도록 접지전극을 계획해야 한다.

접지전극은 지붕이나 주차장의 우수와 지표면에 흐르는 빗물 등 습윤(濕潤)상태의 이점을 최대한 이용하기 위해 잔디밭 등 식물이 자라고 있는 장소의 하부를 권장한다. 또한 접지전극의 중요 부분이 도로나 주차장같이 넓은 포장지역 하부에 위치하는 것은 피해야 한다. 표 5.2.5에서는 접지전극 유형별 장단점을 비교하였다.

표 5.2.5 접지전극의 주요 유형별 장단점

구분	장점	단점
환형 접지봉	• 설계, 시공 용이 (특히, 기존 시설 주변) • 자재의 수급 용이 • 지하수면까지 확장(도달)가능	• 암석 지반의 경우 적용 제한
수평 나동선 (방사)	• 암석층으로 인해 수직 접지동봉적용 제한 시 낮은 접지저항을 얻을 수 있음 • 성형(星形) 배치 시 RF에 대해 낮은 임피던스 유지	• 토양의 건조에 따라 접지저항의 변동이 클 수 있음
메쉬 접지	• 지표면에서의 전위 구배 최소화 • 시설물의 공사 전 시공 가능 • 암석층으로 인해 수직 접지동봉적용 제한 시 낮은 접지저항을 얻을 수 있음 • 안정적인 접지저항을 얻기 위해 수직 접지봉과 같이 사용할 수 있음	• 수직 접지봉과 같이 사용하지 않을 경우 토양의 건조에 따라 접지저항의 변동이 클 수 있음
봉형 접지봉	• 전통적인 방식으로 시공이 가장 용이 • 자재의 수급 용이 • 지하수면까지 확장(도달)가능	• 임펄스에 대한 임피던스 높음 • 암석 지반의 경우 적용 제한 • 높은 고장 전류나 직격뢰 시 보폭 전압이 과도해질 수 있음
판형 접지봉	• 제한된 지역에서 낮은 접지저항 얻을 수 있음	• 시공이 어려움
보조 접지봉	• 매우 낮은 접지저항 확보가능	• 다른 접지전극의 보조재로 사용

시설에 적합한 유형의 접지전극을 확정하면 접지저항을 산출한다. 산출된 접지저항 값이 시설요구 사항에 충족할 경우 접지도체의 접속을 포함하여 접지전극의 설계를 완료한다.

예를 들어, 구조물과 접지설계를 그림 5.2.16과 같이 직사각형(30×50m)으로 계획하였다고 가정하자. 현장조사를 통해 측정된 대지 저항률은 10,000Ω·cm이며, 암석층은 3m 이상, 지하수면은 1.5m, 동결깊이는 30cm로 확인되었다. 이때, 접지봉의 직경과 길이는 1.9cm, 3m이다.

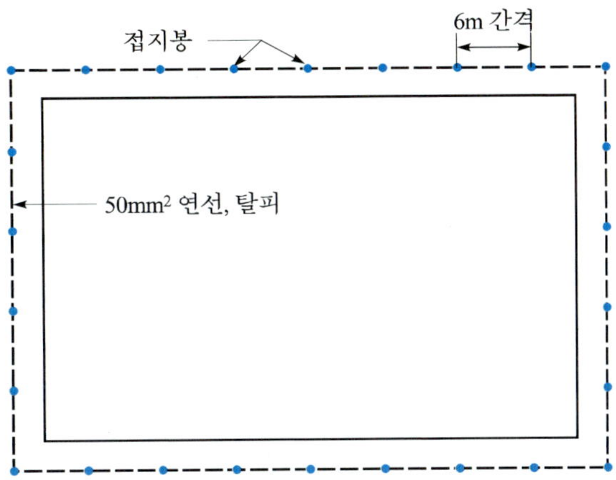

그림 5.2.16 직사각형 시설에서 (최소)접지봉

우선, 그림 5.2.17을 이용하여 하나의 접지봉에 대한 접지저항 값을 산출한다. 먼저 맨 우측의 d선(접지봉의 직경)에서 3/4인치 지점과 L선(접지봉의 길이)에서 10피트 지점을 직선으로 연결한다. 다음으로 q라인의 교차지점을 표시한 다음 이 지점과 대지 저항률을 표시한 ρ 라인의 10,000Ω·cm 지점의 직선 연장선에 있는 접지봉의 저항값은 32Ω이고 이 값은 접지봉 1개의 접지저항 값이 된다.

접지봉의 간격이 접지봉 길이의 2배라고 가정하면 그림 5.2.16은 시설물에 설치되는 접지봉은 26개가 필요하다. 그림 5.2.18을 이용하여 26개의 접지봉에 대한 단일 저항값 비율은 0.055이며 접지망 저항은 32Ω×5.5% = 1.76Ω으로 판단할 수 있다. 접지봉이 격자 형태로 배치된 경우에는 그림 5.2.19를 이용하여 저항을 추정할 수 있다.

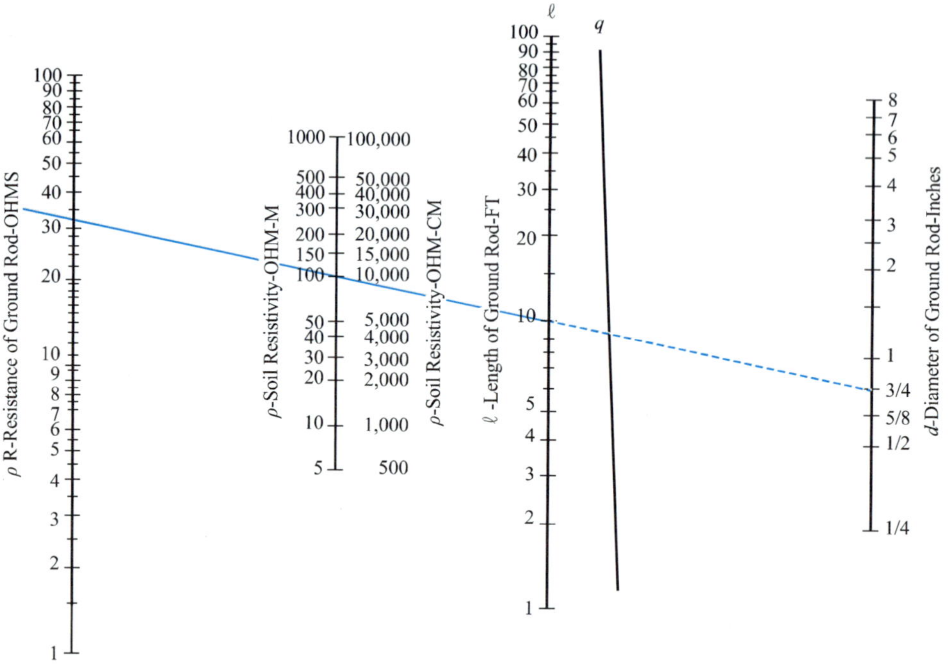

그림 5.2.17 단일 접지봉의 저항값을 산출하기 위한 도표(단위 : 인치)

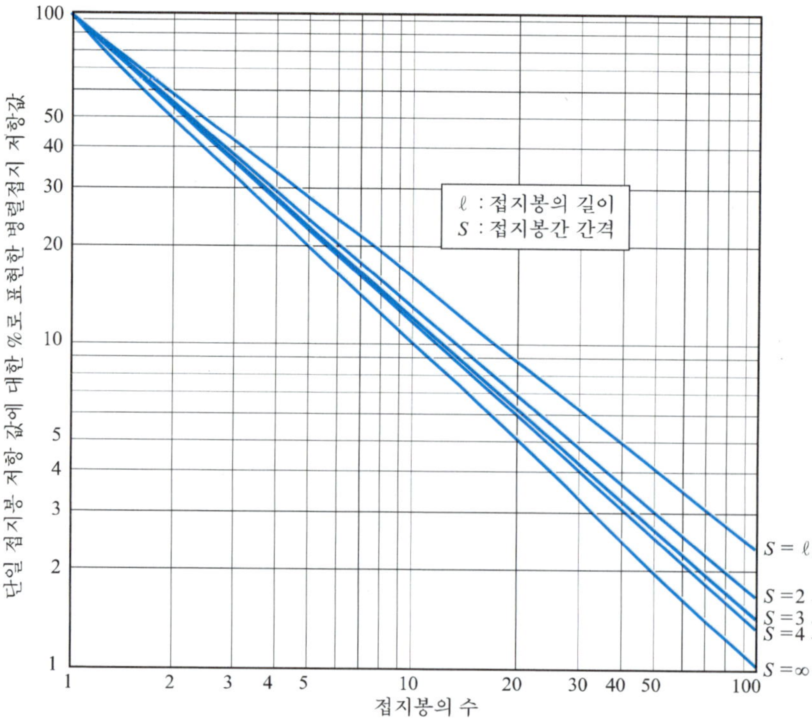

그림 5.2.18 접지봉의 유효 접지저항 값

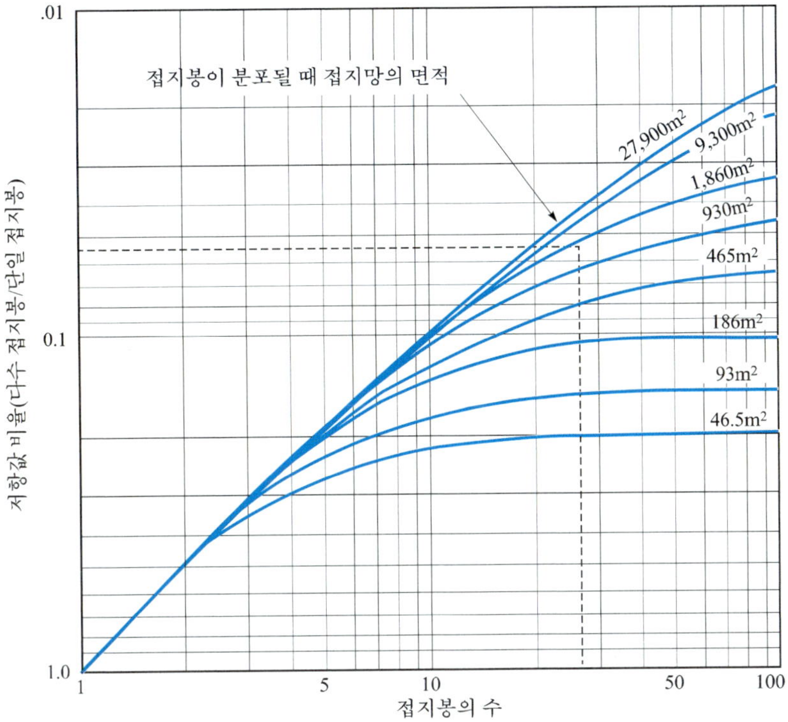

그림 5.2.19 다수의 접지봉에 따른 저항비율

현장 주변에 접지전극의 균일한 배치를 방해하는 큰 암석층의 존재, 지하수위가 매우 깊거나 토양의 저항률이 아주 높아서 접지전극의 배치가 곤란할 경우, 시설물 및 야외 조경 등으로 특정 지점에 접지전극의 배치가 제한될 경우에는 다음의 대안을 고려할 수 있다.

배치되는 접지봉의 수량에 대한 검토가 필요하다. 현장 주변에 암반이 있으면 요구되는 접지저항 값(10Ω)을 확보하는 범위 내에서 해당 구간에서의 접지봉을 생략할 수 있다. 반면 대지의 저항률이 높은 현장의 경우 접지전극을 추가로 설치하여 접지저항 값을 확보해야 한다.

또한, 대지 저항률이 높은 지역에서는 길이가 긴 접지봉을 사용하여 접지 저항값을 확보할 수 있다. 토양의 지하수위나 동결심도가 3m 이상인 경우 긴 접지봉을 사용하여 습윤(濕潤)한 토양과 접촉을 통해 접지 저항값을 낮출 수 있다. 암반층이나 기타 지중 장애물로 인하여 수직 접지전극의 사용이 제한될 경우 수평으로 접지 도선을 매설하거나 접지도체를 격자로 배열하여 접지저항 값을 낮출 수 있다. 위의 대안이 불가능하거나 경제성 측면에서 매우 불합리할 경우 화학적 처리를 통해 대지 저항률을 낮추는 방법을 고려할 수 있다.

설계 간 고려할 사항으로 전력이 공급되는 각 시설에는 전력공급 단로 지점의 가까운 곳에 1개 이상의 접지봉을 설치하고 접지전극 부체계에 접속해야 한다. 변압기가 설치되는 현장에서는 낙뢰 보호를 위해 $50mm^2$ 이상의 나동선이나 접지용 전선으로 변압기에 인접한 접지봉과 첫번째 단로 지점에서 접지전극 보조체계에 상호 접속해야 한다.

낙뢰 빈도가 높거나 낮은 지역에 위치하거나 대규모 또는 소규모의 모든 시설은 낙뢰 보호를 위해 접지전극 보조체계를 계획해야 한다. 그리고 주변 지형에 비해 높게 설치되는 구조적 증설(증축) 부분이나 안테나(또는 타워)와 같이 돌출된 설비가 있는 경우 각 시설의 둘레를 모두 둘러싸거나 개별 접지전극 보조체계를 연결한 공통 접지전극체계를 갖추어야 한다. 대다수의 경우 그림 5.2.16을 활용하여 적용이 가능하며, 특정 현장에 실제로 필요한 접지봉의 수량은 대지 저항률과 배치 계획에 따라 결정한다.

지하수위에 도달하거나 대지 저항률이 낮은 토양과 접촉하는 경우, 또는 동결심도 아래로 침투하기 위해서는 접지봉의 길이 변경이 필요하며 이에 따라 접지봉의 간격을 조정할 수 있다. 접지봉의 간격은 접지봉 길이의 1~2배가 적당하며 피뢰를 위한 요건을 갖추기 위해서는 접지봉 간격이 15m를 넘지 않도록 해야 한다. 비, 눈 및 그 밖의 강수로 접지봉 주변의 토양의 습윤(濕潤)을 위해 건축물의 처마 끝 선에서 0.6~1.8m를 이격시켜서 접지봉을 배치해야 한다.

시설물 등의 조건이 비정형(직사각형 또는 정사각형의 배열이 제한)일 경우 그림 5.2.20과 같이 시설물의 주변을 따라 접지봉을 배열한다.

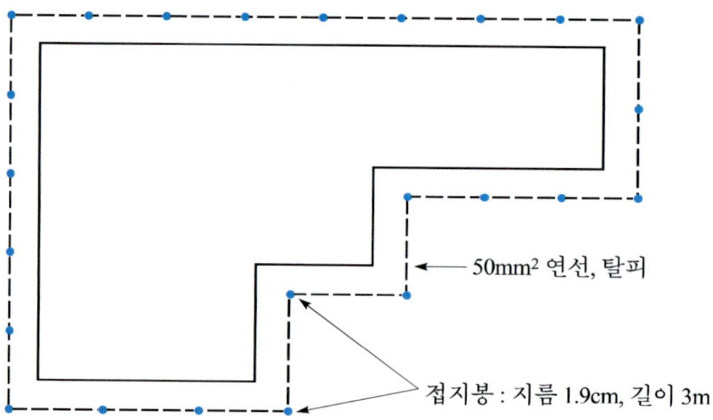

그림 5.2.20 비정형 시설에서 접지전극 배치

2개 이상의 건축물이나 시설물이 동일한 현장(6m 이내)내에 설치되고 신호, 제어 및 모니터 회로와 연결되는 경우 해당되는 시설물 전체에 대한 접지전극체계를 설치하거나 각 시설물별로 접지전극 보조체계를 설치하고 2개의 나동선을 지중에 매설하여 상호 접속해야 한다.(그림 5.2.21 참조) 일반적인 예로는 장비쉘터가 안테나 타워에 인접한 레이더나 통신

설비 등이 있다. 신호 케이블(동축 케이블이나 도파관), 제어 케이블 및 전력선은 안테나 타워와 장비쉘터간 연결되며, 장비쉘터보다 높은 안테나 타워는 낙뢰에 더욱 취약하게 된다. 이러한 경우 두 시설간의 전위차를 최소화하기 위해 두 시설을 위한 공통 접지전극체계를 구축하고 효율적으로 공유해야 한다. 상호 연결된 전선(또는 케이블)이 없고 60m 이상 이격되어 있는 시설물의 접지전극체계는 서로 접속할 필요는 없다.(그림 5.2.22 참조)

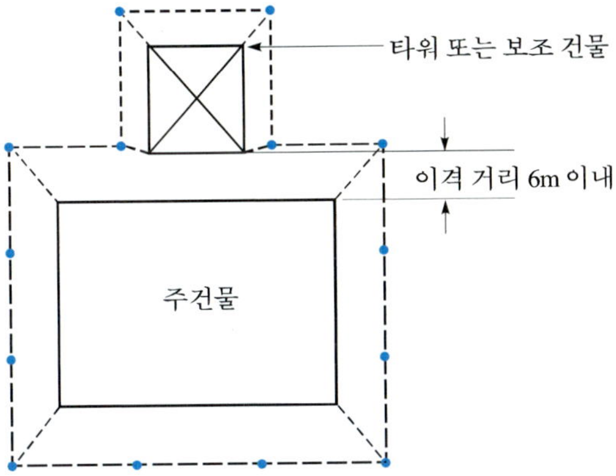

그림 5.2.21 근접한 복수 시설에서의 접지봉 배열(이격거리 6m 이내)

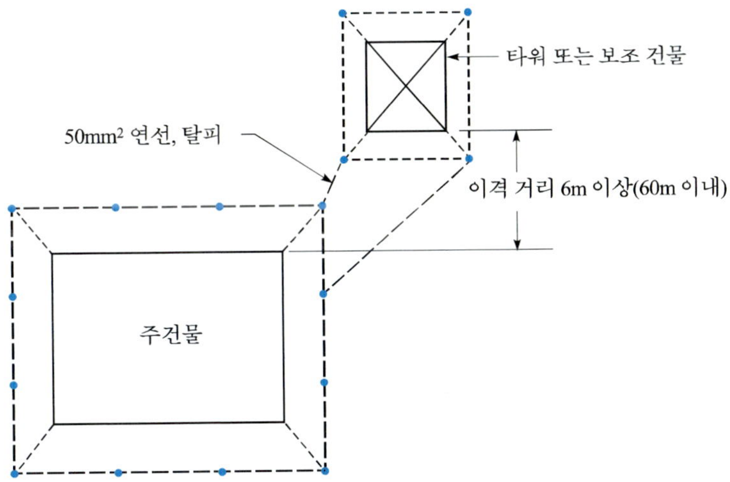

그림 5.2.22 근접한 복수 시설에서의 접지봉 배열(이격거리 6m 이상)

콘크리트 기초, 지중매설 탱크, 금속 파이프 등의 철근과 같은 접지전극 보조체계 주변에 매설된 금속구조물은 낙뢰 또는 접지전류가 흐를 때 전위차를 줄이고 접지전극의 저항값을 낮출 수 있으므로 접지전극에 접속하여야 한다. 토양의 건조와 동계 결빙으로 인한

저항값의 상승을 방지하고 접지전극 및 접지도선의 손상을 방지하기 위해 접지전극의 상부는 지표면으로부터 0.3m 이상 매설되어야 하며 전극을 연결하는 $50mm^2$의 나동선은 지표면으로부터 최소한 0.45m 이상 깊이에 매설되어야 한다.(그림 5.2.23 참조)

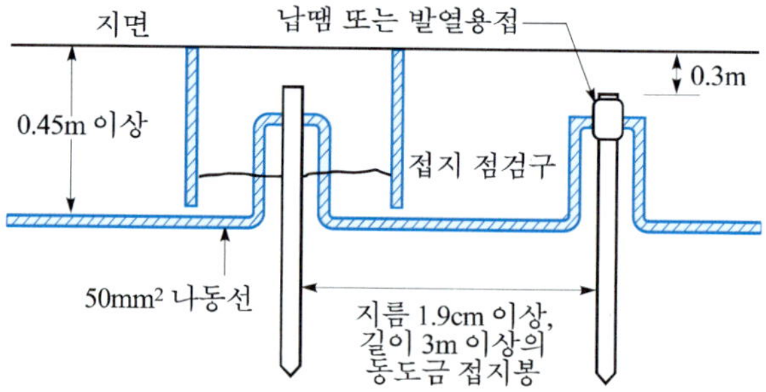

그림 5.2.23 접지전극 설치 상세

기초 콘크리트 타설, 케이블 배선, 각종 설비 배관류가 완료된 이후에 접지전극 보조체계를 설치할 경우 지하수면, 피뢰침 전도체, 구조용 강재, 매설된 전선 및 케이블과 접지전극의 간의 안정적인 연결을 위한 별도의 대책을 강구해야 한다.

각 현장에는 1개 이상의 접지점검구를 설치하여 접지전극체계를 확인할 수 있어야 한다. 그림 5.2.24와 그림 5.2.25는 접지점검구의 형태를 보여주고 있다. 접지점검구는 토관이나 콘크리트로 제작할 수 있으며 덮개를 열고 접지저항값을 측정하는 등의 확인이 가능해야 한다.(대형 구조물 특히, 접지도선이 구조물 하부에 설치된 경우 손상예방 대책 강구 필요) 또한, 접지 점검구는 시설물이 사용 중인 경우에도 확인을 할 수 있도록 접근이 가능한 위치에 설치해야 한다.

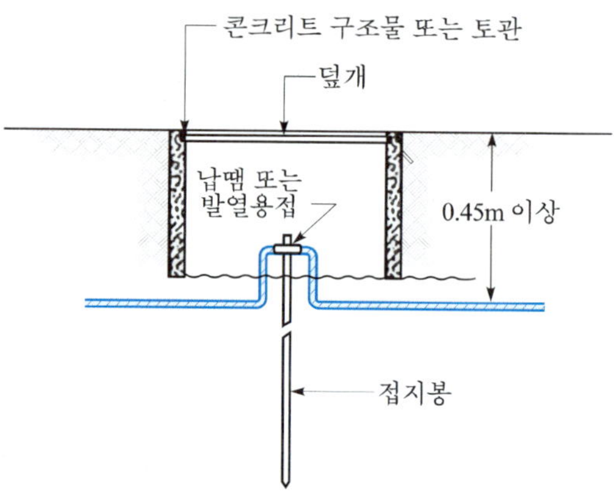

그림 5.2.24 접지 점검구

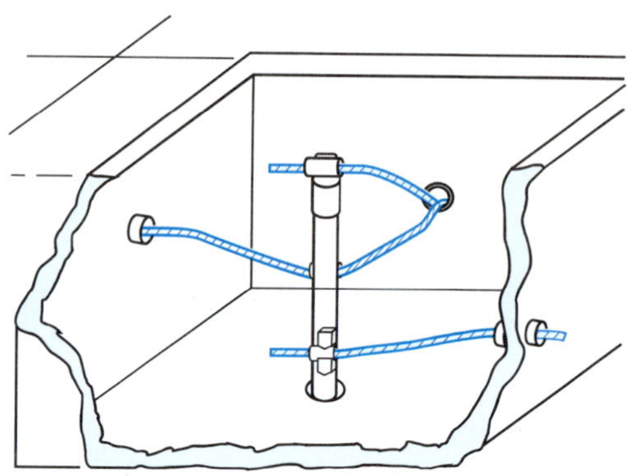

그림 5.2.25 접지 점검구 시공 예시

그림 5.2.26은 보조 접지전극체계의 접속으로 신호 관련 보조 접지전극체계와 피뢰 보조 접지전극체계 등 시설 접지체계에 필수적인 접속을 보여주고 있다.

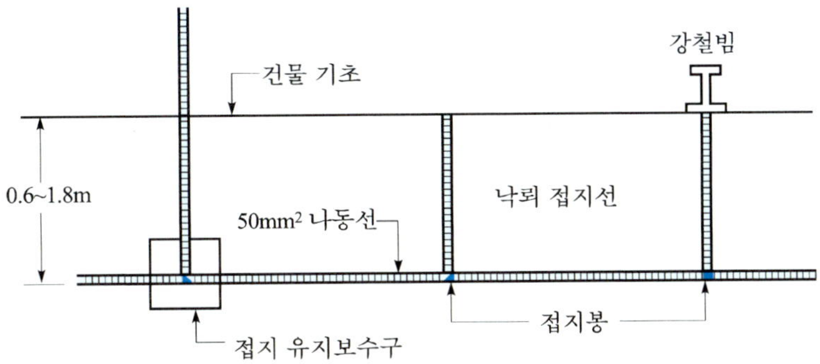

그림 5.2.26 보조 접지전극체계의 접속

시설물 건설과 관련하여 기초/관로공사 등으로 인한 굴착(掘鑿), 복토(復土), 토사반출 등 작업 진행 간 접지전극체계를 매설하기 위한 모든 토공사가 이루어질 수 있도록 작업계획을 조정한다. 작업이 완료된 이후에도 타 공종의 토공사로 인하여 손상되지 않도록 대책을 강구해야 한다.

접지전극체계와 접속되지 않는 금속관(상·하수도), 금속외장 케이블 등의 누락여부를 확인하여 조치하고, 이때의 접속에는 50mm^2 이상의 나동선이나 접지선을 사용한다.

접지전극체계를 설치한 후 토양을 되메우기하거나 상부에 콘크리트를 타설하기 전에 모든 접합부에 대한 접속상태를 육안으로 확인하고 기계적 무결성, 결합 불량에 대한 기타 징후가 없는지 확인해야 한다.

노출되지 않은 곳의 모든 본딩은 용접해야 한다. 구리선, 주철 및 스틸배관 등과 같은 이종(異種) 금속간의 본딩 부위는 부식을 방지하기 위해 습기를 차단해야 하며 볼트로 조이는 방식의 크램프 접속은 맨홀이나 접지 점검구에서만 가능하며 접속상태 점검을 위해 쉽게 열어 확인할 수 있어야 한다.

접지전극은 교란되지 않거나 다져진 토양에 설치해야 한다. 되메우기 지점에 매설하는 접지전극과 연결 도체는 토양을 충분히 다진 후에 설치하며 되메우기 시도 충분한 다짐이 필요하다. 접지봉이 외부 영향을 받지 않는 토양에 1.8~2.4m 정도 접하지 못한다면 배수를 목적으로 설치한 자갈층에는 접지봉을 배치해서는 안 된다. 접지봉을 설치할 경우 해머나 전동 드라이버를 사용할 수 있고, 2개 이상의 접지봉을 연결할 때는 접지봉의 끝부분이 손상되지 않도록 구동 너트를 사용한다. 접지봉을 깊게 설치하거나 단단한 토양에 설치할 경우에는 접지봉의 손상을 방지하기 위해 특수구동 장치를 장착한 전동 드라이버를 사용해야 한다.

용접이나 클램프를 이용하여 접지전극과 접지도체를 접속하는데 접지봉의 상단부가 접지 점검구를 통해 확인이 가능하고 접속의 무결성을 확인하기 위한 정기적인 시스템이 있는 경우에는 볼트로 고정하는 클램프를 사용할 수 있다.

접지전극을 설치한 후 각 접지전극에 대하여 접지저항 값을 측정한다. 그리고 접지전극을 설치한 후 12개월 동안에는 3개월 간격으로, 그 이후에는 21개월마다 접지전극의 저항 값을 측정하여야 한다. 측정된 접지저항 값이 설계 목표치보다 낮으면 접지전극의 수량을 줄일수 있으며 접지저항 값이 설계 목표치보다 큰 값으로 측정되었을 경우 시설물의 시공단계에서 접지 전극을 추가하거나 더욱 깊게 설치하여 요구한 접지저항 값을 확보해야 한다. 그림 5.2.27과 같이 접지전극은 과도현상에 대하여 저(低) 임피던스 특성을 가지는 방사형이나 성형(星形)의 형태로 구성하는 것이 다른 유형의 것보다 유리하다.

외부로부터의 각종라인이나 도체가 내부로 관통하는 장소에는 과전압 방지 장치나 보호기를 설치하는데 이러한 지점에는 방사형 접지전극을 배치하고 접속하여야 한다. 강압용 변압기로 인입되는 상용 전원선이나 외부의 도체가 시설내부로 들어가는 곳, 방호장치나 보호기가 설치되는 곳 등이 해당된다.

접지전류가 구조물 내부로 흘러 들어가는 것을 방지하기 위해 상하수도 배관이나 전선관은 접지전극에 접속해야 한다. 변압기가 순환전류로 인하여 손상되는 것을 방지하기 위하여 첫 번째 전원 단로 지점의 한곳에서만 중성선을 접지전극에 접속한다.

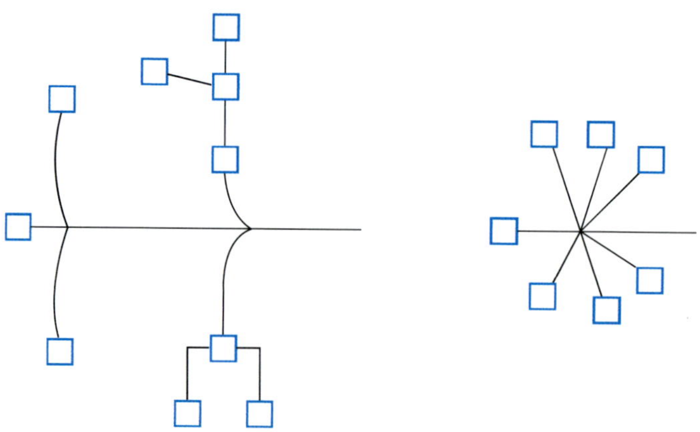

그림 5.2.27 HEMP 방호의 전형적인 접지 구성

하나의 장비 또는 시설물 전반에 걸친 전자 시스템이 낙뢰로부터 인원과 장비를 보호하고 접지전류로 인해 발생하는 감전으로부터 인원을 보호하며 신호전류에 대한 안정적인 경로 설정 등을 위해 금속물체 간 기계적으로 안정되고 저(底) 임피던스의 상호연결을 유지하는 기술이 본딩이다. 또한, 상호 연결에 의해 유지된 초기 성능수준이 점진적으로 저하되는 것을 방지하기 위해 연결부는 꾸준히 관리 되어야 한다.

시설물의 모든 접지체계 및 차폐 네트워크의 기능을 효과적으로 확보하기 위해서는 시설물 전체의 도전성 요소에 대한 고품질의 본딩을 실시해야 한다. 따라서 시설물의 설계와 시공 전반에 걸쳐 본딩에 대한 안정적인 품질확보를 고려해야 한다. 고품질의 본딩은 저항을 0.001Ω 이하로 유지해야 한다.

영구적인 본딩에는 발열(Exothermic)용접을 해야 한다. 용접 부위는 본딩하는 부재들에 작용하는 기계적인 부하에 충분히 견딜 수 있어야 하며 다음 각 항의 요구사항을 충족해야 한다.

① 가장 큰 부분이 5cm 이하인 부재는 가장 큰 부분의 측면이나 표면에 완전하게 용접해야 하고, 가장 큰 부분이 5cm를 초과하고 30cm 미만인 부재에는 길이 5cm 이상의 용접면이 되도록 용접해야 한다.

② 가장 큰 부분이 30cm를 초과하는 부재는 각각 5cm 이상의 용접면을 갖는 둘 이상의 본딩 용접을 가장 큰 치수의 표면에 균일한 간격으로 해야 하며, 용접 부위 간 간격은 30cm를 초과해서는 안된다.

③ 두께가 0.63cm 이하인 모든 부재에 대하여 돌출된 접합부위(Butt Joint)에서는 부재에 완벽하게 침투시키는 방법(완전용입)으로 용접하여야 한다.

④ 부재가 0.63cm를 초과하는 경우에도 용접의 두께는 0.63cm 이상이 되야 한다.

⑤ 띠 용접(Fillet Welding)의 경우에는 부재의 두께와 같은 규격으로 용접하거나 건축구조용 강재 설계, 제작 및 설치를 위한 건축시방서를 따른다.

⑥ 또한, 두께가 0.63cm 이상인 부재간의 겹치는 접합부위(Lap Joint)에서는 2중띠 용접(Fillet Welding)을 해야 한다.

영구적인 본딩을 위해서는 구리나 황동으로 용접해야 한다. 모든 접지전극 보조체계에서는 납땜에 의한 접속을 해서는 안 된다. 그림 5.2.28은 올바른 볼트 본딩의 예를 보여주고 있다. 본딩 부위의 부하는 주 부재 다음으로 볼트 머리 바로 밑의 와셔나 너트의 하부로 직접 분배된다. 이붙이 (Toothed Lock)와셔는 너트와 부하를 분배시키는 와셔 사이에 설치하며 맞물리는 형태의 이붙이 와셔는 주 본딩 부재 사이에는 적용해서는 안된다. 그러나 습기에 노출되지 않는 시설물 내부에서와 전기적, 화학적으로 양쪽을 모두 만족시킬 수 있는 와셔와 본딩 부재가 설치된 장소에 적용할 수 있다.

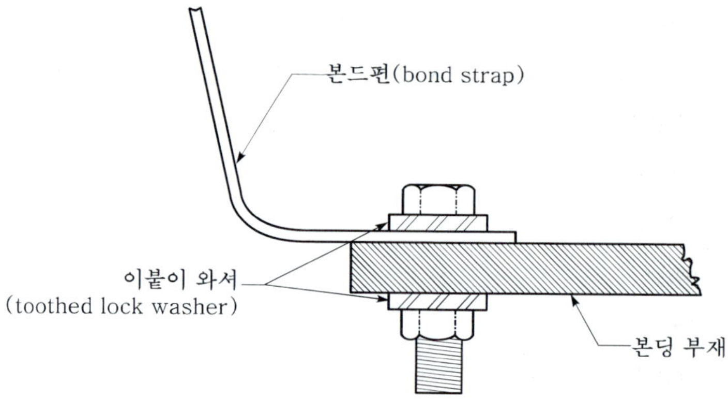

그림 5.2.28 올바른 볼트 본딩 형태

볼트 결합 표면의 비전도성 물질로 깨끗하게 닦은 후에 가능한 빨리 본딩을 실시해야 한다. 만일 부식할 수 있는 환경에서 2시간 이상 본딩 작업이 지연 될 경우에는 청소된 표면에 부식방지를 위한 적절한 코팅을 하고 작업 전에는 이를 제거한 후 본딩 작업을 해야 한다. 악어 클립이나 스프링으로 누르는 형식의 클립은 임시 접착용으로만 사용할 수 있고 이는 장비나 시설 배선을 보수할 때 작업자가 위험전압에 부주의하게 노출되는 것을 방지하기 위함이다.

일반적인 용접은 동일 재질의 용접을 방해하는 다른 물질을 제거하는 것이 필요하고 발열 용접을 실시하기에 앞서 몰드를 용접면에 배치하기 전에 먼지나 기타 잔해물 등은 닦아내거나 불어내어 용접면을 깨끗하게 해야 하며 습기가 없도록 해야 한다. 용접할 표면은 주 부재에 용가재(Filler Metal)의 접착을 방해할 수 있는 이물질이나 금속 피막 등을 제거하고 부식을 방지하기 위해 과도한 중화제 등은 제거해야 한다.

볼트의 결합 및 압축형 본딩 표면을 주의깊게 청소해야 한다. 먼저 페인트, 표면에 붙은 유기 물질, 산화물 및 황화물 피막, 오일, 그리스 등 기타 석유 부산물과 같은 모든 비전도성 물질은 제거해야 한다. 다음은 물, 산, 강알칼리 및 전도성 전해질 경로를 만들 수 있는 모든 부식성 매체도 제거해야 한다. 또한, 저(底) 임피던스 본딩 경로에 방해가 될 수 있거나 부식성 재료나 작용제에 본딩을 노출시키는 층이나 쐐기를 형성하는 먼지, 오물, 모래, 금속조각 및 부식 부산물 등 모든 물질은 제거해야 한다.

신뢰성있는 접합을 위해서는 이종(異種) 금속의 결합을 지양하고 접합부에 수분이나 기타 전해질이 유입되는 것을 예방하여 부식을 방지해야 한다.

전반적인 본딩 체계의 일부로 케이블 트레이를 활용한다. 각 트레이의 각 부분은 전류의 연속적인 경로를 확보해야 한다. 또한, 트레이는 장비 외함과 본드편(Bond Strap)을 이용하여 넓고 유연하며 견고한 본딩을 해야 한다.

길이가 긴 전선관에 대해서는 배관의 양쪽 끝뿐만 아니라 중간의 여러 지점에서 구조물에 본딩해야 한다. 일반적으로 가요전선관의 본딩에는 닿는 면적이 적어 충분한 압력을 확보할 수 없고 압력에 의해 단면이 변형 될 수 있어 클램프를 사용할 수 없으며 일반 클램프 대신 본딩 클램프의 압력을 보다 넓은 면적으로 분산시킬 수 있어 전선관에 낮은 압력이 미치게 하는 나팔모양의 스플릿 슬리브(Split Sleeve)를 사용해야 한다.

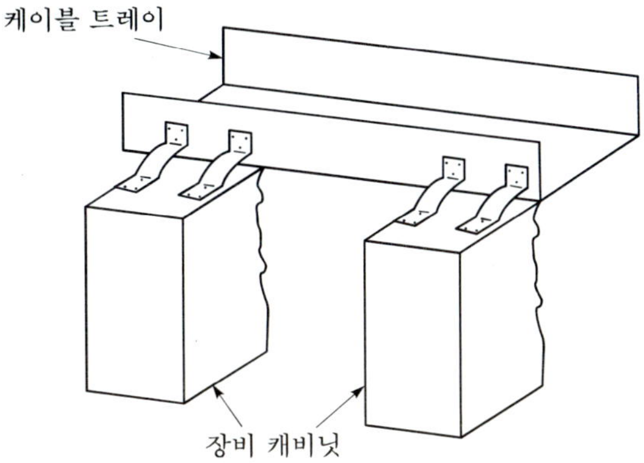

그림 5.2.29 장비 외함과 케이블 트레이의 본딩

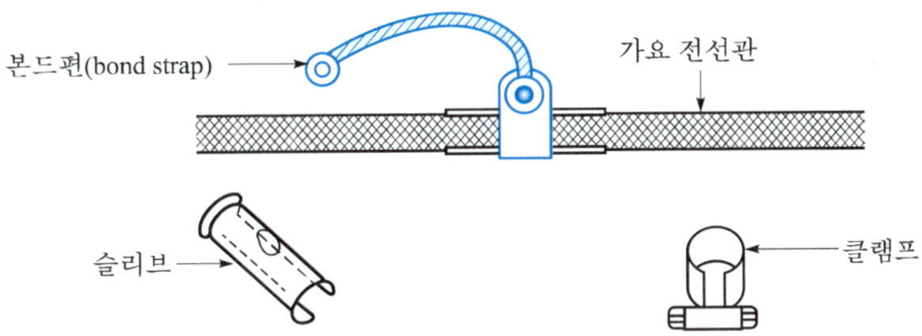

그림 5.2.30 가요 전선관의 본딩

후강 전선관의 본딩은 어떤 형태의 클램프이던 클램프가 설치되는 전체 면에는 이물질이나 페인트 등을 제거하여 깨끗하게 해야 하고 조립전 접촉면의 모든 절연성 마감은 제거해야 하며 접촉 부분에 부착시키기 위해 산화 처리한 스크루, 너트, 와셔는 사용하면 안 된다.

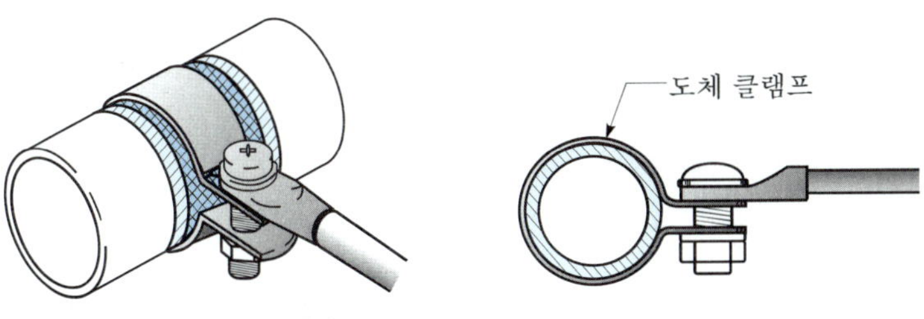

그림 5.2.31 후강 전선관의 본딩

기타 그림 5.2.32 ~ 5.2.36은 추천하는 본딩 방법들을 보여주고 있다.

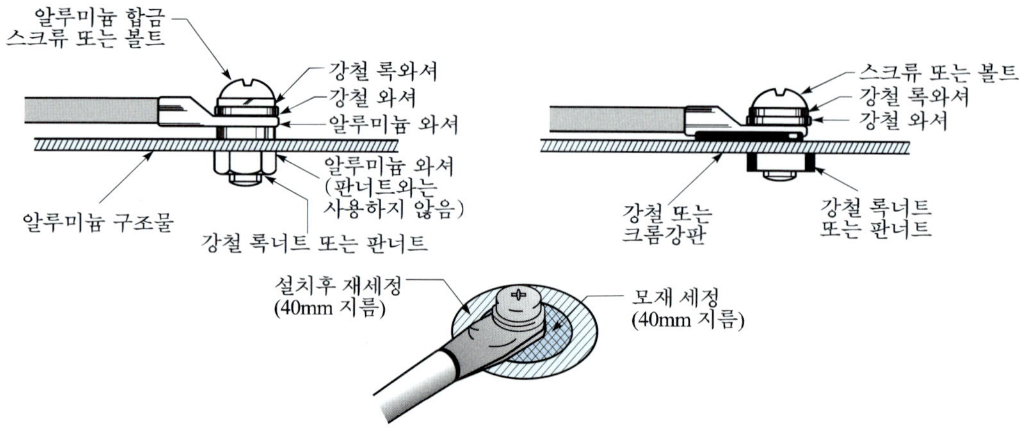

그림 5.2.32 평평한 표면의 본딩 점퍼 접속

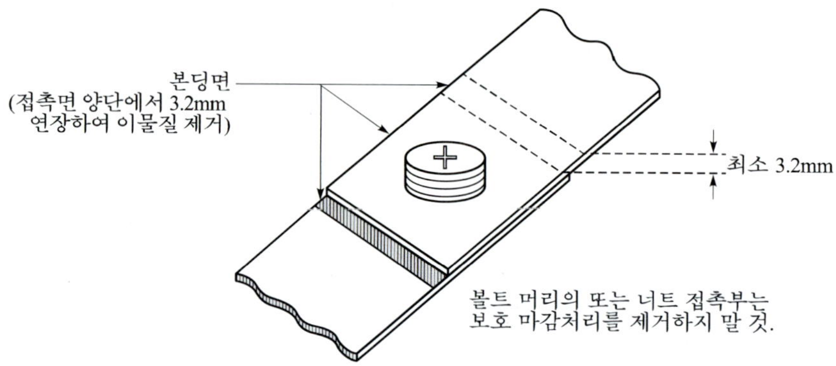

그림 5.2.33 평평한 바 간의 볼트 결합

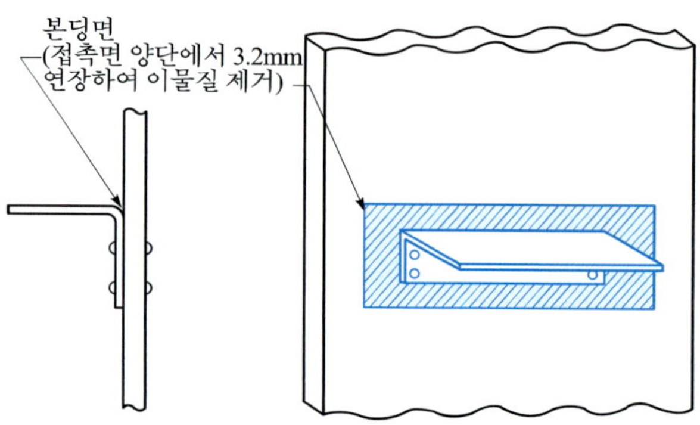

그림 5.2.34 브라켓 본딩(리벳 또는 용접)

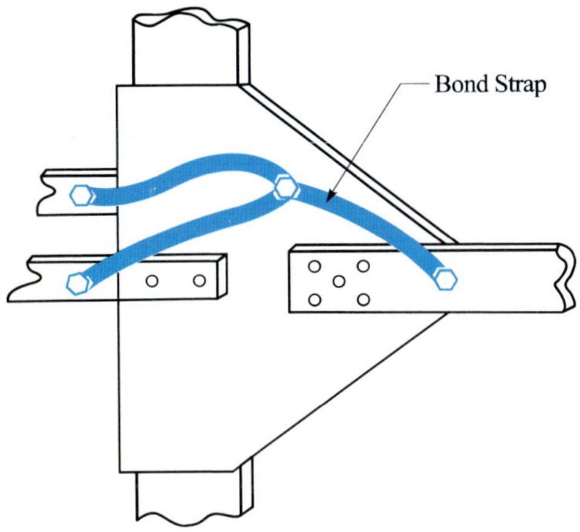

그림 5.2.35 구조용 강재 상호연결 본딩(스트랩)

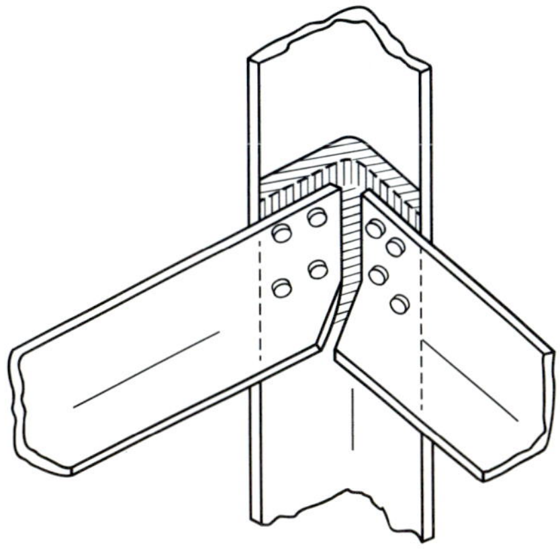

그림 5.2.36 구조요소의 직접 본딩

5.2.6 EMP 방호시설 시공관리

방호시설 공사계획 검토는 방호 대상 시설물의 토목, 건축, 기계, 전기, 통신 설비 등의 설계도서를 검토하여 방호개념과 방호대상을 점검하여 전자기펄스 방호시설 구축 계획을 수립하는 과정이다. 각종 위협에 대한 계획과 보호대상 시설개요, 위협에 대한 분석, 방호의 기본개념과 POE에 대한 방호개념, 방호제품의 납품/검수/검사에 관한 계획과 방호설비의 검사 및 시험에 대한 계획 등이 포함되어야 한다.

설계도서와 방호 기본계획에 따라 방호공사에 대한 구체적 시공계획을 작성시 건축 및 설비(기계, 전기, 통신 등), 시험/검사 등의 일정을 고려한 방호공사 공정계획을 수립하고, 반입 자재의 규격 및 수량, 보관장소, 보관방법 등에 대한 리스트 작성 및 관련 인증서/시험성적서 발급 등에 관한 사항을 포함한다. 또한, 방호자재 선정 및 반입 전에 자재에 대한 시공상세도를 확인하고, 방호분야가 아닌 타 공정 관련사항은 시공계획서에 포함하여 시공 전 충분한 검토와 준비가 가능하도록 하여야 한다. 방호제품은 설치 전까지 훼손이나 오염되지 않도록 충분한 보양(保養) 대책을 강구한다.

차폐벽 지지구조물과 같이 구조안전에 대한 사항의 확인이 필요한 경우에는 시공 계획서 작성시 구조계산서 등을 포함하여 검토한다. 설계도서에 대한 검토 및 확인 후 공종별 시공 순서 및 준비 사항에 대한 조정을 하며, 차폐벽 시공은 건축구조 및 마감공사, 각종 POE 설치 등과 협의 및 조정을 한다. 전기적 POE 방호장치 설치공사는 전기 인입공사 및 배전, 접지 등의 시공자와 협의가 필요하다. WBC 배관 및 WBC배열 배관 등은 기계설비, 공조설비 등 시공자와 협의하여 진행하는 등 공종별 긴밀한 협의는 필수 사항이다.

EMP 방호시설 공사의 품질을 확보하기 위해서 시험성적서, 국내외 공인인증서, 품질보증서, 하자보증서 등을 자재반입 및 시공 전에 확인해야 한다. 방호시설에 필요한 자재는 KS 인증 제품과 국제 공인된 제품을 사용한다. 한국산업표준에 명시된 KS 규격품목은 재료시험을 실시하지 않아도 되나 규격품 및 외국에서 공인된 제품이라도 시험이 필요한 경우에는 KS인증 또는 공인된 인증시험을 실시한다. 차폐문, POE 방호장치, 부수기재 등도 KS 인증 또는 공인된 시험을 실시한다.

자재 관리를 위하여 각각의 장비에는 제조사의 상호, 주소, 전화번호, 형식 및 규격, 제품 또는 일련번호, 카탈로그 상의 제품번호 등을 부착하고, 장치 등의 제품이 수입품인 경우에는 국내외 수입 대행사 또는 설치 납품업체의 연락처를 함께 명기하는 것이 바람직하다.

통상적으로 EMP 차폐공사는 그림 5.2.37에서 보는 바와 같은 순서로 이뤄진다.

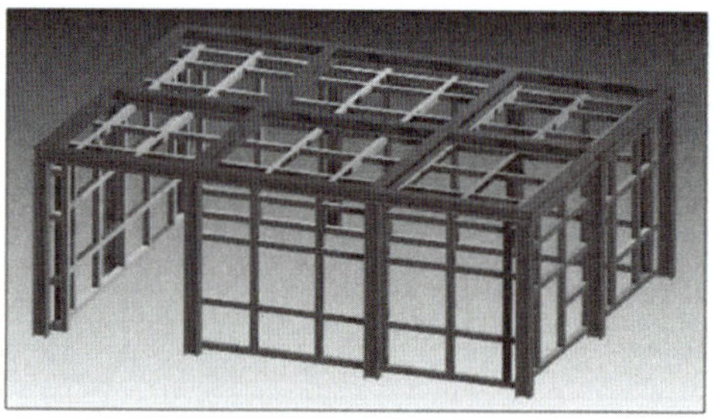

① 각 파이프 구조체 시공

② 바닥 차폐판 시공

③ 벽면 차폐판 시공

④ 천정 차폐판 시공

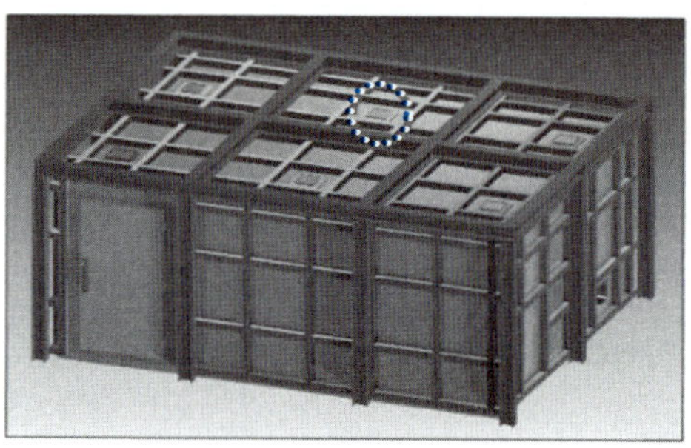

⑤ 허니컴 시공

⑥ 차폐도어 시공

⑦ 필터 및 POE 시공

⑧ 전체 모델링(전면)

그림 5.2.37 EMP 방호시설 시공순서

차폐를 위한 주요자재는 차폐벽(용접, 볼트), 인입판재, 차폐시설 바닥등으로 구성된다. 용접식 차폐벽 설치시 용접절차서(용접봉, 예열 등 관련사항 포함), 용접 작업 중과 후의 차폐벽 뒤틀림 방지를 위한 대책, 용접 합격조건, 검사 및 시험계획, 기술인력 관련 자료 등이 포함된 용접작업계획서를 확인해야 한다.

차폐벽이 완성되면 용접재료, 용접시공 및 용접검사에 관한 기록을 확인한다. 용접검사 기록은 침투탐상 시험방법, 방사선투과 시험방법, 자분탐상 시험방법과 같은 비파괴검사와 SELDS 검사 등 해당 검사를 실시한 시험기록서를 작성/확인한다.

용접 시공계획서에는 차폐벽의 배치 및 시공순서 등 계획과 용접으로 인한 작업자의 환경오염(오염공기 배출계획 포함)에 대한 대책, 용접열에 의한 변형 발생에 대한 대책 등이 포함된다. 용접의 품질을 보장하기 위해 용접공의 자격증 또는 자격 입증 및 시험 용접 등 용접공의 숙련도를 검증하기 위한 절차가 필요하다. 용접 방법에 따른 사용 재료의 종류 및 허용오차는 KS 규격에 따른다.

차폐재료는 저탄소강으로 KS 규격이나 국제공인규격의 열간압연강판을 사용하고 두께는 용접성을 고려하여 3mm 이상으로 하며, 보강판 및 앵글, 패널 등의 구조재는 최소 6mm 이상으로 한다. 바닥 및 벽체에 차폐벽을 부착하기 위해 사용되는 스터드는 3.5mm 이상으로 하고 차폐벽 부착, 고정 구조물에 대한 구조는 별도로 검토해야 한다.

차폐벽으로 시공될 판재 표면의 기름기, 녹, 먼지, 수분 등의 오염 요소는 설치 전에 모두 제거하며, 용접 접합부는 특별한 주의가 필요하다. 용접 차폐벽의 설치 및 용접중에 1m에 1mm 이상 뒤틀림이 발생치 않도록 용접 중에 받침판이나 나사못, 앵커볼트 등으로 고정한다. 연결 철물이나 구조부재 등이 차폐벽을 관통하는 경우에는 관통부재의 둘레를 360° 모두 연속 용접으로 시공한다. 용접열에 의한 차폐벽의 뒤틀림이나 주름등의 변형을 예방하기 위해 구간을 정하여 건너 뛰면서 용접을 해야 한다. 용접 차폐 시공은 고품질 철판을 사용하여 이음매와 접합부분을 연속적으로 용접하고, 차폐효과도를 확보하기 위해 강판과 구조적, 전기적으로 호환이 되는 전극을 사용하여 용접한다. 맞댄 용접의 경우 뒤쪽에 덧판을 사용하여 개선 처리 후 용접을 실시하고 겹침 용접의 경우 50mm 이상 겹쳐서 용접한다.

볼트 조립식 팬 타입 차폐벽 공사는 강판의 사면을 접어 패널 형태(팬 타입)로 가공하고 접힌 부분에 전자파 개스킷을 넣어 볼트로 서로 접하는 방식이다. 이때 차폐벽은 2mm 이상의 아연용융도금 강판을 사용하고 연결 볼트는 75mm 또는 100mm 간격을 둔다. 소규모 차폐구역은 차폐벽과 볼트만으로 자립 시공이 가능하나 대규모 시설의 경우 프레임 구조가 있어야 한다. 프레임 구조와 차폐벽의 연결부분은 제조사의 설치 상세도 및 시방서에 따르며 차폐벽을 관통하는 금속 구조물은 360° 용접 또는 납땜을 하고, 프레임 구조물의 수평 및 수직 변형은 지점의 1/250 이하가 되도록 설치되어야 한다. 조립에 사용되는 전자파 개스킷은 장기간의 압력에도 변형되거나 복원력이 감소되지 않는 제품이어야 한다.

시공상세도 및 제작도면을 검토하여 공장에서 납품된 패널의 규격별 형상을 확인하고, 설치 장소와 순서에 따라 보관 및 반입계획을 점검한다. 접합 부분은 먼지 및 이물질, 습기 등이 없도록 해야 한다. 차폐벽을 조립하는 동안 볼트구멍이나 연결 부분의 제작상태가 불량한 것은 즉시 반출하고 현장에서 구멍을 뚫는 등의 임의 가공을 해서는 안 된다. 균열, 손상, 변형, 개스킷이 누락된 자재의 설치는 금지한다. 차폐 표면과의 전기적 접촉을 확실히 하기 위해 표면을 깨끗이 닦아내고 저(低)저항 접지 시스템을 유지하고 금속표면 접합을 위해 절연재료를 제거한다. 차폐벽 조립/설치 시 차폐벽과 차폐벽 사이에는 전자파 차단 개스킷을 삽입하고 조이며 볼트 조임은 가조립 상태에서 차폐벽과 차폐벽의 접합 부위와 각도 등을 조정하고 볼트마다 균등한 힘으로 조여서 완성한다. 차폐벽 조립과정에서 임시 고정을 위한 지지대 등이 설치된 부분은 막음재 및 연속용접으로 보완하고 지지구조물과 연결철물 등이 차폐벽을 통과하는 부분은 관통부재의 둘레를 따라 완전용접한다. 아연용융도금 강판을 사용한 차폐벽을 용접할 경우 도금면에 대한 처리 후 용접하거나 충분한 환기 설비를 완벽히 갖춘 후 시공해야 한다.

WBC배관, 배관슬리브, 금속관 등 차폐벽을 관통하는 부분에는 차폐벽과 용접이 용이하도록 두께 6mm 이상의 강판을 사용하고 볼트접합의 경우는 두께 2mm 이상의 강판을 사용한다. 인입판재는 연속용접이나 RF개스킷을 포함한 볼트조립으로 부착할 수 있도록 제작해야 한다.

건축 및 기계 POE의 주요 자재는 차폐문 및 문틀설치, 부속철물, 동시열림방지 장치(Interlocking Device), 배기 및 환기구에 대한 방호, 관통 구조물에 대한 방호장치가 있다. 차폐구역을 통하는 출입구와 같은 인입부에 대한 방호는 차폐문, 도파관에 의한 방호가 필요하다. 주 출입구는 전실과 2중 차폐문으로 설치한다. 방호 계획의 효율성을 고려하여 출입구 수는 최소한으로 제한하고 출입하는 통로는 직각으로 설치한다. 먼저 차폐문은 KS 규격이나 국제규격의 전도성이 좋은 강판을 사용하고 산화피막 등의 부식과 오염이 발생하지 않도록 도장은 에폭시 및 페인트로 마감된 제품을 사용해야 한다. 차폐문 조립체는 사용 간에 파손 및 불량으로 차폐 효과가 떨어지지 않아야 하고 도장은 조립 후에 KS 및 국제 규격에 맞게 용융아연 도금을 한다.

차폐문과 문틀은 차폐요구 수준 이상으로 전기적 접촉이 되도록 설치하고 장시간 사용하여도 차폐문의 처짐 현상이 발생하지 않아야 한다. 차폐문이 방화문, 가스차단문의 기능을 겸할 경우에도 전자파 차폐성능은 유지되어야 한다. 또한 차폐벽의 요구성능보다 약 20dB 이상 높은 차폐성능을 발휘하여야 한다. 차폐문은 연속 용접 등의 방법으로 전기적으로 완전히 접합된 문틀에 전체 외주 부분이 중첩되어 전기적, 기계적으로 연속하여 연결되는 구조여야 한다. 핑거스톡 재료는 2열 베릴륨동(Berylium Copper) 또는 스테인리스스틸(Stainless Steel) 등을 사용하고 특수한 공구를 사용하지 않고도 쉽게 교체가 가능하고 납땜 등의 추가적인 작업이 필요 없는 구조로 된 제품이어야 한다. 차폐문의 삽입부가 문틀에 설치된 2열의 핑거스톡 사이로 끼워져서 최적의 전도성을 확보하여 전자기파 방호성능을 발휘할 수 있어야 한다. 핑거스톡은 작동 중 물리적 접촉으로 인한 파손이 발생하지 않아야 하며, 문틀과 차폐문의 부속품 등으로 감추어진 형태를 취해야 한다.

차폐문은 정하중(靜荷重) 내구성, 처짐, 반자동 도어 내구성, 손잡이 내구성 조건을 충족해야 하며 국내외 공인(公認) 시험을 통과해야 한다. 정하중 내구성시험은 도어의 프레임에 도어를 장착하고 수평으로 하여 도어를 아래로 향하도록 열어, 도어의 프레임만으로 도어를 지지하도록 하고, 95kg/cm^{2}의 부하를 도어 전체표면에 10분간 인가하여 도어판과 프레임 간에 2mm 이상의 변형이나 고장/부서짐이 없어야 한다.

처짐시험은 도어를 프레임에 정상적으로 부착한 상태에서 90°로 열고 도어의 끝쪽으로부터 12.5cm 지점에서 도어의 양면에 각각 22.7kg 추를 10분간 매달고 난 후에 도어판과 프레임 간에 2mm 이상의 변형이나 고장/부서짐이 없어야 한다.

반자동 도어 내구성 시험은 도어를 2,500회 여닫기 공정을 수행한 후에 도어의 마모, 고장, 훼손 및 변경이 생기지 않아야 한다.

손잡이 내구성 시험은 도어의 프레임에 도어를 장착하고 1,000N의 힘으로 핸들의 끝에서 5cm 지점을 수직방향으로 당겼을 때 고장이나 변형이 발생하지 않아야 한다. 차폐문은 각 형태별로 최소 1개 이상을 공장시험하고 그 결과를 확인해야 한다.

차폐문 현장설치시에는 차폐문 및 부수기재 등이 설계도면과 맞는지 확인한다. 설치 위치는 열리는 방향이 외부의 EMP에 대항하는 방향으로 하고 설치에 지장이 없도록 문틀 및 주변을 청소하고 기둥 및 문틀 등의 뒤틀림 등을 확인한다. 차폐문의 보증기간은 통상 3년 또는 5만회 여닫기 중 더 오래 걸리는 것으로 적용하며, 차폐문의 구조적인 강성은 약 10~15년 보증, 핑거스톡은 교체 없이 적어도 1만회의 여닫기 횟수를 보장해야 한다. 차폐 효과도가 약 5~10dB 감쇠되면 수리 또는 부품교체를 고려해야 한다.

차폐문의 부속철물인 걸쇠, 손잡이, 힌지, 문지방은 요구성능을 만족할 수 있도록 일식으로 제공되며 수동으로도 쉽게 열고 닫을 수 있도록 제작한다. 문을 열고닫을 때 손잡이에 작용하는 힘이 67N 이하여야 하고 롤러캠 작동으로 제어되는 지레 역할을 한다. 개스킷과 같은 밀폐기능에 적절한 압축력을 제공하기 위해 레치 기계장치를 설치하고 문의 양쪽 면에 작동할 수 있도록 한다. 문턱 보호장치는 장비, 짐수레와 같이 바퀴 달린 장비가 문턱을 통과해서 무거운 물건을 운반할 때 문턱을 보호하는 것으로 휴대용으로 제작한다.

전실 양쪽의 차폐문이 동시에 열리지 않도록 전기장치(동시열림방지 장치)가 설치되어야 하며 비상시에는 수동으로 잠금장치를 해제할 수 있어야 하고 오작동 및 고장으로 동시에 양쪽문이 열려 있는 경우에는 경보장치가 작동되어야 한다.

WBC 배열 배관은 여러 개를 연접 배열하여 고정한 형태의 환기구이며 얇은 판재를 교차하여 용접하거나 사각 또는 육각, 원형의 관을 일체가 될 수 있도록 서로 용접하여 제작하고 차폐벽에 고정하기 위해 용접의 경우 50mm, 볼트 접합의 경우 75mm 이상 차폐벽과 겹치도록 제작한다.

전기적 POE는 전력선, 통신선, 신호선, 안테나선 등의 POE가 있다. 전기적 POE 방호장치함 및 전기적 POE 방호장치의 보호장치는 내식성 재료로 시공하며 금속일 경우에는 코팅처리를 하거나 내식성처리를 한다. 또한, POE 방호장치함 및 관련 부품은 차폐 성능과 발열을 고려하고 제작사의 권고사항을 준수하여 제작한다.

EMP 필터는 습기와 기계적인 파손으로부터 보호해 주는 금속함내에 설치한다. 금속함의 노출된 표면은 도금, 합금코팅 등의 수단으로 침식으로부터 보호되어야 하고 마감은 기포 등 작은 구멍이 없어야 한다. 상용전력 급전선 POE의 각 관통도체에는 EMP 필터를 설치해야 하며 차폐벽 바깥쪽으로 상용전력 급전선 길이가 긴 경우에는 적어도 길이 16m 이상 땅속에 매립해야 하며 필터함은 차폐벽에 본딩 처리한다.

광섬유 인입부는 도파관에 의해 방호되어야 하고 광섬유 케이블로 바꿀 수 없는 음성 및 데이터 선로에는 별도의 필터를 설치한다.

접지전극체계는 전자기파 공격에 의해 도달한 에너지를 대지로 흘려 보내서 내부의 인원과 장비를 보호하기 위해 대지와 시설물을 전기적으로 접속하는 것이다. 접지전극은 피뢰와 감전보호, 노이즈의 최소화 등 접지의 목적을 달성하기 위해 설계, 시공 되어야 한다. 시설물의 접지체계와 차폐체계의 기능을 효과적으로 확보하기 위해서는 시설물 전체를 대상으로 도전성 부분에 대한 고품질의 본딩을 실시하고 고품질을 확보하기 위한 본딩 저항은 0.001Ω 이하로 유지해야 한다. 시공전 접지극 배치도/매설도, 접지극과 접지선 연결방법 등이 포함된 시공상세도면을 확인해야 한다. 지중에 매설되어 있는 대지간의 전기저항값이 규정값 이하를 유지하는 금속재 수도관이 있으면 관리자의 승낙을 얻어 접지극으로 사용할 수 있으며 피뢰설비 공사의 자연접지극도 사용 가능하다. 접지선은 KS에 적합한 제품 또는 동등 이상의 성능을 가진 것을 사용하며 접지선은 수변전실 또는 전기실에 시설한 것을 제외하고, 그리드 또는 나동선으로 $50mm^2$ 굵기 또는 동등 이상의 전선을 사용한다.

기초 콘크리트 타설 및 케이블 배선이 되고 배관류의 설치가 이루어진 이후에 접지전극 보조시스템을 구축할 경우, 지하수면, 강철제 구조물, 매설된 전선 및 케이블과 접지전극 간의 연결 등에 지장이 없도록 시공계획을 수립한다. 시설물의 기초공사로 인한 굴토, 복토 등 작업이 진행되는 기간 동안에 접지전극 체계를 매설하기 위한 토공사가 이루어질 수 있도록 공사일정에 반영한다. 또한, 접지전극은 외부의 영향을 받지 않는 다져진 토양에 위치시키고 가급적 물기가 없는 장소로서 가스 등으로 인하여 부식될 우려가 없는 장소를 선정한다. 접지저항은 10Ω 이하로 시공하고 등전위 접지를 해야하며 저항값은 언제 시험하여도 소정의 저항값 이하로 얻을 수 있어야 한다.

방호구역 안에 설치된 구조물이나 장비의 접지는 차폐벽 안쪽 표면에 전기적으로 본딩하고 방호벽 밖의 구조물이나 장비는 차폐벽 바깥 표면에 전기적으로 본딩하거나 접지전극 부체계에 접속시켜야 한다. 등전위 접지공사 시 접지선이 손상될 우려가 있는 경우에는 금속관 또는 합성수지관 등에 넣어 보호하고 접지저항 측정이 용이하도록 접지시험 단자를 설치한다. 지중매설 접지선은 내식성 자재 사용 및 테이핑 등 부식방지 조치를 해야 한다.

등전위 모선이 되는 접지단자함은 상호간 접지도체가 전기적으로 연결되고 차폐벽과 접지도선이 용접 등으로 접속되는 부위는 부식이 발생치 않도록 방청도료 등으로 처리해야 한다. 되메우기 전 접지극 부설상태, 접지극과 접지선 연결상태, 접지저항 등을 측정하여야 한다. 영구적인 본딩은 동이나 황동 등으로 발열 용접을 사용해야 하고 주철, 스틸파이프와 같은 이종 금속간의 본딩 부위는 부식을 방지하기 위해 습기를 차단하는 등 부식방지 조치가 필요하다. 볼트로 조이는 방식의 클램프 접속은 맨홀이나 접지점검구 등 접속 상태를 확인하기 용이한 지점에 시공해야 한다. 용접방식 본딩작업 시 몰드를 용접면에 위치시키기 전에 먼지나 다른 파편 등은 닦아내고 불어내어 용접면을 깨끗하게 하고 주 부재에 접착하는 것을 방해 할 수 있는 이물질이나 금속 피막을 제거해야 한다. 볼트조임 방식 본딩 작업 시 볼트가 들어가는 구멍의 표면과 압축형 본딩 표면에 페이트, 그리스, 유기물질 등 비전도성 물질과 물, 산, 알카리 등 부식성 물질을 깨끗하게 제거해야 한다.

5.3 EMP 방호시설 성능시험 절차

5.3.1 SE(Shield Effectiveness) 시험절차

SE 시험 절차는 HEMP 방호가 필요한 지상 및 지하 기반 EMP 방호시설의 전자파 차폐효과를 측정하는 시험이다. 이를 위해 HEMP 차폐시설과 POE 방호장치가 설치된 직후 실시하는 수락시험과 준공 후 주기적인 성능평가를 위한 체계운용성시험에 적용한다. 또한, POE 방호장치를 수리하거나 새로운 POE 방호장치를 설치하는 경우에도 적용하며, CWI를 대체하기 위해 시행하기도 한다.

차폐효과도는 전자파를 HEMP 방호벽에 방사하고 HEMP 방호벽 반대편에서 수신된 신호와 HEMP 방호벽이 없는 상태에서 측정한 교정 신호의 비로 정의한다. 차폐효과는 주파수에 따라 값이 달라지며 상대적인 값이므로 데시벨(dB)로 표시한다.

$$SE = 20\log\left(\frac{V_c}{V_m}\right) \quad \text{(식 5.3.1)}$$

여기서, V_m : 전자파 방호벽 있을 때 시험지점에서 측정된 신호

V_c : 전자파 방호벽 없을 때 시험지점에서 측정된 신호

V_m과 V_c 측정 시 시험 구성은 전자파 방호벽 유무를 제외하고 동일해야 한다. 즉, 주파수, 안테나 위치 및 편파가 동일해야 하고, V_m과 V_c 측정 시 측정시스템에 적용된 이득 또는 감쇠가 다른 경우 이 값을 측정값에 반영하여 보정해야 한다. 송신안테나(방호벽 외부)와 수신안테나(방호벽 내부)는 시험지점의 중앙을 통과하는 측정축의 동일 선상에 위치시키고 시험 주파수를 단계별로 증가하며 측정 데이터를 기록한다. 자기장 차폐효과도는 10kHz 이상 20MHz 미만, 전기장/평면파 차폐효과도는 20MHz 이상 1GHz 이하의 주파수 대역에서 측정한다. SE 시험은 수락시험과 체계운용성 시험이 있으며, 시설의 HEMP 차폐와 POE에 대한 처리가 요구성능을 만족하는지 확인하기 위해 차폐효과도 데이터를 획득하는 것을 목적으로 한다.

SE 수락시험은 시설공사 간 준공이 임박하여 다음의 전제 조건이 충족될 때 수행해야 한다. 먼저 차폐시설은 완벽하게 설치되어야 하고 모든 POE와 POE 방호장치는 설치가 완료되어 정상동작 상태에 있어야 하며 필터 등 전기적 POE 방호장치들은 설치가 완료되고 내부와 외부 도선이 연결 및 관통형 광케이블들은 설치가 완료되어 있어야 한다. 또한 설치된 장비는 동작 상태이거나 미동작 상태일 수도 있으며 위 요구사항에 대한 만족여부를 확인하기 위한 육안 검사와 시공자의 사전 시험이 수락시험 전에 수행되어야 한다.

체계 운용성 검증시험에서 SE 시험을 수행하는 경우, 시설은 정상적인 운영 상태에서 임무 기능을 수행하고 있어야 한다. SE 시험에 요구되는 안테나와 시험장비는 표 5.3.1와 같으며 일반적인 시험장비 구성도는 그림 5.3.1과 같다

표 5.3.1 차폐효과/SE 측정을 위한 주요 장비

순번	품명	특성
1	[1]신호발생기	10kHz ~ 1GHz
2	전력 증폭기	10kHz ~ 1GHz
3	스펙트럼 분석기, 네트워크 분석기	10kHz ~ 1GHz
4	전치 증폭기	10kHz ~ 1GHz
5	루프(Loop) 안테나	10kHz ~ 20MHz
6	바이코니컬(Biconical) 안테나	20MHz ~ 200MHz
7	대수 주기 또는 광대역 안테나	200MHz ~ 1GHz
8	[2]컴퓨터, GPIB 등 제어 인터페이스	필요 시
9	[3]RF 케이블 및 광케이블	필요 시
10	광케이블 결합기	필요 시

[1] 신호발생기는 수신기/네트워크 분석기 또는 스펙트럼 분석기에 내장될 수 있으며, 무선주파수 신호는 적절한 광섬유 회선이나 고품질 금속차폐 동축케이블을 이용하여 차폐벽을 통해 전송될 수 있다.

[2] 계측장비를 제어하고 시험데이터를 저장하기 위해 IEEE-488 범용 인터페이스 버스(GPIB) 또는 이와 동등한 기능의 컴퓨터를 사용한다. (자동제어를 위해 필요)

[3] RF 신호나 제어신호를 차폐벽을 통과하여 전송할 경우에는 가능하면 광섬유 회선을 사용해야 하고, 동축케이블의 경우 필터를 거쳐 입력과 출력되도록 한다.

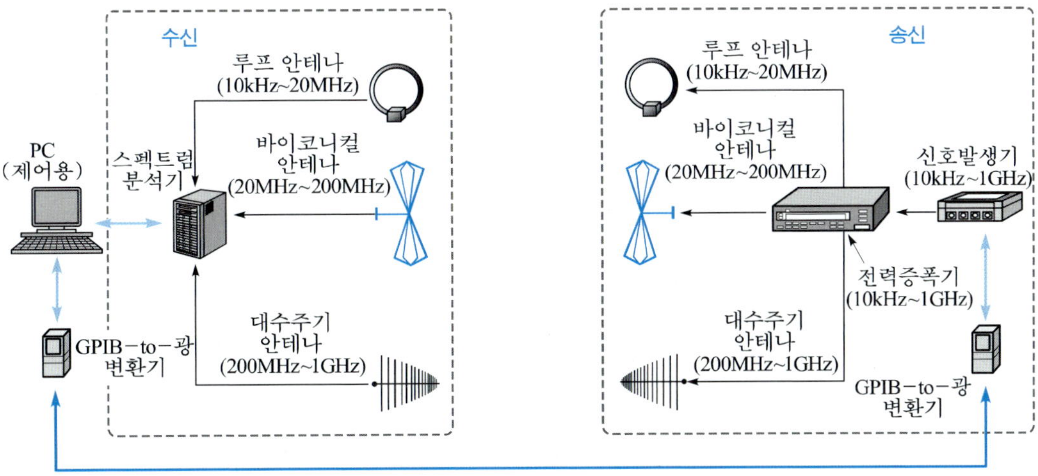

그림 5.3.1 시험장비 구성도(스펙트럼 분석기를 사용하는 경우의 예시)

SE 시험이 진행되는 동안 측정에 영향을 미칠 수 있는 시설 보수 공사 등 건축행위나 전기적인 잡음을 발생시키는 장비의 사용은 금지되어야 하고 전자파 차폐벽은 정상상태를 유지해야 한다. 성능시험을 위한 방사신호는 세기가 작기 때문에 장비에 장해를 일으키지 않지만, 시설 주변의 간섭 또는 자체 간섭을 피하기 위해 시험 주파수를 변경할 수 있다.

SE 시험 계획과 시험절차는 최소한 다음의 정보를 포함하여야 한다.

① 시험 목적

② 시설 관련 설명

③ 시험영역 구분 및 식별 번호 부여(차폐 바닥과 벽에 대해서는 그림 5.3.2와 같이 3.05m×3.05m 이하의 평면 영역으로 나누어 식별 번호를 부여하고, 차폐벽과 측정 축은 측정 대상 표면과 수직이어야 함. 3m×3m 이하의 차폐문은 그림 5.3.3과 같이 산출함.)

④ 시험지점 결정(건축 POE, 기계 POE, 전기적 POE 등 모두 포함)

⑤ 시험 주파수 목록

⑥ 시험 장비의 제조사/모델/제품번호

⑦ 세부적인 측정 절차

⑧ 결함의 표기 및 발견 시 시설보수/결함부위 재측정 절차

⑨ 데이터 관리(교정과 측정 데이터 품질관리, 데이터 적용 기준, 데이터 기록 보관, 합격/불합격 기준)

⑩ 전자파 방사와 전기적 충격 위험성을 포함한 안전 대책

⑪ 시험 일정 계획

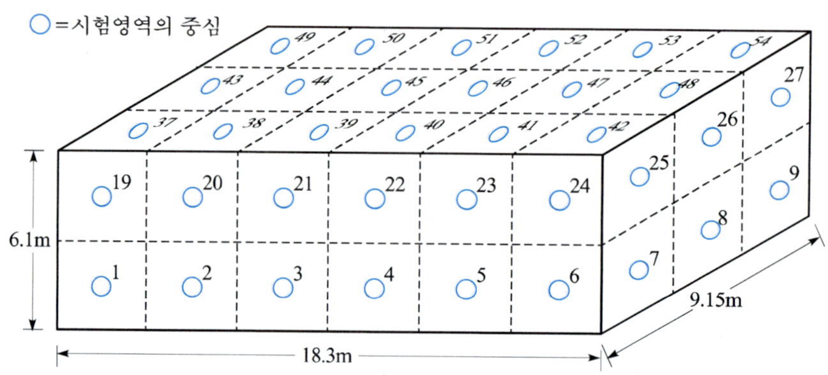

그림 5.3.2 시험대상 영역 설정(예시)

구분	Single (6지점)	Double (9지점)
시험 영역	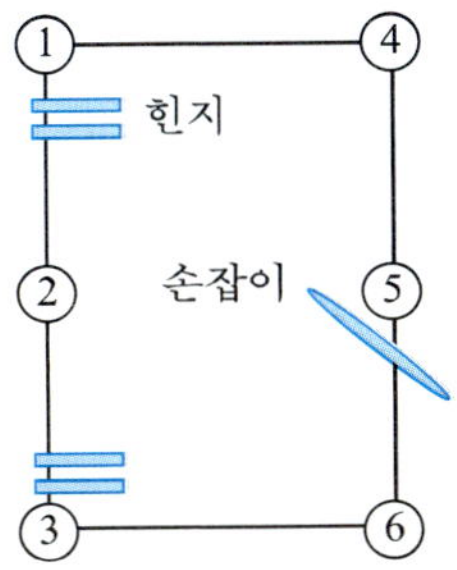 (3m×3m 이하)	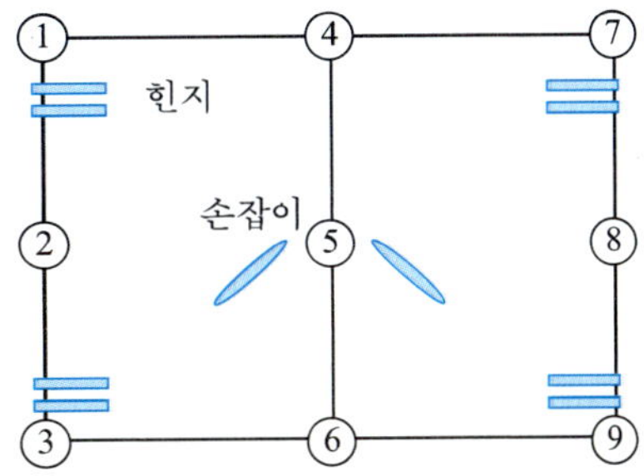 (3m×6m 이하)

그림 5.3.3 차폐문 시험영역

SE 시험 보고서는 설비 명칭 및 적용 가능한 시험계획, 본 시험 절차 및 요구 사항과의 불일치에 대한 논의 사항, 측정장비 설정을 포함한 시험 교정값 및 측정 데이터, 합격/불합격 판정, 시험성적서(담당 신청자, 시험기관명, 시험장소, 적용 주파수 및 규격, 소요장비 목록, 시험 장비 구성도, 측정위치, 측정결과) 등이 포함되어야 한다. 시험 데이터는 유지관리를 위한 유용한 데이터가 되도록 관리 방안을 수립해야 한다.

그림 5.3.2에 따라 선정된 영역과 표 5.3.2에 기술된 위치는 차폐 효과 측정을 위해 중요한 지점이므로 우선 측정한다.

표 5.3.2 집중적으로 차폐 효과를 측정해야 할 중요개소 및 거리

순번	주요시험 위치	시험 전 간격
1	천장, 차폐벽, 바닥의 금속판 접합부	최소 매 3m 간격
2	벽과 바닥, 벽과 천장, 벽과 벽	최소 매 3m 간격
3	3면 만나는 코너	3면이 만나는 모든 코너
4	편수 도어	도어의 Knife가 삽입되는 4면
5	양수 도어	2개 도어 Knife가 삽입되는 모든 면
6	허니컴 설치 위치	길이 1.5m 이하인 경우 허니컴의 중심에서 측정
7	POE 주변, 방호벽 입출부	POE 중심 또는 축상
8	모든 차폐용 조임부 또는 코너	매 3m 간격으로 400MHz~1GHz를 스윕(sweep)하여 측정
9	도어	도어 핸들부
10	필터 박스	필터 박스 코너 또는 1.5m길이 이내의 경우 중앙
11	외벽 부착 캐비닛과 함체	연결부 코너 또는 1.5m 이상이 경우 중앙

SE 시험은 10kHz부터 1GHz까지의 주파수 대역에 대해 측정을 수행한다. 10kHz 이상 20MHz 미만의 주파수 대역은 자기장, 20MHz 이상 1GHz 이하의 주파수 대역은 전기장/평면파 차폐효과도를 측정한다. 각 시험 주파수 범위에 따라 표 5.3.3에 제시된 최소 샘플링 개수 이상으로 시험 주파수를 대수 주기적(로그함수)으로 증가시키며 측정한다. 시험 주파수는 주변 전자파 환경에서 운용되는 주파수나 잡음 신호를 피하기 위해 간격을 조정할 수 있다. 차폐문의 경우 표 5.3.4의 시험 주파수를 적용한다.

표 5.3.3 시험 주파수 선정 기준

시험 주파수 범위	시험 주파수 개수
10kHz ~ 100kHz	20개 이상
100kHz ~ 1MHz	20개 이상
1MHz ~ 10MHz	40개 이상
10MHz ~ 100MHz	150개 이상
100MHz ~ 1GHz	150개 이상
합계	380개 이상

표 5.3.4 차폐문 시험 주파수 선정 기준

도어형태	위치	시험 주파수
Single	중앙지점	시험 주파수 선정 기준 적용
	6개지점	자기장 : 14kHz, 400kHz, 10.1MHz
		전기장/평면파 : 16MHz, 100MHz, 415MHz
Double	중앙지점	시험 주파수 선정 기준 적용
	9개지점	자기장 : 14kHz, 400kHz, 10.1MHz
		전기장/평면파 : 16MHz, 100MHz, 415MHz

차폐효과도를 측정할 때, 자기장 루프 안테나의 면이 시험 대상인 차폐판과 90°를 이루도록 아래 그림 5.3.4와 같이 설치해야 하며, 차폐판의 용접선 또는 접속선에 대해서는 수직과 수평으로 측정해야 한다.

바이코니컬 안테나와 대수주기 안테나는 다이폴(Dipole)이 시험대상인 차폐판과 평행을 이루도록 설치하고, 그림 5.3.5와 같이 차폐판의 용접선 또는 접속선에 대해서는 수직과 수평으로 측정해야 한다.

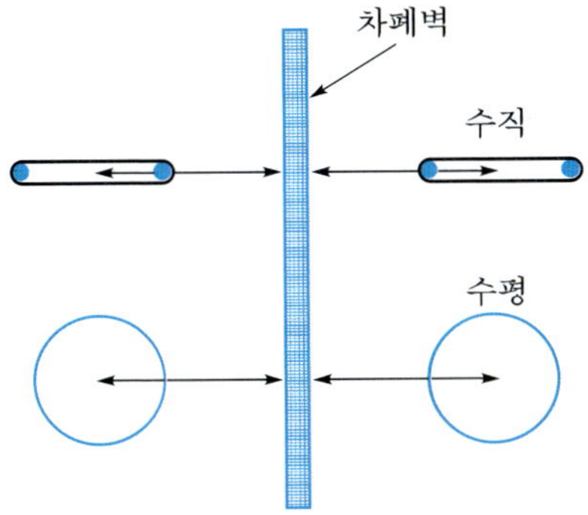

그림 5.3.4 자기장 루프 안테나 측정 편파

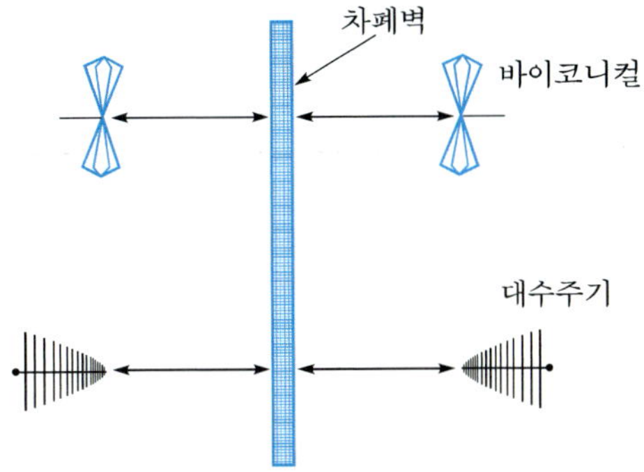

그림 5.3.5 전기장/평면파 안테나 측정 편파

SE 측정시 교정이란 SE 측정 거리에서 주파수에 따라 기준값/레벨을 찾아내기 위한 절차로 차폐 효과 측정 전에 수행한다. 송·수신 안테나의 편파(수직/수평)는 동일해야 한다. 안테나간 거리는 ① 루프안테나의 경우 안테나 중심 사이의 거리가 3.05(±0.05)m이며, ② 바이코니컬과 ③ 대수주기 안테나는 급전점 간 거리가 3.05(±0.05)m이다. 교정 중에는 모든 장비나 전자파 반사기(바닥면 제외)가 안테나로부터 안테나 간격의 3배 이상 떨어져야 하고, 안테나는 지상 1.5m ~ 2m 높이에 있어야 한다.

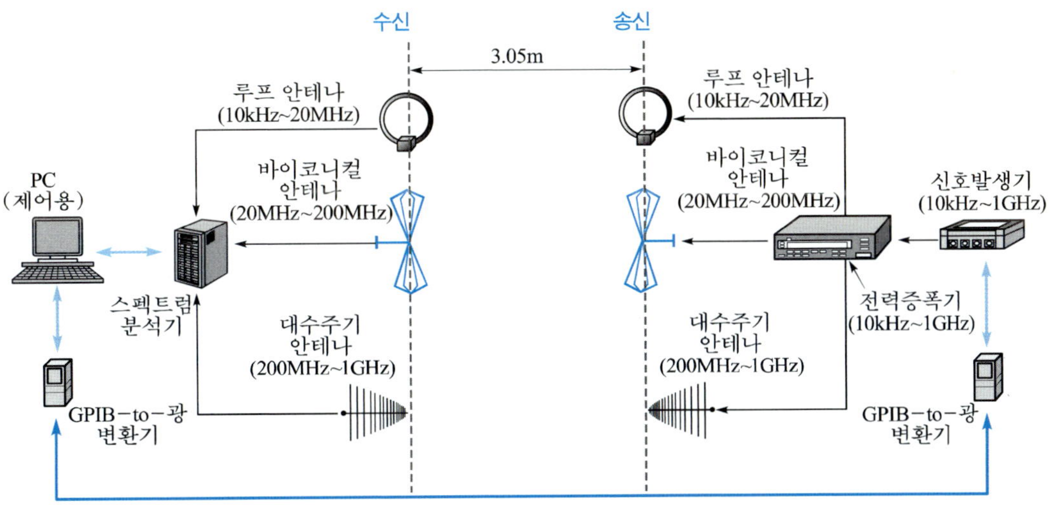

그림 5.3.6 차폐 효과 기준 레벨 측정 장비 구성도 예시

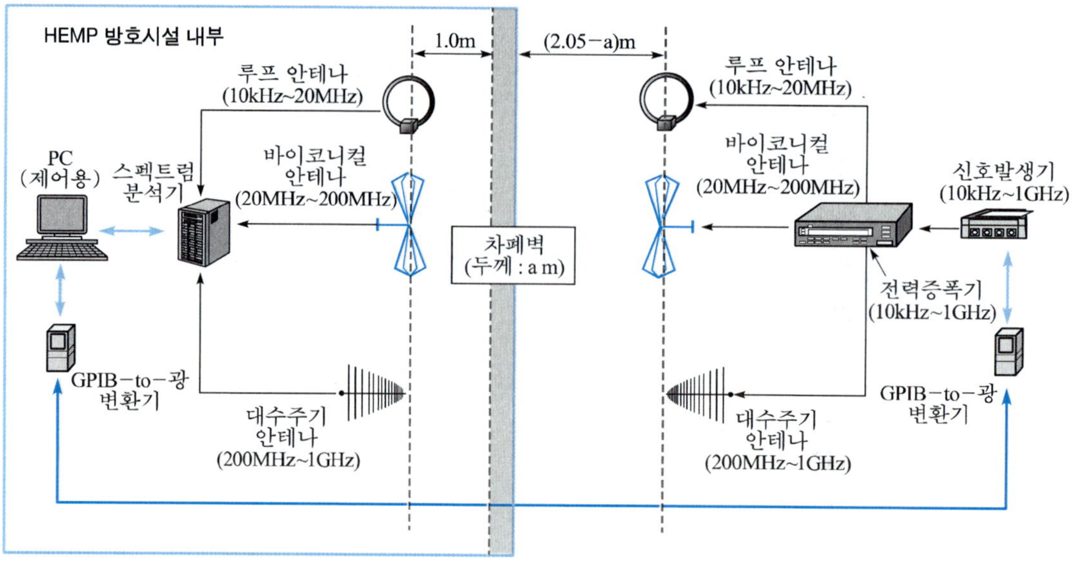

그림 5.3.7 HEMP 방호시설 차폐효과 측정 구성도 예시

각 시험 영역이나 시험점, 시험 주파수, 안테나 편파에서의 차폐효과는 그림 5.3.7과 같이 장비를 설치하여 측정한다. 측정 절차와 교정 절차에 사용된 장비, 안테나, 케이블, 장비 설정값(동적 범위 확보 등을 위한 감쇠기 설정값은 제외)은 동일해야 한다.

송·수신안테나는 시험 영역의 중심을 통과하는 측정 축 상에 위치해야 하며 보통 송신안테나는 HEMP 방호벽 외부, 수신안테나는 HEMP 방호벽 내부에 위치한다. 즉, 방호실 내외부에 위치한 안테나는 방호벽을 중심으로 일직선이 되도록 놓여야 한다.

자기장을 측정할 때에는 송·수신안테나의 루프는 동일 평면에 있어야 한다. 전기장/평면파를 측정할 때에는 송·수신 바이코니컬 안테나와 대수주기 안테나의 다이폴은 서로 평행해야 한다. 송신안테나(루프 안테나의 경우 루프의 중심을 바이코니컬 안테나와 대수주기 안테나는 급전점을 거리 측정의 기준점으로 정함)는 차폐벽 표면으로부터 2.05m−차폐두께(a) 거리에 설치한다. 수신안테나는 차폐벽 표면으로부터 1m 거리에 설치한다. 차폐벽과 안테나 끝단은 최소 0.3m 이상의 이격거리를 확보해야 한다. 차폐벽과 송·수신안테나 간의 거리는 ±0.5m 범위에서 조정 가능하나, 전체 측정 거리가 3.05m가 되도록 해야 한다. 측정축은 차폐벽과 수신안테나 간의 이격거리를 유지하거나 물리적인 간섭을 제거하기 위하여 시험영역 또는 시험지점의 중심에서 측정축을 옮길 수 있다. 변경 된 측정축의 위치는 시험 보고서에 기록해야 한다.

신축 HEMP 방호시설에 대해서는 위 시험 구성을 적용해야 하며, 기존 건물에 HEMP 방호 시공을 하는 경우에 위 시험 구성이 불가능한 경우에 한해 5.3.2절의 대체시험 절차를 적용할 수 있다.

시설 주위의 전파환경 잡음 측정이 필수적이진 않지만, 차폐효과도 규격 불만족 시 원인 분석 및 시험주파수 선정을 위해 시설 내부의 전파 환경을 고려해야 할 필요가 있으므로 시설 전파환경 잡음 측정을 권장한다. 수신 안테나의 위치와 방향은 앞에서와 동일하게 설정하여 측정한다. 시험 측정 절차는 다음과 같이 진행한다. 먼저 측정 장비의 출력을 중지시킨 상태에서 시험 주파수를 증가시키며 안테나 편파와 각 주파수의 수신된 신호세기를 시설 전파환경 잡음 신호(Va)로 기록한다.

측정 영역(Measurement Range, MR)은 다음과 같이 정의한다.

$$MR = 20\log\left(\frac{V_c}{V_a}\right) \qquad \text{(식 5.3.2)}$$

여기서, V_a : 시설 전파환경 잡음 신호 (각 주파수와 안테나 편파에 대한 수신 신호 세기)

V_c : 교정 신호 (각 주파수와 안테나 편파에 대한 수신 신호 세기)

교정 신호값과 시설 전파환경 잡음 신호값은 측정시스템 이득이나 감쇠를 적용하여 교정한다. 설비 주위 잡음이 요구되는 동적 범위를 현저하게 넘어설 경우 잡음원(雜音原)을 제거하는 것이 바람직하다. 또한, 시험주파수 조정(Shift)을 통해 전파잡음의 간섭을 제거할 수 있다.

SE 성능시험의 차폐도 기준은 그림 5.1.5와 같으며, 시험결과에 대한 합격/불합격 판정을 위해서는 다음의 조건을 만족해야 한다. 연속하는 3개 또는 그 이상의 시험 주파수에 대해 차폐효과가 기준치보다 낮아선 안 되고 각 주파수 구간(10~100kHz, 100kHz~1MHz, 1~10MHz, 10~100MHz, 100MHz~1GHz)별로 10% 이하의 시험 주파수에 대해서만 차폐효과도가 기준치보다 낮아야 한다. 예를 들어 10~100kHz에서 시험 주파수 20개 설정 시 10%인 2개는 차폐 효과도 기준을 만족하지 못해도 허용이 가능하다. 합격/불합격 판정에 있어, 특정 시험 주파수에서 기준치를 만족하지 못하는 것으로 보이는 이유가 전파환경 잡음(방호실 크기에 의해 결정되는 공진현상 포함)을 제거하는 것이 불가능하기 때문이라는 것을 증명할 수 있다면 대상 데이터를 무시할 수 있다.

5.3.2 SE 대체시험 절차

신축하는 HEMP 방호시설은 5.3.1절의 절차에 의해 시험을 수행해야 한다. 다만, 시설여건 상 적정한 측정 거리를 확보하지 못하는 경우에는 IEEE-STD-299의 시험을 적용할 수 있다. IEEE-STD-299 적용 시 시험 주파수의 합격/불합격 기준은 그림 5.1.5의 차폐효과도 기준을 만족해야 한다.

EMP 방호시설의 10kHz~1GHz와 1~18GHz의 SE 방호 성능측정 시 적용할 수 있다. 전기전자기술자협회(이하 IEEE)는 전기전자공학 전문가들의 국제 조직으로 본부는 미국의 뉴욕에 위치하고 있으며, 2004년 150개국 35만 명의 회원으로 구성된 전기전자공학에 관한 최대 기술 조직으로 주요 표준 및 연구 정책을 발전시키고 있다. 주요역할은 전기/전자에 대한 산업 표준을 정하고, 공표한다.

IEEE-STD-299 표준은 IEEE에서 미군규격인 MIL-STD-285에 기술된 전자파 차단 성능측정 방법 표준을 수정·보완하여 제정한 '방호실을 이용한 전자파 차단 성능측정 방법에 대한 표준'이다. 이러한 IEEE-STD-299 표준은 국제적으로 많이 통용되고 있으며, 표준에서 권고된 주파수와 일정한 측정방법을 통해 측정 신뢰도를 가진 방법이다. 그러나 측정공간 내 전자기장의 비균일성과 측정자의 숙련도에 따라 측정 오차가 발생되어 측정 시 약간의 결과값 변동이 발생할 수 있다는 한계를 가진다. 측정시스템의 구성은 대표적으로 주파수 대역별 송·수신안테나, 신호발생기, 신호분석기, 증폭기, 감쇠기 등으로 구분할 수 있다. IEEE-STD-299 표준에서는 고성능 전자파 방호실의 차폐 성능을 측정하기 위해서 주파수를 9kHz~18GHz까지 시험을 요구하고 있지만, 시험 신청자의 요청에 의해 저주파수(50Hz)나 고주파수(100GHz)까지 확장하여 시험할 수 있도록 일정한 측정 절차와 평가 기술을 제공하고 있다.

표 5.3.5 시험 장비 및 특성

순번	장비명	특성
1	발진기	9kHz ~ 18GHz
2	전력 증폭기	9kHz ~ 18GHz
3	전치 증폭기	9kHz ~ 18GHz
4	수신기, 회로네트워크 분석기, 스펙트럼 분석기	9kHz ~ 18GHz
5	저역주파수용 소형루프 안테나	9kHz ~ 20MHz
6	중역주파수용 다이폴 안테나	300MHz ~ 1GHz
7	고역주파수용 혼 안테나	1GHz ~ 18GHz

MIL-STD-188-125 표준과 비슷하게 IEEE-STD-299 표준에서도 시험 주파수 대역을 크게 세 가지 대역으로 나누어서 대역에 따른 송·수신 안테나를 선정하도록 권고하고 있다. 시험 주파수 대역은 크게 저대역, 중대역, 고대역 주파수로 나누어져 있으며, 저대역 주파수는 9kHz~20MHz까지의 대역으로써 MIL-STD-188-125에서는 규정하고 있지 않은 소형(30cm) 루프안테나를 사용하도록 정하고 있다. 중대역 주파수는 300MHz~1GHz까

지의 대역으로 다이폴 안테나를 사용하도록 권고하고 있고, 고대역 주파수는 1~18GHz 까지 대역으로 마이크로 혼안테나 또는 동등 이상의 안테나를 사용하여 측정하도록 권고한다. IEEE- STD-299 표준에서는 측정장비에 대한 동적영역은 신청자가 원하는 차폐성능보다 최소한 6dB의 마진을 가지도록 권고하고 있다. 그러나 MIL-STD 표준과는 다르게 사용자의 선택에 맞게 시험하도록 하고 있어 합격 및 불합격의 기준이 정해져 있지 않다. 다만 측정 주파수 대역에 대한 확장 가능성을 열어두어 다양한 주파수 대역에 대한 시험이 가능하도록 하였다.

9kHz~20MHz(저주파 대역) 자기장 대역의 경우 자계의 특성상 물리적으로 성질이 서로 다른 물질이 접합되는 위치에서 가장 크게 차폐 성능이 저하되므로 결함을 확인하기 위해서는 접합부에 대한 측정이 권고된다. 표준 저주파 대역은 소형 루프 안테나(지름 30cm)를 활용하여 측정한다. 벽면, 차폐문, 판넬이음새(직각) 영역에 대한 상세 측정 위치는 그림 5.3.8~5.3.10과 같다.

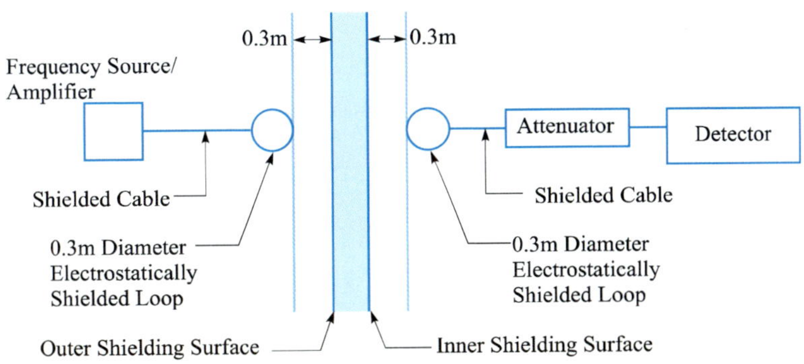

그림 5.3.8 저주파 대역(자기장)의 송수신 안테나 셋업

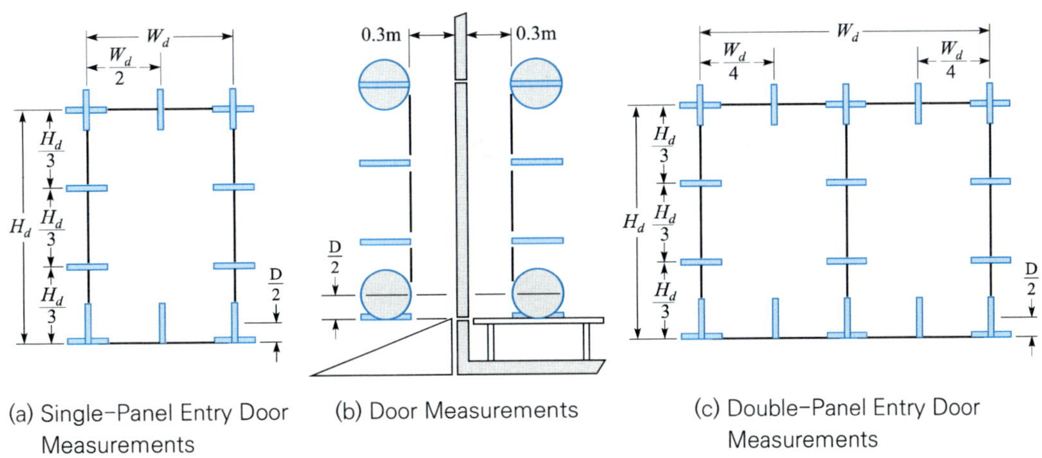

그림 5.3.9 차폐 도어의 저주파 대역(자기장) 측정 위치

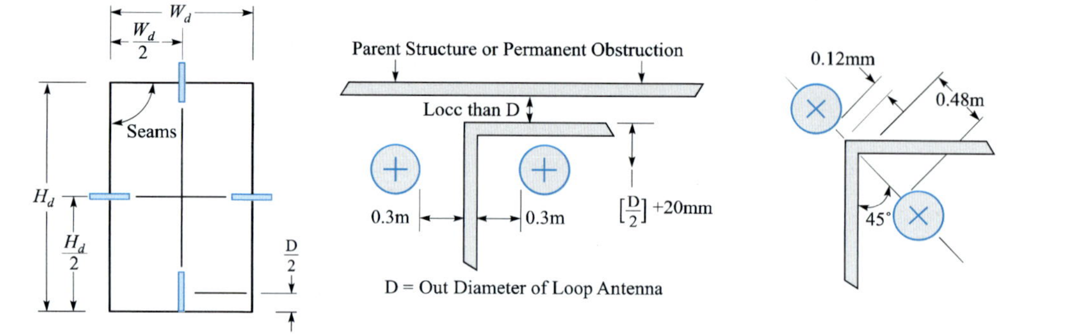

(d) Panel Seam Measurements (e) Partially Accessible Corner Seam Measurements (f) Fully Accessible Corner Seam Measurements

그림 5.3.10 판넬 이음새의 저주파 대역(자기장) 측정 위치

20~300MHz 전기장 대역의 기준값 측정에 대한 송·수신 안테나는 물리적으로 2m 이격되어야 하며 상세 기준은 그림 5.3.11~5.3.13과 같다.

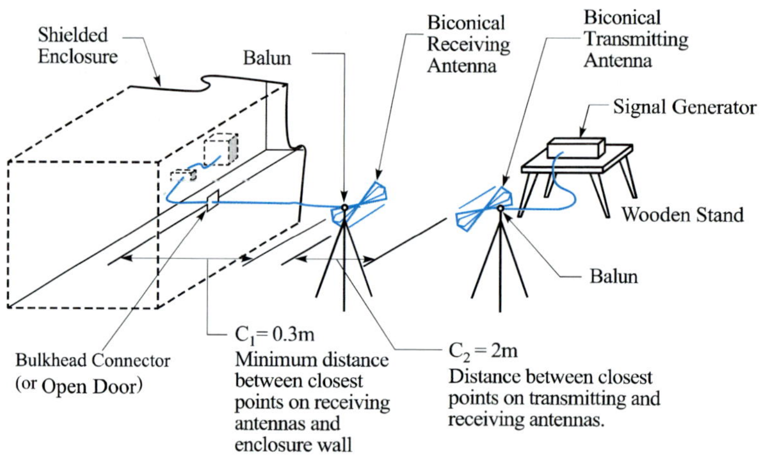

그림 5.3.11 20~300MHz 대역의 기준값 측정 기준(수평)

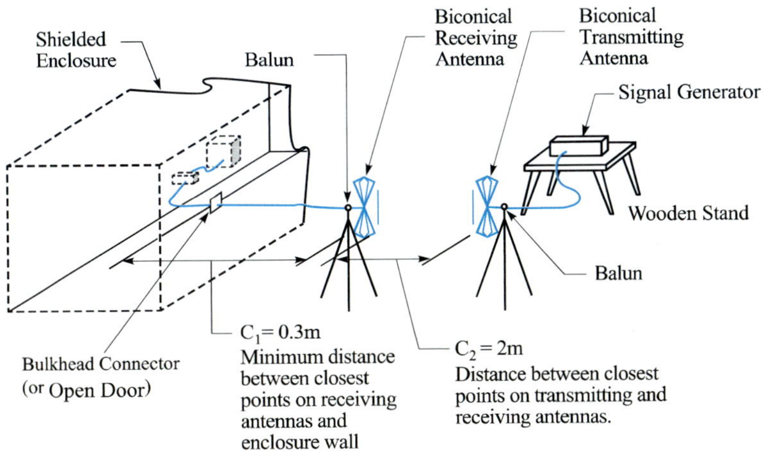

그림 5.3.12 20~300MHz 대역의 기준값 측정 기준(수직)

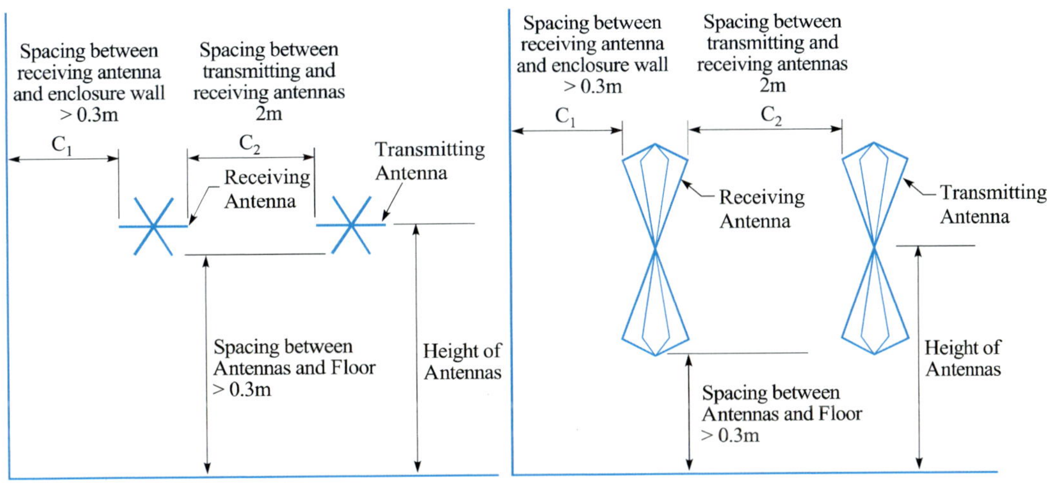

그림 5.3.13 20~300MHz 대역의 기준값 측정 기준(수평 · 수직)

20~300MHz 전기장 대역의 차폐성능 측정 기준은 그림 5.3.14~5.3.15와 같다. 송신안테나는 위치는 차폐시설의 다양한 지점을 측정할 수 있도록 위치를 선택해야 하며 수평 간격(측정지점) 간 거리는 2.6m, 수직 간격은 2m를 넘지 않아야 한다. 안테나 중심은 차폐벽의 높이가 3m 이하인 경우 절반 지점에 위치시키며, 3m 이상인 경우 다양한 지점을 측정한다.

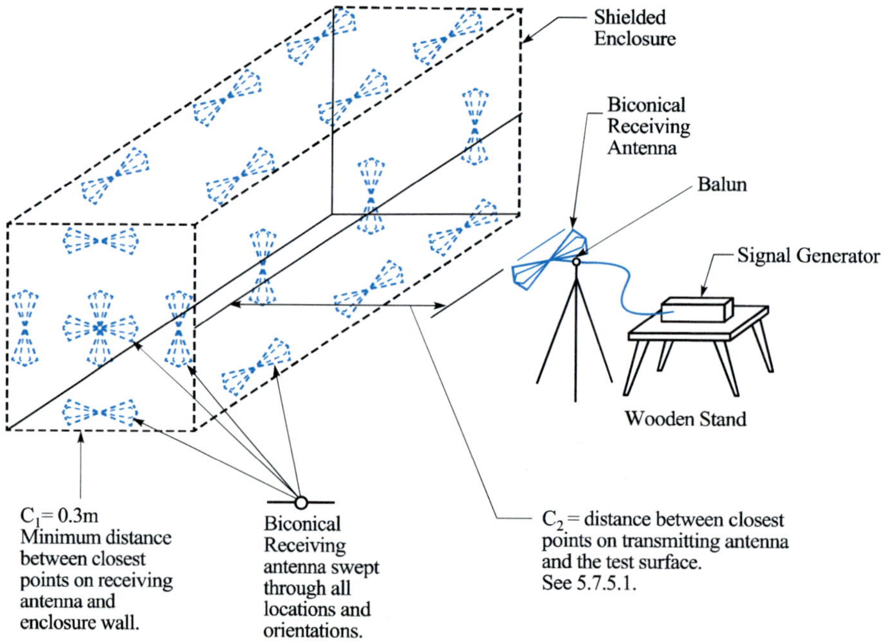

그림 5.3.14 20~300MHz 대역의 차폐성능 측정 기준(수평)

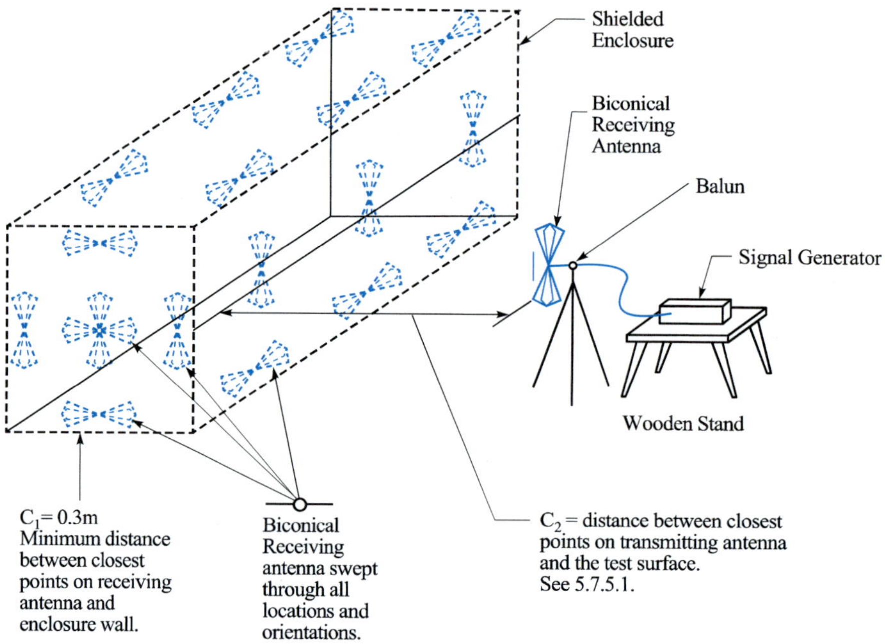

그림 5.3.15 20~300MHz 대역의 차폐성능 측정 기준(수직)

송신안테나는 차폐시설 표면(외부)에서 최소 1.7m 떨어진 곳에 위치시키며, 바닥에서는 최소 0.3m의 간격을 유지해야 한다. 반면 수신안테나는 차폐시설 표면(내부)에서 최소 0.3m의 간격을 유지해야 한다.

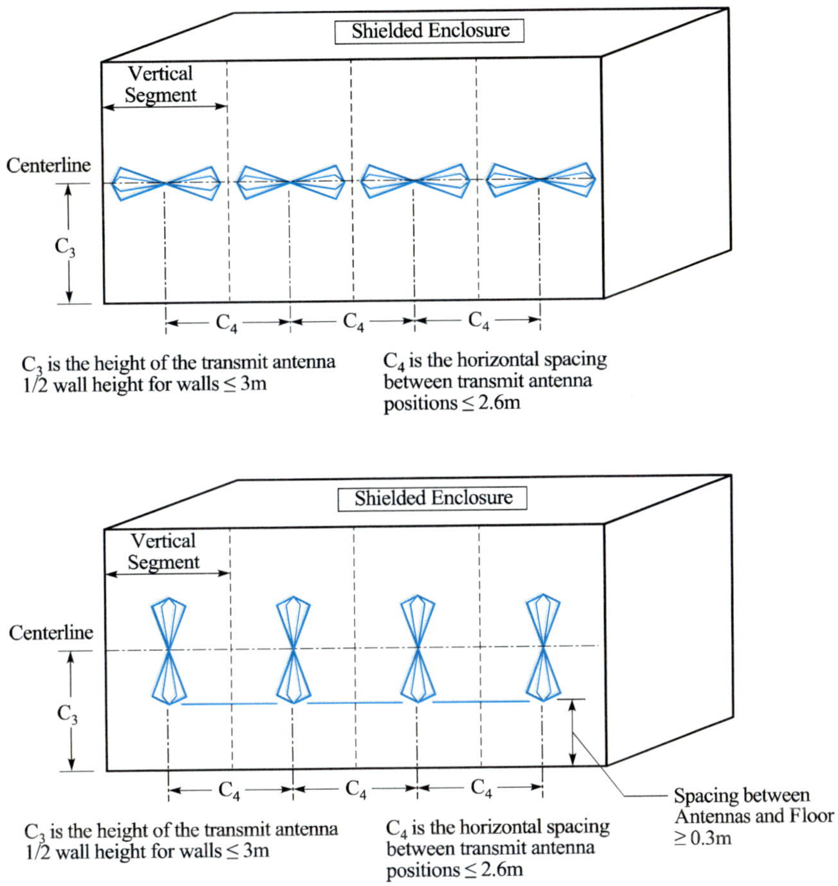

그림 5.3.16 20~300MHz 대역의 송신기 구성(수평 · 수직)

300MHz~18GHz 대역의 차폐측정에 권장되는 주파수는 300~600MHz, 600MHz~1GHz, 1~2GHz, 2~4GHz, 4~8GHz 및 8~18GHz 대역 내의 단일 주파수이다. 전기장의 신호원은 다이폴, 바이코니컬, 혼, 대수주기(LP) 및 기타 선형 특성의 안테나 유형이어야 한다. 변조가 없는 연속파(CW) 신호를 사용하여 송신안테나를 구동해야 한다.

300MHz~18GHz 대역 중 1GHz 이하 대역의 차폐성능 측정에서도 마찬가지로 송신안테나(다이폴)는 차폐시설로부터 1.3m(외부), 수신안테나는 최소 0.3m(내부) 이격시켜 설치

하며 측정지점(수평)은 2.6m 간격으로 나누어 측정을 진행한다.

1GHz 이상 대역의 고역 주파수 대역의 경우 필요한 동적영역(Dynamic Range) 확보를 위해 200W 이상의 연속파(CW) 전력 발생원이 필요하다. 고주파 대역(1GHz 이상)을 측정하기 위한 혼 안테나는 대략 30°의 원거리 빔폭을 제공한다. 주파수 대역의 특성상 송·수신 케이블의 길이가 길어질수록 감쇄 손실이 커지기 때문에 RF 케이블의 길이는 2~3m 길이가 적절하다. 기준값 측정 시 송·수신 안테나의 간격을 2.3m로 이격시켜야 하며, 성능 측정의 경우 송신안테나는 차폐시설로부터 2m(외부), 수신안테나는 최소 0.3m(내부) 이격시켜 설치한다. 또한, 수신안테나는 한쪽 벽면으로부터 1.3m 이격시켜 설치해야 하고 복사 안테나를 접하는 벽면과 반대편 벽면 사이 중심선에 있어야 한다.

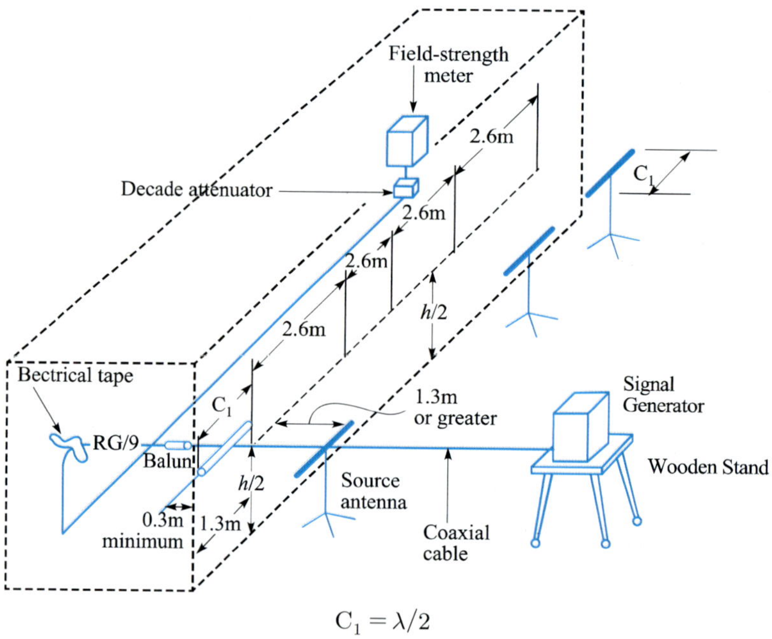

그림 5.3.17 1GHz 이하의 주파수 대역에 대한 차폐성능 측정 기준

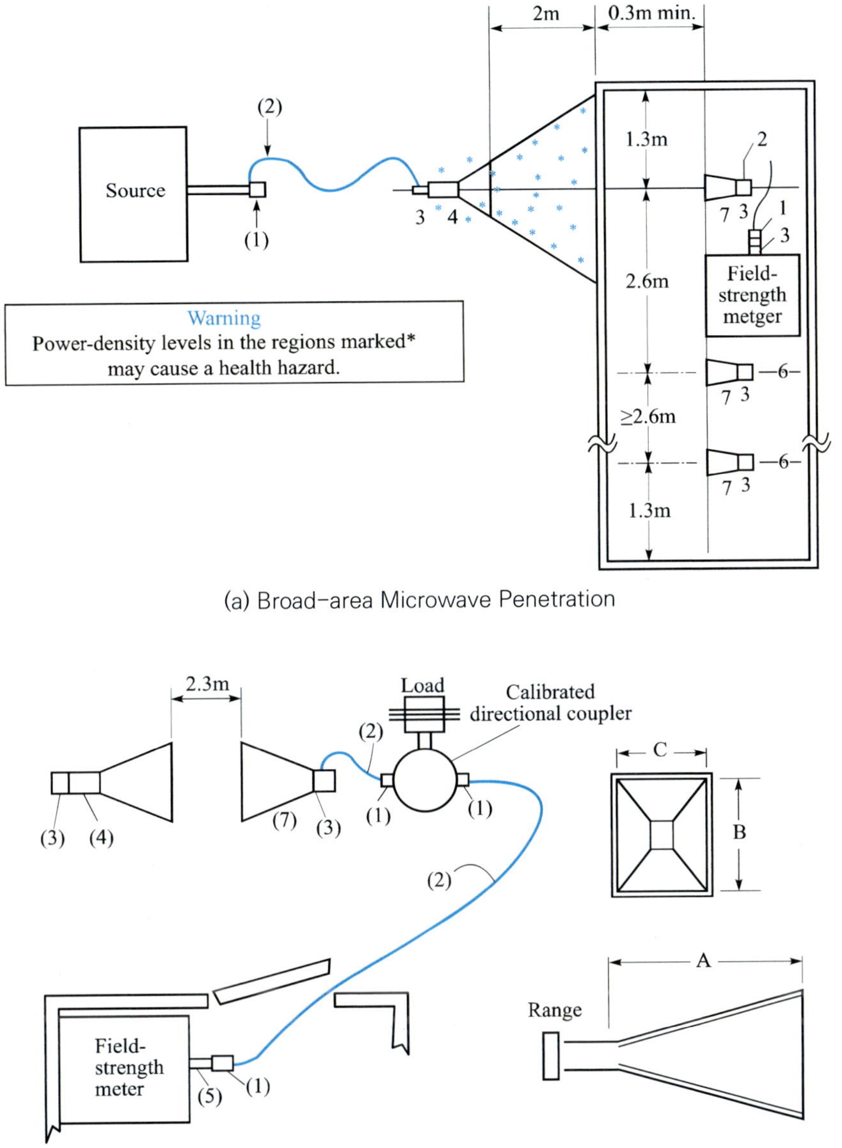

(a) Broad-area Microwave Penetration

(b) Enclosure Free-Field Simulation

(c) Standard Gain Horn Dimensions

그림 5.3.18 1GHz 이상의 주파수 대역에 대한 기준값 측정 기준

IEEE-STD-299에서는 측정 주파수 대역에 대한 확장성을 열어두어 다양한 주파수 대역에 대한 시험이 가능하도록 하였고, 아래와 같이 권장 주파수를 제시한다.

표 5.3.6 9kHz ~ 18GHz 대역에 대한 제안된 주파수

kHz	kHz	MHz	MHz	MHz	GHz
10.0	111	1.0	13.56	130	1.29
14.0	130	1.3	16.00	180	1.86
16.0	160	1.995	20.02	209	2.1
20.5	200	2.6	27.12	260	2.45
25.0	250	3.2	33.30	327	3.29
32.0	326	4.06	40.68	415	4.19
40.0	400	5.1	52.0	523	5.80
50.0	520	6.525	65.0	661	6.6
64.0	640	8.1	81.0	830	8.4
80.0	810	10.1	100.0	915	10.495
					13.22
					18

표 5.3.7 차폐성능 시험표준 비교

구분	MIL-STD-188-125	IEEE-STD-299
적용분야	군사시설	민간시설
시험주파수	10~100kHz : 20개 100kHz~1MHz : 20개 1~10MHz : 40개 10~100MHz : 150개 100MHz~1GHz : 150개	9kHz~300MHz : 수개 300~600MHz : 1개 600MHz~1GHz : 1개 1~2GHz : 1개 2~4GHz : 1개 4~8GHz : 1개 8~18GHz : 1개
송수신 안테나거리	· Loop / Bi-con / LP ANT – 송신 : 2.05m – 수신 : 1.0m	· Loop ANT – 송신 : 0.3m – 수신 : 0.3m · Bi-con / LP ANT / Horn – 송신 : 1.7m(2.0m Horn) – 수신 : 0.3m
단위 시험영역	3.05 × 3.05m	2.6 × 1.5m

5.3.3 PCI(Pulse Current Injection) 시험절차

PCI는 HEMP 방호가 필요한 시설의 전기적 POE 방호장치에 대한 시험이다. 시험 절차는 HEMP 방호 부체계의 시공이 끝난 후 수락시험과 체계운용성 검증시험에서 전기적 POE 방호능력을 검증하기 위해 적용한다. PCI 시험에서 시험 전류를 인가했을 때 방호장치를 통과해서 나타나는 잔류 전류 응답의 복잡한 파형을 표현하기 위해 첨두(尖頭)전류, 첨두전류 상승률, 작용 제곱근을 잔류 응답의 합격/불합격 기준값을 정의한다. 이후 수학적인 표기를 위해 전류 파형을 단위가 암페어(A)인 $I(t)$라는 함수로 표기한다. 첨두전류는 PCI 펄스를 인가한 시점을 0s로 봤을 때 0~0.005s 사이에 측정된 전류의 절대값으로 정의한다. 첨두전류 상승률은 $dI(t)/dt$, 즉 전류를 시간에 대해 1차 미분하여 계산할 수 있는 시간에 따른 전류의 상승률이다. 첨두전류 상승률은 PCI 펄스를 인가한 시점을 0s로 봤을 때 0~0.005s 사이에 측정된 전류 상승률의 최대값으로 정의한다. 작용 제곱근은 PCI 펄스를 인가한 시점을 0s로 봤을 때 식 (5.3.3)으로 정의한다. 단위는 암페어와 초의 제곱근의 곱($A \times \sqrt{s}$)이다.

$$작용\ 제곱근 = \sqrt{\int_0^{5ms} I^2(t)dt} \qquad (식\ 5.3.3)$$

수락시험에서 PCI 시험은 전기적 POE 방호장치의 과도전류의 억제나 감쇠 성능이 HEMP 방호벽에 방호장치를 설치한 상태에서 요구사항을 만족하는지 알아보기 위한 시험이다. 방호벽 외부의 관통 도체에 HEMP 상황에서 커플링 될 것으로 예상되는 과도 전류를 인가하고 방호장치를 거친 잔류 응답을 측정한다.

체계운용성 검증시험에서 PCI 시험은 주 임무체계를 운용하는 상태에서 과도 전류의 억제나 감쇠 성능을 확인하는 시험으로 주 임무체계가 방호구역 내부에 형성되는 잔류 내부 과도 스트레스에 의해 손상되거나 오동작하지 않는지 알아보기 위한 시험이다.

전류인가 방법은 공통모드(Common Mode) 방법과 개별도선-접지(Wire-to-Ground) 방법의 2가지를 사용한다. 공통모드 방법은 모든 관통 도체의 도선에 동시에 전류를 인가하는 방법이고, 개별도선-접지 방법은 도선 각각에 대해 전류를 인가하는 방법이다. 시험 장비에 대한 접지는 시험대상 POE 방호장치에 가까운 HEMP 차폐벽에 연결한다. 시험 시 잔류 내부 응답 파형을 측정해서 기록해야 하며, 체계운용성 검증시험 중에는 임무수행 중단으로 이어지는 손상이나 성능저하가 일어나는지 판단하기 위해 주 임무체계의 동작 상황을 관찰해야 한다.

시험은 차폐벽을 관통한 모든 도체와 케이블, 안테나 동축선, 전선관에 대해 실시한다. 체계운용성 검증시험에서는 현실적으로 가능하다면 모든 전기적 POE에 펄스를 동시 인가하는 것이 바람직한 방법이다.

PCI 수락시험을 통해 설치된 전기적 POE 방호장치의 성능을 측정하여 방호장치가 HEMP 위협에 의해 손상이나 성능저하가 일어나지 않을 것임을 입증하고 결함이 있는 장치 또는 잘못 설치된 장치를 식별하여 수리 또는 교체한다. 이때, POE 방호장치는 해당시설에 설치한 후 시험을 실시한다. HEMP 방호벽이 완성되어 있을 필요는 없지만, 불완전한 방호벽은 POE 방호장치 성능과 계측장비의 신호 대 잡음비를 저하시킬 수 있다. 시설 운용 시, POE 방호장치에 전기적으로 연결된 장비는 전력을 공급하거나 설치할 필요가 없다.

체계운용성 검증시험 목적은 운용중인 회로 구성 상태에서 전기적 POE 방호장치의 성능을 측정하고 시험실시 후 검사, 성능확인, 응답 데이터 분석을 통해 방호장치가 HEMP 위협에 의한 손상이나 성능저하가 일어나지 않을 것임을 입증하는 것이다. 이후 결함이 있는 장치 또는 잘못 설치된 장치를 식별하여 수리 또는 교체한다. 또한, 잔류 내부 과도 스트레스 특성을 기술하고 다양한 임무 수행 상태에서 잔류 내부 과도 스트레스에 의해 주 임무체계 임무수행 중단으로 이어지는 손상이나 성능저하가 일어나지 않을 것임을 입증하며 시설의 HEMP 방호성능 평가 데이터와 유지보수/감시 프로그램을 위한 기준 데이터를 제공한다.

체계운용성 검증시험에서 PCI 시험을 실시할 경우 시설은 정상 동작 상태에서 수행되어야 한다. 즉, HEMP 방호체계는 운용 상태이어야 한다. 시험 중 POE 방호장치에 전기적으로 연결할 장비는 별도로 규정된 경우, 방호시설 운용 책임자가 요구한 경우를 제외하고 전원을 인가한 상태에서 시험한다.

수락시험에서 시험 전 분석은 필요없다. 체계운용성 검증시험에서의 PCI 시험에는 시험 전에 주 임무체계의 동작 상태를 확정하기 위한 분석이 필요하다. 운용 상태에 따라, 잔류 내부 스트레스의 전파 경로, 장비 내성 한계치, 작동 중인 기능에 현저한 변화를 일으킬 수 있는 경우 등 각각의 상태에서 시험을 수행해야 한다. 예를 들어 주 임무체계 중 송신과 수신을 모두 수행하는 송수신기는 적어도 두 가지 상태, 즉 송신과 수신 상태에서 시험하고, 디지털 인터페이스는 Low, High 두 가지 출력 상태에서 모두 시험하는 것이 바람직하다.

PCI 시험에 필요한 시험장비는 표 5.3.8과 같다. 모든 POE에 대해서 전류인가용 펄스발생기는 특성을 노턴신호원으로 정의한다. 그러므로 펄스 발생기의 요구사항은 단락전류와 신호원 임피던스로 정의한다.

표 5.3.8 PCI 시험장비 요구사항

장비명	구분		
	단펄스	중펄스	충전선펄스
펄스발생기	단락전류 : ≥ 5kA 신호임피던스 : ≥ 60Ω	단락전류 : > 250A 신호임피던스 : ≥ 10Ω	단락전류 : > 400A 신호임피던스 : ≥ 50Ω (가변 펄스폭)
전류센서 (외부주입)	10kHz~750MHz 0~5kA	dc~10MHz 0~250A	10kHz~750MHz 0~400A
전류센서 (내부잔류)	100Hz~750MHz 0~5kA	dc~10MHz 0~250A	100Hz~750MHz 0~100A
오실로스코프	100Hz~750MHz	dc~10MHz	100Hz~750MHz
데이터기록계	0~5ms	0~50ms	0~5ms
전치증폭기	100Hz~750MHz	–	100Hz~750MHz
계측기 차폐 및 전원	펄스 발생기로부터 격리 필요시 (정밀측정 및 노트북 등 장비의 특성상 차폐를 권장)		
케이블류, 감쇠기, 부하저항	필요한 경우		

PCI 시험을 수락시험 절차대로 수행할 때 전자파 방호벽은 손상되지 않은 상태를 유지해야 하는데 이를 위해서는 방호장치의 성능 및 계측장비 신호 대 잡음비가 과도하게 저하되지 않도록 해야 한다. 요구되는 측정감도를 얻기 위해서는 전기적 잡음 발생이 많은 장비 사용을 제한한다. 이에 따라 수락시험이 진행되는 동안 시설공사 현장은 일부 제한을 받을 수 있다. 체계운용성 검증시험을 하는 동안에도 전자파 방호벽은 손상되지 않아야 하며, 전기적인 잡음이 많은 장비의 사용은 제한해야 한다. 그렇지 않으면 설비 변경이나 정비 시 장비 운용에 영향을 줄 수 있기 때문이다. 방호시설 내에 설치된 장비는 주어진 기능을 유지하고 있어야 한다. 시험할 회로나 POE 방호장치가 범용 장비가 아니거나 전자파 방호벽 외부에 있는 비보호 장비일 경우에는 분리가 필요하다.

PCI 시험은 고전압/대전류를 인가하기 때문에 특별한 전기안전 예방조치가 필요하다. 높은 에너지를 주입하기 때문에 POE 방호장치나 장비손상의 위험성을 완전히 제거할 수 없지만, 고전압/고전류로 인한 위험성을 최소화하도록 해야 한다. PCI 시험(수락시험 및 체계운용성 검증시험)은 시험현장 상황에 적합한 시험계획과 세부 시험절차를 기술한 문서를 작성해야 한다. 시험목적, 시설명칭 및 설명(시험장 계획, 차폐된 공간의 평면도, POE 현황, HEMP 방호 부체계의 설명 포함), 시험하려는 회로와 POE 방호장치의 명칭(방호장치의 회로 기능, 제조사 기술자료, 명세서 포함), 시험 지점과 펄스 인가 수준, HEMP 모의 시험기와 데이터 수집 장비의 설명(제조사, 모델번호 및 일련번호, 특성, 세부 교정 절차 포함), 세부 시험절차, 관련기준 및 지침서 요구 사항과의 불일치 사항, 데이터 관리(데이터 품질관리 절차, 데이터 적합성 기준, 데이터 처리 요구사항, 데이터 기록의 불일치 사항과 보존, 합격/불합격 기준 포함), 안전성(전자파 복사 및 전격 위험 포함), 시설보안(필요시), 시험 일정(측정 우선순위 포함) 등이 문서에 포함되어야 한다.

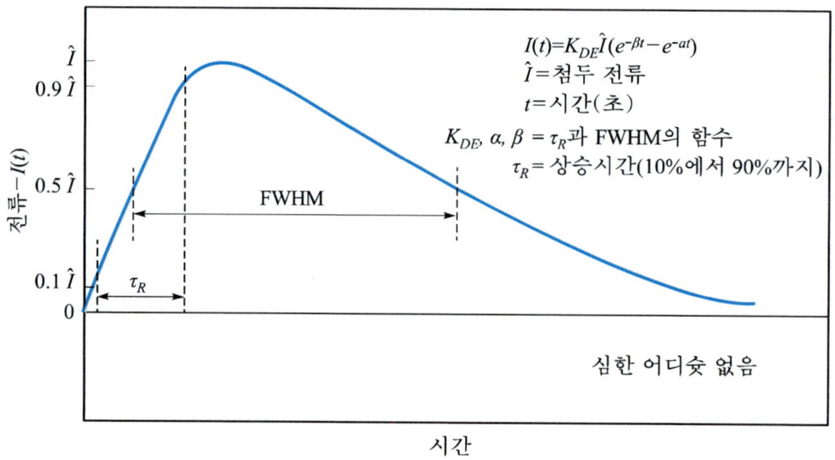

그림 5.3.19 이중 지수 파형

표 5.3.9 PCI 신호원 파라미터, 파형, 부하 임피던스

전기적 POE 분류	주입 형태	최대 단락 회로 전류I(A)	신호원 임피던스[1] Zs(Ω)	상승시간 τR(s)	FWHM (s)	수락시험 부하 임피던스(Ω)
상용 전원선 ([16]관통)						
단 펄스	[2]동상모드	5,000	≥ 60	$\le 2\times10^{-8}$	5×10^{-7}~5.5×10^{-7}	[2]해당사항 없음
단 펄스	[3]와이어-접지	2,500	≥ 60	$\le 2\times10^{-8}$	5×10^{-7}~5.5×10^{-7}	[4]2 또는 V_{rated}/I_{rated}
중 펄스	[2]동상모드	250	≥ 10	$\le 1.5\times10^{-6}$	3×10^{-3}~5×10^{-3}	[2]해당사항 없음
중 펄스	[3]와이어-접지	250	≥ 10	$\le 1.5\times10^{-6}$	3×10^{-3}~5×10^{-3}	50
장 펄스	[2]동상모드	[5]1,000	≥ 5	≤ 0.2	[5]20~25	[2]해당사항 없음
장 펄스	[3]와이어-접지	[5]1,000	≥ 5	≤ 0.2	[5]20~25	50
기타 전원선 ([16]시험장내)						
• 무제한 선로						
단 펄스	[2]동상모드	5,000	≥ 60	$\le 2\times10^{-8}$	5×10^{-7}~5.5×10^{-7}	[2]해당사항 없음
단 펄스	[3]와이어-접지	2,500	≥ 60	$\le 2\times10^{-8}$	5×10^{-7}~5.5×10^{-7}	[4]2 또는 V_{rated}/I_{rated}
• 제한 선로						
단 펄스	[2]동상모드	800	≥ 60	$\le 2\times10^{-8}$	5×10^{-7}~5.5×10^{-7}	[2]해당사항 없음
단 펄스	[3]와이어-접지	[6]$800/\sqrt{N}$ 또는 500	≥ 60	$\le 2\times10^{-8}$	5×10^{-7}~5.5×10^{-7}	[4]2 또는 V_{rated}/I_{rated}

전기적 POE 분류	주입 형태	최대 단락 회로 전류I(A)	신호원 임피던스[1] Zs(Ω)	상승시간 τR(s)	FWHM (s)	수락시험 부하 임피던스(Ω)
음성/데이터선로 ([16]관통)						
단 펄스	[2]동상모드	5,000	≥ 60	$\leq 2\times10^{-8}$	5×10^{-7}~5.5×10^{-7}	[2]해당사항 없음
단 펄스	[3]와이어-접지	[6]$5{,}000/\sqrt{N}$ 또는 500	≥ 60	$\leq 2\times10^{-8}$	5×10^{-7}~5.5×10^{-7}	50
중 펄스	[2]동상모드	250	≥ 10	$\leq 1.5\times10^{-6}$	3×10^{-3}~5×10^{-3}	[2]해당사항 없음
중 펄스	[3],[7]와이어-접지	250	≥ 10	$\leq 1.5\times10^{-6}$	3×10^{-3}~5×10^{-3}	50
장 펄스	[2]동상모드	[5]1,000	≥ 5	≤ 0.2	[5]20~25	[2]해당사항 없음
장 펄스	[3],[7]와이어-접지	[5]1,000	≥ 5	≤ 0.2	[5]20~25	50
제어/신호선로 ([16]시험장내)						
• [5]무한장 선로						
단 펄스	[2]동상모드	5,000	≥ 60	$\leq 2\times10^{-8}$	5×10^{-7}~5.5×10^{-7}	[2]해당사항 없음
단 펄스	[3]와이어-접지	[6]$5{,}000/\sqrt{N}$ 또는 500	≥ 60	$\leq 2\times10^{-8}$	5×10^{-7}~5.5×10^{-7}	[4]2 또는 V_{rated}/I_{rated}
• [5]유한장 선로						
단 펄스	[2]동상모드	800	≥ 60	$\leq 2\times10^{-8}$	5×10^{-7}~5.5×10^{-7}	해당사항 없음
단 펄스	[3]와이어-접지	[6]$800/\sqrt{N}$ 또는 500	≥ 60	$\leq 2\times10^{-8}$	5×10^{-7}~5.5×10^{-7}	[4]2 또는 V_{rated}/I_{rated}
전선관 차폐						
[8]매립	[9]전선관-접지	800	≥ 60	$\leq 2\times10^{-8}$	5×10^{-7}~5.5×10^{-7}	[10]2
비매립	[9]전선관-접지	5,000	≥ 60	$\leq 2\times10^{-8}$	5×10^{-7}~5.5×10^{-7}	[10]2

표 5.3.10 RF 안테나 선로 POE

전기적 POE 분류	주입 형태	우세 응답[9] 주파수 (MHz)	첨두 단락 전류 I(A)	신호원 임피던스[1] Zs(Ω)	상승시간 τR(s)	FWHM (s)	수락시험 부하 임피던스(Ω)
RF 선로차폐							
[8]매립	[12]차폐-접지	적용하지 않음	[13]800	≥ 60	$\leq 2\times10^{-8}$	5×10^{-7}~5.5×10^{-7}	[14]50
비매립	[12]차폐-접지	적용하지 않음	[13]5,000	≥ 60	$\leq 2\times10^{-8}$	5×10^{-7}~5.5×10^{-7}	[14]50
RF 안테나 선로	와이어-차폐	≤ 30	[11]위협 수준	≥ 60	$\leq 2\times10^{-8}$	5×10^{-7}~5.5×10^{-7}	[14]50
신호 도체	와이어-차폐	> 30	[11]위협 수준	≥ 50	$\leq 5\times10^{-9}$	[15]가변적	[14]50

1) 신호원 소스 임피던스(Zs)는 펄스발생기의 최대 시변(時變) 개방회로 전압을 최대 시변 단락 전류로 나눈 것으로 정의한다.

2) 동상모드 시험은 케이블의 모든 관통 도체가 접지에 대하여 동시에 행하는 것을 말하며, 여기서 접지는 POE 방호장치 부근에 있는 HEMP 차폐벽 상의 한 지점을 말한다. 동상모드 시험은 검증을 위해서는 필요하지만, 승인(수락)시험에는 필요치 않다.

3) 선로-접지선간 시험은 케이블에 있는 각 관통 도체가 접지에 대하여 행하는 것을 말하며, 이때 접지는 POE 방호장치 부근에 있는 HEMP 차폐벽 상의 한 지점이다.

4) 둘 중 더 작은 쪽을 선정하며, V_{rated}와 I_{rated}는 POE 방호장치의 최대 전압과 전류이다.

5) 장펄스 최대 단락전류 1,000A와 FWHM 20-25s는 설계목표이며, 이중지수함수 파형이 첨두 단락전류 ≥ 200A, 상승시간 ≤ 0.2s 및 첨두전류 × FWHM ≥2×10^4 A-s인 이중지수 파형이면 최소 요구사항을 만족한다.

6) 둘 중 더 큰 쪽을 선정하며, N은 케이블 관통도체의 개수이다.

7) 음성/데이터 선로의 중펄스와 장펄스 와이어-접지 시험은 수락시험에서는 필요하지만 체계운용성 검증시험에서는 필요치 않다.

8) 안테나가 매립된 부분에서 종단처리 되어 있고, 대지나 콘크리트로 채우지 않는 총 길이가 1m 미만일 때 안테나 차폐체가 매립된 것으로 간주한다. 전선관이 두 방호 공간에 접속되어 있고 대지나 콘크리트로 채우지 않은 총 길이가 1m 미만일 때 전선관은 매립된 것으로 간주한다.

9) 전선관-접지 시험에서 최대 포설길이를 가진 전선관과 접지에 대하여 행하며, 여기서 접지란 전선관 관통 부근의 HEMP

차폐벽 상의 한 지점이다.

10) 전선관 내부의 배선들은 설치된 장비(있는 경우)에서 종단 처리하며, 그 밖의 내부배선은 함께 묶어 각 끝에서 공통 2Ω 저항기로 종단처리한다. 전선관은 양쪽이 HEMP 차폐벽에 의해 전자기적으로 폐쇄되어 있다.

11) 우세 응답주파수와 위협수준의 첨두 단락 전류는 추정 결합 측정방식으로 결정한다.

12) 차폐-접지 시험에서는 최대 포설길이를 가진 안테나 선로 차폐선과 접지간에 대해 실시한다. 이때 접지는 POE 방호장치 부근에 있는 HEMP 차폐벽 상의 한 지점이다.

13) 이중지수 파형[그림 5.3.19]

14) 신호도체는 50Ω으로 종단시킨다. 차폐도체는 HEMP 차폐벽에 전기적으로 본딩시킨다.

15) 충전선로 펄스발생기의 출력파형으로서, 충전선로의 길이는 우세 응답 주파수의 1/4파장과 같다. PCI 전류 요건이 충전선로 펄스발생기의 용량을 초과한다면 짧은 이중지수 펄스발생기를 사용해야 한다.

16) 관통(Intersite)은 보조 방호시설을 포함한 방호시설 관통 배선을 의미하며, 시험장내(Intrasite)는 보조 방호시설을 포함한 방호시설 내부의 배선을 의미한다.

표 5.3.11 PCI 최대 허용 잔류전류 응답 특성

전기 POE의 분류	주입 형태	측정 형태	최대 허용 잔류전류(A)	첨두 상승률 (A/s)	제곱근(Root action) ($A\sqrt{S}$)
상용 전원선([4]관통)					
단 펄스	동상모드	벌크 전류	≤ 10	$\le 1\times10^{7}$	$\le 1.6\times10^{-1}$
단 펄스	선로-접지	선로 전류	≤ 10	$\le 1\times10^{7}$	$\le 1.6\times10^{-1}$
중 펄스	동상모드	벌크 전류	[1]손상이나 성능저하 없을 것		
중 펄스	선로-접지	선로 전류	[1]손상이나 성능저하 없을 것		
장 펄스	동상모드	벌크 전류	[1]손상이나 성능저하 없을 것		
장 펄스	선로-접지	선로 전류	[1]손상이나 성능저하 없을 것		
기타 전원선([4]시험장내)					
단 펄스	동상모드	벌크 전류	≤ 10	$\le 1\times10^{7}$	$\le 1.6\times10^{-1}$
단 펄스	선로-접지	선로 전류	≤ 10	$\le 1\times10^{7}$	$\le 1.6\times10^{-1}$
음성/데이터선로([4]관통)					
단 펄스	동상모드	벌크 전류	≤ 10	$\le 1\times10^{7}$	$\le 1.6\times10^{-3}$
단 펄스	선로-접지	선로 전류	≤ 10	$\le 1\times10^{7}$	$\le 1.6\times10^{-3}$
중 펄스	동상모드	벌크 전류	[1]손상이나 성능저하 없을 것		
중 펄스	선로-접지	선로 전류	[1]손상이나 성능저하 없을 것		
장 펄스	동상모드	벌크 전류	[1]손상이나 성능저하 없을 것		
장 펄스	선로-접지	선로 전류	[1]손상이나 성능저하 없을 것		
제어/신호선로([4]시험장내)					
저전압 [2]선로					
단 펄스	동상모드	벌크 전류	≤ 0.1	$\le 1\times10^{7}$	$\le 1.6\times10^{-3}$
단 펄스	선로-접지	선로 전류	≤ 0.1	$\le 1\times10^{7}$	$\le 1.6\times10^{-3}$
고전압 [2]선로					
단 펄스	동상모드	벌크 전류	≤ 1.0	$\le 1\times10^{7}$	$\le 1.6\times10^{-2}$
단 펄스	선로-접지	선로 전류	≤ 1.0	$\le 1\times10^{7}$	$\le 1.6\times10^{-2}$
전선관 차폐					
신호 및 저전류 [3]전력					
매립 혹은 비매립 전선관	전선관-접지	벌크 전류	≤ 0.1	$\le 1\times10^{7}$	$\le 1.6\times10^{-3}$
중간 전류 [3]전력					
매립 혹은 비매립 전선관	전선관-접지	벌크 전류	≤ 1.0	$\le 1\times10^{7}$	$\le 1.6\times10^{-2}$
고전류 [3]전력					
매립 혹은 비매립 전선관	전선관-접지	벌크 전류	≤ 10	$\le 1\times10^{7}$	$\le 1.6\times10^{-1}$

전기 POE의 분류	주입 형태	측정 형태	최대 허용 잔류전류(A)	첨두 상승률 (A/s)	제곱근(Root action) (A$\sqrt{S}$)
RF 안테나 선로 차폐 내부 도체(모든 RF 안테나 선로)	차폐-접지	선로 전류	≤ 0.1	[1]손상이나 성능저하 없을 것	
차폐 도체	차폐 접지	차폐 전류	≤ 0.1	≤ 1×10^{7}	≤ 1.6×10^{-3}
RF 안테나선 차폐구동					
내부 도체(수신전용)	선로-차폐	선로 전류	≤ 0.1	손상이나 성능저하 없을 것1	
내부 도체(송신 혹은 송수신)	선로-차폐	선로 전류	≤ 1.0	손상이나 성능저하 없을 것1	
차폐 도체	선로-차폐	차폐 전류	≤ 0.1	≤ 1×10^{7}	≤ 1.6×10^{-3}

[1] 중펄스/장펄스 주입시험 절차에 내부 응답파형 기준량에 대한 합격/불합격 기준이 정해져 있지는 않다. RF안테나 선로 신호용 도체에 대한 최대 상승률 및 제곱근 기준량에 대한 합격/불합격 기준은 정해져 있지 않다. 또한, 설명이 표에 명시되지 않은 경우, POE 방호장치 손상이나 성능저하가 없다는 것이 합격/불합격 판정 기준으로 PCI 시험절차를 적용한다.

[2] 저전압 제어/신호 선로는 최대 동작전압이 90V 미만인 선로이며, 고전압 제어/신호 선로는 최대 동작전압이 90V 이상인 선로이다.

[3] 저전류 전원선은 최대 동작전류가 1A 미만이다. 중간전류 전력선은 최대 동작전류가 1 ~ 10A 범위이고, 고전류 전력선은 최대 동작전류가 10A를 초과하는 전원선을 말한다.

[4] 관통(Intersite)은 보조 방호시설을 포함한 방호시설 관통 배선을 의미하며, 시험장내(Intrasite)는 보조 방호시설을 포함한 방호시설 내부의 배선을 의미한다.

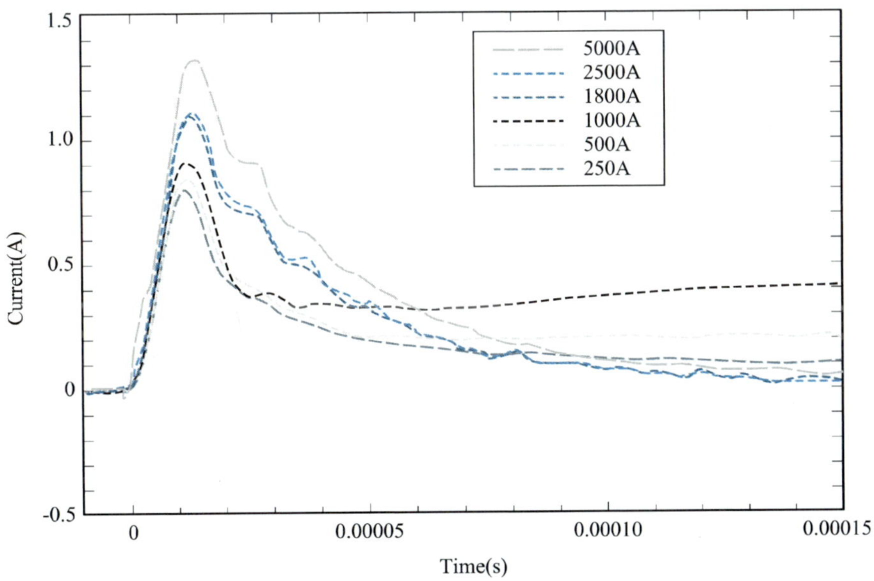

그림 5.3.20 단펄스(E1) 인가 시 잔류전류 측정 예시

프로브와 계측장비 응답특성을 측정데이터에 적용하여 보정하고, 이 데이터를 정의된 잔류응답 합격/불합격 기준값으로 변환하기 위해 체계운용성 검증시험에서 측정된 데이터의 시험 후 분석이 필요하다. 시험자는 체계운용성 검증시험을 실시하기 전에 세부 요구사항을 포함한 시험 데이터 분석방안 및 시험성적서 양식을 시설 사용자에 제출하여 승인을 득해야 한다. 세부 요구사항에는 대개 CWI 시험과 PCI 시험데이터로 부터 HEMP 위협에 대한 응답 산출, 체계운용성 검증시험의 적절성 분석, 견고성 결론 도출이 포함된다. 시설 사용자는 직접 선정한 자문기관 또는 자문위원회를 통해 세부 요구사항의 적절성을 확인해야 한다.

시험 데이터는 유용한 데이터가 되도록 관리 방안을 수립하고, 시험 보고서는 (필요시) 보안 등급에 맞는 관리를 해야 한다. 시설 내의 제어/신호 선로에 대한 체계운용성 검증시험에서 선로 다발이 너무 굵어 루프형 전류센서를 설치할 수 없는 경우, 시설 사용자의 승인하에 PCI 공통모드 시험을 대신해 제어/신호 선로에 외곽 차폐를 실시하고 그 차폐체에 펄스를 인가하는 시험으로 대체할 수 있다. 시설 사용자는 직접 선정한 자문기관 또는 자문위원회를 통해 대체 시험의 정당성을 확인해야 한다. 케이블 차폐체 펄스인가에 대한 최대 전류진폭 및 규정파형은 표 5.3.12에 제시된 것을 따른다. 시험장 내 케이블 차폐체는 케이블 포설을 따라 접지에 대한 중간접지 및 기타 저(低) 임피던스 경로를 제거하거나 완충/격리하여 전체 길이에서 포설되어야 한다. 내부응답 측정은 벌크케이블에서 실시해야 한다. 합격/불합격 기준은 표 5.3.11과 같이 최대허용 잔류응답 특성표에 따라 판단한다.

표 5.3.12 케이블 차폐체 PCI 진폭과 파형

분류	이중 지수 파형(그림 5.3.19)		
	첨두 단락전류 $\hat{I}$	상승 시간 τ_R	FWHM
제어/신호 선로 (시험장내)	5,000A	≤20ns	500~550ns

일반적인 PCI 시험 구성은 그림 5.3.21과 같으며, 일반적인 데이터 기록 체계는 그림 5.3.22와 같다. 펄스 발생기 출력은 시험대상 회로에 직접 결합되거나, 용량성 또는 유도성 결합으로 이뤄질 수 있다. 외부 전류센서는 POE 방호장치 외부단자로부터 15cm 내에 있어야 하며 센서위치와 외부단자 사이 배선에는 분기점이 없어야 한다. 또한, 내부 전류센서도 POE 방호장치 내부단자로부터 15cm 내에 있어야 하며 센서위치와 내부단자 사이 배선에는 분기점이 없어야 한다.

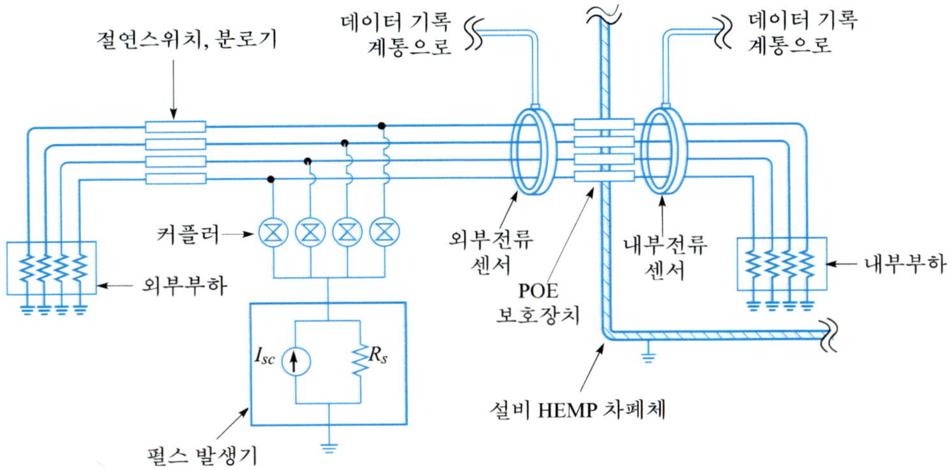

(a) 공통모드(Common Mode) 시험구성

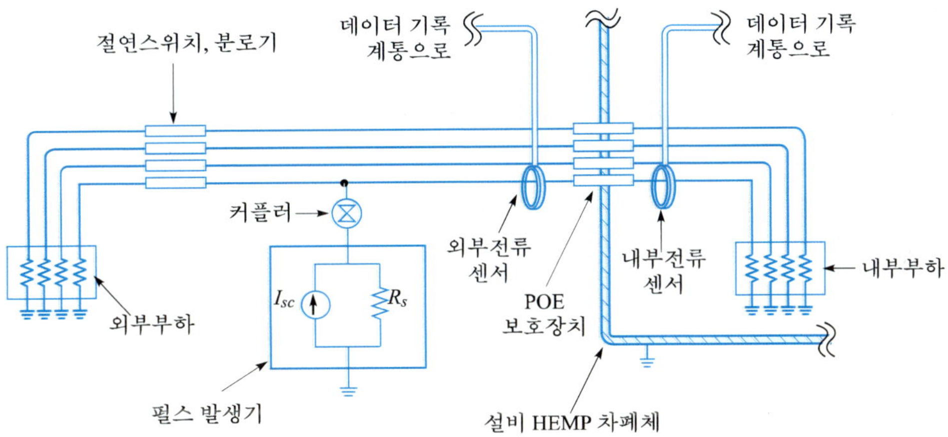

(b) 선로-접지(Wire-to-Ground)시험구성

그림 5.3.21 일반적인 PCI 시험 구성도

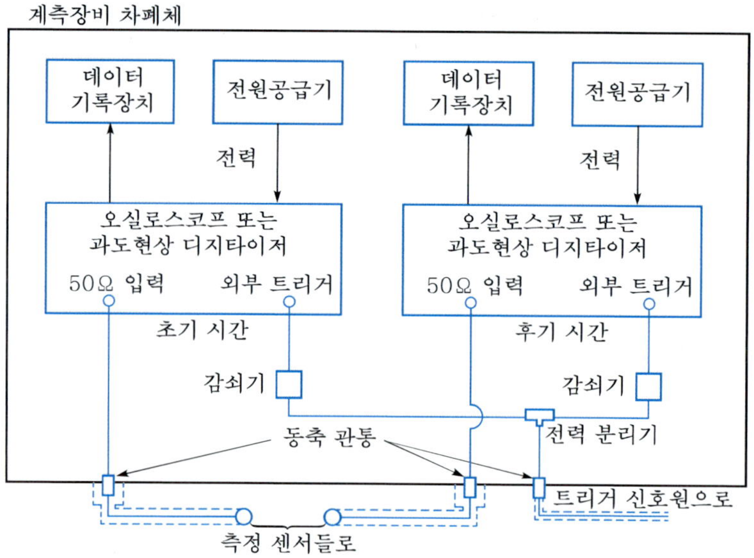

그림 5.3.22 일반적인 PCI 데이터 기록 체계

체계운용성 검증시험에서 외부(外部) 부하는 실제 설치될 장비를 사용한다. 만약 외부 장비가 시험 중에 인가할 과도현상을 견딜 수 있게 설계되지 않았다면, 임시 방호조치를 취하거나 등가더미 부하임피던스로 장비를 대체하여 사용하는 것이 좋다. 피시험 회로는 전원이 인가되고 실제/모의 기능을 수행하여야 한다. 체계운용성 검증시험에 사용하는 내부 부하는 시험장에 실제로 설치될 장비여야 하며, 전원이 인가되고 실제/모의 기능을 수행해야 한다. 만약 회로가 AC나 DC 600V 이상에서 운용되고 전원이 인가된 상태에서 시험할 수 없다면, 전원이 차단된 상태에서 PCI 체계운용성 검증시험을 수행한다. 이때 스위치, 계전기 접점 또는 기타 회로 안전장치 들은 전원이 인가된 상태와 같이 운용되는 상태여야 한다. 인가된 전류가 내부 부하를 향하도록 시험선로에 절연스위치를 설치해야 하며 절연스위치는 실제/모의 동작 조건에서 시험장 장비와 호환되어야 한다.

RF안테나 동축선 신호 도체를 제외한 모든 종류의 전기적 POE에 대해 PCI 수락시험 및 체계운용성 검증시험에 필요한 최대소요 단락전류의 진폭, 신호원 임피던스, 규정 파형은 표 5.3.9와 그림 5.3.19를 따른다. 공통모드 PCI 펄스 인가는 체계운용성 검증시험에만 필요하며 시험장내 음성/데이터 선로에 대한 중펄스 도선-접지시험은 수락시험에만 필요하다.

PCI 시험 절차로서 수락시험, 체계운용성 검증시험 모두에 적용한다.

먼저 펄스 발생기의 최소전류 출력에서 펄스를 가한다. 펄스수준은 표 5.3.9 최대진폭의 10% 이하이거나, POE 방호장치 비선형 부품을 작동시키는 진폭이하 중 더 큰 쪽이어야 한다. 진폭은 약 2배씩 단계적으로 증가시키며 펄스를 가한다. 1개의 POE 방호장치에 연결된 여러 회로를 시험 할 경우에는, 최초 2개의 표본 이후 위의 중간펄스 입력과정을 생략할 수 있다. 피시험 회로의 최대소요 진폭에서 펄스를 가한다. 첨두 전류는 표 5.3.9에 열거한 레벨의 110%를 초과하지 않아야 한다.

주의사항으로 전기적 POE 방호장치는 펄스에 대해 한정된 수명을 가지고 있어서 각 장치에 전달된 시험펄스의 개수, 첨두전류, 펄스폭을 기록하여 정비기록에 포함 시키는 것이 바람직하다. 방호장치에 가한 이전펄스의 총 개수가 정격 수명의 90%를 초과한다면, 시험을 시작하기 전에 방호장치를 교체해야 한다.

RF 안테나 신호선에 대한 HEMP 방호는 특별 방호대책의 일반 절차를 따라 시험해야 한다. 이 시험에는 안테나 부(副)체계의 커플링 측정, 안테나 단자의 PCI 시험이 포함되어야 한다. 그리고 이 절차에서 요구한 경우 방호된 주 임무체계의 PCI 시험이 포함되어야 한다. 그림 5.3.23에 제시된 안테나, 안테나 방호장치(설치된 경우), HEMP 방호벽 외부의 관련 전자장비와 동조장비(설치된 경우), 외부 RF송신선로, 방호벽 POE 방호장치(또는 내부장비가 특별방호공간 내부에 있는 경우, 1차 특수 POE방호장치)를 포함하는 안테나 부체계에 대해 결합측정을 실시해야 한다. 수락시험의 경우, 안테나 동축선은 HEMP 방호벽 안쪽에서 송신선로 특성 임피던스와 동일한 저항을 갖는 더미 저항기로 종단시켜야 한다. 체계운용성 검증시험의 경우, 안테나 동축선은 설치된 시험대상 장비로 연결되어야 하고, 장비가 전원이 인가된 상태에서 동작해야 한다. HEMP 방호벽 외부의 동조회로를 포함하는 안테나는 최저 동작주파수, 중간대역 동작주파수, 최고 동작주파수에서 시험해야 한다. 시공 계약자의 준공검사를 하는 시점에 안테나 부체계를 사용할 수 없는 경우에는, 안테나 부체계를 완전히 설치할 때까지 수락시험을 연기해야 한다.

결합측정에 대한 신호인가는 CWI 시험이나 위협과 관련있는 다른 방법으로 확인해야 한다. 가능한 범위 내에서 송신 안테나의 위치 및 편파를 조정하여 안테나 응답을 극대화해야 한다. 신호 도선전류는, 안테나 단자와 방호벽(또는 특별 방호구역의 1차 방호벽)의 POE를 방호하기 위한 방호장치의 방호벽 내부 쪽에서 측정해야 한다.

결합측정은 안테나 부체계의 선형 동작을 가정하여 HEMP 환경에 대해 있을 수 있는 최악의 위협수준까지 외삽(外挿)하여 사용한다. 외삽분석 결과는 실제와 차이가 있으므로 입사파의 편파 등과 같은 시험 시 통제 불가능한 요인들을 고려하여, 외삽분석 결과에 10dB를 더 보정해야 한다. 다만 더 작은 보정량으로도 충분함을 증명할 수 있다면 그 보정량을 적용하여도 된다. 안테나의 위협수준 응답전류의 첨두진폭과 주 주파수들을 측정해야 한다. 이들은 단위 입사 전자파당 응답전류의 진폭을 주파수에 대해 그린 그래프에서 확인한다. 잔류 내부응답 전류의 첨두진폭도 측정한다.

체계운용성 검증시험을 하는 시점에 안테나 부체계와 인근에 있는 장비 구성이 수락시험 때와 동일하다면, 결합측정을 반복할 필요는 없다. 새로운 결합측정이 필요없을 경우, PCI 체계운용성 검증펄스 인가레벨은 수락시험 시 측정한 결합측정 데이터를 외삽분석한 결과로부터 결정해야 한다.

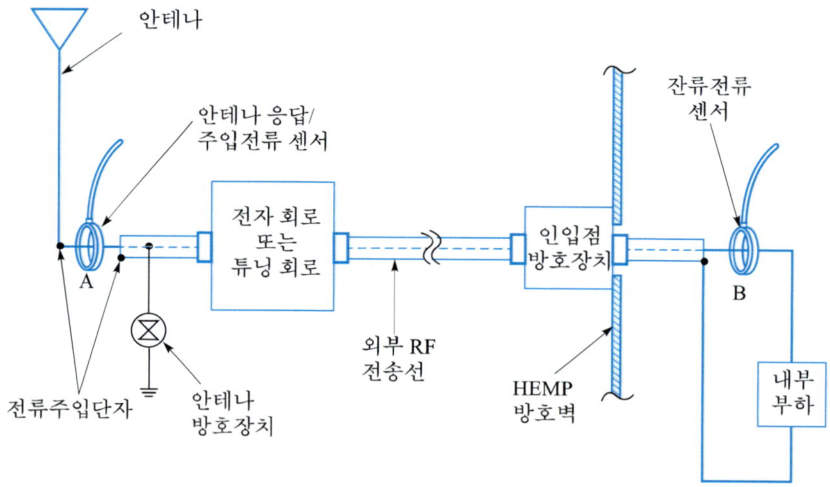

그림 5.3.23 커플링 측정과 PCI 시험에 대한 안테나 부체계 구성

RF안테나 신호선 POE의 PCI 시험은 완전한 안테나 부체계에 대해 안테나 단자에 펄스를 인가하여 실시한다. HEMP 방호벽 외부의 동조회로를 포함한 안테나는 최저 동작주파수, 중간대역 동작주파수, 최고 동작주파수에서 PCI 시험을 수행하며, 주 응답주파수가 여러 개 있는 안테나는 모든 해당 주파수에서 시험을 실시한다.

주 응답주파수 30MHz 이하에서 PCI 시험을 할 경우 짧은 이중지수 펄스발생기를 사용한다. 30MHz를 초과하는 주파수에서 시험하는 경우에는 충전선로 길이가 주 응답주파수의 1/4 파장인 충전선로 펄스발생기를 사용한다. 소요펄스 인가수준이 충전선로 펄스발생기의 용량을 초과한다면 짧은 이중지수 펄스발생기를 사용해야 한다. 펄스인가의 최대수준은 펄스발생기를 이용해 단락 교정부하에 전류를 인가하는 시험을 통해 결정한다. 즉, 단락 교정부하에 흐르는 전류가 안테나 위협수준 반응 첨두전류의 2배가 되도록 하는 펄스발생기 충전 전압을 펄스인가의 최대 수준으로 정한다.

펄스인가는 최고 수준의 약 10%, 25%, 50%, 100%에서 순차적으로 실시되어야 한다. 인가된 전류와 잔류 내부전류 파형을 기록하고, 펄스발생기 충전전압 대 첨두수준의 그래프를 그려야 한다. 응답이 전압의 비선형 함수인 경우에는 펄스발생기 충전전압을 추가하여 시험해야 한다. 비선형적으로 반응하는 경우 펄스인가의 최대수준이 아닌 수준에서 최대 잔류전류가 발생할 수 있다.

안테나 단자 PCI 시험에서 측정된 첨두잔류 내부전류가 최대 허용한계치 표 5.3.11을 초과한다면 POE 방호장치에 직접 연결된 배선 및 장비를 둘러싸는 특별 방호공간이 필요하다. 특별 방호공간과 둘러싸인 주 임무체계에 대한 체계운용성 검증시험을 실시해야 한다.

모든 종류의 전기적 POE에 대한 PCI 수락시험 내부부하 저항기의 저항값은 표 5.3.9에 제시된 값을 따른다. 개별도선-접지 시험의 경우, 피시험 관통도체만이 별도 규정된 종단을 갖는다. 전선관 차폐체 시험의 경우, 정상장비에서 내부배선을 종단해야 하며 기타도체는 함께 묶어 각 끝에 2Ω 저항기로 종단시켜야 한다. POE 방호장치의 내부단자와 함체 사이의 부하 저항기를 연결하는 배선은 길이가 30cm 이하여야 한다.

수락시험 및 체계운용성 검증시험 절차의 각 단계에서 외부펄스 진폭과 파형, 내부펄스 진폭과 파형을 기록해야 한다. 만약 POE 방호장치가 HEMP 방호벽 내의 특별방호 공간으로 인입 된다면, 특별방호벽의 모든 전기적 POE에서 진폭과 파형을 기록하여야 하며 이때 방호구역 내부에서 측정해야 한다. 합격/불합격은 내부응답 측정과 동일한 기준으로 판정한다. 내부 펄스파형은 PCI 짧은 구동펄스가 시작된 후 5ms 동안 초/중/후기 응답의 분해능을 허용하는 기록계로 기록해야 한다.

체계운용성 검증시험에 있어 펄스를 가하는 중에나 가한 후 주 임무체계에 손상이나 성능저하의 징후가 생기는지 동작을 감시해야 한다. 비정상적 동작현상, 펄스 인가조건 등에 대해 상세히 기록하여야 한다.

수락시험 및 체계운용성 검증시험에 대한 절차는 다음과 같다.

① 먼저 펄스발생기 신호원 및 데이터 획득장비를 구성하여 교정 실시
② 수락시험과 체계운용성 검증시험 간 안전을 고려해야 할 경우에는 피시험 회로의 전원을 차단하고 센서를 설치하고 설치가 끝난 후에는 회로를 재통전(再通電)
③ 데이터 기록계통에서 잡음을 검사하여 신호 대 잡음비가 만족스러운 비율인지 확인
④ 필요한 설비/장비상태/시험구성을 결정하고 전류펄스 인가 요구사항과 같이 피시험 회로에 펄스를 인가 후 측정점의 응답을 기록하며 체계운용성 검증시험 간에는 해당 주 임무체계의 기능에 대해 모니터링으로 얻은 결과를 기록
⑤ 측정과 관찰 결과를 합격/불합격 기준과 비교하여 결과가 만족스럽지 않다면 시험을 멈추고 POE 방호장치를 수리하거나 교체실시
⑥ 시정조치가 끝난 후 PCI 시험절차를 반복
⑦ 최대 수준까지 주입레벨을 증가시키면서 위의 ④와 ⑤를 반복
⑧ 다음의 운용상태로 전환하고 체계운용성 검증시험 시에는 위의 ④ ~ ⑦을 반복
⑨ 필요한 경우에는 피시험 회로를 차단하고 센서와 펄스발생기 출력 연결을 제거하고

회로에서 서지보호기(설치한 경우)를 분리

⑩ 서지보호기가 MOV라면 1mA DC의 전압을 측정하고 서지보호기가 스파크 갭이면 DC 파괴 전압을 측정, 측정된 결과를 장치명세와 비교 후 결과가 만족스럽지 않다면 POE 방호장치를 수리하거나 교체

⑪ 시정조치가 끝난 후 PCI 시험절차를 반복

⑫ 서지보호기를 다시 연결하고 회로를 원래의 운용 구성으로 복구

⑬ 다음 회로를 계속 시험하고 위의 ② ~ ⑫를 반복

모든 단펄스 인가수준에서 측정된 내부 응답파형의 기준값이 전기적 POE의 해당 등급에 대한 표 5.3.9와 표 5.3.10 최대허용 기준값을 초과하지 않아야 한다. POE 방호장치의 방호 받는 쪽 면이 특별방호 공간 내에 있는 경우, 잡음신호 때문에 PCI 체계 운용성 검증시험에서 측정된 내부응답을 판정할 수 없다면 전원을 끈 상태에서 시험을 반복하여 얻은 데이터를 사용하여 내부응답 기준값의 합격/불합격을 판정한다.

POE 방호장치에 펄스인가로 인한 손상이나 성능저하 여부는 시험 후 물리적인 검사와 방호장치 종류에 따라 MOV에 대한 1mA DC 전류에서의 서지보호기 전압을 측정하거나 스파크 갭의 DC 파괴전압 측정 및 입·출력 응답데이터 분석을 통해 판별한다.

내부응답 합격/불합격 기준은 수락시험 및 체계운용성 검증시험 모두에 적용한다.

체계운용성 검증시험의 기능성 합격 및 불합격 기준으로 체계운용성 검증시험 동안 주 임무체계가 손상되지 않고 체계운용성 검증시험 동안 주 임무체계의 주요 임무기능의 중단이나 오류가 발생하지 않으면 전자파 방호시설 내에 설치된 장비의 견고성은 만족스러운 수준인 것으로 판단한다. 내부응답이나 성능합격 기준을 충족하지 못한 경우에는 HEMP에 취약한 것으로 간주하고 취약성의 원인을 조사해야 한다. 원인을 파악한 후 가능하면 해당 취약성을 보완해야 하고 체계운용성 검증시험 절차를 반복한다.

5.3.4 CWI(Continuous Wave Immersion) 시험절차

CWI 시험은 HEMP 방호가 필요한 지상 및 지하 기반시설의 HEMP 방호시설에 연속전자파(이하 CW)를 방사하는 시험이다. 이때 방사되는 전자파 구역내에 시설 전체가 포함되야 한다. HEMP 방호시설에 부분적으로 전자파를 방사하면서 성능을 보는 것과 HEMP 방호시설을 완전히 전자파의 구역내에 포함되도록 하는 것은 다르다. CWI 시험절차는 체계용성 검증시험에서 시설의 HEMP 방호 차폐벽과 개구 POE 방호 장치를 검증하는데 사용되어야 한다. CWI 시험을 적용할 수 없는 경우에는 SE 시험과 SELDS 검사를 시설의 차폐

벽 전체에 적용하는 것으로 CWI 시험을 대체할 수 있다. 조사(照射)장(Illuminating Field)은 CW 송신안테나로 CW를 방사했을 때, 그 지점에 시험 대상인 시설이나 시스템이 없었다면 지면(地面) 효과를 포함한 총 전기장을 의미한다.(방사 전자기장에는 피시험 설비에서 생긴 반사는 미포함) 조사장의 주요성분은 CW 송신 안테나의 기하학적 구조와 지면 효과에 의해 최대가 되는 자기장 또는 전기장 성분을 말한다. 예를 들어, 방위각 자기장 및 수직 전기장은 접지면 위 수직모노폴 안테나의 방사 전자기장의 주요성분이다.

CWI 시험에서 기준장은 송신 안테나로부터의 출력을 모니터링하기 위해 측정된 전자파를 말한다. 이 전자파는 데이터 수집에 사용되는 네트워크 분석기의 기준채널을 통해 기록한다. 기준센서는 시험대상에 의한 반사영향이 시험 주파수에서 무시할 수 있는 CW 송신안테나로 송신하는 위치에 두어야 하며, 기준 측정값은 조사장(照射場)과의 관계를 분석할 수 있어야 한다. 차후 데이터 분석에서 오차를 최소화하기 위해 기준센서는 전체 주파수 범위에서 상대적으로 주파수 축에서 변화가 적은 전자파 성분을 측정하는 것이 좋다. 예를 들어 수평편파 송신안테나에서는 지면에 평행하고 가까운 방사상(放射狀) 자기장의 수평성분이며, 수직편파 송신안테나에서는 방위각 방향의 자기장 수평성분 또는 지면근처의 수직전기장이다.

기준장(基準場) 측정방식으로는 첫 번째 사상(寫像, Field Mapping)으로 지면을 제외하고 전자기적 반사체가 없는 전자파 사상영역에서 기준센서에 대해서 조사장을 측정하는 것으로 송신안테나, 기준센서, 조사장센서는 CWI 시험 동안에 일정한 위치에 있어야 한다. 사상측정은 위협을 외삽법으로 구하고 합격/불합격 결정을 하는 측정데이터 분석에 사용된다. 두 번째는 계통응답으로 시설에 CW를 조사할 때, 기준센서에 대해서 시설내부의 잔류응답 전자파와 전류를 측정하는 것이다.

CWI 시험 절차는 HEMP 방호시설의 체계운용성 검증시험의 한 항목이다. 시험방법은 복사성CW 조사장으로 HEMP 방호벽의 외부표면에 방사하고 내부 방호공간을 점검하는 것이며 차폐결함과 부적절하게 보호된 개구부 POE를 파악하고 내성평가를 위한 데이터를 제공하기 위해 수행한다. 조사를 위한 송신안테나는 수평편파, 수직편파 모두 사용해야 하고 관통도체의 노출된 외부 부분과의 결합은 효율성이 낮기 때문에 전기적 POE방호를 평가하는데 있어 CWI 시험의 효율성은 제한적이다. 따라서 관통도체의 방호는 PCI 시험으로 평가해야 한다.

CWI 시험은 우선 HEMP에 의한 전자파 스펙트럼이 준공된 HEMP 방호벽의 선형적 요소에 의한 감쇠를 측정하고 HEMP 차폐벽과 개구부 POE 방호장치의 결함, 잘못된 설치시공, 부적절한 POE를 파악하여 수리가 가능하도록 하는 목적이 있다. 이때, 선형성과 평면성을 가정한 조건하에 시험 후 분석을 통해 잔류내부 전자파와 전도성 전자파 스트레스의 특성을 기술하고 시설 운용의 장해나 성능저하를 관찰하여 시설의 HEMP 내성을 평가하기 위한 데이터와 내성 유지/감시 프로그램에 사용할 기초 데이터를 작성한다.

CWI 시험을 실시하는 동안 시설은 정상 동작상태에 있어야 하며 실제 또는 모의 임무기능을 수행해야 한다. HEMP 방호 부체계는 온전한 상태이어야 한다. 송신안테나 위치, 기준센서 위치, 측정점을 선택하기 위해 시험 전 분석을 실시해야 하고 송신안테나 위치는 HEMP 방호벽 표면 위 모든 영역에 필요한 조사장 강도와 효율적 결합을 얻을 수 있도록 선택되어야 한다. 기준센서 위치는 송신안테나의 출력을 모니터링하고 조사장을 결정할 수 있도록 선정해야 하며 방호구역 및 특별 방호구역 내의 전자파 응답과 내부 케이블 설비 내의 전류응답을 대표적으로 사상(事象)할 수 있는 측정점을 선정해야 한다.

CWI 시험을 실시하는 동안, HEMP 방호벽이 온전한 상태로 있어야 하기 때문에 비정상적 운용(시설 변경, 정비)은 영향을 받을 수 있다. 각종 동작상태(송신, 수신전용 등)에서 시설을 시험하기 위해 특별한 활동이 필요한 경우 외에는 임무수행을 계속할 수 있다. 시험장비의 방사신호 세기가 낮아서 위험은 적지만, 자체장해 또는 인근시설의 장해를 방지하기 위해 송신을 억제해야 하는 주파수 간격과 대역이 필요할 수도 있으며 통상적인 전기 안전 예방조치가 필요하다.

CWI 시험에 대한 포괄적 내용, 시설 고유의 시험계획, 세부 시험절차를 마련해야 하고 시험계획서에는 시험목적, 시설 명칭 및 설명(시설배치 계획, 방호공간 평면도, POE 목록, HEMP 방호벽 내부와 외부에 있는 중요장비 목록, HEMP 방호 부체계의 설명 포함), 송신안테나 위치, 기준센서 위치, 측정 시스템의 예상되는 측정감도와 CW 방사 및 데이터수집 장비에 관한 설명(제조사, 모델명, 시리얼 넘버, 특성, 상세 보정절차 등), 세부시험 절차(시설구성 요구사항, 장비 동작상태, 시험구성도, 단계별 세부절차, 측정 점위치 포함)와 기준에 따른 시험절차와 상이한 점 기록, 데이터 관리(데이터 품질관리 절차, 데이터 적합성 기준, 데이터 처리요구 사항, 데이터 기록의 불일치 사항과 보존, 합격/불합격 기준 포함), 전자기 방사 및 전기 감전 사고에 대한 안전 조치, 시험데이터의 보안성등급 분류(필요시), 시험 일정(측정 우선순위 포함) 등이 포함되어야 한다.

CWI 시험에 필요한 시험 장비는 다음 표 5.3.13과 같다.

표 5.3.13 CWI 시험 장비 요구사항

장비	특성
1)회로네트워크 분석기 또는 이에 상응하는 장비	100kHz~1GHz 측정 감도에 필요한 최소 감도
2)고출력 증폭기	100kHz~1GHz 측정 감도에 필요한 만큼 증폭
3)안테나	100kHz~1GHz

장비	특성
센서	자유장, 표면 전류, 전하 밀도, 전류 : 100kHz~1GHz
전치 증폭기	100kHz~1GHz 측정 감도에 필요한 만큼의 이득과 잡음지수
[1]데이터 기록장치	다채널
광통신 회선	100kHz~1GHz, 길이 100m 이하
그 밖의 케이블과 감쇠기	필요한 경우

[1] 네트워크 분석기를 제어하기 위한 IEEE-488 범용 인터페이스 버스(GPIB) 또는 이와 동급 제어 인터페이스를 갖는 컴퓨터, 광통신 회선, 전치증폭기, 저장장치를 사용한 데이터 획득을 추천한다.

[2] 일반적으로 선형 고출력 증폭기가 주파수 대역별로 1대씩 필요하다. 예를 들어 100kHz~200MHz에서는 150W급 이상, 200MHz~1GHz에서는 10W급이 필요하다.

[3] 넓은 주파수 범위를 수용하기 위해서는 송신안테나가 몇대 필요할 수 있다. 예를 들면 주파수 50MHz 이하에서는 수평 다이폴과 수직 모노폴 안테나, 그리고 30MHz~100MHz와 90MHz~1GHz 등의 주파수 범위에서는 다양한 대수주기 안테나가 필요할 수 있다.

시험 보고서는 시설명칭 및 적용가능한 시험계획 설명과 기준에 따른 시험절차와 상이한 점에 대한 논의사항, 데이터 변환을 위해 필요한 센서교정 및 계측장비 설정값과 더불어 측정결과 사본, CWI 시험 결과와 PCI 시험 결과 및 분석을 기초한 체계운용성 검증시험 결론, 시험연표(일련의 사건과 관찰된 장해와 이를 발생시킨 조건 포함) 등이 포함되어야 한다.

시설의 HEMP 내성의 명확한 진술을 뒷받침하기 위해 측정된 데이터의 시험 후 분석을 실시해야 한다. 시험기관은 CWI 체계운용성 검증시험을 실시하기 전에, 세부 요구사항을 포함한 시험데이터 분석방안 및 시험성적서 양식을 시설 사용자에 승인을 득한다. 세부 요구사항에는 대개 CW 유입으로 인한 위협대응과 PCI 시험 데이터의 산출, 체계운용성 검증시험의 적절성 분석, 견고성 결론 도출 등의 사항이 포함된다. 시설 사용자는 직접 선정한 자문기관 또는 자문위원회를 통해 세부 요구사항의 적절성을 확인해야 한다. 시험 데이터에 대한 관리방안을 수립하고, 시험 보고서는 등급에 맞는 관리를 해야 한다.

동등한 주파수 범위와 측정범위를 얻을 수 있는 경우에는 CWI 시험 대신 광대역 잡음이나 반복적 전자기 펄스를 방사하는 방법과 같은 다른 유형의 방사시험으로 대체할 수 있다. 시험계획과 세부 시험절차에서는 방사방식, 신호원 세기, 송신안테나 위치, 예상되는 차폐벽 전류밀도분포를 정의해야 한다. HEMP 방호 부체계 효과를 검증하고 합격/불합격 판정을 내리기 위해 적절한 데이터획득 시스템감도를 입증해야 한다.

인근에 있는 다른 시설과의 물리적 방해 때문에 시설의 CW 방사가 적당하지 않다면

HEMP 방호벽의 외부 표면에서 CW 전류주입을 사용하여 CW 시험을 실시할 수도 있다. 시험장 고유의 CW 차폐체 전류주입시험 계획 및 세부 절차는 차폐벽에 전류를 인가하는 방법, 신호원 세기, 주입점, 예상되는 차폐벽 전류밀도분포를 정의해야 한다. HEMP 방호 부체계 효과를 검증하고 합격/불합격 판정을 내리기 위해 적절한 데이터획득 시스템 감도를 입증해야 한다.

시설 사용자는 사업 발주 전, 대상 HEMP 방호시설의 체계운용성 검증시험으로 CWI 시험을 적용해야하는지 또는 시설 전체 방호벽에 대해 5.3.1절의 절차에 의한 SE 시험과 SELDS 검사를 실시하는 것으로 대체 적용해야 하는지를 직접 선정한 자문기관 또는 자문위원회의 의견을 통해 결정해야 한다.

일반적인 CWI 시험구성은 그림 5.3.24와 같다.

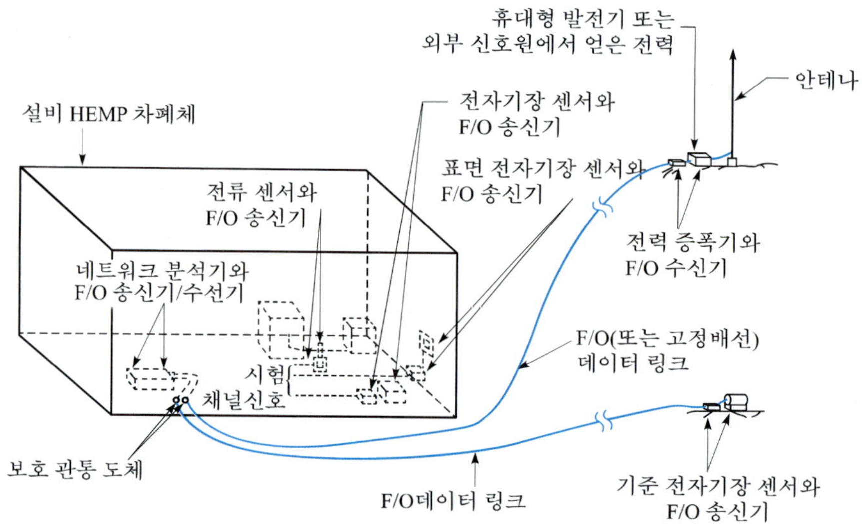

그림 5.3.24 CWI 시험 구성 예시

네트워크 분석기 신호원에서 발생된 CW 신호는 배선이나 광통신 회선을 통해 송신안테나 위치로 전파되고, 이 신호는 증폭되어 안테나(수직 모노폴, 수평 다이폴, 대수주기 안테나, 마름모꼴 안테나 및 기타 안테나)로부터 방사되어 시설에 방사된다. 기준센서는 측정된 전자파와 시설에 방사된 총 전자파와의 관계를 알고 있는 영역에 설치하여 신호원 출력을 감시한다. 자유장, 표면전류/전하 밀도, HEMP 방호벽 안쪽에 놓인 측정점(필요한 경우 바깥쪽의 측정점 추가)에서의 전류센서 응답을 감시한다. 측정채널은 필요한 경우 전치증폭기와 광통신 회선을 사용하며 기준점 및 측정점 데이터는 네트워크 분석기로 모니터링하고 기록한다. 그림 5.3.25은 1MHz~100MHz 데이터 기록을 나타낸 것으로 이 경우에 동일한 D-dot(자기유도장의 시간변화율) 센서가 양쪽 채널에 사용되며 기준 채널은 조사장의 직접 측정값이다.

송신안테나 위치는 전자파 방사로 HEMP 방호벽 표면 위의 모든 영역에 미치도록 선택해야 하고 통상적으로 시설 주변의 3~4개의 위치가 필요하다. 안테나는 물리적 제약 및 측정감도 제약조건 내에서 가능한 시설에서 멀리 위치해야 한다.

$$R > \lambda_{MAX} \text{ and } R > \frac{2D^2}{\lambda_{MIN}} \tag{식 5.3.4}$$

여기에서 R은 안테나에서 HEMP 방호벽까지의 거리이고, λ_{MAX}는 최저 방사주파수의 파장이며 λ_{MIN}은 최고 방사주파수의 파장이다. D는 안테나 특성길이 또는 방사전자파 전파방향과 나란히 놓인 최대 방호벽 치수이다. CWI 시험에서는 유사 평면파를 시설 전체에 조사하는 것이 핵심이기 때문에 유사 평면파 조건인 위 부등식을 만족해야 한다. 반면에 이 부등식이 만족되지 않으면 근거리장 효과와 굴곡효과가 증가하기 때문에 올바른 시험이 될 수 없다.

예를 들어, 400MHz에서 위 부등식의 우항은 D를 시설의 최대크기라고 하면 아래 표 5.3.14와 같이 계산된다. 400MHz를 예를 든 것은 보통 CWI 시험주파수 범위가 5~400MHz로 권장되기 때문이다. 시험 주파수를 400MHz 보다 점점 낮출수록 그만큼 고주파 성분데이터가 사라지므로 측정데이터를 시간영역 펄스로 변환할 때 오류가 커지게 된다. 따라서 우항을 만족하는 차폐시설은 이동형쉘터 밖에 없다.

표 5.3.14 시설 크기에 따른 400MHz 평면파 조건의 계산 예시

D (m)	$\frac{2D^2}{\lambda_{MIN}} = \frac{2D^2}{0.75}$ (m)
2	11
5	67
10	267
15	600
20	1,067
25	1,667
30	2,400
35	3,267

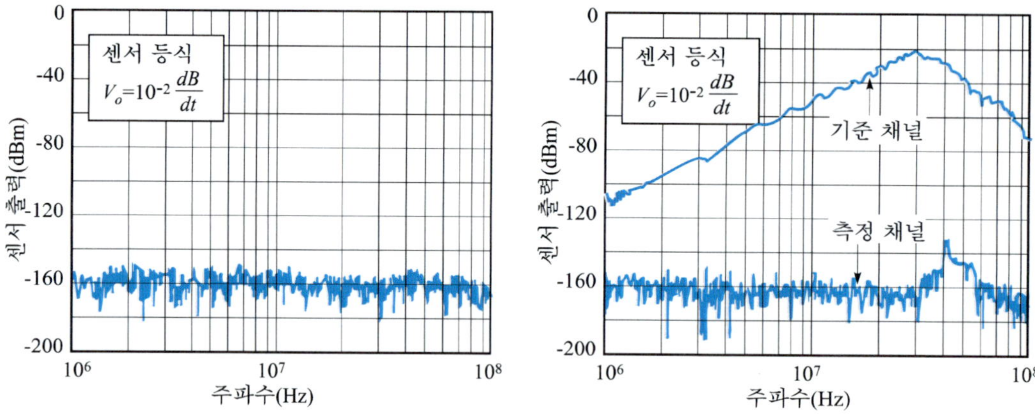

그림 5.3.25 CWI 시험 기록 예시

차폐된 바닥 면적이 900m^2 미만인 시설의 각 송신안테나 위치는 방호공간 전역에 전기장 또는 자기장 측정을 위해 적어도 5곳(공간벡터 표현을 해야 하므로 3개의 수직 성분을 측정해야 함), 표면전류 측정을 위해 3곳(평면벡터 표현을 해야 하므로 2개의 수직성분을 측정해야 함), 전하밀도 측정을 위해 3곳, 전류 측정을 위해 20곳을 선정해야 한다. 더 큰 시설의 경우 측정위치 개수는 차폐된 총 바닥면적에 비례하여 증가시켜야 한다.

각 송신안테나 위치에 대한 측정점은 직접 조사되는 HEMP 방호벽 표면에 물리적으로 가장 가까운 방호공간에 40~50%와 특별 방호공간에 집중시키는 것이 바람직하다.

내부 자유장 측정점은 HEMP 방호벽 내 전자파 응답을 대표하여 사상이 가능하도록 선택해야 한다. 자유장은 장비에서 가능한 떨어져 있는 영역에서 측정해야 하며 전자파 응답의 세 수직방향 성분을 기록해야 하고 내부 자기 자유장 측정을 강조하는 것이 바람직하다.

내부 표면전류 측정점은 내부 케이블시설 내 전류응답을 대표하는 사상이 가능토록 선택해야 한다. 전류는 POE 방호장치 주변에서 선택된 관통 케이블의 효율적인 결합구조를 갖는 긴 내부 포설이나 배치를 갖는 케이블이나 선택된 주 임무체계의 입력 케이블에서 측정해야 한다.

각 송신안테나 위치에 대해 내부에서 최대 응답 영역을 파악하기 위한 조사(照射)단계를 수행해야 한다. HEMP 방호벽 관통영역에는 각별히 유의해야 하고 조사하는 동안 최대신호가 검출된 경우 자유장 및 전류측정점을 추가적으로 선정해야 한다.

시험 데이터는 100kHz ~ 1GHz의 주파수에서 획득하는 것이 바람직하다. 시험 주파수는 여러 개의 대역으로 나누어 각 대역에서 각각 다른 안테나를 선택하여 복사효율을 극대화할 필요가 있다. CWI 시험은 다음 절차를 따라야 한다.

① 데이터획득 장비를 필요한 구성대로 설치하고 교정 실시
(데이터획득 최소감도는 -147dBm 이하이어야 함)
② 송신안테나를 설치하고 기준센서 위치를 정하며 전자파를 사상
③ 조사장의 주성분은 송신안테나와 가장 가까운 HEMP 방호벽 위의 한 지점에서 1MHz ~50MHz 범위에서는 적어도 1V/m, 50MHz~100MHz 범위에서는 적어도 0.1V/mm, 100kHz~1MHz 범위에서는 적어도 0.1V/m, 100MHz~1GHz 범위에서는 0.01 V/m 가 되도록 설계목표 설정
④ 각 데이터 획득채널을 검사하여 회선의 잡음내성을 점검하고 센서를 분리하여 센서 케이블을 그 특성 임피던스로 종단하며 신호원에 전원을 인가하고 수신된 신호세기를 주파수 함수로 기록
⑤ 신호원에 전원을 인가한 상태에서 모니터링 영역을 조사하여 추가 측정위치 선택
⑥ 센서를 배치하고 필요한 경우, 전치증폭기를 사용하여 원하는 측정감도 획득
⑦ 정상구성의 신호원과 데이터획득 장비와 더불어 전치증폭기의 전원을 끄는 것을 제외하고, 측정점의 잡음 및 동작신호 응답을 주파수의 함수로 기록하고 네트워크 분석기의 협대역 필터를 설정하고 Sweep Time을 길게 설정
⑧ 전력 증폭기를 켜고, 잡음 및 운용신호 측정에 사용된 것과 같은 필터와 Sweep Time 설정값을 사용하여 기준점과 측정점 응답을 주파수의 함수로 기록
⑨ 데이터 품질관리 및 데이터 기록에 주석을 붙이고 기록 보존
⑩ CWI 시험 동안 관찰된 시설장비의 동작 장해를 기록하고 장해가 관찰된 시간의 시험 조건과 동작조건을 기록
⑪ 다음 측정 위치에서 ⑥~⑩ 절차를 반복
⑫ 송신안테나 위치 한 곳의 측정이 끝나면 다음 송신안테나 위치에 대해서 ②~⑪ 절차를 반복

합격/불합격 기준은 방호구역 내의 모든 측정에 적용한다. 특별 방호구역 내의 측정값은 특별 방호구역에 대한 설계값을 넘지 않아야 한다. 측정 동적범위가 필요한 감쇠값 미만인 주파수 대역에서는 내부 CWI 자유장과 표면전류 또는 전하밀도 측정 시 잡음 및 운용신호 레벨 이상에서 응답이 관찰되지 않는 경우에 만족스러운 것으로 간주한다.

측정 동적범위가 요구되는 감쇠보다 큰 주파수 대역(적어도 5MHz~1GHz가 될 것으로 예상됨)에서는 내부 CWI 시험점 응답이 최소 요구 감쇠에 의해 방사 전자파의 주요 성분 아래에 있을 경우 이를 만족스러운 것으로 간주한다.

(1) 내부 유도자기장 측정의 경우

$$B_{\text{internal}}(w) \le A(w) \times B_{\text{illuminaing}}(w) \qquad \text{(식 5.3.5)}$$

여기서, f = 주파수(Hz)

w = 각 주파수(s^{-1})=$2\pi f$

$B_{\text{internal}}(w)$: 방호벽 내부 시험점에서 유도자기장의 측정 성분($Wb/m^2/Hz$)

$A(w)$: 주파수 f의 함수이며 최소 감쇠 요구값

$B_{\text{illuminaing}}(w)$: 송신안테나에서 가장 가까운 방호벽 위 한 점에서 방사 유도 자기장의 주요성분($Wb/m^2/Hz$)

(2) 내부 전기장 측정의 경우

$$E_{\text{internal}}(w) \le A(w) \times E_{\text{illuminaing}}(w) \qquad \text{(식 5.3.6)}$$

여기서, $E_{\text{internal}}(w)$: 방호벽 내부 시험점에서 전기장의 측정 성분(V/m/Hz)

$E_{\text{illuminaing}}(w)$: 송신안테나에서 가장 가까운 방호벽 위, 한 점에서 방사 전기장의 주요 성분(V/m/Hz)

(3) 내부 표면전류밀도 측정의 경우

$$J_{S_{\text{internal}}}(w) \le \frac{A(w)}{\mu_0} \times B_{\text{illuminaing}}(w) \qquad \text{(식 5.3.7)}$$

여기서, $J_{S_{\text{internal}}}(w)$: 방호벽 내부 시험점에서 측정된 표면 전류 밀도(A/m/Hz)

μ_0 : 자유공간 투자율 = $4\pi \times 10^{-7}$H/m

(4) 내부 표면전하밀도 측정의 경우

$$Q_{S_{\text{internal}}}(w) \le A(w) \times \epsilon_0 \times B_{\text{illuminaing}}(w) \qquad \text{(식 5.3.8)}$$

여기서, $Q_{S_{\text{internal}}}(w)$: 방호벽 내부 시험점에서 측정한 표면 전하 밀도($C/m^2/Hz$)

ϵ_0 : 자유공간 유전율 = 8.85×10^{-12}F/m

내부 CWI 전류측정은 시간 영역으로 변환한 위협 외삽응답의 첨두값이 0.1A를 초과하지 않으며 첨두 미분이 107A/s를 초과하지 않을 경우에 만족스러운 것으로 간주한다. 이 합격 기준은 다음 식으로 표현된다.

$$\left|\frac{1}{2\pi}\int_{2\pi f_l}^{2\pi f_u}\left[I_{threat}(\omega)e^{-j\omega t}+I_{threat}^{*}(\omega)e^{j\omega t}\right]d\omega\right|\le 0.1 \quad \text{(식 5.3.9)}$$

$$\left|\frac{1}{2\pi}\int_{2\pi f_l}^{2\pi f_u}\left[I_{threat}(\omega)e^{-j\omega t}+I_{threat}^{*}(\omega)e^{j\omega t}\right]\omega d\omega\right|\le 10^{7}$$

여기서, 모든 시간 t에 대해 f_l = 최저 CWI 시험 주파수 (Hz)

f_u = 최고 CWI 시험 주파수 (Hz)

$I_{threat}(w)$= 주파수 영역에서의 위협 외삽 전류 (A/Hz)

$= \frac{I_{\mathrm{internal}}(w)}{E_{\mathrm{illuminating}}(w)}\times E_{\mathrm{threat}}(w)$ 또는 $= \frac{I_{\mathrm{internal}}(w)}{B_{\mathrm{illuminating}}(w)}\times B_{\mathrm{threat}}(w)$

$I_{\mathrm{internal}}(w)$ = HEMP 방호벽 내부 시험 점에서 측정된 전류 (A/Hz)

$E_{\mathrm{threat}}(w)$ = 주파수 영역에서 HEMP 단펄스 위협 전기장 (V/m/Hz)

$B_{\mathrm{threat}}(w)$ = 주파수 영역에서 HEMP 단펄스 위협 유도자기장 (Wb/m^2/Hz)

$I_{threat}^{*}(\omega)= I_{threat}(\omega)$ 의 복소공액

시설 작동의 기능 감시는 임무에 긴요한 전자통신장비 또는 지원장비에 대한 장해가 관찰 되지 않을 경우 만족스러운 것으로 간주해야 한다. 내부 전자파 측정, 내부전류 측정, 또는 방해 합격기준을 충족하지 못한 경우, HEMP에 취약한 것으로 간주해야 하며, 취약성의 원인을 조사해야 한다.

5.3.5 SELDS(Shielded Enclosure Leak Detection System) 검사절차

SELDS는 HEMP 방호벽에 전기적인 불연속성이 있는지 감지하여 결함이 있는 부분의 위치를 확인하는 검사이다. SELDS 검사 방법은 검사 장비에 따라 방법이나 절차가 다소 다르므로, 장비 제조업자의 지시나 SELDS 검사 장비 매뉴얼 및 사용지침에 따라 수행되어야 하고, 본 장에서는 SELDS 검사에 대한 최소한의 지침만을 제공한다.(UFGS-13 27 54.00 10) SELDS 검사는 차폐시공의 어느 단계에서도 수행할 수 있고, 전체 차폐시공이 완료되면 SE 수락시험 전에 먼저 수행해야 한다. (UFGS-13 27 54.00 10, MIL-HDBK-1195 등) 또한, 체계운용성 검증시험 간 CWI 시험이 불가한 경우 발주자가 직접 선정한 자문기관 또는 자문위원회의 의견을 바탕으로 CWI 시험 대신 SE 시험과 함께 SELDS 검사가 적용될 수 있다.

바닥 차폐에 대해서는 SE 시험 측정공간을 확보하는 것을 기본 원칙으로 한다. 그러나, 시설을 신축할 장소의 환경특성상 바닥 측정공간 확보가 어려운 경우, 바닥을 용접으로 시공하고 동시에 바닥면에 POE를 만들지 않는 경우에 한해, SE 시험을 대신하여 바닥 SELDS 검사를 수행할 수 있다. 바닥 SELDS 검사 수행을 위해서는 바닥 차폐벽 아래에 전류 인가도선을 매설하거나 전류 인가도선을 설치할 수 있는 공간을 확보해야 한다. SELDS 검사는 HEMP 방호벽의 이음매, 도어, POE 방호장치 연결부 등의 접합부에 누설이 있는지 감지하고 그 결함 위치를 찾을 수 있는 효율적인 방법이다. 검사 방법은 소형시설과 대형시설에 따라 다르다.

소형시설의 판단 기준은 한 변의 최대 검사길이가 20m이고, 면적으로는 400m^{2}이다. (UFGS-13 27 54.00 10) 소형시설의 경우 그림 5.3.26의 A와 B지점처럼 대각선으로 마주보는 두 지점에 각각 측정용 전류 인가도선을 연결한다. 측정용 전류 인가도선은 전류 발생기에 연결하여 전류 인가도선을 통해 방호벽 외부에 검사전류를 인가한다. HEMP 방호벽의 내부에서는 휴대용 수신기를 이용해 결함을 감지하고 결함위치를 파악한다.

대형시설은 소형시설보다 큰 시설로 전류발생기 하나로 전체 면적을 검사할 수 없어 시험면적을 그림 5.3.27과 같이 여러 영역으로 나누어야 할 경우 해당된다. 이 경우 방호벽 영역을 여러 영역으로 나누어서 순차적으로 검사해야 하고, 각 영역은 어느정도 서로 겹치게 설정하여 측정한다. 대형시설의 경우 그림 5.3.27의 A와 B지점처럼 여러 영역으로 나눈 방호벽 외부에 대각선으로 마주보는 두 지섬에 각각 측정용 전류 인가도선을 연결하고 소형시설의 측정방법과 동일하게 검사한다.

SELDS 검사는 차폐벽의 결함 부위를 세부적으로 찾아내는 가장 효과적인 검사 방법으로 알려져 있다. 또한, SELDS 검사의 성격상 명확한 규격값 설정이 가능하지 않으며, 검사자의 경험적인 판단에 많이 의존한다. 그 때문에 SELDS 검사는 그 자체로서 HEMP 방호벽의 합격/불합격 여부를 판단할 수 있는 검사는 아니지만 수락시험 전에는 반드시 수행되어야 한다.(UFGS-13 27 54.00 10) SELDS 측정에 의해 수집된 데이터는 HEMP 수락시험을 위한 기초자료로 성능시험의 증거를 위한 상관관계를 나타내는 자료와 HEMP 방호벽의 분석 판단 작업용(Profiling)으로 사용한다.

SELDS 검사 장비는 제조사에 따라 다르지만 보통 휴대용 수신장비, 전류 발생기, 헤드폰, 운반 케이스 및 전류 인가도선 등으로 구성되어 있다. 휴대용 수신장비는 프로브와 휴대용 수신기로 이루어져 있고, HEMP 방호벽 내부를 관통하는 누설신호를 감지한다. 프로브란 측정대상의 상태를 되도록 변화시키지 않고 측정하기 위한 검출기구이다. SELDS 검사 장비의 프로브는 프로브 위치에서 6mm 이내의 누설을 감지할 수 있도록 페라이트(Ferrite, 자성재료) 루프 프로브를 사용한다.

휴대용 수신장비는 140dB의 동적범위(Dynamic Range)를 가진 장비로, 수신기의 교정값에 대해 상대적인 자기장 세기를 표시한다.

전류 발생기는 약 100kHz 정도의 출력신호를 생성하고, 전류 인가도선은 HEMP 방호벽의 대각선으로 마주 보는 두 개의 모서리에 각각 연결하여 HEMP 방호벽의 외부표면에 약 1A 정도의 전류를 흐르게 한다(그림 5.3.26 ~ 5.3.27 참조). 전류가 HEMP 방호벽 표면에서 구멍이나 불완전한 이음매 같은 전기적인 불연속점을 만나면 전류밀도가 증가하고, 자기장이 전류흐름에 수직방향으로 형성된다. 따라서 자기장은 HEMP 방호벽의 구멍이나 불완전한 이음매 같은 불연속성이 있으면 누설현상이 발생하고 휴대용 수신기는 HEMP 방호벽의 내부에서 이를 감지한다.

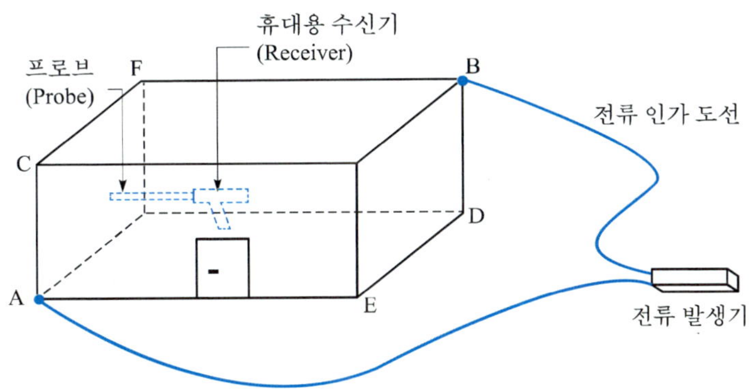

그림 5.3.26 SELDS 검사 구성도 예시(소형시설)

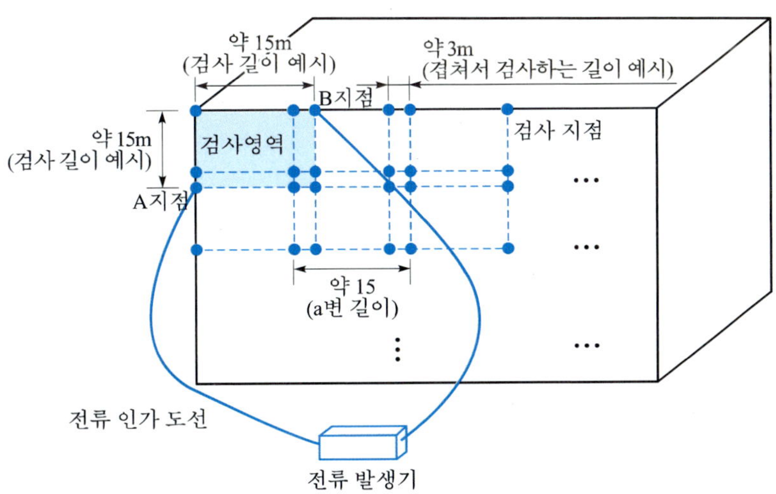

그림 5.3.27 SELDS 검사 구성도 예시(대형시설)

전류 인가도선은 2~2.5mm 직경의 절연된 구리 연선을 사용하여 HEMP 방호벽에 본딩(경납땜 또는 연납땜이 사용됨) 해야 한다. 전류 인가도선의 보호를 위해 경질비닐 전선관을 사용하고, 길이는 45m를 초과하지 않아야 한다. 한 변의 최대 길이가 20m를 넘지 않는 소형시설의 경우에는 그림 5.3.26과 같이 외부 HEMP 방호벽에 대각선으로 두 지점을 잡고, 각 지점에 측정용 전류 인가도선을 연결한다. 한 변의 최대 길이가 20m를 넘는 대형시설의 경우에는 HEMP 방호벽을 여러 영역으로 나누고, 순차적으로 검사해야 한다. 한 변의 최대 검사가능 길이는 최대 20m이지만, 그림 5.3.27에서는 마진을 고려하여 한 변의 길이를 약 15m로 설정하였다.(예시이므로 참고자료로 활용, 장비 제조사의 사양에 따라 변경가능) 각 영역은 어느정도 서로 겹치게 설정하여 측정한다. 겹치는 영역 길이에 대해서는 SELDS 검사자의 경험에 따라 달라지지만, 그림 5.3.27에서는 약 3m 정도로 설정하였다.(예시이므로 참고자료로 활용)

SELDS 측정장비는 전류 발생기와 휴대용 수신기로 구성되어 있다. 전류 발생기는 장비에 따라 다르지만, 약 100kHz의 주파수로 운용된다. 전류발생기 출력전류는 대략 1A 정도이고, 교정된 출력 계량기를 이용하여 전류세기를 교정 후 사용한다.

전류 발생기의 출력은 검사대상 HEMP 방호벽의 크기와 사용하는 전류 인가도선의 유형에 따라 부하가 다양하게 변경될 수 있기 때문에 적당한 전류를 설정하기 위해 전류를 조절할 수 있어야 한다. 또한, HEMP 방호벽을 포함한 부하의 인덕턴스가 크다면, 전류 발생기와 임피던스 정합을 이루기 위해 전류 인가도선에 직렬 커패시터를 달아서 사용할 수도 있다. SELDS 검사는 측정되는 수치와 HEMP 방호벽의 차폐 효과도와의 관계가 명확히 정해져 있지 않다. 다양한 상황에서 다른 측정값이 나올 수 있기 때문에 검사자의 경험 및 숙련도에 따라 운용 효과가 달라질 수 있다. 또한, 성질이 서로 같지 않은 접합부분과 관통부의 용접부분에서 누설 등의 전기적인 불연속성을 잘못 탐지하는 경우가 있다. 이런 경우를 방지하기 위해서는 장비 조작상의 원리를 이해하는 것이 필요하고, SELDS 검사 장비를 다루기 위한 숙련도가 필요하다. 보통 5년 이상 SELDS 검사를 수행한 경험자를 숙련자로 본다. (UFGS-13 27 54.00 10)

소형시설의 경우 전류 인가도선은 그림 5.3.26과 같이 HEMP 방호벽 외부에 대각선으로 가로 질러 연결한다. 대형시설의 경우 그림 5.3.27과 같이 구성한다. SELDS 검사는 외부에 흘리는 전류흐름 방향에 따라 누설신호 세기도 서로 다르게 감지가 되므로, 그림 5.3.26에서처럼 A지점과 B지점만 연결해서 한 번만 측정 하는 것이 아니라, A지점과 B지점 측정 후, C지점과 D지점을 연결하여 측정하고, 마지막으로 E지점과 F지점도 연결하여 측정해서 여러 결과값을 얻는 것이 더 정확한 방법이다. 대형시설의 SELDS 검사도 방향을 달리하여 여러 번 측정하는 것을 추천한다.

차폐를 지지하는 주위의 구조적인 보(Beam)와 같은 성질이 다른 건축물은 SELDS 측정 시 예외적인 수치가 나올 수도 있다. 커다란 강철 보, 날카로운 모서리 또는 전류 인가도선 설치와 같은 경우 전류 뭉침 현상과 계측상의 잘못된 표시가 나올 수도 있다.(전류 뭉침(Current Bunching) : 높은 주파수에서 케이블의 한쪽에서 전류가 집중되는 경향이 있음) 이런 현상 발생시 전류 인가도선을 재배치하여 검사를 반복해야 한다. 문제가 반복되고 구조적인 문제가 명확하지 않다면 SE 시험의 자기장대역 루프안테나 시험을 바로 그 지점에서 수행해야 한다. 일반적인 SELDS 검사를 위한 절차는 아래와 같다.

① 수신기 및 전류 발생기의 전원 이상유무를 확인 후 전류 인가도선 끝부분을 전류 발생기의 출력 단자 두 개 중 한쪽 단자에 연결하고, 도선의 다른 끝부분은 HEMP 방호벽 외부벽의 한 지점에 전기적으로 연결한다.

② 다른 전류 인가도선도 전류 발생기 나머지 출력 단자와 HEMP 방호벽 외부의 한 지점에 연결하고, 연결 지점이 전기적으로 연결이 잘 되었는지 확인한다. HEMP 방호벽에 연결할 때, 앞에서 먼저 연결한 전류 인가도선의 HEMP 방호벽 연결 지점과는 대각선 맞은편으로 연결되어야 한다.

③ 휴대용 수신기 본체와 프로브를 연결하고 HEMP 방호벽 외부에 전류 발생기 출력신호를 인가했을 때, HEMP 방호벽 내부의 휴대용 수신기에서 올바른 수신값을 나타낼 수 있도록 수신기 프로브를 교정한다.

SELDS를 검사하기 위한 예비설정을 끝내고 운용을 위해 아래의 단계를 수행한다.

① 휴대용 수신기는 HEMP 방호벽 안에 위치하고, 차폐도어를 닫은 후 HEMP 방호벽 전체 외부 표면에 약 1A(장비별 상이)의 전류 발생기 출력신호를 흘린다.

② 휴대용 수신기로 HEMP 방호벽 내부표면을 면밀히 검사한다.(내부 표면 검사 시 모서리 부분이나 용접 부위의 이음매와 가장자리(Edge), 도어 등의 주변을 중점적으로 실시한다.)

③ 휴대용 수신기의 프로브로 내부표면을 검사할 때, 벽이나 천장 같은 평평한 표면은 프로브를 표면에 수직으로 위치시켜서 검사하고, 모서리 부분의 이음매를 검사할 때는 연결부위 표면에 45°각도로 위치시켜 검사한다.

④ HEMP 방호벽의 누설이 감지되면 누설 위치를 표시하고, 누설 신호 세기를 표시한다.(보통 누설이 발생되지 않은 방호벽의 누설신호 세기와 비교하여 10dB 이상의 누설신호 세기 차이가 발생한다.(UFGS-08 56 46.10 20)) 단, HEMP 방호벽 외부 표면을 흐르는 전류 발생기 출력신호의 패턴은 모서리 부분의 기하학적인 형상으로 인해 커지는 경향이 있어 누설이 존재하지 않아도 휴대용 수신기에 감지되는 신호가 커질

수 있다. 즉, 수신기 측정값이 커질 때 누설에 의한 것인지 아니면 HEMP 방호벽의 모서리 부분의 기하학적인 형상에 의한 것인지는 경험적으로 판단해야 한다.

⑤ HEMP 방호벽 표면에 그림 5.3.28 혹은 그림 5.3.29와 같이 가늘고 길쭉한 형태의 결함이 있으면 내부 표면에서 누설이 감지된다. 감지된 누설 신호 세기는 구멍 방향과 전류 흐름 방향에 따라 서로 다르게 감지된다. 예를 들어, 그림 5.3.28과 같이 길쭉한 구멍 방향과 외부 표면에서 흘리는 전류 흐름이 서로 평행하다면 누설 신호 세기는 작게 감지되는 반면 그림 5.3.29와 같이 길쭉한 구멍 방향과 외부 표면에서 흘리는 전류 흐름이 서로 수직이라면, 누설 신호 세기는 더 크게 감지된다. 즉, 외부에 흘리는 전류 흐름 방향에 따라 누설신호 세기도 서로 다르게 감지가 된다.

⑥ HEMP 방호벽에 누설이 감지되었을 경우 누설 지점을 수리 및 보완하고, 보완된 지점의 효과를 검증하기 위해 위의 SELDS 검사를 다시 수행한다.

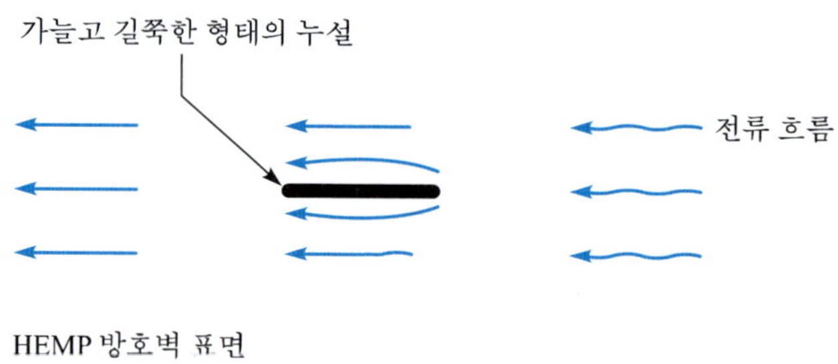

그림 5.3.28 전류 흐림과 누설 부위가 평행일 때

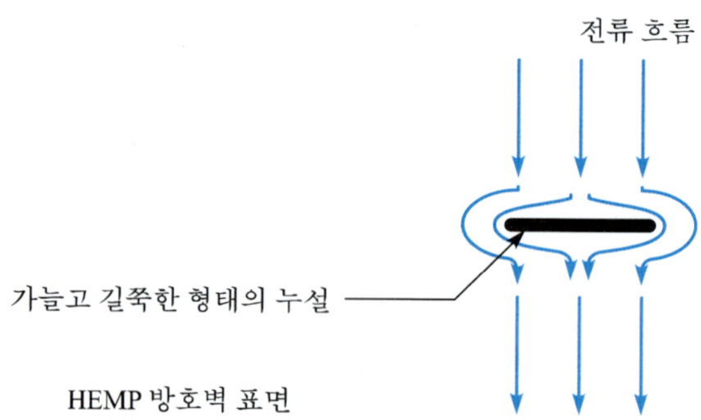

그림 5.3.29 전류 흐림과 누설 부위가 수직일 때

추가사항으로 고출력 비핵(非核) 전자파에 대한 삽입손실 측정은 전도성 과도현상이 침투할 수 있는 케이블에 연결된 시설 인입부 장치에 대해서 측정하며, 시설 내부에 운용할 기기가 설치되기 전에 측정하는 것을 원칙으로 한다. 시설 내부에 기기가 운용되고 있는 경우에는 기기를 시설 인입부 장치로부터 분리하여 측정한다.

표 5.3.15 전도성 방호성능 측정용(Network Analyzer) 시험 장비

장비	특성
신호 발생기 및 측정기	• 발생주파수 : 10kHz 이상 • 신호 임피던스 : 50Ω

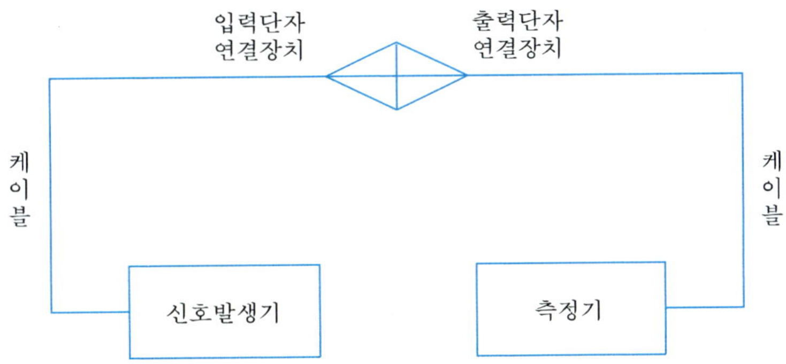

그림 5.3.30 기준 값 측정 구성도

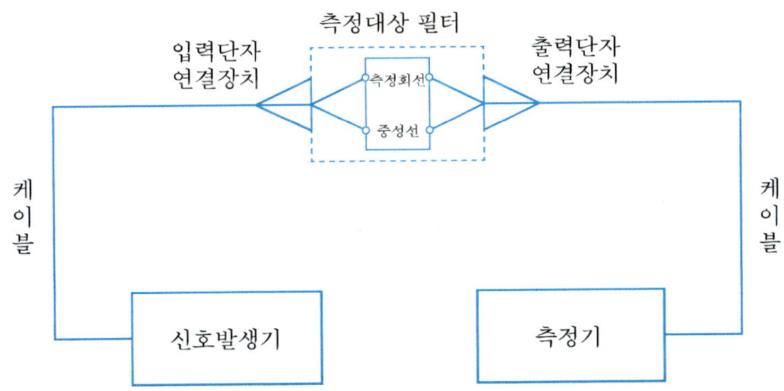

그림 5.3.31 시험 값 측정 구성도

기준 값에 대한 측정절차는 아래와 같다.

① 신호발생기 출력단자와 측정기 입력단자 사이에 방호성능 측정에 필요한 입·출력 단자 연결장치(측정용 필터를 연결하기 위한 단자) 및 케이블을 그림 5.3.30과 같이 설치한 후 주파수별 기준값을 측정한다.

② 측정된 기준값을 기록한 후 시험 값 측정 결과와 비교하여 최종 방호성능을 도출하는데 사용한다.

③ 신호발생기와 측정기 대신에 네트워크 분석기 등 다른 측정장비를 사용할 경우 주파수에 따른 경로 손실을 보정하여 기준 값(신호 감쇠량)이 "0"이 되도록 설정한다.

시험 값 측정 절차는 아래와 같다.

① 측정대상 필터의 측정 회선과 중성선 단자를 그림 5.3.31과 같이 입·출력 단자 연결장치와 연결하고 시험 값을 측정한다.

② 입·출력 단자 연결장치와 측정대상 필터가 전기적으로 단락되도록 연결한 후 필터의 입·출력 단자를 외부로부터 차폐한다.

③ 측정 주파수에 따른 신호 감쇠량을 측정한 후 기준값 측정결과를 사용하여 방호성능을 도출한다.

5.4 EMP 방호시설 유지관리

5.4.1 일반사항

유지관리는 EMP 침해방지 대책이 구축된 이후 EMP 방호성능을 지속적으로 유지하여 유사시 EMP 공격을 받더라도 대상 정보 기기의 운용성을 지속적으로 확보하기 위한 일련의 활동이다.

EMP 침해방지 대책 後 유지관리가 소홀하면 방호성능을 쉽게 잃을 수 있다. 예를 들어 개구부인 차폐문의 경우 계속된 사용으로 차폐문의 연결부위가 손상 또는 마모되어 방호성능 저하가 발생할 수 있으며, 방치 시에는 차폐성능이 저하되기 때문에 EMP 방호대책으로서 역할을 제대로 할 수 없게 된다. 결국 막대한 예산을 들여 중요 정보기기에 대한 EMP 침해방지 대책을 구축하여도 자칫 관리소홀로 인해 유사시 성능을 발휘하지 못하면 큰 손실이다. 유지관리는 이러한 문제점을 사전에 예방하기 위하여 정기적인 진단, 수리, 성능

재시험, 재고확보, 교육 등의 프로그램을 통해 EMP 침해방지 대책이 항상 일정한 방호성능을 지속적으로 유지하도록 함에 그 목적이 있다. 만일, 유지관리 프로그램을 시행했음에도 불구하고 방호성능이 허용되는 수준보다 낮게 나오면 우선적으로 성능보완을 수행하고, 향후 재발 방지를 위해 유지관리 절차를 보완해야 한다. 또한, 성능 재시험은 고가의 시험장비를 사용하고 그 결과를 정확히 해석하기 위한 EMP 전문지식을 필요로 하기 때문에 전문기관에서 수행함이 바람직할 것이다. EMP 방호시설을 구축 후 관리주체가 정한 기준과 절차에 따라 설치·운용 및 유지관리가 되고 있어 유사한 시설이라고 할지라도 사용된 재료나 규격에 따라 노후·훼손 등이 다양하게 나타나고 있다. 이에 따라 EMP 방호시설에 대한 유지관리 업무는 EMP 방호시설의 기능 향상과 차폐성능 유지, 시설수명 연장, 전자파로부터 정보체계 침해 예방 및 사용자에 대한 위해·위험 요인제거, 외력이나 화학적 현상으로 인하여 생기는 EMP 방호시설 결함·손상의 복구 및 감소된 차폐기능이나 성능의 회복, 부품별 성능 유지와 공간별 기능 유지 등을 달성하는데 목적이 있다.

유지관리를 위한 기본 방침은 EMP 방호시설의 기능을 보존하고 이용자의 안전과 편의를 도모하고 피해가 확대되는 것을 방지하며 EMP 방호시설의 정비를 효과적으로 수행하기 위하여 비용의 타당성을 판단하고 예산 집행상 차질이 없도록 철저한 작업계획을 수립하고 유지관리 조직을 체계화 한다. 또한, 기존 시설에 대한 성능 개량과 규격 및 기준 변경 시 관리책임 부서 및 관련기관과 협의 후 조치하고 유지관리기준 마련 및 기준에 근거한 유지보수를 시행한다. EMP 방호시설의 계획, 설계 및 시공과 관련된 기록 등을 보존해야 한다.

EMP 방호시설의 유지보수체제는 표 5.4.1과 같이 계획보수, 소규모 보수 및 격별보수로 구분 적용한다.

표 5.4.1 시설 유지보수 체계

구분	보수개념	보수범위
계획보수	경제적인 내용 연수를 현저히 증가시킬 수 있는 대규모 보수	재산 가격의 21~50% 이내
소규모보수	대규모 보수를 미연에 방지할 수 있는 보수	재산 가격의 4~20% 이내
격별보수	해당 소유주가 직접 보수를 집행할 수 있는 보수	재산 가격의 3% 이내

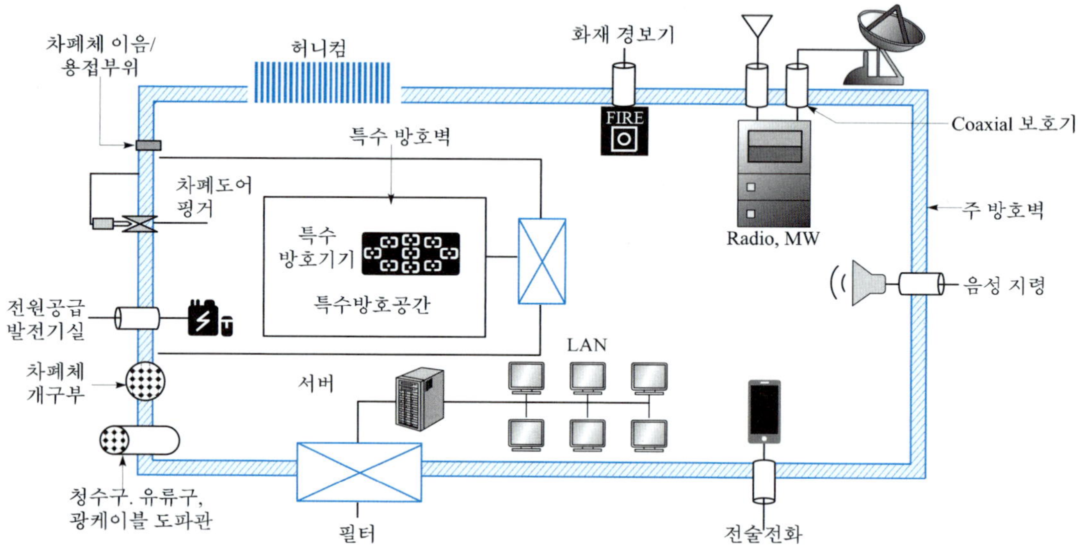

그림 5.4.1 EMP 방호시설

EMP 방호시설의 유지관리 대상은 그림 5.4.1과 같다. 대표적으로 방호벽의 이음새 부분과 전기적, 기계적 POE 등이다. 방호벽은 SE 시험과 SELDS 검사를 통해 성능을 검증하며 상·하수/냉매배관 등 POE, 공기 순환을 위한 허니컴, 광케이블 및 전기 통신 선로 인입을 위한 도파관과 필터, 차폐문 등 차폐벽 개구부는 SE 시험으로 성능을 점검한다. 전기적 신호가 인입 되는 각종 필터류는 PCI 시험을 통해 성능을 검증한다.

유지보수를 위해 방호벽은 이음새 부분의 육안검사 및 시설보수를 위해 실내장식 및 벽으로 가리지 말아야 한다. EMP 방호시설에 대한 관리주체는 부재(部材)의 교체 및 시설물의 점검·진단 주기를 고려하여 장기(ex. 5년) 및 단기(ex. 1년)마다 유지관리계획을 수립하여야 하며 유지관리계획에 따라 매년 시행계획을 수립·시행해야 한다.

유지관리계획서는 EMP 방호시설의 활용 및 성능유지를 위한 관리 목표와 일상점검·정비 및 청소 등 유지관리 세부활동을 포함한다. 또한, EMP 방호시설 유지보수 계획에 관한 사항과 계획의 적정성 검토 방법 등도 작성한다. 조직·인원 및 장비에 관한 사항으로는 유지관리를 위한 기구의 조직 및 인원편성, 시설 유지보수와 시험을 위한 시행팀의 구성, 점검 및 진단에 필요한 장비구매 및 임대 등에 관한 계획을 포함한다. 안전점검 및 진단에 관한 사항으로는 안전점검 및 진단시기, 점검 및 진단에 필요한 기존 자료의 수집·평가 방법, 차폐 부재나 구조상 주요부위의 중대한 결함 및 손상의 확인방법과 시험계획, 유지관리에 필요한 세부작업계획을 수립한다. 점검 및 진단 시 운용체계에 대한 사용제한 계획과 보수·보강 및 안전 점검 및 진단 결과에 따른 부재의 보수·보강 및 교체 시기와 주요 부품의 노화에 따른 교체 시기를 명시한다. 비용 및 예산에 관한 사항은 장기(ex. 5년) 단위의 연차별 투자계획 및 당해연도 예산확보 현황을 작성한다. 추가사항으로 안전 점검 및 진단 시 안전관리 계획에 관한 사항과 긴급사항 발생 시 조치체계에 관한 사항, 설계·시공·감리 및 유지관리 등에 관련된 설계도서의 수집 및 보존에 관한 사항, 유지관리 실적(전년도 시행실적 포함)에 관한 사항 등 구체적인 계획을 포함하여야 한다.

유지관리예산은 EMP 방호시설물 유지관리를 위한 주요설비의 정비 및 청소 등을 포함한 통상적인 유지관리비용, 안전점검 및 진단비용, 예비품에 대한 구매비용, 유지관리를 위한 장비의 구입 및 임대비용, 보수·보강비용 및 기타 부대비용 등 예산 편성기준에 따라 충분히 확보한다. 안전점검 및 진단비용 산출은 전파법시행령 제98조의2 (고출력·누설 전자파 안전성 평가 수수료)규정에 의한 대가 기준을 준용하여 확보하고 세부 시행예산은 현장여건에 따라 비교 견적서 등 추가 확인이 필요하다. 기타 부대비용으로 유지관리에 소요되는 출장비 등 재경비에 대해서는 예산편성 기준에 따라 확보한다.

5.4.2 점검 종류 및 적용사항

시설물의 유지관리 책임자가 주기를 정해놓고 정기적으로 실시하는 점검이 정기점검이다. 주간·분기점검·반기점검·연간점검 및 체계운용성 검증시험 등 주기적으로 시설물의 성능을 판단하고 차폐 요건을 계속 만족시키고 있는지를 확인·관찰한다. 점검자는 시설물의 전반적인 외관 및 형태에 심각한 손상·결함을 확인할 수 있도록 정밀한 점검을 해야 하며, 이상이 발견되면 즉시 관리 주체에게 보고해야 한다. 또한, 시설물의 현 상태를 판단하고 최초 또는 이전에 기록된 상태로부터의 차폐도의 변화를 확인하기 위해 SE, PCI시험과 SELDS 검사로 정기적 점검을 한다.

지속적인 감시가 필요한 시설물 부위는 사전 현장조사 및 안전성 평가를 통해 결정해야 하고 지속적인 감시가 필요한 부위의 점검은 관련 지침에 따라 수행되어야 한다. 감시 부위의 육안검사 결과는 Check-list에 기록하고, 점검 결과는 사진 및 유지관리 결과 등과 함께 보관해야 한다. 구조상태가 변화되어 차폐성능에 영향을 줄 수 있을 때는 차폐성능을 다시 측정하여 보관해야 한다.

긴급점검은 낙뢰, 태풍, 집중호우 등 천재지변이 발생한 경우 또는 긴급한 손상이 발견된 때 실시한다. 일상점검 결과에 의하거나 관리주체가 사고나 자연재해에 대하여 시설물의 안전·유지관리에 필요하다고 판단하였을 때 긴급히 EMP 방호시설의 손상이나 재료의 급격한 성능저하에 대해서 평가한다. 그에 따라 긴급한 사용제한이나 금지, 응급 보수·보강 등의 안전조치를 취한다.

손상점검은 非 계획적인 점검으로써 외력과 자연발생에 의해 비롯된 구조적 손상을 평가하는 것이다. 점검의 범위는 긴급한 사용제한 또는 금지의 필요성이 있는지의 판단과 보수를 수행하는데 필요한 작업량 (비용)의 정도를 결정할 수 있도록 해야 하며, 예비부품을 이용한 차폐성능 복구 가능여부 등을 결정해야 한다. 따라서 점검자는 현장에서의 유지관리 능력이 필요하다. 이 점검은 정기점검의 보완 수단으로 손상의 정도와 보수의 긴급성 그리고 보수작업의 규모를 파악할 수 있어야 하며 시험장비에 의한 현장 측정 및 복구계획에 대한 대책이 필요하다.

특별점검은 관리주체가 판단하여 행하는 체계운용성 검증시험 수준의 점검으로 차폐 성능저하 또는 외부균열과 같은 결함이 의심되는 경우나, 사용제한 중인 EMP 방호시설의 지속적인 사용 여부를 판단하기 위하여 실시한다. 점검 시기는 결함의 심각성을 고려하여 결정한다.

안전진단은 관리주체가 안전 점검을 실시한 결과 EMP 방호 차폐성능 및 안전확보 등을 위하여 필요하다고 판단하는 경우에 실시한다. 정기점검 및 체계운용성 검증시험 과정을 통해서 쉽게 발견하지 못하는 결함·손상 부위를 발견하기 위하여 행해지는 정밀 육안검사와 정밀검사 장비에 의한 측정을 포함하는 점검이다. 필요한 경우 공인시험기관 또는 전문인력을 통해 결함의 유무 및 보수 범위에 관한 확인이 필요할 때는 SE 시험 및 SELDS검사를 통해 안전진단을 실시한다. 안전진단 결과 보수·보강이 필요한 경우에는 보수·보강 방법을 제시하여야 한다.

EMP 시설물의 안전 및 유지관리를 효율적으로 시행하기 위하여 관리주체는 종합적인 판단에 따라 우선순위를 결정한다. 안전 점검 및 진단의 우선순위 결정 시 고려하여야 할 사항으로 EMP 방호시설의 설치 연월(사용 경과 연수), 사용 빈도, EMP 방호대상, EMP 방호시설의 이용도 및 중요도 등이 있다. 우선적으로 보수·보강을 실시하여야 할 경우에는 C4I 체계 등 중요 통신체계의 안정적인 운영을 위해 즉각적인 조치가 필요한 경우와 EMP 방호시설이 현재 사용제한을 받는 경우, 그리고 안전 및 유지관리계획에서 이미 실시하기로 예정된 경우 등이 있다.

5.4.3 유지관리 운영

EMP 방호시설의 운영 및 유지를 위해서 EMP 차폐판, 차폐문, 장비 반입구, Piping WBC, 환기 장치용 WBC, Fiber optics WBC, 전선관(Conduits) 등 주요 POE를 대상으로 SE 시험, 차폐판의 방호성능 측정을 위해 SELDS검사를 진행한다. 필터의 정상적인 동작상태를 확인하기 위하여 누설전류 측정 및 온도 체크는 일상점검으로 진행해야 한다.

시설 완공 이후 EMP 방호시설을 운용하는 관리자들의 직무능력을 향상시키기 위하여 주기적으로 부분 SE, SELDS, 필터와 관련된 점검을 전문인력과 함께 시험하여, 교육과 실무능력을 향상하고 정기적으로 전문기관과 시험 숙련도 검사를 진행하여 방호시설 운용 검사능력을 유지하는 등의 노력이 필요하다.

또한, 차폐벽을 통과하는 선로의 구축을 위해 필터를 설치하였을 경우 부분 SE 시험을 진행하여 차폐성능을 확인하여야 한다. 누설전류 측정을 위해 필터 입력부(Dirty Zone)를 열었을 경우도 부분 SE 시험을 시행하여야 한다.

예방 정비를 위하여 주기적인 시험 정비가 필요하며 필요에 따라 검사 방법을 개정하여 자체적으로 운용할 수 있다. 표 5.4.2에 제시된 내용은 방호시설 수명 주기 동안에 EMP 방호성능을 유지하기 위한 주요항목을 제시하였다.

표 5.4.2 유지보수 시험 항목 및 발생원인

유지보수 주요항목	방법	발생원인 및 점검내용
육안검사	외관 관찰	POE 무단 증설, 부식, 나사 풀림, 뒤틀림 등으로 이음새 부분 점검
온도측정	온도측정 장비	ESA, 합선, 냉방기 등 운용 기기 고장 점검
누설전류	누설전류 측정 장비	낙뢰에 의한 ESA 고장 또는 성능저하 점검
부분 SE	SE 시험	경년변화로 성능이 저하되며 차폐도 점검
SELDS	SELDS검사	차폐벽 내·외부 간 온도 차이로 인한 수축 및 팽창 등 크랙 발생 점검
접지저항	저항 측정	금속 접촉점 부식 확인 등 접지저항 측정 진행

EMP 방호시설이 건설되고, 시험 평가를 통해 요구 규격 만족이 확인되면 시설에 대한 운용이 시작된다. 방호시설이 전 수명주기 동안 EMP 방호성능을 계속 유지하기 위해서는 EMP 방호시설의 설계단계에서 작성한 EMP 방호시설 유지관리 매뉴얼에 따라 EMP 방호시설이 관리 및 유지되어야 한다.

EMP 방호시설의 성능은 평상시 성능저하가 발생해도 시설 내의 전자 장비에 특별한 영향이 나타나지 않으므로, 성능의 저하 상태를 알지 못하다가 EMP 공격을 받게 되면 그때 문제가 발생 된다는 특성이 있다. 따라서 EMP 방호시설에 대한 주기적인 점검 및 정비 유지는 매우 중요하며, 성능저하 여부를 모니터링 할 수 있는 체계적이고 현실적인 정비 유지 기법이 요구된다. 특히, 주 방호체계에 대한 차폐성능은 모니터링 할 수 있어야 하며, 모니터링 기술을 활용하여 효과적인 유지관리를 수행해야 한다. EMP 방호시설 유지관리 매뉴얼에 따라 방호시설 예방 정비 및 고장을 수리하고, 방호성능을 모니터링하며 방호시설을 개조하거나 변경할 때도 방호성능이 계속 유지될 수 있도록 하여야 한다.

EMP 방호시설은 차폐벽, 차폐문, 각종 POE에 사용되는 EMP 필터 등으로 구성되며, 각각의 구성품은 EMP 방호시설 품목이라고 정의한다. EMP 방호시설 품목은 방호 부품의 조립으로 만들지며 각각 고유의 방호성능을 가지고 있다. 부품은 유지보수의 명확성을 위하여 방호 부품 단위의 관리가 필요하다. 이들 방호 부품들로 조립된 방호시설 품목을 조립체라고 명명하고 조립체 단위로 구성 부품을 관리할 수 있는 체계를 만들어야 한다. 예를 들어, 과도전압을 방지하는 ESA부품과 불필요한 전자파를 제거하는 EMC 필터로 구성된 EMP 필터는 조립체로 정의되며, 조립체 수준의 방호성능과 정비 방법이 정의된다.

EMP 필터를 구성하는 ESA와 EMC 필터는 각각 방호 부품으로 정의되고, 각각의 방호성능과 규격이 주어지게 된다. 또한, EMP 방호실 벽에 설치되는 장비 출입용 출입구는 덮개와 개스킷으로 구성되며, 각각의 방호성능과 규격이 주어진다. 일반 품목인 볼트, 너트 또는 설치용 자재 등은 EMP 방호 품목으로 취급되지 않지만, EMP 방호용으로 설치되었을 때는 주기적으로 점검하고 유지 관리하는 EMP 방호 품목이 된다. EMP 방호 품목은 표 5.4.3과 같이 품목의 설치 위치, 조립체 및 품목에 대한 설명 자료 등이 정비 매뉴얼에 목록화하여 첨부되어야 한다.

표 5.4.3 방호품목 목록 예시

방호 품목	조립체 및 방호 부품 자료	설치 위치
E10	EMP 필터 조립체(생산자명, 모델 번호, 일련번호)	POE번호 : E10
E10A	필터 4개(생산자명, 모델 번호, 일련번호)	POE번호 : E10
E10B	ESA 4개(생산자명, 모델 번호, 일련번호)	POE번호 : E10
E10C	RF gasket(생산자명, 도면 번호 또는 Part Number)	POE번호 : E10
M15	1m × 1m Battery Room 배기 허니컴(WBC의 도면번호)	0호실의 서쪽 벽면
M15A	허니컴의 재질(생산자명, 모델 번호)	M15

EMP 방호 품목에 대한 유지관리는 예방 정비, 고장 수리, 외주 정비로 나누어지고, 관리 주체는 EMP 방호시설 관리자를 지정하여 운영해야 한다. 관리자는 자체적인 육안검사와 기본 점검활용을 통해 예방 정비와 고장 수리를 담당하고, 외주정비는 외부 용역업체 또는 전문 시공업체를 통해 실시하는 정비를 말한다.

예방 정비는 방호 품목에 대한 주기적인 조정, 청소, 수명이 다한 부품의 교환 등으로 방호시설 유지보수지침에 제시된 유지보수 업무를 수행하고, 방청 및 윤활 작업 등과 같은 부수적 업무도 수행한다. 예방 정비 주기는 대상에 따라 다르며 방호시설 관리자가 담당한다. 고장 수리는 유지보수 활동에서 발견된 결함이나 비정상적인 현상 등을 수리하는 것으로 주기적으로 반복되지는 않는다. EMP 방호시설에 대한 고장 수리가 완료되면, 예방정비 단계로 돌아가서 계획에 따라 정비 업무를 수행한다. 외주정비는 EMP 방호시설의 장기적인 사용으로 인한 성능저하 상태를 재평가하고, 현재 적용 중인 정비 유지 계획의 전반적인 효과도를 측정하여 정비 유지계획과 유지보수 관리계획을 수정/보완한다.

EMP 방호 품목 생산자가 제공하는 자료에는 방호 품목의 생산 및 방호시설에 설치 시 방호성능을 확인할 수 있는 점검 방법이 포함되어야 하며, 방호 품목에 대한 고장 수리 절차서와 부품교체 시의 방호성능 확인 절차도 제시되어야 한다.

EMP 방호시설의 중점점검 내용으로 방호실은 육안점검 시 부식현상이나 방호실을 구성하는 차폐판 간 연결 상태가 결함 없이 연속적으로 완벽하게 연결되어 있어야 한다. 차폐벽에 설치된 POE와 방호장치들은 외관상 결함이 없어야 하며 부식방지 대책은 만족하게 유지되고 있어야 한다. 차폐문과 개폐·잠금장치들은 잘 작동되어야 하고 문이 닫혔을 때 전자기적으로 밀폐되어야 한다. 방호실의 장비 반입구는 덮개를 설치하여 차폐되어야 하며, 덮개 주위는 볼트로 단단히 잠겨져 있어야 한다. WBC 방호장치는 육안점검 시, 파손이나 찌그러짐 등 손상이 없어야 하고 금속 성분의 케이블은 반드시 EMP 필터를 통해 방호시설에 인입 되어야 하며, 필터 외함의 온도를 측정해야 한다(온도와 관련된 사항은 제조사에게 EMP 필터가 손상되지 않는 최대 및 최저 온도에 관한 정보를 받아 유지 관리). 전선관은 벗김과 파손 등의 결함 없어야 하고 모든 방호 부품은 설계도에 의해 제 위치에 설치되어야 한다. 방호시설에서 육안점검으로 방호 부품의 결함을 발견할 수 없는 것도 주기적인 성능측정을 통해 결함을 발견할 수 있어야 한다.

5.4.3 유지관리 활동

유지관리 활동은 EMP 방호성능 측정시험과 성능유지 정비 활동으로 구분된다. 성능유지 정비 활동은 EMP 방호 품목(부품 또는 조립품)의 손상, 노후 등으로 인한 성능 감소 여부 확인과 품목의 설치상태 변화 여부, 안전 동작 여부 등을 확인하며 느슨해진 나사 등을 다시 조이고 계기들의 눈금 오차 등을 조정하는 정비 활동으로 이루어진다.

5.4.3.1 EMP 차폐판 유지보수

EMP 방호실은 외부 건물 벽으로부터 유지보수 및 차폐성능시험 공간을 고려하여 이격(離隔) 설치해야 한다. 차폐벽 내부에서 장비 Rack까지도 차폐벽에 대한 유지보수와 차폐

성능시험을 위해 이격 설치해야 한다. EMP 방호실에 대한 유지보수는 분기별 1회 육안검사를 통해 점검하며, 정비 도구는 손전등, 와이어브러시, 확대경 등을 사용한다. 시설의 규모가 비교적 작아 하루에 진행할 수 있는 시설 및 PAN Type으로 제작된 시설의 경우는 월 1회를 기준으로 점검할 수 있다.

반기별 진행해야 하는 정기점검은 육안으로 점검 가능한 모든 차폐벽 표면을 점검하면서 동시에 필요한 정비 작업을 수행한다. 점검 사항은 표면에 녹이 슬었거나 부식된 곳을 찾아내서 녹을 제거하고 페인트를 다시 칠해야 하며, 금이 간 곳이나 파손된 곳이 있다면 고장 수리 절차에 따라 수리해야 한다. 또한, 사전 승인받지 않은 전선은 차폐벽을 통과할 수 없으며, 이를 발견할 시 반드시 제거해야 한다. 차폐 성능을 유지하기 위하여 출입문, EMP 필터 인입구, 환기구 등 주요 POE에 대한 부분SE 시험을 진행하고, 바닥 면 등 SELDS 검사 단자가 있는 곳은 검사를 시행한다.

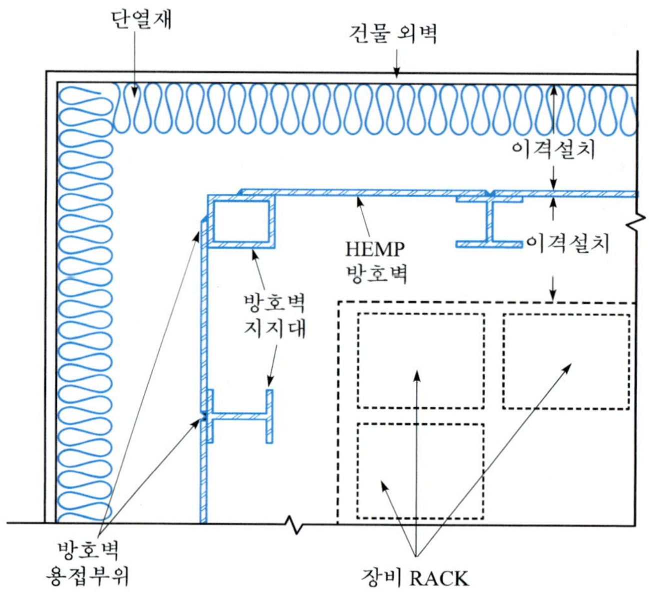

그림 5.4.2 EMP 방호실

EMP 방호실의 차폐성능은 각 시설에서 보유한 장비를 이용하여 연 1회 점검을 권장한다. 차폐성능 측정을 위해 점검해야 할 차폐벽 구역과 측정기의 송수신 안테나 위치를 정비 절차서에 정확히 표시해야 한다. 차폐 성능이 많이 저하되었다면, 육안 검사나 이동형 SELDS 장비 또는 다른 방법으로 차폐성능 저하 원인을 찾아내고 고장 수리 절차서에 따라 용접이나 브레이징으로 수리한다.

EMP 방호실 인근에 지진이나 차폐 시설에 외부 충격 발생 또는 심한온도 변화가 있었다면, 연 1회 점검에 추가하여 사건 발생 직후에 절차서에 따라 점검을 실시한다.

EMP 방호실 건설 이후 7년마다 진행하는 체계운용성검증시험은 운용 중인 시설에 CWI와 PCI를 주입하여 시설의 안전성을 검증한다. CWI의 경우 우리나라 여건상 시험이 어렵기 때문에 SE 시험과 SELDS 검사로 대체할 수 있다. 또한, 운용 중인 시설에 PCI를 주입했을 경우 필터의 고장 등으로 운용하는 장비에 위해를 가할 수 있어 수락시험에서 활용한 PCI 시험방법과 같은 방식으로 시험할 수 있다. 무중단(無中斷) 운용시설 PCI 수락시험의 경우 전원 필터의 절체(絶體)를 위한 장치와 여분의 필터를 설치한 이후에 시험을 진행하는 것을 권장한다. 공간의 효율적인 사용과 시설에 추가되는 덕트 및 전기 배선, 장비 등으로 인하여 MIL-STD-188-125에서 제시하는 시험공간을 확보하지 못한 상태에서는 상대적으로 시험 거리가 짧은 IEEE-STD-299 기준을 적용하여 체계운용성 검증시험을 시행 할 수 있다.

SE 시험의 경우, 장비나 시설의 추가로 시험이 불가능한 곳은 생략할 수 있다. 용접방식의 경우 용접 부위를 육안으로 점검할 수 있을 때는 전문가와 협의를 통하여 주요 POE와 차폐판의 표본을 추출하여 시험하는 방식으로 진행할 수 있다.

5.4.3.2 차폐문 유지보수

차폐문에 대한 점검이나 예방 장비는 차폐문의 형태와 제작사에 따라 서로 다른 정비 절차를 사용하고 있다. 예를 들면, 어떤 차폐문은 개스킷 표면에 윤활유를 발라야 하고, 다른 경우는 윤활유를 바르지 않는다. 어떤 차폐문은 나이프 에지가 있고, 어떤 것은 핑거스톡이 없다. 따라서, 차폐문에 대한 유지보수 및 고장 수리 절차서는 차폐문을 제작한 제작사의 제출 자료에 따라 작성한다. 아래의 유지보수 절차는 차폐문에 대한 정비 절차서 작성 시 참고할 수 있도록 하나의 사례로 제시한다.

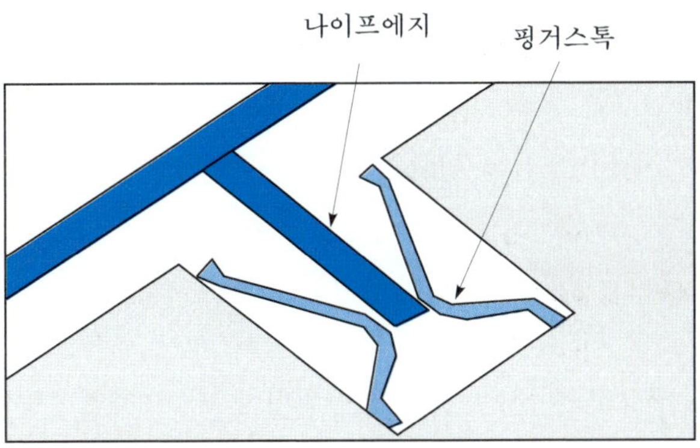

그림 5.4.3 차폐문의 핑거스톡과 나이프 에지

주간점검 사항으로 차폐문은 제작사의 공장에서 조정을 완료하기 때문에 현장에서 추가로 차폐문을 조정할 필요는 없다. 또한, 힌지(경첩)에 설치된 볼베어링은 공장에서 윤활유로 채워지고 봉인되기 때문에 별도의 정비가 요구되지 않지만, 차폐문의 핑거스톡을 점검하여 손상이 있는지, 불결한지, 부품이 없어졌는지를 확인하고, 문제점을 발견했다면 필요한 정비를 한다.

또한, 실링 표면을 점검하여 불결한지, 부식되었는지 등을 확인하여 알코올을 묻힌 걸레로 패드를 청소하고, 나이프 에지에 윤활유를 도포한다. 차폐문의 잠금장치는 느슨해진 볼트를 지정된 강도로 조이고, 손상된 부분이 없는지, 차폐 문짝과 간격이 일정한지, 문이 잘 작동되는지 등을 점검하여 문제가 있을시 정비 절차에 따라 조치한다. 차폐문에 설치된 경보장치가 작동하는지를 확인하며, 작동이 되지 않을 때에는 정비 절차에 따라 조치한다. 간혹, 무거운 차폐 문짝의 무게를 이기지 못하고 문짝의 경첩 부분이 늘어나 문짝이 기울어진 경우가 있다. 문의 폭이 2m 이상 초과하면 경첩 이외에 지지대를 설치하는 것을 권고한다.

반기점검 사항으로 차폐문에 대한 차폐 성능을 이동용 부분 SE 시험을 통하여 점검한다. 또한 청소와 배열 조정을 하고, 필요시 정비 절차에 따라 수리하고 한 개의 문에 대해 다섯 군데 핑거스톡을 교체하면 다음 교체 시에는 반드시 모든 핑거스톡을 떼어내고 교체하며 이후 핑거스톡의 변형/파손 이유를 밝혀야 한다. 핑거스톡은 문의 개·폐 횟수에 따라 수명이 결정되고 회사의 제품마다 상이하므로 납품 시 품질을 보증힐 수 있는 개·폐 횟수를 확인하여 적절한 시점에서 교체해야 한다. 교체 및 정비 이후에는 부분 SE 시험을 통하여 차폐 성능을 점검해야 한다.

5.4.3.3 장비 반입구 유지보수

차폐문으로 통과할 수 없는 큰 장비를 EMP 방호실 내로 이동하기 위해 별도의 장비 반입구를 만든다. 이 출입구는 장비의 출입 시에만 사용하고, 평상시에는 항상 밀폐되어 있어야 한다. 이 장비 반입구로 인해 차폐성능이 감소되는 것을 방지하기 위해 월간 및 연간 유지보수를 해야 하며, 장비 출입이 필요하여 출입구의 덮개를 열었을 때는 밀폐 후 차폐성능을 점검해야 한다.

월간점검 사항으로 장비 반입구 덮개에 부식된 부분이 없는지, 모든 볼트는 제자리에 잘 채워져 있는지 육안점검을 하고, 문제점이 발견되면 필요한 조치를 한다.

반기점검 사항으로 개스킷의 경우 일정 경년변화에 따라 차폐성능이 낮아질 수 있어 장비 반입구에 대한 차폐성능을 자체 보유한 모니터링 시스템이나 부분 SE 시험을 통해 주기적으로 성능을 검증해야 한다. 점검 결과, 차폐성능이 감소 되었다면 장비 반입구의 덮개를 떼어낸 후, 덮개와 차폐벽이 맞닿는 부분을 깨끗이 청소하고, 개스킷을 교환한 후 다시 부분 SE 시험을 통해 차폐성능을 점검한다.

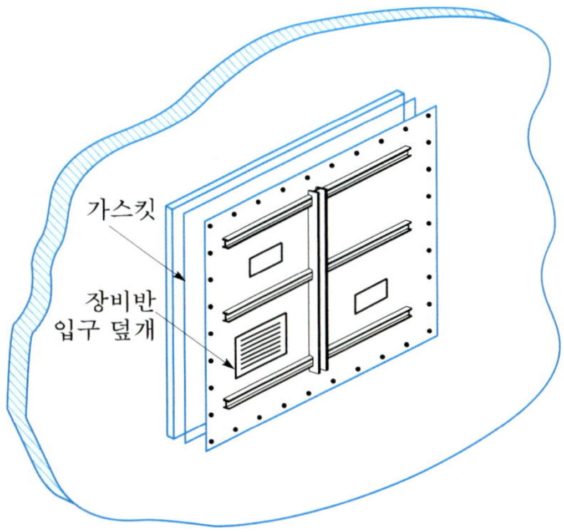

그림 5.4.4 장비 반입구 덮개

5.4.3.4 Piping WBC 유지보수

월간(분기)점검 사항으로 Piping WBC와 차폐벽 간의 용접 부위에 부식 또는 금이 갔는지 육안점검이 필요하다. Piping WBC와 차폐벽 사이의 용접부위에 녹이 발생하였다면, 이를 제거하고 페인팅 작업을 해야 한다. WBC장치 자체도 녹이나 부식이 발생하였다면, 녹을 제거하고 페인팅 작업을 해야 한다.

연간(반기)점검 사항으로 주요 Piping WBC는 6개월마다 부분 SE 시험을 진행하여 차폐성능을 확인해야 하며 연 1회 주기적으로 점검한다. 특히, 습기로 인해 용접 부위에 응결이 발생 되는 환경에서는 최소한 분기 1회의 점검을 권장한다.

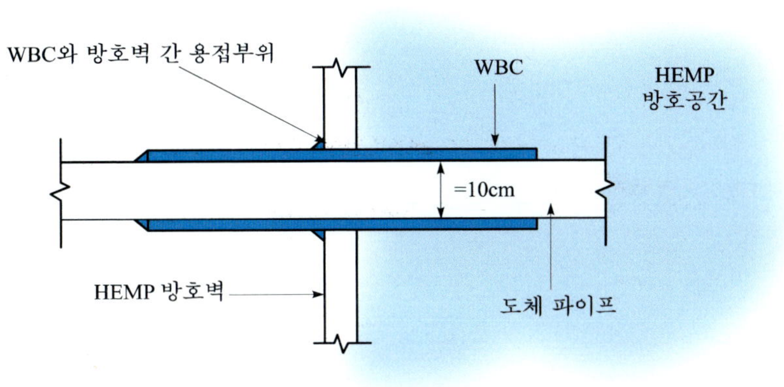

그림 5.4.5 Piping WBC

5.4.3.5 환기 장치용 WBC 및 광섬유 WBC 유지보수

환기 장치용 WBC에 대한 유지보수는 WBC 제작 형태에 따라 정비 방법이 달라진다. 일반 허니컴 역시 녹과 부식에 취약하기 때문에 주기적인 교체가 필요하다. 또한, 공기의 압력으로 인해 틈새가 벌어질 수 있으므로 유지보수에 세심한 주의를 기울여야 한다. 환기 장치용 WBC 역시 주기적으로 교체가 필요한 부위로 반드시 교체 편의성을 기준으로 시공해야 한다.

월간점검 사항으로 환기 장치용 WBC 및 광섬유 WBC 내부를 통해 어떤 도선이라도 지나가게 되면, WBC 장치가 차폐 역할을 하지 못 하므로 이를 점검하고 제거해야 한다. 예를 들면, TV 안테나선이나 전화선과 같은 도선이 WBC 내부를 통해 외부에서 EMP 방호실 내로 편의상 설치하는 경우가 있다. 상용 허니컴을 사용할 경우는 허니컴 구성체에 대한 점검과 차폐벽과 허니컴 연결 부분의 부식이나 용접결함(용접금)을 주의 깊게 점검해야 한다. 또한, 허가되지 않는 도선을 제거하고, 발견된 결함은 수리해야 한다.

분기점검 사항으로 WBC와 차폐벽 사이의 용접 부분에 대한 차폐성능을 자체 모니터링 시스템이나 부분 SE 시험을 진행하여 점검하고, 성능저하 현상을 발견하였다면 WBC 패널을 교체한다.

연간(반기)점검 사항으로 환기 장치용 WBC이나 광섬유 WBC의 차폐성능을 측정하기 위하여 부분 SE 시험을 수락시험 조건으로 진행한다. 다만, 공조시설 및 장비의 유입 등으로 완벽하게 같은 조건에서 부분 SE 시험을 할 수 없는 경우이거나, 장비 및 시설의 추가로 시험이 불가능한 곳은 생략 가능하며 최대한 동일 지점과 동일 조건으로 시험을 진행해야 한다.

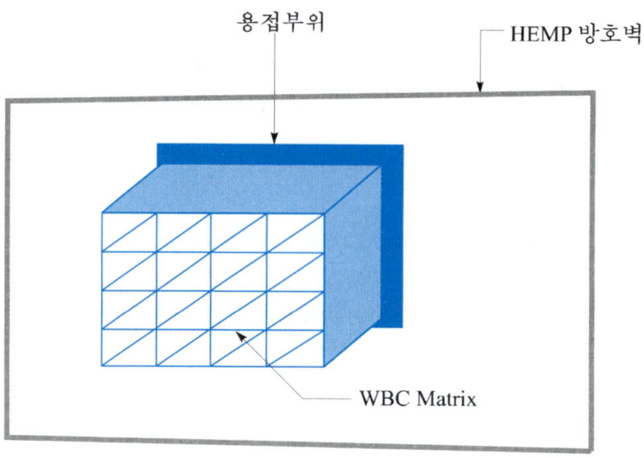

그림 5.4.6 환기장치용 WBC

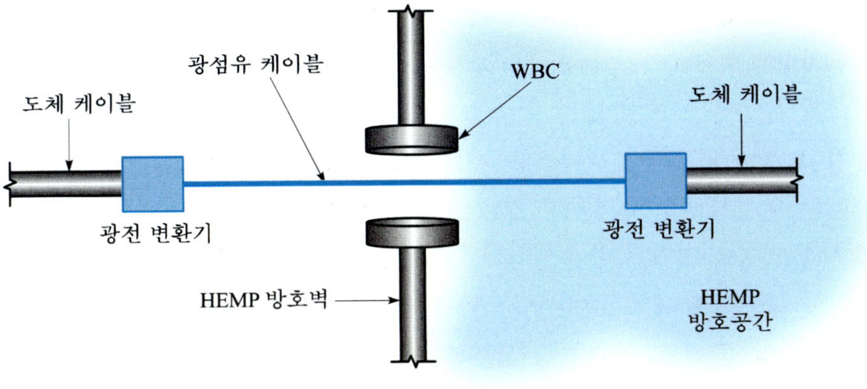

그림 5.4.7 광케이블 WBC 구조

5.4.3.6 EMP 필터(필터 + ESA) 유지보수

EMP 필터는 MIL-STD-188-125의 요구사항에 맞게 제작사에서 필터 케이스에 전자부품들을 내장시킨 후 제공하기 때문에, 방호시설 현장에서 필터 케이스를 개방해서는 안 된다. 다만 유지보수 및 고장 수리를 위해 필요한 경우에만 개방할 수 있다.

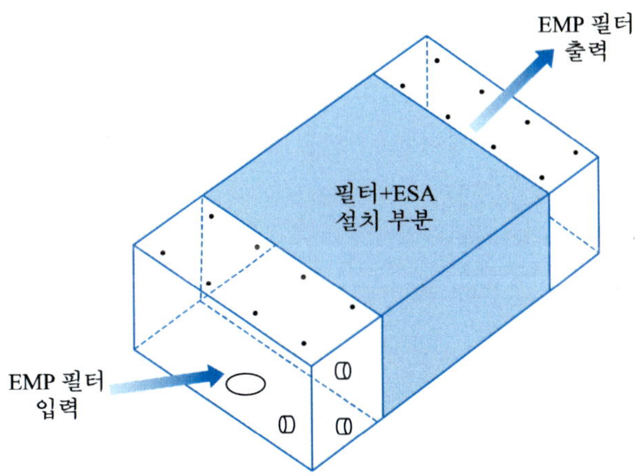

그림 5.4.8 전원용 EMP 필터

주간점검 사항으로 EMP 필터 케이스를 육안으로 점검하여 습기, 손상 여부, 승인되지 않은 도선의 인입 여부, 지정된 위치에 잘 부착되어 있는지 등을 확인한다. 또한, 필터 케이스 덮개의 모든 나사가 잘 조여져 있는지 확인하고, 만약 결함이 발견되면 조정한다. EMP 필터의 설치상태 점검간, 차폐벽과 필터 케이스 간 용접 부위 부식이나 균열이 있는지 확인하고 필요하면 정비한다. EMP 필터 외함의 온도를 측정하여 기록한다.

연간점검 사항으로 EMP 필터 케이스의 덮개를 개방하여 필터의 구성 소자를 점검한다. 필터 케이스에 손상이나, 팽창 또는 누출물이 있는지, 케이스 색깔이 변했는지를 확인한다. 이는 지나친 고열이 발생하면 필터 케이스 색깔이 변할 수 있기 때문이다. 이러한 문제가 발생된 필터는 누설전류를 측정하여 ESA 또는 새로운 필터로 교체해야 한다. EMP 필터 케이스 내부의 ESA를 점검하여 손상이나, 팽창 또는 색깔이 변했는지를 점검하여 변화가 있다면 동일한 성능의 ESA로 교체한다. 교체 시 ESA의 리드선은 최대로 짧게 해야 한다. 또한, 필터가 동작 중 회로 차단기가 작동하여 회로를 차단하는 경우가 발생하면, 유지보수 기간과 관계없이 EMP 필터를 구성하고 있는 필터와 ESA를 점검 후 필요 시 새것으로 교체해야 한다. 누설전류를 측정하여 수락시험 데이터와 비교하여 점검한다. 누설전류의 양이 증가하면 열이 많이 발생하여 화재의 위험이 있으므로 철저히 관리해야 한다. 필터는 전원을 넣은 상태에서 점검한다. 외함(Clean Zone)을 개방하고 닫았을 경우 반드시 부분 SE 시험을 진행하여 전자파 차단성능을 검증해야 한다.

EMP 필터를 부착한 부위의 차폐벽과 EMP 필터 사이의 용접 부분에 대한 차폐 성능점검은 자체 모니터링 시스템이나 부분 SE 시험을 진행한다. 이 측정은 차폐벽에 대한 연간 유지보수의 하나로 실시하며, 결함이 발견되면 이를 수리한다.

5.4.3.7 전선 도관 유지보수

전선 도관은 두 개의 방호실을 케이블로 연결해야 할 때 이 케이블들을 방호하는데 사용한다. 차폐벽에 연결되는 전선 도관은 분기별 1회 육안점검을 실시한다. 육안검사에 필요한 기구는 손전등, 확대경, 와이어브러시 등이다. 통상 묻혀있는 도관이나 접근하기 힘든 도관에 대한 검사는 외부에 노출된 부분이나 접근이 가능한 부분에 대해서만 검사를 실시한다.

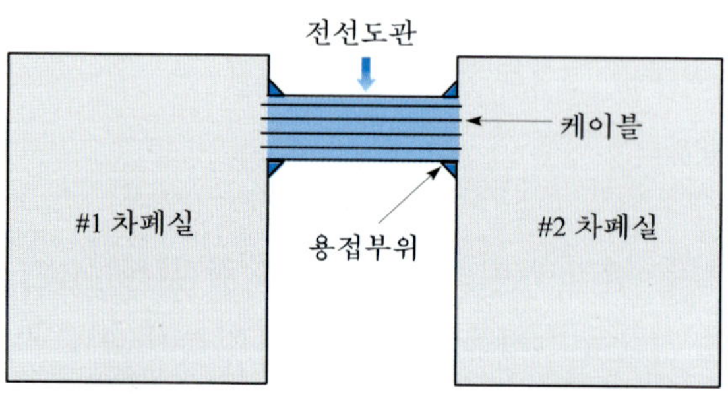

그림 5.4.9 전선도관

연간점검 사항으로 접근이 가능한 모든 전선 도관에 대해 육안 검사를 한다. 육안 검사 간 차폐벽과 전선 도관 사이 연결 용접 부위에 균열이나 공동(空洞, Voids)이 발견되면 고장 수리 절차서에 따라 수리를 해야 한다. 도관 연결 부위에 녹이 슬었다면 와이어브러시로 이를 제거하고, 도면에 제시된 페인트를 사용하여 정비한다. 만약, 도관에 물이 누수 되었다면 누수 위치를 찾아내어 정비하고, 도파관이 물리적인 충격이나 변형 또는 파손, 저온으로 인한 피해 또는 지진 등으로 인한 손상이 발생하였다면 정비 절차서에 따라 정비해야 한다.

5.4.3.8 차폐 함체 유지보수

EMP 방호시설에 특별 방호대책(Special Protective Measures) 목적으로 사용되는 별도의 차폐함체가 있을 경우, 차폐함체에 대한 유지보수 절차는 다음과 같다. 차폐함체의 덮개는 RF 개스킷과 볼트를 사용하여 제작되므로, 부식, 손상 등에 대한 점검을 매월 해야 한다. 차폐 함체의 덮개에 있는 볼트는 지정된 위치에 지정된 규격의 강도로 잠겨 있어야 하며, 차폐 함체 내부 검사는 연간 점검 계획에 포함된다. 특별 방호대책의 요구 설계에 맞게 정비 절차서를 준비하고 시행해야 한다.

월간점검 사항으로 차폐 함체의 덮개는 부식, 손상 등이 없고, 모든 볼트가 제자리에 잠겨 있는지 육안으로 확인해야 한다. 덮개에 사용된 개스킷은 균등하게 덮개의 압력을 받아야 하며, 개스킷의 두께는 대략 3.2mm 정도가 되어야 한다. 차폐 함체의 볼트를 풀고, 덮개를 개방 후 개스킷을 점검한다. 개스킷에 손상이나 고착된 흔적이 있는지 확인하고, 개스킷의 표면이 부식, 오염 또는 녹이 슬지 않았는지 점검한 후, 와이어 브러시와 솔벤트로 녹을 제거한다. 만약, 커넥터나 개스킷이 손상되었다면 교체하고 개스킷 표면에 변형이 발생되었다면 정비 절차서에 따라 수정한다. 정비가 끝나면 차폐 함체의 덮개를 덮고 볼트를 채운다. 덮개 아래에 위치한 개스킷은 균일하게 압력을 받아야 하며 통상 두께는 3.2mm 정도가 된다. 문제가 발생하여 차폐 함체를 개방할 경우에는 손상이나 습기 누설 등의 차폐 함체 개방 이유를 첨부해야 한다.

참고문헌

1. 강영철 외 9인, 방호공학, 청문각, 2009. 2.
2. 김희재, 방탄공학, 청문각, 2004. 2.
3. 박종일, 방호공학개론, 씨아이알, 2011.
4. 한국강구조학회, 강구조설계기준, 2007. 1.
5. 한국강구조학회, 강구조설계기준(하중저항계수설계법), 2009. 11.
6. 한국콘크리트학회, 콘크리트구조기준, 2012. 10.
7. American Society of Civil Engineers Staff, Design of Blast Resistant Buildings in Petrochemical Facilities, ASCE, 2007
8. A.G. Razaqpur, A. Tolba, E. Contestabile: Blast loading response of reinforced concrete panels reinforced with externally bonded GFRP laminates, Composites Part B 38 (2007), pp. 535-546
9. A.M. Coughlin, E.S. Musselman, A.J. Schokker, D.G. Linzell: Behavior of portable fiber reinforced concrete vehicle barriers subject to blasts from contact charges, International Journal of Impact Engineering, Vol. 37 (2010), pp. 521-529
10. Department of Defense, MIL-STD-188-125-1, High-altitude Electromagnetic Pulse (HEMP) Proteciton for Ground-based C41 Facilities Performing Critical, Time-urgent Missions Part 1 Fixed Facilites, 1998
11. Department of Defense, UFC 3-340-01 Design and Analysis of Hardened Structures to Conventional Weapons Effects (FOUO), 2002. 6.
12. Department of Defense, UFC 3-340-02 Structures to Resist the Effects of Accidental Explosion, 2008. 12.
13. Department of Defense, UFC 4-023-07 Design to Resist Direct Fire Weapons Effects, 2008. 7.
14. Department of Defense, Draft UFC 4-420-01 Ammunition and Explosives Storage Magazines, 2009. 7.
15. Department of The Army, EP 1110-3-2, Engineering and Design - Electromagnetic Pulse (EMP) and Tempest Protection for Facilities Proponent: CEMP-ET, 1990
16. Department of the Army, FM5-103, Survivability, US Department of the Army, Navy, and Air Force, 1985
17. Department of the Army, TM 5-855-1, Fundamentals of Protective Design for Conventional Weapons, US Department of the Army, Navy, and Air Force, 1986
18. Department of the Army, TM 5-1300 The Design of Structures to Resist the Effects of Accidental Explosions, US Department of the Army, Navy, and Air Force, 1990

19. Department of the Army, TM 9-1300-206, Ammunition and Explosive Standards, US Department of the Army, Navy, and Air Force, 1973
20. D.Z. Yankelevsky: Local response of concrete slabs to low velocity missile impact, International Journal of Impact Engineering, Vol. 19 (1997), pp. 331-343
21. F. Vossoughi, C.P. Ostertag, P.J.M. Monteiro, G.C. Johnson: Resistance of concrete protected by fabric to projectile impact, Cement and Concrete Research, Vol. 37 (2007), pp. 96-106
22. International Electrotechnical Commission, IEC 61000-4-3, Electromagnetic compatibility(EMC) - Part 4-3: Testing and measurement techniques-Radiated, radio-frequency, electromagnetic field immunity test(3rd ed), 2006
23. J. Leppnen: Concrete subjected to projectile and fragment impacts: Modelling of crack softening and strain rate dependency in tension, International Journal of Impact Engineering, Vol. 32 (2006), pp. 1828-1841
24. K. Ohkubo, M. Beppu, T. Ohno, K. Satoh: Experimental study on the effectiveness of fiber sheet reinforcement on the explosive-resistant performance of concrete plates, International Journal of Impact Engineering, Vol. 35 (2008), pp. 1702-1708
25. M. Beppu, K. Miwa, M. Itoh, M. Katayama, T. Ohno: Damage evaluation of concrete plates by high-velocity impact, International Journal of Impact Engineering, Vol. 35 (2008), pp. 1419-1426
26. M.H. Zhang, V.P.W. Shim, G. Lu, C.W. Chew: Resistance of high-strength concrete to projectile impact, International Journal of Impact Engineering, Vol. 31 (2005), pp. 825-841
27. NAVFAC, Unified Facility Guide Specifications (UFGS), U.S. Army Corps of Engineers (USACE), the Naval Facilities Engineering Command (NAVFAC), the Air Force Civil Engineer Center (AFCEC), the National Aeronautics and Space Administration (NASA), 2014
28. P.S. Bulson, Explosive Loading of Engineering Structures, CRC Press, 1997
29. Q.M. Li, D.J. Tong: Perforation Thickness and Ballistic Limit of Concrete Target Subjected to Rigid Projectile Impact, Journal of Engineering Mechanics, ASCE, Vol. 129 (2003), pp.1083-1091
30. X.W. Chen, Q.M. Li: Deep penetration of a non-deformable projectile with different geometrical characteristics, International Journal of Impact Engineering, Vol. 27 (2002), pp. 619-637

31. 국방부, 군시설 화생방호설비 설계지침, 1999. 12.
32. 국방부, 화생방호시설 유지관리지침, 2000. 12.
33. 국방부, 화생방 방호시설 설계·시공지침, 2008. 12.
34. SG생활안전 화생방방호시설 카달로그
35. 동신이엔지㈜ 화생방방호시설 카달로그
36. ㈜씨에스테크 화생방방호시설 카달로그
37. 화랑대연구소, 화생방 시설의 EMP 방호계획 연구, 2011. 5.
38. 화랑대연구소, EMP 방호체계 전투실험 연구, 2011. 11.
39. 국방부, EMP 방호시설 유지관리 지침서, 2021. 12.
40. International Electrotechnical Commission, IEC 61000-4-3, Electromagnetic compatibility(EMC) - Part 4-3: Testing and measurement techniques-Radiated, radio-frequency, electromagnetic field immunity test(3rd ed), 2006
41. EMP 차폐와 성능평가, 한국화학융합시험연구원(2015)
42. EMI, EMC, EMP 차폐가 가능한 시설물 건설기술 개발기획 보고서, 국토교통부/국토교통과학기술진흥원(2017. 5)
43. 고출력 누설 전자파 안전성 평가기준 및 방법 등에 관한 고시, 국립전파연구원(2021. 12)
44. 기능연속성계획을 활용한 전자기 펄스(EMP) 공격대비 징부 대응체계 개선방안, 국립재난안전연구원(2022. 12)
45. EP 1110-3-2 : Electromagnetic pulse (EMP) and TEMPEST protection for facilities
46. ETL-91-2 : High-altitude electromagnetic pulse (HEMP) hardening in facilities
47. IEC 61000-1-3 : The effects of high-altitude EMP(HEMP) on civil equipment and system
48. IEC 61000-2-9 : Description of HEMP environment - Radiated disturbance
49. IEC 61000-2-10 : Description of HEMP environment - Conducted disturbance
50. IEC 61000-2-11 : Classification of HEMP environments
51. ZIEC 61000-4-23 : Test methods for protective devices for HEMP and other radiated disturbances
52. IEC 61000-4-24 : Test methods for protective devices for HEMP conducted disturbance
53. IEC 61000-4-25 : HEMP immunity test methods for equipment and systems
54. IEC 61000-5-3 : HEMP protection concepts
55. IEC 61000-5-4 : Specifications for protective devices against HEMP radiated disturbance

56. IEC 61000-5-5 : Specification of protective devices for HEMP conducted disturbance
57. IEEE Std 299 : IEEE standard method for measuring the effectiveness of electromagnetic shielding enclosures
58. ITU-T K.78 : High altitude electromagnetic pulse immunity guide for telecommunication centres
59. MIL-HDBK-1195 : Radio frequency shielded enclosures
60. MIL-HDBK-253 : Guidance for the design and test of systems protected against the effects of electromagnetic energy
61. MIL-HDBK-419A : Grounding, bonding, and shielding for electronic equipments and facilities
62. MIL-STD-188-124B : Grounding, bonding and shielding for common long haul/tactical communication systems including ground based communications -electronics facilities and equipments
63. MIL-STD-188-125-1 : High-altitude electromagnetic pulse(HEMP) protection for ground-based C4I facilities performing critical, time-urgent missions - Part1 fixed facilities
64. MIL-STD-464C : Electromagnetic environmental effects requirements for systems
65. NASA Contractor Report 4784 : Design guidelines for shielding effectiveness, current carrying capability, and the enhancement of conductivity of composite materials
66. TM 5-690 : Grounding and bonding in command, control, communications, computer, intelligence, surveillance, and reconnaissance (C4ISR) facilities
67. TM 5-855-5 : Nuclear electromagnetic pulse(NEMP) protection
68. TM 5-858-5 : Designing facilities to resist nuclear weapon effects
69. UFGS-13 27 54.00 10 : Unified facilities guide specifications - Electromagnetic shielding

부록

Principles of Protection Technology & Engineering

부록 1 기호 정의

- A : 단면적
- A_c : 압축을 받는 단면적
- A_d : 폭 b내에 지점부에서의 사인장철근의 총면적
- A_g : 전체 단면적
- A_s : 휨부재의 인장철근량
- $A_s{}'$: 휨부재의 압축철근량
- A_{st} : 종방향 철근(철근 또는 구조용 형강)의 전체 단면적
- A_t : 인장을 받는 단면적
- A_v : 전단보강철근량
- A_w : 웨브의 단면적
- B : (1) 판유리의 폭발초과압력 수용력
  (2) 슬래브의 장변의 길이 (long span of slab)
- C_R : 형상비에 대한 설계계수
- C_x : 형상비에 대한 설계계수
- C_y : 형상비에 대한 설계계수
- D : (1) 탄체 직경 (mm)
  (2) 지표면에서 폭발원점까지의 깊이
- DIF : 동적증가계수
- D_{LF} : 동하중계수
- E : 탄성계수 (MPa)
- $(2E')^{1/2}$: Gurney 에너지 상수
- E_c : 콘크리트의 탄성계수 (MPa)
- E_s : 강재의 탄성계수 (MPa)
- F : (1) 균열 단면의 단면2차모멘트 산정을 위한 계수
  (2) 총 하중
- F_E : 등가하중

- I : 부재 단면의 단면2차모멘트
- I_a : 평균단면2차모멘트
- I_{cr} : 균열 단면의 단면2차모멘트
- I_g : 철근을 무시한 콘크리트 전체 단면의 중심축에 대한 단면2차모멘트
- K : (1) 반사계수
  (2) 부재의 강성
  (3) 관입상수
- K_E : 등가강성
- K_L : 하중계수
- K_{LM} : 하중-질량계수
- K_M : 질량계수
- K_R : 저항계수
- K_e : 탄성구간의 강성
- K_{ep} : 탄소성구간의 강성
- L : (1) 벽체의 순높이 (m)
  (2) 총 무기의 길이
- L_N : 탄두의 길이
- L_i : 각 구성 재료에 접촉되어 있는 무기의 길이
- M : 총 질량
- M_E : 등가질량
- M_p : 소성휨강도
- M_{pu} : 극한 동적휨강도
- M_u : 단면의 계수휨모멘트
- M_y : 항복휨강도
- N : 탄두형상계수 (Nose shape factor)
- N_u : V_u와 동시에 발생하는 단면에 수직한 크리프와 건조수축으로 인한 인장의 영향을 포함하는 계수축력으로서 압축은 양(+), 인장은 음(-)의 값
- $\overline{N}$: 탄두성능계수
- P : (1) 최대압력
  (2) 최대하중

- P_R : 폭발원점에서 거리 R_S만큼 떨어진 슬래브 상의 한 점의 압력
- P_c : 관입깊이
- P_d : 직접파가 유발하는 압력
- P_l : 하부층 반사파가 유발하는 압력
- P_o : (1) 최대축하중
  (2) 최대응력 (Peak value of the shock stress)
  (3) 충격파의 최대압력
- P_r : 반사압력
- P_s : 상부층 반사파가 유발하는 압력
- P_{so} : 최대입사압력 (Peak incident pressure)
- $P(t)$: 충격응력 (Shock stress)
- R : (1) 총 저항
  (2) 폭발 원점에서의 이격거리
  (3) 슬래브와 폭발원점과의 최단거리
  (4) 유리의 부재 외측의 강도
- R_E : 등가저항
- R_d : 직접파가 폭발원점으로부터 벽체의 특정 위치까지 진행한 경로의 길이
- R_f : 파편의 비산거리 (m)
- R_l : 폭발원점 하부의 깊은 층으로부터 반사된 충격파의 진행경로의 총 길이
- R_s : 상부층 (지표면 또는 버스터 슬래브)으로부터 반사된 충격파의 진행경로의 총 길이
- S : 탄성단면계수
- T : 폭발하중의 지속시간
- T_N : 고유주기
- T_c : 콘크리트 부재의 전체 두께
- T_{perf} : 관통방지 한계두께
- T_{pf} : 콘크리트의 관통방지두께
- T_s : (1) 강판의 관통방지두께
  (2) 채움모래의 두께
- T_{scab} : 배면파쇄 한계두께

- T_{sp} : 배면파쇄 방지두께
- $\overline{T_c}$: 콘크리트 패널의 환산두께
- $\overline{T_s}$: 모래의 환산두께
- V_d : 극한직접전단강도
- V_p : 소성전단강도
- V_s : 극한지점전단력
- V_u : 단면에서 계수전단력
- V_x : 장변이 적용된 선 전단
- V_y : 단변이 적용된 선 전단
- W : 폭발물의 질량 (kg)
- W_{ACT} : 실제 폭발물의 질량 (kg)
- W_c : 용기의 질량
- W_f : 파편의 질량
- X : 변위
- X_E : 등가탄성처짐
- X_f : AP파편의 최대관입깊이
- X_f' : AP 이외의 파편의 최대관입깊이
- X_m : 최대변위
- X_s : 동적하중의 최댓값을 정적으로 재하하였을 때 발생되는 변위
- X_u : 극한변위
- Y : 폭발원점과 슬래브의 최단거리 (R) ÷ 슬래브의 단변의 길이 (A)
- Z : (1) 소성단면계수
  (2) 환산거리 (Scaled distance), $R/w^{1/3}$
- a : (1) 등가직사각형 응력블록의 깊이
  (2) 평균 강도증가계수
- b : 부재의 압축면의 유효폭
- b_0 : 슬래브와 기초판에서 2방향 전단에 대한 위험단면의 둘레
- b_l : 사인장응력이 레이스 철근면적 A_v에 의해 저항되는 경우의 콘크리트 폭
- b_s : 사인장응력이 스터럽 철근면적 A_v에 의해 저항되는 경우의 콘크리트 폭
- c : (1) 동적증가계수

(2) 굵은골재 최대치수
(3) 거리 R을 통과하는 동안의 평균 충격전파속도
(4) 지진속도

- c_1 : 폭발 원점이 속한 층의 충격전파속도
- c_2 : 충격파의 반사를 유발하는 층의 충격전파속도
- d : (1) 단면의 유효깊이
  (2) 파편의 실린더부분의 직경 (mm)
- d' : 압축연단에서 압축철근의 도심까지 거리
- d_c : 압축철근과 인장철근의 중심선 사이의 거리
- d_{sp} : 파쇄 콘크리트의 깊이
- f : (1) 형상계수(Shape factor)
  (2) 결합계수(Coupling factor)
- f_{age} : 콘크리트 재령계수
- f_c' : 콘크리트의 설계기준압축강도 (MPa)
- f_{ck} : 콘크리트의 설계기준압축강도 (MPa)
- f_d : 동적설계강도
- f_{dc} : 콘크리트의 동적설계강도
- f_{dc}' : 콘크리트의 동적최대압축강도
- f_{ds} : 강재의 동적설계강도
- f_{du} : 강재의 동적인장강도
- f_{dv} : 강재의 전단에 대한 동적설계강도
- f_{dy} : 강재의 동적항복강도
- f_m : 창틀 부재의 항복응력
- f_u : 강재의 인장강도
- f_y : 강재의 설계기준항복강도
- h : 폭발원점이 속한 층의 두께
- i_a : 패널의 충격저항성능과 모래에 의해 흡수되는 폭발충격의 합
- i_b : 폭발충격량
- i_{ba} : 패널의 폭발충격저항성능
- i_{fs} : 파쇄 방호판의 요구 충격량 저항강도

- i_o : 충격량
- i_r : 반사충격량
- i_s : 입사충격량
- $\overline{i_a}$: 콘크리트 패널과 모래에 의해 흡수되는 환산폭발충격의 합
- $\overline{i_{ba}}$: 패널에 의해 저항될 수 있는 환산폭발충격
- k : 케이싱 금속에 따른 상수
- m : 단위질량
- m_1 : 중립축에서 압축을 받는 단면의 중심까지의 거리
- m_2 : 중립축에서 인장을 받는 단면의 중심까지의 거리
- m_e : 유효단위질량
- m_{sp} : 파쇄 파편의 질량
- m_u : 소성영역에서 콘크리트 부재의 유효단위질량
- n : (1) 탄성계수비
  (2) 흙의 종류에 따른 감쇠계수
- p : 최대하중
- r : (1) 이격거리
  (2) 동적최대저항
- r_{DL} : 고정하중
- r_{avail} : 잔여강도
- r_e : 탄성단위강도
- r_{ep} : 탄소성단위강도
- r_{fs} : 파편 방호판의 극한단위강도
- r_u : 극한단위강도
- r_{up} : 후극한강도
- $\bar{r}$: 등가정적되튐하중
- s : 표본 표준편차
- s_l : 레이스철근의 최대간격
- s_s : 스터럽의 최대간격
- t : 두께
- t_E : 항복에 도달하는 시간

- t_a : 폭발 충격파의 도달시간 (Arrival time of blast waves)
- t_m : 최대변위 발생시간
- t_o : 양압지속시간 (Positive phase duration)
- t_{of} : 양압작용시간
- t_r : 응력증가시간
- v : 탄의 충격속도
- v_c : 복부 철근이 없는 경우의 콘크리트 전단강도
- v_o : 초기속도
- v_r : 잔류속도
- v_s : 충돌속도
- v_u : 극한전단응력
- v_x : 임계속도
- w : (1) 폭발물의 질량
  (2) 창틀 부재의 폭
- w_c : 콘크리트의 밀도
- w_s : 모래의 밀도
- x : 관통 두께 (mm)
- z : 지표면으로부터 구조물의 고려 위치까지의 깊이
- α : (1) 종방향 철근과 레이스 철근의 평면에 의한 각
  (2) 시간상수 (Time constants)
  (3) 인증계수
  (4) 합격계수
- β : 불합격계수
- ε_c' : 콘크리트의 평균 변형률속도
- ε_s' : 철근의 평균 변형률속도
- ε_u : 파단변형률
- $\dot{\varepsilon}$: 변형률 속도
- θ : 지점회전각
- θ_l : 하부층 반사파의 입사각도
- θ_m : 최대지점회전각

- θ_s : 상부층 반사파의 입사각도
- μ : 연성도비 (Ductility ratio)
- ρ : (1) 인장철근비
  (2) 단위중량
- ρ' : 압축철근비
- ρ_1 : 폭발 원점이 속한 층의 질량밀도
- ρ_2 : 충격파의 반사를 유발하는 층의 질량밀도
- ρ_H : 부재의 한쪽 면에 수평방향으로 배근된 철근의 평균 백분율
- ρ_T : 철근의 전체 백분율
- ρ_V : 부재의 한쪽 면에 수직방향으로 배근된 철근의 평균 백분율
- ρ_b : 균형철근비
- ρ_c' : 압축철근비
- ρ_s : 인장철근비
- ν : 포아송비 (Poisson's ratio)
- ϕ : (1) TNT 변환 계수
  (2) 강도감소계수

부록 2 용어 정의

- **강도감소계수**(Strength Reduction Factor) : 재료의 공칭강도와 실제 강도와의 차이, 부재를 제작 또는 시공할 때 설계도와의 차이, 그리고 부재 강도의 추정과 해석에 관련된 불확실성을 고려하기 위한 안전계수
- **결합계수**(Coupling Factor) : 지표 근처의 폭발 효과를 간접 평가하기 위해 폭발 당시 탄체 주변의 매질에 따라 구속 폭발 효과의 비율로 제시한 계수
- **개스킷**(Gasket) : 폭발가스나 화생방가스가 내부로 스며들지 않도록 문틈 사이를 밀폐시키는 패킹
- **계수하중**(Factored Load) : 강도설계법으로 부재를 설계할 때 사용하중에 하중 계수를 곱한 하중
- **고정하중**(Dead Load) : 구조물의 수명기간 중 상시 작용하는 하중으로서 자중은 물론 벽, 바닥, 지붕, 천장, 계단 및 고정된 사용장비 등을 포함한 하중
- **공칭강도**(Nominal Strength) : 강도설계법의 규정과 가정에 따라 계산된 부재 또는 단면의 강도를 말하며, 강도감소계수를 적용하기 이전의 강도
- **관입**(Penetration) : 포탄 및 비산물이 구조체에 충돌하면서 뚫고 들어가는 현상
- **관통**(Perforation) : 충격속도가 파쇄 한계 속도를 초과할 때 구조체에 천공이 일어나는 현상
- **관통한계두께** : 관통을 방지하기 위한 벽체의 소요두께
- **구속폭발**(Confined Explosion) : 폭발이 구조물 내부 혹은 지하에서 발생하여 폭압의 발산이 구속되는 경우
- **구조적 뒤채움**(Engineered Backfill) : 구조물의 연성 거동을 보장하도록 구조물, 주변의 일정 범위에 양질의 흙, 또는 기타 채움재를 주어진 기준에 따라 다짐 성토하는 것
- **근접폭발**(Close-in Range Bblast) : 환산거리 $Z \langle 1.190\ m/kg^{1/3}$)인 폭발
- **동압력**(Dynamic Pressure) : 충격 전단 뒤에 폭풍력으로 이루어진 바람이 뒤따르면서 일으키는 압력
- **동적 설계 응력**(Dynamic Design Stress) : 연결부의 설계 내하력을 산정하기 위해 사용하는 동적 효과를 고려한 설계응력
- **동적증가계수**(Dynamic Increase Factor) : 변형률속도 효과에 따른 재료의 강도 증가를

나타내는 계수

- **등가 TNT**(TNT Equivalency) : 다양한 폭발물의 효과를 동일하게 발생시키는 등가의 TNT 무게 혹은 질량으로 표시한 값
- **띠철근**(Tie Reinforcement, Tie Bar) : 기둥에서 종방향 철근의 위치를 확보하고 전단력에 저항하도록 정해진 간격으로 배치된 횡방향의 보강철근 또는 철선
- **레이턴스**(Laitance) : 블리딩으로 인하여 콘크리트나 모르타르의 표면에 떠올라서 가라앉은 물질
- **리버설 볼트**(Reversal Bolts) : 리바운딩시 문이 바깥으로 열리지 않도록 고정해주는 볼트
- **문의 본체판**(Door Plate) : 폭압에 저항하는 주된 판으로서 강철판으로 제작된다. 하나의 두꺼운 강철판을 사용하거나, 형강으로 이루어진 골조의 양편에 강철판을 대거나, 또는 철판 사이에 콘크리트를 채운 것을 사용하기도 한다.
- **문틀**(Door Frame) : 문이 고정되도록 설치되는 골조 구조
- **문틀 고정 장치**(Anchorage) : 폭풍하중에 의해 문틀이 이탈되지 않도록 하는 장치로서 일반적으로 문틀에 철근을 용접한 다음 그 철근이 콘크리트에 묻히도록 한다.
- **반사 압력**(Reflective Pressure) : 충격파가 파의 진행방향과 평행이 아닌 견고한 표면에 부딪혀서 반사파가 표면에 형성되고 입사파와 반사파의 중첩에 의해 입사압력의 크기를 훨씬 초과하여 반사표면에 형성되는 압력
- **방벽**(Barrier) : 방호를 목적으로 구축한 보호구조
- **방폭문**(Blast-Resistant Door) : 폭발하중에 대하여 설계된 방호문. 일반형 방폭문과 밀폐형 방폭문으로 구분됨.
  1) 일반형 방폭문 : 압력누설 방지기능을 제공하지 않는 방폭문
  2) 밀폐형 방폭문 : 압력누설 방지를 위한 개스킷이 갖춰진 방폭문.
  화생방 방호시설에는 반드시 밀폐형 방폭문을 사용하여야 함.
- **방폭 성능**(Blast-Resistant Capacity) : 탄약 또는 폭발물의 폭발에 의해 발생되는 폭풍압에 대해 방호하는 성능
- **방탄문**(Anti-Ballistic Door) : 충돌하중에 대하여 설계된 방호문
- **방탄 성능**(Anti-Ballistic Capacity) : 특정 무기체계 또는 특정 파편에 대한 관입 및 관통방지 성능
- **방호**(Protection) : 적의 지상 및 공중공격으로부터 주요 군사기지 시설 장비 및 병력을 보호하고 피해를 감소시킴으로써 작전능력을 보장하기 위한 활동
- **방호대상 요소**(Acceptor System) : 방호가 필요한 인명, 장비, 폭발물

- 방호등급(Protection Category) : 적 위협과 함께 방호능력 및 시설의 사용목적 등을 종합적으로 고려하여 부여한 방호구조물의 방호목표
- 방호문(Protective Door) : 방호시설에 사용되는 방호성능을 가진 문으로 방폭문과 방탄문을 통칭하는 용어
- 방호수준(Level of Protection) : 작전의 지속성과 기술적인 측면을 충족하도록 방호등급에 따라 규정된 하중조건에 대해서 방호구조물이 확보해야하는 성능수준
- 배면파쇄(Back Scabbing) : 철근콘크리트 부재에서 폭압을 받는 면의 반대측 콘크리트가 손상 및 탈락되는 현상. 콘크리트 파편이 비산하여 내부의 장비 및 인원에 피해를 유발한다.
- 배합강도(Required Average Concrete Strength) : 콘크리트의 배합을 정하는 경우에 목표로 하는 강도
- 부분구속폭발(Partially Confined Explosion) : 방호벽내에서 혹은 제한된 크기의 개구부를 갖는 입방 형태의 구조물에서 발생하는 폭발
- 브리넬 경도 : 재료의 굳기의 정도를 나타내는 것으로 강구(볼)로 된 압자에 힘을 가해 측정물의 표면에 자국을 만들고, 그 둥글게 패인 자국(압흔)의 표면적의 넓이를 계산하여 브리넬 경도로 환산
- 사용하중(Service Load) : 고정하중 및 활하중과 같이 이 기준에서 규정하는 각종 하중으로서 하중계수를 곱하지 않은 하중
- 설계하중(Design Load) : 부재를 설계할 때 적용되는 계수하중
- 소요강도(Required Strength) : 철근콘크리트 부재가 사용성과 안전성을 만족할 수 있도록 요구되는 단면의 단면력
- 수축·온도철근(Shrinkage and Temperature Reinforcement) : 건조수축 또는 온도변화에 의하여 콘크리트에 발생하는 균열을 방지하기 위한 목적으로 배치되는 철근
- 슬래브판(Slab Plate) : 모든 변에서 기둥, 보, 또는 벽체 중심선에 의해 구획되는 판으로서 설계시에 축력의 영향을 무시할 수 있는 부재
- 연성도 비 : 구조요소의 이선형 저항 강도 다이아그램에서 한계 저항을 발현하는 등가 탄성 처짐에 대한 최대 처짐의 비
- 완전구속폭발(Fully Confined Explosion) : 폭발물이 방호벽에 완전히 둘러싸인 채 발생하는 폭발
- 완전배출폭발(Fully Vented Explosion) : 방호벽이나 한 개 이상의 면이 개방된 입방 형태의 구조물에 근접하여 폭발하는 경우
- 원거리 폭발(Far Design Range) : 환산거리 $Z \geq 1.190\ m/kg^{1/3}$ (Z≥3.0)인 폭발

- **유효폭약량**(Effective Charge Weight) : TNT 등가당량을 20% 증가시킨 폭약량
- **일차 파편**(Primary Fragment) : 외피에 쌓인 폭발물의 폭발로 인해 생기는 것으로 폭약 물질과 접촉 상태에서 비산하는 파편
- **이차 파편**(Secondary Fragment) : 폭압에 의해 생성되는 것으로 주변 물체 등이 폭압에 의해 비산하는 파편
- **임계감쇠**(Critical Damping) : 물체가 외부로부터 외란을 받았을 때 전혀 진동을 일으키지 않고 곧바로 정지상태로 안정화 되는 감쇠계수의 값
- **입사각** : 충격파의 입사방향과 충격면이 이루는 각도
- **입사압력**(Incident Pressure) : 폭발에 의해 공기중에 발생하는 특정지점에서의 압력
- **저항계수** : 등가 단자유도계의 저항을 구하기 위해 실제 부재의 저항에 곱해지는 계수
- **질량계수** : 등가 단자유도계의 집중질량을 계산하기 위해 실제 부재의 총 질량에 곱해지는 계수
- **차폐구조물**(Containment Structure) : 강화된 구조체로 피해유발 요소를 완전히 혹은 거의 완전하게 둘러싸는 건물
- **철근콘크리트**(Reinforced Concrete) : 외력에 대해 철근과 콘크리트가 일체로 거동하게 하고, 규정된 최소 철근량 이상으로 철근을 배치한 콘크리트
- **초과압력**(Overpressure) : 폭풍파에 의한 대기압보다 높은 압력
- **충격량**(Impulse) : 압력-시간곡선의 면적으로 정해진 시간내의 운동량의 변화를 나타냄
- **충격 선단**(Shock Front) : 폭발에 의한 폭풍파의 선단
- **파편**(Fragment) : 폭발 및 충격에 의해 발생하는 비산 물체
- **파쇄방지판**(Anti-Scabbing Plate) : 배면파쇄로 인해 발생되는 파편의 비산을 방지하기 위해 철근 콘크리트 구조물의 인장측(내측) 표면에 부착하는 강판 또는 복합재료판 등으로 구성된 부재
- **파쇄한계두께** : 주어진 설계조건에서 배면파쇄을 방지하기 위한 소요두께
- **피탄방지문** : 최소한의 방호를 목적으로 파편 방호만을 목표로 하는 문
- **폭압저감부재**(Blast Mitigation Element) : 방호시설물에 도달하는 폭발하중을 저감시키기 위해 방호시설물 가까이 설치하는 독립된 구조부재로써 폭발하중 작용 시 손상될 수 있는 희생부재
- **폭풍파**(Blast Wave) : 폭발에너지에 의해 발생한 압력 변화가 사방으로 퍼져나가는 것
- **표준양생**(Standard Curing) : 20±3℃로 유지하면서 수중 또는 습도 100퍼센트에 가까운 습윤 상태에서 실시하는 양생
- **피해유발 요소**(Donor System) : 잠재적 위험을 갖는 폭발물의 양, 종류, 위치에 따른 압

력, 파편, 충격 등

- 하중계수(Load Factor) : 등가 단자유도계에 작용하는 하중을 얻기 위해 실제 하중에 곱해지는 계수
- 하중조합(Load Combination) : 구조물 또는 부재에 동시에 작용할 수 있는 각종 하중의 조합
- 형상계수(Shape Factor) : 완전 소성 모멘트와 항복 모멘트의 비
- 혼화재(Mineral Admixture) : 혼화 재료 중 사용량이 비교적 많아서 그 자체의 부피가 콘크리트 등의 비비기 용적에 계산되는 것
- 혼화제(Chemical Admixture, Chemical Agent) : 혼화 재료 중 사용량이 비교적 적어서 그 자체의 부피가 콘크리트 등의 비비기 용적에 계산되지 않은 것
- 환산거리(Scaled Distance) : 폭발의 효과를 산정하기 위한 단일화된 지수로써, 폭발 이격거리를 폭약량(등가TNT질량)의 삼승근으로 나누어 나타낸 값 (Z로 표시함)
- 환산 폭발물 높이(Scaled Height of Charge) : 폭발물의 높이를 $W^{1/3}$으로 나눈 값
- 활하중(Live Load) : 풍하중, 지진하중과 같은 환경하중이나 고정하중을 포함하지 않고, 건물이나 다른 구조물의 사용 및 점용에 의해 발생되는 하중으로서 사람, 가구, 이동칸막이, 창고의 저장물, 설비기계 등의 하중과 적설하중, 또는 교량 등에서 차량에 의한 하중
- 희생슬래브(Burster Slab) : 포탄이나 폭탄이 지반을 관입하여 지하구조물을 직접 타격하거나 근접 폭발함으로써 발생하는 피해를 방지 혹은 저감하기 위해 지붕슬래브 위에 콘크리트 층 또는 자갈쇄석층을 설치하는 개념
- ASTM : American Society for Testing and Materials 미국재료시험협회
- BOD : Basis of Design 설계요구사항
- DIF : Dynamic Increase Factor 동적증가계수
- EMP : Electromagnetic Pulse 전자기파
- FRC : Fiber Rreinforced Cconcrete 섬유혼입 콘크리트
- FRP : Fiber Rreinforced Polymer 복합소재
- UFC : Unified Facilities Criteria 통합시설기준
- UFGS : Unified Facilities Guide Specifications 통합 시설 가이드 지침
- CWI (Continuous Wave Immersion) 시험 : 대상 시설에 연속 전자기 평면파를 조사하여 HEMP 방호벽과 케이블, 전선관 등 관심 대상에 유기되는 전자파 응답을 측정하는 시험이다.

- 가스입자여과기 : 화학 및 생물학 작용제로 오염된 공기를 정화하여 시설 내부로 공급하는 장비
- 가스차단문 : 시설 내부에 설치되어 각 구역의 공기가 공유되는 것을 차단하는 밀폐기능을 가지고 있는 문
- 공기폐쇄실(AL, Air Lock) : 밀폐된 작은 공간에 공기를 흘려주어 기체오염을 제거하는 구역
- 공조기(공기조화기) : 외부 공기를 흡입하여 온도 및 습도를 조절하여 실내로 공급하는 장치. 내부에 필터를 포함하고 있어 실내로 쾌적한 공기를 공급한다.
- 기체위험지역(VHA, Vapor Hazard Area) : 기체작용제의 위험이 있을 수 있는 구역
- 내화학성페인트 : 화학작용제와 미반응, 미흡착 되는 페인트로써 주로 폴리우레탄페인트를 사용
- 무해구역(TFA, Toxic Free Area) : 오염에 대한 위협 없이 활동할 수 있는 구역
- 방폭문 : 시설 외부에 설치되어 폭압 및 열을 차단시키고 파편에 의한 피해를 막는 문
- 방폭밸브 : 폭압의 급격한 유입을 차단하는 밸브
- 송풍기 : 공기의 유동을 일으키는 장치. 급·배기팬으로 사용되며, 공조기 내부에도 설치된다.
- 액체위험지역(LHA, Liqiud Hazard Area) : 액체작용제의 위험이 있을 수 있는 구역
- 양압 : 대기압보다 높은 실내 공기압과 대기압과의 차이
- 에어챔버(D.A, Dry Area) : 급·배기구와 외부 사이에 있는 작은 격실. 설치 시 외부 공기를 직접 급·배기구로 유입/배출시키는 것보다 온도, 습도 등을 유지하기에 유리하다.
- 여과기 모의장치(시뮬레이터) : 가스입자여과기의 저항을 묘사해주는 장치
- 역류방지밸브 : 공기가 한 쪽 방향으로만 흐르게 해주는 밸브
- 오염기계실(DMR, Dirty Mechanical Room) : 오염공간에 있어도 내부인원에게 피해를 끼치지 않는 장비 및 설비가 설치된 구역
- 오염통제구역(CCA, Contamination Control Area) : 화생방 방호시설을 출입하는 인원이 외부 오염을 통제하고 제거하는 구역
- 전실(ESA, Equipment Store Area) : 오염된 개인 총기 및 장구류를 제독하고 저장하는 구역
- 조도 : 단위 면적당 주어지는 빛의 양. (단위 : Lux)
- 차압 : 각 구역별 양압의 차이값
- 청정기계실(CMR, Clean Mechanical Room) : 오염으로부터 보호가 필요한 장비가 설치

된 구역

- **프리필터** : 에어챔버에 설치되며 가스입자여과기로 들어가는 외부 공기의 불순물을 걸러주는 역할을 한다.
- **피트** : 시설 지하에(지하시설일 경우 한층 아래) 배수관이나 오수저장탱크 등이 설치되는 구역
- **화생방제어판넬** : 방폭문 및 가스차단문의 개폐, 화생방 송풍기 작동 등 화생방장비의 작동을 제어하는 판넬
- **MCT**(Multi Cable Transit)**블럭** : 벽면 사이로 전선이 통과할 때 전선 인입 공간의 완전 밀폐를 위해 사용하며, 전선 규격별로 적정 크기의 내화학성 고무 블록을 사용하여 전선 인입 외의 공간을 완전 밀폐시킨다.

- **EMP 내성** : EMP로 인한 체계나 구성품의 일시적/영구적 오작동 또는 성능저하에 대한 내성을 정량적으로 기술한 것으로서, EMP 내성은 적절한 설계규격서를 준수함으로써 얻을 수 있으며 한 가지 또는 여러 가지의 시험과 분석 기술을 통해 검증할 수 있다.
- **HEMP 내성 감시/재검증시험** : HEMP 방호대책이 요구 내성을 계속 만족하는지 여부를 검증하기 위해, 시설의 수명주기 내에서 규정된 간격으로 실시되는 시험
- **HEMP 방호벽** : HEMP 전자파와 과도 전류를 막거나 제한하기 위한 닫힌 표면으로 시설의 HEMP 방호벽은 HEMP 차폐벽과 POE 방호로 구성된다.
- **HEMP 방호 부체계** : HEMP 환경에 대비하여 주 임무체계를 방호하기 위해 설치한 HEMP 방호벽과 모든 특별 방호대책
- **HEMP 수락시험**(HEMP Acceptance Test) : 규정된 HEMP 성능 특성을 충족하였는지 확인하기 위하여 실시하는 체계, 부체계, 또는 부품의 수락시험이다. HEMP 수락시험은 방호 시공 완료 단계나 설치 계약이 끝나는 시점에 실시하는 시험으로, 발주처에서 계약자로부터 HEMP 방호 부체계를 인수하기 전에, 요구 성능을 충족하는지를 입증하기 위한 시험이다.
- **HEMP 차폐벽** : HEMP의 전기장과 자기장이 방호구역의 도선 등의 도체에 전달되는 것을 감소시키기 위해 연속적인 도체면으로 만든 폐곡면 구조를 말하며 HEMP 방호벽의 일부분이다.
- **PCI** (Pulsed Current Injection) **시험** : 관통 도체에 적용된 POE 방호장치의 성능을 측정하는 시험으로 HEMP 방호벽 밖의 관통 도체에, HEMP로 발생 가능한 과도 스트레스를 인가하고, 방호벽 안의 잔류 스트레스를 측정한다.

- **POE** (Point of Entry) : 적절한 방호장치를 설치하지 않을 경우에 HEMP 에너지가 차폐벽을 관통하여 방호구역 안으로 들어갈 수 있는 HEMP 방호벽 위의 한 지점
- **POE 방호장치 또는 POE 처리** : HEMP 에너지가 POE에서 방호구역으로 유입되는 것을 막거나 약화시키기 위해 사용하는 방호대책으로, 일반적인 POE 방호장치로는 개구부 POE의 경우에는 WBC 배관과 전자파 차폐판, 관통 도체에 대해서는 전기적 POE 방호장치가 있다. 관통 도체에 설치되는 전기적 POE 방호장치의 세 가지 범주에는 주 방호벽 전기적 POE 방호장치, 1차 특별 전기적 POE 방호장치, 2차 특별 전기적 POE 방호장치 등
- **SE** (Shield Effectiveness) **시험** : HEMP 방호벽의 차폐효과도를 측정하는 시험으로 보통 HEMP 방호벽 외부에서 전자파를 방사하고 방호벽 내부에서 감쇠 정도를 측정한다. 수락시험의 중요 항목이며 시설에 CWI 시험을 적용할 수 없는 경우에는 체계 운용성 검증시험에도 사용된다.
- **SELDS** (Shielded Enclosure Leak Detection System) **검사** : 자기장을 측정하는 방식으로 차폐 구조물의 접합 상태를 점검하기 위해 사용하는 상용 측정장비 중 하나이다. 보통 한 가지 또는 여러 가지의 주파수에서 동작하며 보통 100kHz 근처의 운용주파수를 사용한다. 합격/불합격 기준 설정이 가능하지 않으며 운용자의 주관적인 판단이 중요한 점검 방법이기 때문에 '시험' 대신 '검사'로 호칭하였다.
- **WBC 배관** (Waveguide Below Cutoff Pipe) : HEMP 방호벽에 설치하여 차단주파수 이하 전자파를 감쇠시킬 목적으로 사용하는 도파관을 말한다. 차단 주파수는 단면의 횡단길이, 도파관의 기하 구조, 도파관 내의 유전체의 특성에 의해 결정
- **WBC 배열** (Waveguide Below Cutoff Array) : WBC의 병렬 배열 조립체로써 각각의 WBC는 근접한 다른 WBC와 도체벽을 공유
- **관통 인입 구역** : HEMP 방호벽에서 전력 급전선과 같은 긴 관통 도체와 배관 POE가 집중되어 있는 영역
- **기공**(Blowhole, Porosity) : 용융금속 중에 발생한 기포가 응고시에 이탈하지 못하고 용접부 내에 잔류하여 생기는 공동을 말한다.
- **노턴 신호원** : 신호원(PCI 시험에서는 펄스발생기를 뜻함)의 출력 특성을 표현하기 위해 신호원을 이상적인 전류 신호원과 임피던스가 병렬연결된 등가회로인 노턴 등가회로로 보는 것이다. 예를 들어 50Ω 노턴 신호원이라고 하면 이상적인 전류 신호원과 50Ω 임피던스가 병렬로 연결된 형태로 표현되는 신호원이라는 것이다.
- **도파관** (Waveguide) : 전송로로 사용하는 도체로 만든 속이 빈 도관이다. 마이크로파 이

상의 높은 주파수(1GHz 이상)의 전기 에너지나 신호를 전송하기 위한 전송로의 일종인데, 도체로 된 관 내부를 전자파가 지나가게 한 것이다. 일종의 고역통과 필터(high-pass filter) 특성을 갖고 있으며, 차단 파장보다도 긴 파장의 전파는 전달할 수 없다.

- 방호구역 : HEMP 방호벽으로 둘러싸인 3차원 공간이다. 단, 특별 방호구역은 방호구역에서 제외한다.
- 비선형소자 : 부품중 입출력 특성이 선형성을 갖지 않는 소자
  (예 : 다이오드, 트랜지스터 등)
- 비파괴 검사 : 재료나 제품의 원형과 기능을 전혀 변화시키지 않고 재료에 물리적에너지(햇빛, 열, 방사선, 음파, 전기 에너지)등을 적용하여 조직의 이상이나 결함으로 인해 에너지의 성질 및 특성 등이 변화는 것을 적당한 변환자를 이용하여 측정함으로써 조직의 이상 여부나 결함의 정도를 알아내는 모든 검사를 말한다. 차폐 시공에 대해 사용할 수 있는 대표적인 비파괴 검사로는 침투 탐상 검사, 자분 탐상 검사, 초음파 탐상 검사, 방사선 투과 검사가 있으며 여러 가지 상황에 맞도록 검사 방법을 선택해서 사용해야 한다.
- 선형소자 : 부품중 입출력 특성이 선형성을 갖는 소자
  (예 : 저항, 커패시터, 인덕터 등)
- 유전율 : 외부 전기장을 유전체에 가하면 유전분극 현상이 일어나 가해진 외부 전기장에 반대방향으로 분극에 의한 전기장이 생기며 결과적으로 유전체내 전기장 세기가 작아진다. 이때 작아진 비율이 유전율이다.
- 유전체 (Dielectric Material) : 전기의 절연체를 전기장 내에 놓았을 때 표면에 전하가 유기되는 현상이 있는데, 이러한 관점에서 절연체를 다룰 때 이것을 유전체라 한다.
- 음극 방식법 : 금속을 직접 전원의 음극에 접속시켜 전류를 흘려 부식 반응을 방지시키는 방법이다.
- 임피던스 (Impedance) : 교류회로에서 전류가 흐르기 어려운 정도를 나타낸다. 단위는 Ω이다.
- 잔류 내부 스트레스 : EMP 환경에서 발생한 전압, 전류, 전하 또는 전자파가 EMP 방호벽에 의해 감쇠된 후 방호구역 안에 투과된 것을 말한다.
- 전자파 스트레스 : 전자파적 전압, 전류, 전하 또는 전자파가 장비에 가해지는 것으로써, 전자파 스트레스가 장비의 내성 한계를 초과하면 장비가 손상을 입거나 교란을 받아 임무 수행 불능 상태가 될 수 있다.

- **주 방호벽 전기적 POE 방호장치** : HEMP 방호 부체계 외부로부터 HEMP 차폐벽을 통과하여 방호구역 안으로 투과해 들어오는 전기 전도체에 설치하는 방호장치
- **주 임무체계** (MCS, Mission-Critical Systems) : 핵공격 상황 시작 시점부터, 정해져 있는 중요 임무를 수행하는 데 필요한 모든 장비를 말하며, 통신 전자기기, 데이터 처리 부체계, 명령관리장비(Command and Control Equipment), 중요 지원 부체계(발전기, 전력분배기, 환경 제어) 등이 포함
- **체계 운용성 검증시험** (HEMP Verification Test) : 설치된 HEMP 방호 부체계가 정상 운용 상태에서 요구 방호성능을 발휘하는지를 입증하기 위해 수행하는 시험이다. 체계 운용성 검증시험은 시공이 끝나고 수락시험이 완료된 후에 수행하며, 주 임무체계 장비가 설치된 후에 하는 시험이므로 주 임무체계 장비의 전자파 내성을 확인한 상태에서 시험에 사용하는 모의 HEMP 스트레스에 대해 장비가 손상을 입지 않을 것이라는 판단이 가능할 때 수행한다. 판단의 기준은 MIL-STD-461F의 전자파 내성 기준 중 CS115, CS116, RS103 항목이다.
- **커플링** (Coupling) : 인접한 대상끼리 에너지를 교류하는 현상을 지칭한다.
- **토폴로지** (Topology) : 어떤 사물이 다른 사물과의 관계 속에서 가지는 위치나 상태인 위상(位相)을 다루는 연구 전반을 나타내는 용어로서, 본문에서의 쓰임은 차폐 또는 방호의 기하학적인 필요 조건을 표현하는 용어로 사용되었다.
- **특별 방호구역** : HEMP로 인한 전자파 스트레스가 산류 내부 스트레스 제한값을 초과할 가능성이 있는 공간으로, 방호구역과의 전자파 격리도를 확보하기 위해 별도의 특별 방호벽을 설치하는 구역이다. 특별 방호벽은 차폐케이블이나 전선관, 장비 캐비닛, 폐쇄된 배관 체계 등으로 POE를 방호한, 별도의 차폐벽으로 구성될 수 있다.
- **특별 방호대책** : HEMP 방호벽 이외에 추가로 구현이 필요한 모든 HEMP 방호대책을 의미한다. 특별 방호대책은 HEMP 방호벽 밖의 주 임무체계나, 방호구역에 있지만 체계 운용성 검증시험 동안 손상이나 교란이 발생한 주 임무체계에 필요하며, 특별 방호구역이 필요한 경우에도 적용한다.

부록 3 약어 정의

- A : Ampere, 암페어(전류의 단위)
- AC : Alternating Current, 교류
- C4I : Command, Control, Communications, Computer, and Intelligence
- CW : Continuous Wave, 연속파 : 정상상태의 정현파와 같이 진폭 또는 세기가 변화하지 않는 전자파
- dB : Decibel, 전압, 전류, 전력, 음량 등의 '양'의 크기를 비교하기 위해 대수를 사용해 나타낸 비율의 단위
- dBm : Power in dB referred to one milliwatt, 전력 1mW를 0dBm으로 정한 전력의 dB 단위 예)1mW=0dBm, 1W=1000mW=30dBm
- DC : Direct Current, 직류
- DR : Dynamic Range, 동적 범위 : 장치의 상한 및 하한 사이의 장치의 작동 범위
- EMP : Electromagnetic Pulse, 전자기 펄스
- ESA : Electric Surge Arrester, 서지 보호기
- F/O : Fiber Optics, 광통신
- FWHM : Full-Width at Half-Maximum Amplitude, 반치전폭 : 펄스의 시간영역 파형에서 첨두값의 1/2이 되는 위치에서의 펄스의 폭
- GHz : Gigahertz, 1GHz=1,000,000,000Hz
- GPIB : General Purpose Interface Bus, 지피아이비 : IEEE가 표준화한 컴퓨터와 주변기기를 접속하기 위한 통신규격의 한 가지
- HEMP : High-Altitude Electromagnetic Pulse : 30km 이상의 고고도에서의 핵폭발로 인해 발생하는 전자기 펄스
- Hz : Hertz, 헤르츠 : 진동 운동에서 물체가 일정한 왕복 운동을 지속적으로 반복하여 보일 때 초당 이러한 반복 운동이 일어난 횟수
- IEC : International Electrotechnical Commission : 국제 전기기술 위원회
- IEEE : Institute of Electrical and Electronics Engineers : 국제전기전자기술자협회
- MR : Measurement Range, 측정 범위
- OD : Outside Diameter, 바깥 지름(외경)
- RF : Radio Frequency : 무선주파수

찾아보기

저자소개

원 용 안

- 서울시립대학교 건축공학 박사
- 서울시립대학교 건축공학 석사
- 서울과학기술대학교 구조공학 학사
- (現)국방시설본부 기획지원부장
- (現)한국방호시설학회 부회장
- (前)국방시설본부 시설기준과장
- (前)국방시설본부 공군/국직설계관리과장
- (前)국방시설본부 준공승인과장
- (前)국방시설본부 대미건설사업과 CDIP공사집행관
- (前)인천광역시 건축직 공무원

김 국 주

- 미국 University of Florida 토목공학 박사
- 미국 University of Florida 토목공학 석사
- 미국 Texas A&M University 토목공학 석사
- 육군사관학교 토목공학 학사
- (現)국방시설본부 방호시설발전과 방호시설분석담당
- (前)육군사관학교 토목·환경학과 교수
- (前)육군사관학교 핵·WMD 방호연구센터 총괄장교/연구원
- 자격 : 미국토목기술사(P.E, Professional Engineer), 토목시공기술사

김 양 우

- 목포대학교 전자공학과 학사
- (現)국방시설본부 방호시설발전과 EMP기술평가담당
- (前)국방시설본부 시설기준과 EMP기술평가담당
- (前)국방시설본부 공군국직설계관리과 통신설계담당
- (前)국방시설본부 설계관리2과 통신설계담당
- (前)국방시설본부 강원시설단 설계관리과 통신설계담당

권 구 성

- 한국공학대학교 메카트로닉스공학 학사
- (現)국방시설본부 기준승인과 기계기준표준담당
- (前)국방시설본부 시설기준과 EMP방호평가담당
- (前)국방시설본부 공군/국직설계관리과 기계설계담당
- (前)국방시설본부 경기남부시설단 설계과 기계설계담당
- (前)국방시설본부 강원시설단 건설사업1과 기계공사담당
- (前)국방시설본부 사업관리과 강원사업관리담당

방호기술공학 정가 37,000원

저자 : 원용안 · 김국주 · 김양우 · 권구성

발행인 : 임정대
발행처 : 도서출판 구미서관

발행 : 2024년 8월 15일

등록 : 1979년 6월 29일 No.9-6호
주소 : 서울시 마포구 신촌로 2길 5-15 구미빌딩
전화 : 02-333-1101
팩스 : 02-335-2201
http://www.goomibook.com

ISBN 979-11-6257-292-4 (93530)